T0224756

Mehrgittermethoden

Norbert Köckler

Mehrgittermethoden

Ein Lehr- und Übungsbuch

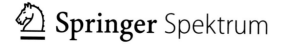

Prof. Dr. Norbert Köckler
Institut für Mathematik
Fakultät für Elektrotechnik, Informatik und Mathematik
Universität Paderborn
norbert@upb.de

ISBN 978-3-8348-1319-0   ISBN 978-3-8348-2081-5 (eBook)
DOI 10.1007/978-3-8348-2081-5

Die Deutsche Nationalbibliothek verzeichnet diese Publikation in der Deutschen Nationalbibliografie;
detaillierte bibliografische Daten sind im Internet über http://dnb.d-nb.de abrufbar.

Springer Spektrum
© Vieweg+Teubner Verlag | Springer Fachmedien Wiesbaden 2012

Planung und Lektorat: Ulrike Schmickler-Hirzebruch | Barbara Gerlach

Gedruckt auf säurefreiem und chlorfrei gebleichtem Papier

Springer Spektrum ist eine Marke von Springer DE
Springer DE ist Teil der Fachverlagsgruppe Springer Science+Business Media
www.springer-spektrum.de

Vorwort

Es hat meine Studierenden und mich immer wieder fasziniert, wie wunderbar eine Mehrgittermethode konvergiert. Mutet es doch wie ein Wunder oder eine Zauberei an, dass ein numerisches Verfahren, das sich aus langsam konvergierenden Elementen zusammensetzt, schneller konvergiert als jedes klassische Verfahren, und das allein aufgrund der Tatsache, dass es zwischen Räumen unterschiedlicher Dimension hin und her wechselt. Man kann es kaum glauben!

Mein Ziel ist es, mit diesem Lehr- und Übungsbuch das Verständnis für die Faszination und die Funktionalität der Mehrgittermethoden jedem zu ermöglichen, der ein naturwissenschaftlich-technisches Grundstudium erfolgreich absolviert hat. Die Lektüre soll aber auch für einen Mathematiker nicht langweilig werden. Meines Erachtens hat das Tutorium von Briggs, Henson und McCormick[1] dieses Ziel auf nur 175 Seiten problemlos erreicht. Mein Eindruck ist, dass es so etwas bisher im deutschsprachigen Bereich nicht gibt.

Mehrgittermethoden sind meistens Module von Verfahren, die partielle Differenzialgleichungen numerisch lösen. Deshalb sollen Rüdes Grundprinzipien zur effizienten Lösung von partiellen Differenzialgleichungen einmal genannt werden:[2]

1. Gute Diskretisierungsmethoden (verschieden hoher Ordnung).
2. Schnelle Lösungsmethoden für die entstehenden Gleichungssysteme.
3. Adaptivität.
4. Hochwertige Informatikanteile (Hardware, Algorithmen und Software).

Mehrgittermethoden gelten als die schnellsten Löser der bei der Diskretisierung partieller Differenzialgleichungen entstehenden Gleichungssysteme. Leider ergänzen sich die genannten Prinzipien nicht nur, sondern sie können sich auch behindern. So wird die mathematische Formulierung und Analyse der Mehrgittermethoden durch die Forderung nach Adaptivität erschwert.

---

[1] Briggs, W.L., Henson, V.E., McCormick, S.F.: A Multigrid Tutorial, 2nd edn. SIAM, Philadelphia (2000)
[2] Rüde, U.: Mathematical and Computational Techniques for Multilevel Adaptive Methods. SIAM, Philadelphia (1993)

Es gibt eine Vielfalt an Methoden, man unterscheidet zwischen Mehrgitter- (Multigrid-) und Mehrstufen- (Multilevel-) Methoden. Außerdem gibt es algebraische und analytische Mehrgittermethoden. Die algebraischen Mehrgittermethoden behandeln nur das diskretisierte Problem, also die (linearen) Gleichungssysteme, während die analytischen Mehrgittermethoden auf jeder Stufe von dem kontinuierlichen Problem, also der partiellen Differenzialgleichung, ausgehen. Wir werden Unterschiede feststellen zwischen Mehrgittermethoden für mit dem Differenzenverfahren diskretisierte Probleme und solchen, die zur Diskretisierung die Methode der finiten Elemente verwenden.

Der Band besteht aus drei Teilen. Um unterschiedliche Voraussetzungen bei den Lesern zu berücksichtigen, werden im Teil I *„Grundlagen"* gelegt; dazu gehören die Diskretisierung partieller Differenzialgleichungen und die Lösung großer, schwach besetzter linearer Gleichungssysteme mit den klassischen Iterationsverfahren. Diese Themen wird der kundige Leser wohl schon in einer Numerik-Vorlesung gehört haben; dann kann er diesen Teil getrost überspringen.

In Teil II wird die Mehrgittermethode ausschließlich auf *eindimensionale Probleme* angewendet. Das erleichtert Darstellung und Verständnis, auch wenn die hohe Effizienz dieser Methode erst bei mehrdimensionalen Problemen zum Tragen kommt. Die Ideen, die die Mehrgittermethoden begründen, können aber vollständig verstanden werden, ohne dass die Komplexität der höheren Dimensionen diesem Verständnis im Wege steht.

In Teil III geht es dann um *mehrdimensionale Probleme*. Dadurch wird die Darstellung naturgemäß komplexer, es muss auf Einzelheiten wie Randbedingungen stärker eingegangen werden, die in einer Dimension kaum eine Rolle spielen. Ansonsten ist der Aufbau dieses Teils ähnlich zu dem des zweiten Teils, so dass sich schrittweise ein tieferes Verständnis einstellt. Der dritte Teil besteht aus zwei großen Kapiteln, die sich nach der für die Mehrgittermethode verwendeten Diskretisierungstechnik unterscheiden. Kapitel 7 beschreibt Mehrgittermethoden auf der Basis von dividierten Differenzen, in Kap. 8 wird die Methode der finiten Elemente eingesetzt.

Im Anhang widmet sich ein Kapitel *Ergänzungen und Erweiterungen*. Dort werden Themen abgehandelt, die in diesem Zusammenhang zwar wichtig sind, aber den Rahmen eines knapp gehaltenen Bandes sprengen würden. Mit ihnen könnte gut und gern ein weiterer Teil gestaltet werden, sie sollen aber nur beispielhaft und mit kurzen Beschreibungen angerissen werden. Außerdem behandelt ein Kapitel im Anhang einige *Elemente numerischer lineare Algebra*, ein weiteres bietet eine Auswahl von *Lösungen* zu den zahlreichen Übungen.

In detaillierten *Algorithmen* werden für Schleifen und Bedingungen die üblichen englischen Ausdrücke verwendet. Manche Algorithmen werden aber nur in Form großschrittiger Ablauf-Anweisungen dargestellt.

Die meisten Teile dieses Textes habe ich in Vorlesungen über die *Numerik partieller Differenzialgleichungen* und seit 2008 auch dreimal in Spezialvorlesungen vorgetragen. Seminare haben das Thema vertieft. Ich danke allen Studierenden, die durch Ihre Fragen und Anregungen zu Verbesserungen beigetragen haben.

Besonderer Dank gebührt Frau Ulrike Schmickler-Hirzebruch vom Verlag *Springer Spektrum*, die meine Idee zu diesem Buch sofort aufgegriffen und den Werdegang wohltuend begleitet hat, Frau Barbara Gerlach vom Verlag *Springer Spektrum* und Herrn Stephan Korell von le-tex, die bei meinen Fragen immer schnell und professionell geholfen haben. Herrn Mirko Hessel-von Molo danke ich für die Durchsicht des Manuskripts. Er hat nicht nur für korrekte Schreibweisen, sondern auch ganz wesentlich für klarere Formulierungen und bessere Verständlichkeit vieler Passagen gesorgt. Herrn Thomas Richter danke ich für das Recht, die Bilder aus seiner Dissertation abzudrucken.

Die meisten Beispiele wurden mit MATLAB gerechnet, die meisten Abbildungen mit MATLAB erzeugt. MATLAB® ist ein eingetragenes Warenzeichen von The MathWorks, Inc. Einige Abbildungen wurden mit MAPLE hergestellt. MAPLE® ist ein eingetragenes Warenzeichen von Maplesoft, einer Abteilung von Waterloo Maple Inc.

Paderborn, im Januar 2012   Norbert Köckler

Inhaltsverzeichnis

Teil II Mehrgittermethoden im $\mathbb{R}^1$

Teil IV Anhang

Teil I
Grundlagen

Mehrgittermethoden stellen eine Möglichkeit dar, die Gleichungssysteme zu lösen, die bei der Diskretisierung von Differenzialgleichungen entstehen. Sie gehören zur Familie der iterativen Löser. Bevor wir uns der Idee und dem Aufbau von Mehrgittermethoden zuwenden, sollten wir etwas über diese beiden Themen wissen.

Deshalb wird es in einem ersten Kapitel um die Diskretisierung linearer Differenzialgleichungen gehen. Dabei beschränken wir uns auf ein- und zweidimensionale Randwertprobleme. Es werden Modellprobleme definiert, auf die später – auch bei Beispielrechnungen – immer wieder Bezug genommen wird. Es werden aber auch eine Reihe von Sonderfällen betrachtet, die für viele Anwendungsprobleme eine wichtige Rolle spielen.

Die Diskretisierung linearer Differenzialgleichungen führt in der Regel auf große lineare Gleichungssysteme, deren Koeffizientenmatrix aber sehr viele Nullen enthält. Solche Matrizen werden *„dünn besetzt"* oder *„schwach besetzt"* genannt. Lineare Gleichungssysteme mit großen, schwach besetzten Koeffizientenmatrizen werden meistens iterativ gelöst. Das zweite Kapitel wird sich deshalb mit solchen Verfahren befassen, dabei insbesondere mit den klassischen Verfahren, die bei den Mehrgittermethoden als Module verwendet werden.

Kapitel 1
Diskretisierung linearer Differenzialgleichungen

Zusammenfassung Die Lösung einer Differenzialgleichung stellt ein kontinuierliches Problem dar. Soll ein Randwertproblem mit einer Differenzialgleichung und zusätzlichen Randbedingungen numerisch gelöst werden, so muss dieses Problem diskretisiert werden, um in endlich vielen Schritten zu einem Ergebnis zu kommen, das dann natürlich nur eine Näherungslösung sein kann. Nach einem einführenden Beispiel werden das Differenzenverfahren und die Methode der finiten Elemente in Anlehnung an [12] etwas allgemeiner behandelt, ausführlichere Darstellungen finden sich dort und in Monographien über die numerische Lösung von partiellen Differenzialgleichungen, siehe etwa [4, 7, 14].

1.1 Einführendes Beispiel

Es soll das eindimensionale Randwertproblem (RWP)

$$-u''(x) - (1 + x^2)\,u(x) = 1\,, \quad u(-1) = u(1) = 0\,, \tag{1.1}$$

gelöst werden. Es handelt sich um die Durchbiegung eines Balken, u ist ein transformiertes Biegemoment, siehe [12]. Als Lösung gesucht ist eine Funktion $u(x)$, die auf dem Intervall $[-1, 1]$ zweimal stetig differenzierbar sein sollte. Zur Diskretisierung dieser Aufgabe gibt es viele Möglichkeiten, zwei sollen beispielhaft vorgeführt und mit konkreten Zahlen durchgerechnet werden:

1. *Differenzenverfahren:*
   Eine Näherungslösung soll nur an einigen Stellen im Intervall $(-1, 1)$ berechnet werden, sagen wir: an n Stellen. Dazu wird in der Differenzialgleichung die Ableitung durch eine dividierte Differenz ersetzt. Für jede Stelle entsteht so eine Gleichung, insgesamt ein Gleichungssystem mit n Gleichungen für die n Werte der Näherungslösung.
2. *Methode der finiten Elemente:*
   Die gesuchte Lösungsfunktion wird dargestellt als endliche Linearkombination gewisser Ansatzfunktionen. Da der Ansatz einer geometrischen Konstruktion zugeordnet

N. Köckler, *Mehrgittermethoden*, DOI 10.1007/978-3-8348-2081-5_1,
© Vieweg+Teubner Verlag | Springer Fachmedien Wiesbaden 2012

wird, ist die Überführung in eine unendliche Summe – wie etwa bei Fourier-Reihen-Ansätzen – ohne Weiteres nicht möglich. Einerseits ist diese Methode praktisch sehr flexibel, andererseits theoretisch anspruchsvoller als das Differenzenverfahren.

Diese Methoden wollen wir in ihrer einfachsten Form auf das spezielle Problem (1.1) anwenden.

1.1.1 Differenzenverfahren

Das Intervall $[-1, 1]$ wird in n gleich lange Intervalle $[x_i, x_{i+1}]$ aufgeteilt mit

$$x_i := -1 + ih, \quad i = 0, 1, \ldots, n, \quad \text{wo}$$

$$h := \frac{2}{n} . \tag{1.2}$$

Für $n = 4$ ergeben sich neben den Randpunkten die Lösungspunkte $(-0.5, 0, 0.5)$ im Inneren des Intervalls. Dort wird die zweite Ableitung $u''(x_i)$ ersetzt durch die zweite dividierte Differenz

$$u''(x_i) \approx \frac{u(x_{i+1}) - 2u(x_i) + u(x_{i-1})}{h^2} , \quad i = 1, 2, 3 .$$

Ist einer der Werte in der Formel rechts ein Randwert, so wird der entsprechende Wert aus den Randbedingungen eingesetzt. Werden die zu berechnenden Näherungswerte mit $u_i \approx u(x_i)$ bezeichnet, so ergeben sich konkret folgende Gleichungen:

$$x_1 = -0.5 : \quad \frac{-u_2 + 2u_1 - u_0}{0.5^2} - (1 + (-0.5)^2)u_1 = 1 ,$$

$$x_2 = 0 : \quad \frac{-u_3 + 2u_2 - u_1}{0.5^2} - (1 + 0^2)u_2 = 1 ,$$

$$x_3 = 0.5 : \quad \frac{-u_4 + 2u_3 - u_2}{0.5^2} - (1 + 0.5^2)u_3 = 1 .$$

Nach Berechnen aller Zahlenwerte und Einsetzen der Randbedingungen $u_0 = u_4 = 0$ ist das ein einfaches lineares Gleichungssystem von drei Gleichungen mit drei Unbekannten:

$$\begin{array}{rcrcrcl} 6.75 \, u_1 & - & 4 \, u_2 & & & = & 1 , \\ -4 \, u_1 & + & 7 \, u_2 & - & 4 \, u_3 & = & 1 , \\ & & - \, 4 \, u_2 & + & 6.75 \, u_3 & = & 1 . \end{array}$$

In Abb. 1.1 sehen wir die so berechneten Näherungswerte ($\otimes$) neben der analytischen Lösung (- -). Dafür, dass es sich um eine sehr grobe Näherung handelt, ist die Qualität zufriedenstellend.

Abb. 1.1 Biegemoment eines belasteten Balken (- -), Näherungswerte der Differenzenmethode (⊗) und eine Finite-Elemente-Lösung (–)

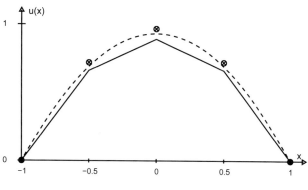

Abb. 1.2 B-Splines 1. Grades als Ansatzfunktionen für die Finite-Elemente-Methode

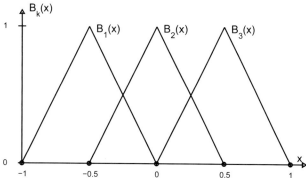

1.1.2 Die Methode der finiten Elemente

Als Ansatzfunktionen wählen wir stetige, stückweise lineare und fast überall differenzierbare Funktionen, die sog. B-Splines 1. Grades oder Hutfunktionen, siehe Abb. 1.2. Diese Funktionen sind in unserem Beispielfall definiert als

$$B_1(x) = \begin{cases} 2x + 2 \,, & \text{falls } x \in [-1, -1/2] \,, \\ -2x \,, & \text{falls } x \in [-1/2, 0] \,, \end{cases}$$

$$B_2(x) = \begin{cases} 2x + 1 \,, & \text{falls } x \in [-1/2, 0] \,, \\ -2x + 1 \,, & \text{falls } x \in [0, 1/2] \,, \end{cases}$$

$$B_3(x) = \begin{cases} 2x \,, & \text{falls } x \in [0, 1/2] \,, \\ -2x + 2 \,, & \text{falls } x \in [1/2, 1] \,. \end{cases}$$

Sie sind null in den nicht genannten Intervallen und haben – auch bei allgemeinerer Definition – offensichtlich folgende Eigenschaften:

- Die Funktionen sind in jedem der Intervalle $[x_0, x_1]$, $[x_1, x_2]$, $[x_2, x_3]$ und $[x_3, x_4]$ lineare Polynome. Dabei sind die Stützstellen x_k definiert wie in (1.2).
- Es ist $0 \leq B_k(x) \leq 1$.

- $B_k(x)$ nimmt nur in der Stützstelle x_k den Wert 1 an und wird null in den anderen Stützstellen:

$$B_k(x_j) = \delta_{kj}, \quad (\delta = \text{Kroneckersymbol}) . \qquad (1.3)$$

Jetzt wird es etwas komplizierter als bei der Differenzenmethode. Die Methode der finiten Elemente löst nämlich nicht die Differenzialgleichung, sondern ein schwächer formuliertes so genanntes Variationsproblem. Variationsprobleme entstehen oft auch als Modellierung von Anwendungen ohne Umweg über eine Differenzialgleichung. Die Umformung der Differenzialgleichung zu einem Variationsproblem ist deshalb ein sinnvoller Vorgang. Seine Herleitung wollen wir ohne tiefer gehende Begründung vollziehen. Das geschieht in zwei Schritten:

1. Zunächst wird die Differenzialgleichung links und rechts mit jeder einzelnen Ansatzfunktion multipliziert und anschließend über das Definitionsintervall integriert. Das ergibt drei Gleichungen, die mit Hilfe partieller Integration vereinfacht werden.
2. Dann wird die Näherungslösung $\tilde{u}$ angesetzt als Linearkombination der Ansatzfunktionen und in die Integrale eingesetzt.

Diese Schritte sehen rechnerisch im Einzelnen wie folgt aus.

$$-\int_{-1}^{1} u''(x) B_k(x)\, dx - \int_{-1}^{1} (1+x^2) u(x) B_k(x)\, dx = \int_{-1}^{1} 1 \cdot B_k(x)\, dx, \quad k = 1,2,3 . \qquad (1.4)$$

Auf das erste Integral links wird partielle Integration angewendet:

$$\int_{-1}^{1} u''(x) B_k(x)\, dx = \left[u'(x) B_k(x) \right]_{-1}^{1} - \int_{-1}^{1} u'(x) B_k'(x)\, dx .$$

Da die Ansatzfunktionen in den Randpunkten verschwinden, tut dies auch der Randterm in den eckigen Klammern, damit wird (1.4) zu

$$\int_{-1}^{1} u'(x) B_k'(x)\, dx - \int_{-1}^{1} (1 + x^2) u(x) B_k(x)\, dx = \int_{-1}^{1} B_k(x)\, dx , \quad k = 1,2,3 . \qquad (1.5)$$

Um diese Gleichungen zu erfüllen, machen wir für $u(x)$ einen Ansatz

$$\tilde{u}(x) = \sum_{j=1}^{3} \alpha_j B_j(x) . \qquad (1.6)$$

Diesen Ansatz setzen wir in (1.5) ein. Das ergibt die drei Gleichungen

$$\sum_{j=1}^{3} \alpha_j \left\{ \int_{-1}^{1} B_j'(x) B_k'(x)\, dx - \int_{-1}^{1} (1 + x^2) B_j(x) B_k(x)\, dx \right\} = \int_{-1}^{1} B_k(x)\, dx ,$$

$$k = 1,2,3 , \qquad (1.7)$$

für die drei unbekannten Koeffizienten α_j, $j = 1, 2, 3$. Durch Auswertung der drei Integrale bekommen wir ein 3×3-Gleichungssystem. Seine Lösung verschieben wir in eine Übungsaufgabe. Als Ergebnis ergeben sich die Koeffizienten

$$\alpha_1 = 0.6613, \quad \alpha_2 = 0.8921, \quad \alpha_3 = 0.6613 .$$

Die dadurch definierte Lösung ist zusammen mit der exakten Lösung und den Lösungswerten des Differenzenverfahrens in Abb. 1.1 zu sehen. Sie ist, was auf Grund ihrer Konstruktion ja auch klar ist, stückweise linear und damit nicht zweimal stetig differenzierbar, wie wir es von der Lösung der Differenzialgleichung (1.1) erwarten. Wie schon erwähnt, hat die Methode der finiten Elemente ein abgeschwächtes Problem behandelt, es wird deshalb von einer *schwachen Lösung* gesprochen. Eine solche Lösung ist typisch für diese Methode.

1.2 Dividierte Differenzen

Grundlage jedes Differenzenverfahrens in jeder Raumdimension sind die eindimensionalen dividierten Differenzen, die aus Taylor-Reihen hergeleitet werden können. Sei $u(x)$ eine Funktion genügend hoher Differenzierbarkeit, seien weiter $u_i := u(x_i)$, $u_{i-1} := u(x_{i-1})$ und $u_{i+1} := u(x_{i+1})$. Dabei sei $x_{i+1} - x_i = x_i - x_{i-1} =: h$. Die Stützstellen x_i und $x_i \pm h$ sollen in einem Intervall liegen, das zum Definitionsbereich von u gehört. Dann liefert die Taylor-Reihe

$$u(x_i \pm h) = u(x_i) \pm h u'(x_i) + \frac{h^2}{2} u''(x_i) \pm \frac{h^3}{6} u'''(x_i) + \frac{h^4}{24} u'''(x_i + \zeta h) , \quad 0 < \zeta < 1 .$$
(1.8)

Bricht man die Taylor-Reihe schon nach dem zweiten Glied ab und setzt die Bezeichnungen von oben ein, so bekommt man

$$u_{i\pm 1} = u_i \pm h u'(x_i) + \frac{h^2}{2} u''(x_i + \xi h) , \quad 0 < \xi < 1 .$$
(1.9)

Wenn wir in (1.9) das Restglied weglassen und dann die Gleichung nach $u'(x_i)$ auflösen, bekommen wir für die erste Ableitung an der Stelle x_i eine Näherung mit einem Fehler $O(h)$[1]

$$u'(x_i) \approx \frac{u_{i+1} - u_i}{h} \quad \text{oder} \quad u'(x_i) \approx \frac{u_i - u_{i-1}}{h} .$$
(1.10)

Werden die beiden Taylor-Reihen mit positivem und negativem h kombiniert, so fällt aus den Reihen das quadratische Glied heraus und man bekommt ein dividierte Differenz mit nur noch quadratischem Fehler in h. Zusammenfassend haben wir:

---

[1] Das Landau-Symbol $O(h)$ benennt eine Größenordnung. Asymptotisch, also hier mit $h \to 0$, lässt sich der Ausdruck als Ch darstellen, wo C eine beliebige Konstante ist.

Vorwärtsdifferenz

$$\Delta u_i := \frac{u_{i+1} - u_i}{h} = u'(x_i) + O(h) \tag{1.11}$$

Rückwärtsdifferenz

$$\nabla u_i := \frac{u_i - u_{i-1}}{h} = u'(x_i) + O(h) \tag{1.12}$$

Zentrale Differenz

$$\delta u_i := \frac{u_{i+1} - u_{i-1}}{2h} = u'(x_i) + O(h^2) \tag{1.13}$$

Wir wollen jetzt für die ersten vier Ableitungen von u Differenzenapproximationen angeben, die alle die Genauigkeit $O(h^2)$ besitzen:

$$
\begin{aligned}
u'(x_i) &= \frac{u_{i+1} - u_{i-1}}{2h} + O(h^2)\,, \\[2mm]
u''(x_i) &= \frac{u_{i+1} - 2u_i + u_{i-1}}{h^2} + O(h^2)\,, \\[2mm]
u'''(x_i) &= \frac{u_{i+2} - 2u_{i+1} + 2u_{i-1} - u_{i-2}}{2h^3} + O(h^2)\,, \\[2mm]
u^{(4)}(x_i) &= \frac{u_{i+2} - 4u_{i+1} + 6u_i - 4u_{i-1} + u_{i-2}}{h^4} + O(h^2)\,.
\end{aligned}
\tag{1.14}
$$

Näherungen höherer Ordnung lassen sich bei Einbeziehung von mehr Nachbarwerten konstruieren; hier seien noch zwei Differenzenapproximationen 4. Ordnung genannt:

$$u'(x_i) = \frac{u_{i-2} - 8u_{i-1} + 8u_{i+1} - u_{i+2}}{12h} + O(h^4)\,,$$

$$u''(x_i) = \frac{-u_{i-2} + 16u_{i-1} - 30u_i + 16u_{i+1} - u_{i+2}}{12h^2} + O(h^4)\,.$$

1.3 Randwertprobleme bei gewöhnlichen Differenzialgleichungen

1.3.1 Ein Modellproblem

Für den eindimensionalen Fall soll eine einfache lineare Differenzialgleichung 2. Ordnung diskretisiert werden, die als Modellproblem immer wieder aufgegriffen werden wird.

$$
\begin{aligned}
-u''(x) + q(x)u(x) &= g(x)\,, \\
u(a) = \alpha\,, \qquad u(b) &= \beta\,.
\end{aligned}
\tag{1.15}
$$

Sie ist nur geringfügig allgemeiner als das Balkenproblem, das wir als einführendes Beispiel in Abschn. 1.1 behandelt haben.

Das Intervall $[a, b]$ wird in n gleich lange Intervalle $[x_i, x_{i+1}]$ aufgeteilt mit

$$x_i := a + ih, \quad i = 0, 1, \dots, n, \quad \text{wo}$$

$$h := \frac{b - a}{n}. \tag{1.16}$$

Jetzt ersetzt man für jeden inneren Punkt x_i dieses Gitters die Differenzialgleichung durch eine algebraische Gleichung mit Näherungen der Funktionswerte $u(x_i)$ als Unbekannte, indem man alle Funktionen in x_i auswertet und die Ableitungswerte durch dividierte Differenzen approximiert. So bekommt man statt einer Differenzialgleichung ein System von $n - 1$ Gleichungen mit den $n - 1$ unbekannten Werten der Lösungsfunktion $u(x_i)$. Die gegebenen Randwerte können dabei eingesetzt werden.

Mit den Funktionswerten $q_i := q(x_i)$ und $g_i := g(x_i)$ ergeben sich folgende linearen Gleichungen für die Näherungswerte $u_i \approx u(x_i)$

$$
\begin{array}{c}
u_0 = \alpha, \\[2mm]
\dfrac{-u_{i+1} + 2u_i - u_{i-1}}{h^2} + q_i u_i = g_i, \quad i = 1, \dots, n - 1, \\[2mm]
u_n = \beta.
\end{array}
\tag{1.17}
$$

Die Randwerte werden auf die rechte Seite gebracht. Damit ergibt sich das lineare Gleichungssystem

$$\mathbf{A}\mathbf{u} = \mathbf{k} \tag{1.18}$$

mit

$$
\mathbf{A} = \begin{pmatrix}
2/h^2 + q_1 & -1/h^2 & 0 & \cdots & & 0 \\
-1/h^2 & 2/h^2 + q_2 & -1/h^2 & 0 & & \\
0 & \ddots & \ddots & \ddots & & \ddots \\
\vdots & \ddots & \ddots & \ddots & & -1 \\
0 & \cdots & & 0 & -1/h^2 & 2/h^2 + q_{n-1}
\end{pmatrix},
$$

$$\mathbf{u} = (u_1, u_2, \dots, u_{n-1})^T,$$

$$\mathbf{k} = (g_1 + \alpha/h^2, g_2, \dots, g_{n-2}, g_{n-1} + \beta/h^2)^T.$$

Mit dem Satz von Gerschgorin, siehe etwa [12], lässt sich leicht beweisen:

Lemma 1.1. *Das symmetrische Dreibandsystem (1.18) ist positiv definit, falls $q_i \geq 0$.*

Das Gleichungssystem (1.18) kann also mit einem speziellen Cholesky-Verfahren für Bandgleichungen mit dem Aufwand $O(n)$ gelöst werden, [12].

Satz 1.2. Fehlerabschätzung
Besitzt die Randwertaufgabe (1.15) eine eindeutige, viermal stetig differenzierbare Lösung
u(x) mit

$$|u^{(4)}(x)| \le M \quad \forall x \in [a, b] ,$$

und ist q(x) ≥ 0, dann gilt

$$|u(x_i) - u_i| \le \frac{Mh^2}{24}(x_i - a)(b - x_i) . \tag{1.19}$$

Der Satz sagt aus, dass die Fehlerordnung der Differenzenapproximation für die Lösung
erhalten bleibt. Den Beweis findet man z. B. in [13].

Beispiel 1.1. Wir kommen zurück auf das einführende Balkenbeispiel, siehe Abschn. 1.1:

$$-u''(x) - (1 + x^2)u(x) = 1 , \quad u(-1) = u(1) = 0 . \tag{1.20}$$

Es soll jetzt für verschiedene Schrittweiten gelöst werden, um die Fehlerentwicklung in h
beobachten zu können. Es hat die Form (1.15), allerdings ist $q(x) < 0$. Die Matrix $\mathbf{A}$
in (1.18) ist trotzdem für alle in Frage kommenden Werte von h positiv definit. Zur Verkleinerung der Ordnung[2] des linearen Gleichungssystems kann noch die Symmetrie der
Lösung ausgenutzt werden. Es ist ja offensichtlich $u(-x) = u(x)$. Darauf wollen wir aber
hier verzichten. Ohne Ausnutzung der Symmetrie ergibt sich für $h = 0.4$ nach (1.18)

$$\mathbf{A} = \begin{pmatrix} 11.14 & -6.25 & 0 & 0 \\ -6.25 & 11.46 & -6.25 & 0 \\ 0 & -6.25 & 11.46 & -6.25 \\ 0 & 0 & -6.25 & 11.14 \end{pmatrix} .$$

Wir haben die Lösung für verschiedene Werte von h mit sechzehnstelliger Genauigkeit
berechnet und die Lösungswerte in Tab. 1.1 auszugsweise wiedergegeben.

Der Fehlerverlauf im Intervall $(-1, 1)$ ist recht gleichmäßig, und es ist an den Fehlerwerten für $x = 0$ sehr schön zu sehen, dass der Fehler wie h^2 kleiner wird.

Tabelle 1.1 Ergebnisse des Differenzenverfahrens für (1.20)

x	$h = 0.2$	$h = 0.1$	$h = 0.05$	$h = 0.01$	$h = 0.001$
0.0	0.93815233	0.93359133	0.93243889	0.93206913	0.93205387
0.2	0.89938929	0.89492379	0.89379608	0.89343431	0.89341938
0.4	0.78321165	0.77908208	0.77804080	0.77770688	0.77769310
0.6	0.59069298	0.58728118	0.58642288	0.58614781	0.58613646
0.8	0.32604062	0.32393527	0.32340719	0.32323808	0.32323111
$|u_h(0) - u(0)|$	0.0061	0.0015	0.00039	0.000015	0.00000015
$\dfrac{|u_h(0) - u(0)|}{h^2}$	0.1525	0.15	0.156	0.15	0.15

---

[2] Das ist die Zahl der Zeilen bzw. Spalten einer quadratischen Matrix.

1.3.2 Ableitungen in den Randbedingungen

Wenn an den Rändern des Integrationsintervalls Ableitungswerte vorgeschrieben sind, dann lassen sich die Randbedingungen nicht ohne Weiteres auf die rechte Seite des Gleichungssystems (1.18) bringen. Ist etwa im rechten Randpunkt $b = x_n$ die Randbedingung

$$u'(b) + \gamma u(b) = \beta \qquad (1.21)$$

zu erfüllen, dann ist der Wert u_n nicht vorgegeben und ist als Unbekannte zu behandeln. Die Randbedingung (1.21) wird wie die Differenzialgleichung an einer inneren Stützstelle durch eine Differenzengleichung approximiert. Dazu wird eine zusätzliche, außerhalb des Intervalls $[a, b]$ liegende Stützstelle $x_{n+1} = b + h$ betrachtet mit dem Stützwert u_{n+1}. Als Differenzenapproximation von (1.21) wird dann

$$\frac{u_{n+1} - u_{n-1}}{2h} + \gamma u_n = \beta \qquad (1.22)$$

betrachtet. (1.17) wird um die Differenzengleichungen für die Stützstelle x_n ergänzt. Dort wird dann für u_{n+1} der aus (1.22) gewonnene Wert $u_{n+1} = u_{n-1} - 2h\gamma u_n + 2h\beta$ eingesetzt und somit u_{n+1} eliminiert. Die dritte Gleichung in (1.17) wird dann durch

$$\frac{(2 + 2h\gamma)u_n - 2u_{n-1}}{h^2} + q_n u_n = g_n + \frac{2\beta}{h} \qquad (1.23)$$

ersetzt. Sie vervollständigt die $n - 1$ Differenzengleichungen (1.17) zu einem System von n Gleichungen für die n Unbekannten $u_1, u_2, \ldots, u_{n-1}, u_n$. Liegt eine Randbedingung mit Ableitungswert an der Stelle $a = x_0$ vor, wird entsprechend verfahren.

Durch den Ableitungswert am Rand geht die Symmetrie des zu lösenden linearen Gleichungssystems verloren. Sie lässt sich aber analog zum zweidimensionalen Fall durch Multiplikation einer oder zweier Gleichungen mit einem Faktor wieder herstellen, siehe Abschn. 1.4.2.

1.4 Differenzenverfahren für elliptische Randwertprobleme

Der Übergang vom ein- zum zweidimensionalen Randwertproblem bringt wesentliche neue Gesichtspunkte, der Übergang zu höheren Dimensionen dann eigentlich nur noch eine höhere Komplexität. Wir wollen uns auf lineare elliptische partielle Differenzialgleichungen beschränken.

Dabei sei $u(x, y)$ eine Funktion von zwei unabhängigen Veränderlichen und Δ der Laplace-Operator

$$\Delta u := \frac{\partial^2 u}{\partial x^2} + \frac{\partial^2 u}{\partial y^2} = u_{xx} + u_{yy}. \qquad (1.24)$$

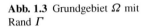
Abb. 1.3 Grundgebiet Ω mit
Rand Γ

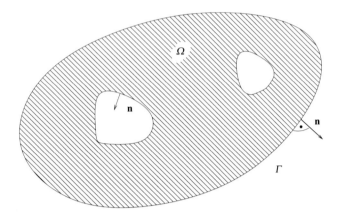

Mit ihm lassen sich die wichtigsten klassischen elliptischen Differenzialgleichungen definieren:

$$
\begin{array}{lll}
-\Delta u = 0 & \textit{Laplace-Gleichung}\,, & (1.25) \\
-\Delta u = f(x,y) & \textit{Poisson-Gleichung}\,, & (1.26) \\
-\Delta u + \varrho(x,y)\,u = f(x,y) & \textit{Helmholtz-Gleichung}\,. & (1.27)
\end{array}
$$

Die Laplace-Gleichung tritt beispielsweise auf bei Problemen aus der Elektrostatik
sowie der Strömungslehre. Die Lösung der Poisson-Gleichung beschreibt die stationäre
Temperaturverteilung in einem homogenen Medium oder den Spannungszustand bei Tor-
sionsproblemen.

Um die gesuchte Lösungsfunktion einer elliptischen Differenzialgleichung eindeutig
festzulegen, müssen auf dem Rand des Grundgebietes Ω *Randbedingungen* vorgegeben
sein. Wir wollen der Einfachheit halber annehmen, das Gebiet Ω sei beschränkt, und es
werde durch mehrere Randkurven berandet (vgl. Abb. 1.3). Die Vereinigung sämtlicher
Randkurven bezeichnen wir mit Γ oder $\partial\Omega$. Der Rand bestehe aus stückweise stetig differenzierbaren Kurven, auf denen die vom Gebiet Ω ins Äußere zeigende Normalenrichtung **n** fast überall erklärt werden kann. Der Rand Γ werde in drei disjunkte Randteile
Γ_1, Γ_2 und Γ_3 aufgeteilt, derart dass

$$
\Gamma_1 \cup \Gamma_2 \cup \Gamma_3 = \Gamma \tag{1.28}
$$

gilt. Dabei ist es durchaus zulässig, dass leere Teilränder vorkommen. Mögliche Randbedingungen zu (1.25) bis (1.27) sind

$$
\begin{array}{lll}
u = \varphi \ \text{auf} \ \Gamma_1 & (\textit{Dirichlet-}\text{Randbedingung})\,, & (1.29) \\[2mm]
\dfrac{\partial u}{\partial \mathbf{n}} = \gamma \ \text{auf} \ \Gamma_2 & (\textit{Neumann-}\text{Randbedingung})\,, & (1.30) \\[2mm]
\dfrac{\partial u}{\partial \mathbf{n}} + \alpha u = \beta \ \text{auf} \ \Gamma_3 & (\textit{Cauchy-}\text{Randbedingung})\,, & (1.31)
\end{array}
$$

Abb. 1.4 Grundgebiet mit
Netz und Gitterpunkten

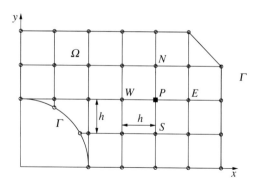

Dabei sind φ, γ, α und β gegebene Funktionen auf den betreffenden Randteilen. In der Regel sind sie als Funktionen der Bogenlänge s auf dem Rand erklärt. Die Bedingungen (1.29) bis (1.31) werden oft auch als erste, zweite und dritte Randbedingung bezeichnet. Sind zur elliptischen Differenzialgleichung nur Dirichlet'sche Randbedingungen gegeben ($\Gamma_1 = \Gamma$), dann bezeichnet man das Problem auch als *Dirichlet'sche Randwertaufgabe*. Ist dagegen $\Gamma_2 = \Gamma$, so liegt eine *Neumann'sche Randwertaufgabe* vor.

1.4.1 Diskretisierung mit dividierten Differenzen

Wir wollen die Laplace-, Poisson- oder Helmholtz-Gleichung in einem Gebiet Ω unter Randbedingungen (1.29) bis (1.31) näherungsweise lösen. Wir werden uns auf einfache Aufgabenstellungen beschränken. Das Vorgehen des *Differenzenverfahrens* lässt sich durch die folgenden, recht allgemein formulierten Lösungsschritte beschreiben.

1. *Lösungsschritt.* Die gesuchte Funktion $u(x, y)$ wird ersetzt durch ihre Werte an diskreten Punkten des Gebietes Ω und des Randes Γ. Für diese *Diskretisierung* von $u(x, y)$ ist es naheliegend, ein regelmäßiges quadratisches Netz mit der *Gitterweite h* über das Grundgebiet Ω zu legen (vgl. Abb. 1.4). Die Funktionswerte u in den *Gitterpunkten* sollen berechnet werden, soweit sie nicht schon durch Dirichlet'sche Randbedingungen bekannt sind. Im Fall von krummlinigen Randstücken wird es auch nötig sein, Gitterpunkte als Schnittpunkte von Netzgeraden mit dem Rand zu betrachten. In Abb. 1.4 sind die Gitterpunkte durch ausgefüllte Kreise markiert.

Den Wert der exakten Lösungsfunktion $u(x, y)$ in einem Gitterpunkt P mit den Koordinaten x_i und y_j bezeichnen wir mit $u(x_i, y_j)$. Den zugehörigen Näherungswert, den wir mit Hilfe einer Diskretisierungs-Methode erhalten, bezeichnen wir mit $u_{i,j}$.

Ein regelmäßiges quadratisches Netz zur Generierung der Gitterpunkte besitzt besonders angenehme und einfache Eigenschaften, die wir im Folgenden auch als wesentlich erkennen werden. In bestimmten Problemstellungen ist es angezeigt oder sogar erforderlich, ein Netz mit variablen Gitterweiten in x- und y-Richtung zu verwenden, um so entweder dem Gebiet oder dem Verhalten der gesuchten Lösungsfunktion besser gerecht zu werden. Aber auch regelmäßige Dreiecks- und Sechsecknetze können sich als sehr zweckmäßig erweisen [3, 9].

2. *Lösungsschritt.* Nach vorgenommener Diskretisierung der Funktion ist die partielle Differenzialgleichung mit Hilfe der diskreten Funktionswerte $u_{i,j}$ in den Gitterpunkten geeignet zu approximieren. Im Fall eines regelmäßigen quadratischen Netzes können die ersten und zweiten partiellen Ableitungen durch entsprechende Differenzenquotienten (siehe Abschn. 1.2) angenähert werden, wobei für die ersten partiellen Ableitungen mit Vorteil zentrale Differenzenquotienten (1.14) verwendet werden. Für einen *regelmäßigen inneren Gitterpunkt* $P(x_i, y_j)$, welcher vier benachbarte Gitterpunkte im Abstand h besitzt, ist

$$u_x(x_i, y_j) \approx \frac{u_{i+1,j} - u_{i-1,j}}{2h}, \qquad u_y(x_i, y_j) \approx \frac{u_{i,j+1} - u_{i,j-1}}{2h}, \qquad (1.32)$$

$$u_{xx}(x_i, y_j) \approx \frac{u_{i+1,j} - 2u_{i,j} + u_{i-1,j}}{h^2},$$

$$u_{yy}(x_i, y_j) \approx \frac{u_{i,j+1} - 2u_{i,j} + u_{i,j-1}}{h^2},$$

$$(1.33)$$

wobei wir die Differenzenquotienten bereits mit den Näherungswerten in den Gitterpunkten gebildet haben. Um für das Folgende eine leicht einprägsame Schreibweise ohne Doppelindizes zu erhalten, bezeichnen wir die vier Nachbarpunkte von P nach den Himmelsrichtungen mit N, W, S und E (vgl. Abb. 1.4) und definieren

$$u_P := u_{i,j}, \ u_N := u_{i,j+1}, \ u_W := u_{i-1,j}, \ u_S := u_{i,j-1}, \ u_E := u_{i+1,j}. \quad (1.34)$$

Die Poisson-Gleichung (1.26) wird damit im Gitterpunkt P approximiert durch die *Differenzengleichung*

$$\frac{-u_E + 2u_P - u_W}{h^2} + \frac{-u_N + 2u_P - u_S}{h^2} = f_P, \quad f_P := f(x_i, y_j),$$

welche nach Multiplikation mit h^2 übergeht in

$$\boxed{4u_P - u_N - u_W - u_S - u_E = h^2 f_P.} \qquad (1.35)$$

Der von h^2 befreite Differenzenausdruck in (1.35) wird häufig durch einen so genannten *Differenzenstern* geometrisch symbolisiert, siehe Abb. 1.5. An ihm können die Punkte eines Gitters mit ihren Faktoren abgelesen werden, die an der Gleichung für den durch ∎ gekennzeichneten Punkt beteiligt sind. Viele solche Sterne mit Fehlerglied findet man in [3], ebenso Neun-Punkte-Sterne für $-\Delta u$ und Sterne für triangulierte Gebiete.

3. *Lösungsschritt.* Die gegebenen Randbedingungen der Randwertaufgabe sind jetzt zu berücksichtigen, und allenfalls ist die Differenzapproximation der Differenzialgleichung den Randbedingungen anzupassen.

Die einfachste Situation liegt vor, falls nur Dirichlet'sche Randbedingungen zu erfüllen sind und das Netz so gewählt werden kann, dass nur regelmäßige innere Gitterpunkte entstehen. In diesem Fall ist die Differenzengleichung (1.35) für alle inneren Gitterpunkte, in denen der Funktionswert unbekannt ist, uneingeschränkt anwendbar, wobei die bekann-

Abb. 1.5 Fünf-Punkte-
Differenzenstern zu (1.35)

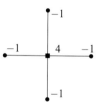

ten Randwerte eingesetzt werden können. Existieren jedoch unregelmäßige Gitterpunkte
wie in Abb. 1.4, so sind für diese geeignete Differenzengleichungen herzuleiten. Auf die
Behandlung von solchen randnahen, unregelmäßigen Gitterpunkten werden wir hier nicht
eingehen, siehe etwa [12].

1.4.2 Ableitungen in den Randbedingungen

Neumann'sche und Cauchy'sche Randbedingungen (1.30) und (1.31) erfordern im Allgemeinen umfangreichere Maßnahmen. An dieser Stelle wollen wir nur eine einfache Situation betrachten. Wir wollen annehmen, der Rand falle mit einer Netzgeraden parallel zur
y-Achse zusammen, und die Neumann'sche Randbedingung verlange, dass die Normalableitung verschwinde (vgl. Abb. 1.6). Die äußere Normale $\mathbf{n}$ zeige in Richtung der positiven x-Achse. Mit dem vorübergehend eingeführten Hilfsgitterpunkt E und dem Wert
u_E kann die Normalableitung durch den zentralen Differenzenquotienten approximiert
werden, ganz entsprechend zur Vorgehensweise in Abschn. 1.3.2. Das ergibt

$$\frac{\partial u}{\partial \mathbf{n}}\bigg|_P \approx \frac{u_E - u_W}{2h} = 0 \implies u_E = u_W.$$

Das Verschwinden der Normalableitung bedeutet oft, dass die Funktion $u(x, y)$ bezüglich des betreffenden Randstücks symmetrisch ist. Wegen dieser Symmetrieeigenschaft
darf die Funktion $u(x, y)$ über den Rand hinaus fortgesetzt werden, und die allgemeine

Abb. 1.6 Spezielle Neumann'sche Randbedingung

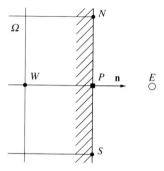

Abb. 1.7 Vier-Punkte-
Differenzenstern zu (1.36)

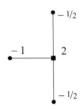

Differenzengleichung (1.35) darf angewendet werden. Aus ihr erhalten wir nach Division
durch 2, die später begründet wird, die Gleichung

$$2u_P - \frac{1}{2}u_N - u_W - \frac{1}{2}u_S = \frac{1}{2}h^2 f_P. \tag{1.36}$$

4. *Lösungsschritt.* Um die unbekannten Funktionswerte in den Gitterpunkten berechnen
zu können, sind dafür Gleichungen zu formulieren. Da nach den beiden vorangehenden
Lösungsschritten für jeden solchen Gitterpunkt eine lineare Differenzengleichung vorliegt,
ist es möglich, ein lineares Gleichungssystem für die unbekannten Funktionswerte zu formulieren. Zu diesem Zweck werden zur Vermeidung von Doppelindizes die Gitterpunkte
des Netzes, deren Funktionswerte unbekannt sind, durchnummeriert. Die Nummerierung
der Gitterpunkte muss nach bestimmten Gesichtspunkten erfolgen, damit das entstehende
Gleichungssystem geeignete Strukturen erhält, welche den Lösungsverfahren angepasst
sind. Das lineare Gleichungssystem stellt die *diskrete Form* der gegebenen Randwertaufgabe dar.

Beispiel 1.2. Im Grundgebiet Ω von Abb. 1.8 soll die Poisson-Gleichung

$$-\Delta u = 2 \text{ in } G \tag{1.37}$$

unter den Randbedingungen

$$u = 0 \text{ auf } DE \text{ und } EF \tag{1.38}$$

$$u = 1 \text{ auf } AB \text{ und } BC \tag{1.39}$$

$$\frac{\partial u}{\partial \mathbf{n}} = 0 \text{ auf } CD \text{ und } FA \tag{1.40}$$

gelöst werden. Die Lösung der Randwertaufgabe beschreibt beispielsweise den Spannungszustand eines unter Torsion belasteten Balkens. Sein Querschnitt ist ringförmig
und geht aus Ω durch fortgesetzte Spiegelung an den Seiten CD und FA hervor. Aus
Symmetriegründen kann die Aufgabe im Gebiet von Abb. 1.8 gelöst werden, wobei die
Neumann'schen Randbedingungen (1.40) auf den beiden Randstücken CD und FA die
Symmetrie beinhalten. Die betrachtete Randwertaufgabe (1.37) bis (1.40) kann auch so
interpretiert werden, dass die stationäre Temperaturverteilung $u(x, y)$ in dem ringförmi-
gen Querschnitt eines (langen) Behälters gesucht ist, falls durch eine chemische Reaktion
eine Wärmequelle konstanter Temperatur vorhanden ist. Die Wandtemperatur des Behälters werde innen auf den (normierten) Wert $u = 1$ und außen auf den Wert $u = 0$ gesetzt.

Abb. 1.8 Grundgebiet Ω
mit Netz und Gitterpunkten,
$h = 0.25$

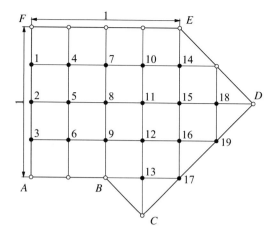

Zur Diskretisierung der Randwertaufgabe soll das in Abb. 1.8 eingezeichnete regelmäßige Netz mit der Gitterweite $h = 0.25$ verwendet werden. Die Gitterpunkte sind entweder
Randpunkte oder reguläre innere Punkte. Die Gitterpunkte mit unbekanntem Funktionswert sind durch ausgefüllte Kreise markiert, diejenigen mit nach (1.38) und (1.39) bekannten Werten durch leere Kreise.

Für alle im Innern des Grundgebietes liegenden Gitterpunkte ist die Differenzengleichung (1.35) anwendbar mit $f_P = 2$. Für die auf dem Randstück FA liegenden Gitterpunkte ist ein zu Abb. 1.7 gespiegelter Differenzenstern zu verwenden. Für die Gitterpunkte auf CD erhalten wir aus Symmetriegründen mit $u_S = u_W$ und $u_E = u_N$ aus (1.35)
die Differenzengleichung (Drei-Punkte-Stern) $4u_P - 2u_N - 2u_W = h^2 f_P$, die aus einem
bald ersichtlichen Grund durch 2 dividiert wird. Wir fassen die Differenzengleichungen
für diese Randwertaufgabe zusammen:

$$\begin{aligned}
4u_P - u_N - u_W - u_S - u_E &= h^2 f_P \quad \text{im Innern} \\
2u_P - \tfrac{1}{2}u_N - u_E - \tfrac{1}{2}u_S &= \tfrac{1}{2}h^2 f_P \quad \text{auf } FA \\
2u_P - u_N - u_W &= \tfrac{1}{2}h^2 f_P \quad \text{auf } CD
\end{aligned} \qquad (1.41)$$

Die Gitterpunkte mit unbekanntem Funktionswert nummerieren wir spaltenweise durch,
wie dies in Abb. 1.8 erfolgt ist. Für die zugehörigen 19 Unbekannten $u_1, u_2, \ldots, u_{19}$ können wir das lineare Gleichungssystem aufstellen. Dabei werden wir die Differenzengleichungen vernünftigerweise in der Reihenfolge der nummerierten Gitterpunkte aufschreiben und dabei in den Gleichungen allfällige Dirichlet'sche Randbedingungen einsetzen.
Auf diese Weise entsteht ein lineares Gleichungssystem, das wir in einer hoffentlich ein-
leuchtenden Schreibweise in Tab. 1.2 dargestellt haben. Dabei sind nur die von null verschiedenen Koeffizienten und die rechte Seite (r. S.) angegeben.

Die Systemmatrix **A** ist *symmetrisch*. Hätten wir die Differenzengleichungen für die
Randpunkte mit Neumann'scher Randbedingung nicht durch 2 dividiert, so wäre die Matrix **A** unsymmetrisch geworden. Die Matrix **A** ist schwach diagonal dominant und ist,
wie man relativ leicht feststellen kann, irreduzibel oder nicht zerfallend, siehe Kap. 2. Da
die Diagonalelemente positiv sind, ist **A** *positiv definit*, und deshalb besitzt das lineare

Tabelle 1.2 Das Gleichungssystem zu Beispiel 1.2

u_1	u_2	u_3	u_4	u_5	u_6	u_7	u_8	u_9	u_{10}	u_{11}	u_{12}	u_{13}	u_{14}	u_{15}	u_{16}	u_{17}	u_{18}	u_{19}	r. S.
2	−1/2		−1																0.0625
−1/2	2	−1/2		−1															0.0625
	−1/2	2			−1														0.5625
−1			4	−1		−1													0.125
	−1		−1	4	−1		−1												0.125
		−1		−1	4			−1											1.125
			−1			4	−1		−1										0.125
				−1		−1	4	−1		−1									0.125
					−1		−1	4			−1								1.125
						−1			4	−1		−1							0.125
							−1		−1	4	−1		−1						0.125
								−1		−1	4	−1		−1					0.125
											−1	4			−1				2.125
										−1			4	−1		−1			0.125
											−1		−1	4	−1		−1		0.125
												−1		−1	4	−1		−1	0.125
													−1		−1	2			0.0625
														−1			4	−1	0.125
															−1		−1	2	0.0625

Gleichungssystem eine eindeutige Lösung. Sie kann mit dem Verfahren von Cholesky oder auch iterativ berechnet werden. Die verwendete Nummerierung der Gitterpunkte und damit der Unbekannten hat zur Folge, dass die schwach besetzte Koeffizientenmatrix **A** *Bandstruktur* hat mit einer Halbbandbreite $m = 4$. Wird diese Struktur bei der Datenstruktur und Programmierung berücksichtigt, dann kann das Gleichungssystem effizient gelöst werden. Die auf fünf Stellen nach dem Komma gerundete Lösung ist entsprechend der Lage der Gitterpunkte zusammen mit den gegebenen Randwerten in (1.42) zusammengestellt.

$$
\begin{matrix}
0 & 0 & 0 & 0 & 0 \\
0.41686 & 0.41101 & 0.39024 & 0.34300 & 0.24049 & 0 \\
0.72044 & 0.71193 & 0.68195 & 0.61628 & 0.49398 & 0.28682 & 0 \\
0.91603 & 0.90933 & 0.88436 & 0.82117 & 0.70731 & 0.52832 \\
1 & 1 & 1 & 0.95174 & 0.86077 \\
& & & 1 &
\end{matrix}
\tag{1.42}
$$

1.4.3 Ein zweidimensionales Modellproblem

Wir wollen jetzt noch ein besonders einfaches Problem zur späteren Wiederverwendung als Modellproblem definieren, das Poisson-Problem auf dem Einheitsquadrat.

$$
\boxed{
\begin{aligned}
-\Delta u &= f \quad \text{in } \Omega = (0,1) \times (0,1) \\
u &= 0 \quad \text{auf } \Gamma
\end{aligned}
}
\tag{1.43}
$$

Mit $x_i := i\,h$, $y_j := j\,h$, $h := 1/N$, ist ein Gitter mit den Punkten $P_{ij} := (x_i, y_j)$ auf Ω definiert, auf dem (1.43) diskretisiert werden soll. Mit dem Fünf-Punkte-Stern und der Vorgehensweise aus dem letzten Abschnitt bekommen wir für jeden inneren Punkt die Gleichung (1.35), die hier noch einmal mit Doppelindizes aufgeschrieben werden soll:

$$-u_{i-1,j} - u_{i+1,j} + 4u_{i,j} - u_{i,j-1} - u_{i,j+1} = h^2 f_{ij},$$

wobei $f_{ij} := f(x_i, y_j)$ und in den Randpunkten $u_{i,j} = 0$ gesetzt wird.

Zur eindimensionalen, so genannten *lexikographischen* Nummerierung werden die inneren Punkte des Quadrates in der Index-Reihenfolge

$$(1,1), (2,1), (3,1), \ldots, (N-1,1), (1,2), (2,2), (3,2), \ldots, (N-1, N-1),$$

also geometrisch zeilenweise von unten nach oben geordnet:

N					$2(N-1)$
1	2	3			$N-1$

Γ

Damit ergibt sich die $(N-1)^2 \times (N-1)^2$-Matrix

$$\mathbf{A} = \begin{pmatrix} \mathbf{B} & -\mathbf{I} & 0 & \cdots & & 0 \\ -\mathbf{I} & \mathbf{B} & -\mathbf{I} & & 0 & \\ 0 & \ddots & \ddots & \ddots & & \ddots \\ & & \ddots & & & -\mathbf{I} \\ 0 & \cdots & & 0 & -\mathbf{I} & \mathbf{B} \end{pmatrix} \qquad (1.44)$$

mit den Blöcken

$$\mathbf{B} = \begin{pmatrix} 4 & -1 & 0 & \cdots & & 0 \\ -1 & 4 & -1 & & 0 & \\ 0 & \ddots & \ddots & \ddots & & \\ \vdots & & \ddots & -1 & 4 & -1 \\ 0 & \cdots & & 0 & -1 & 4 \end{pmatrix} \in \mathbb{R}^{(N-1),(N-1)}$$

und der Einheitsmatrix $\mathbf{I} \in \mathbb{R}^{(N-1),(N-1)}$. Die Matrix hat die Halbbandbreite $m = N-1$, allerdings sind in jeder Zeile nur maximal fünf Elemente ungleich null. Da in Anwendungsproblemen N recht groß ist, sollten zur Lösung spezielle Iterationsverfahren angewendet werden, siehe Kap. 2.

1.5 Die Methode der finiten Elemente

Wie wir schon im einführenden Beispiel in Abschn. 1.1.2 gesehen haben, ist diese Methode komplizierter in der Herleitung. Außerdem löst sie statt der Differenzialgleichung ein Variationsproblem, das *nur* eine schwache Lösung liefert. Trotzdem ist die Methode der finiten Elemente wegen ihrer Flexibilität von großer Bedeutung. Hier soll nur der Ansatz mit stückweise linearen Polynomen auf Dreiecken geschildert werden, und wir werden uns auf die Helmholtz-Gleichung (1.27) mit homogenen Dirichlet-Randbedingungen beschränken. Wir verweisen wieder auf [12] und die weiterführende Spezial-Literatur, z. B. [2, 7, 8, 10, 11, 15].

1.5.1 Die Variationsmethode

In der (x, y)-Ebene sei ein beschränktes Gebiet Ω gegeben, das polygonal begrenzt sein soll, d. h. der Rand Γ bestehe aus Geraden-Stücken, siehe Abb. 1.9. Liegt ein Grundgebiet wie das aus Abb. 1.3 vor, so muss dieses entsprechend approximiert werden.

Als Ausgangsproblem für unsere Vorgehensweise wählen wir die Helmholtz-Gleichung mit homogenen Dirichlet-Randbedingungen

$$\boxed{-\Delta u + \varrho(x, y)\, u = f(x, y) \text{ in } \Omega\,, \quad u = 0 \text{ auf } \Gamma\,.} \qquad (1.45)$$

In [12] wird gezeigt, dass eine Lösung dieses Problems den Integralausdruck

$$I(u) := \iint\limits_{\Omega} \left\{ \frac{1}{2}(u_x^2 + u_y^2) + \frac{1}{2}\varrho(x, y)u^2 - f(x, y)u \right\} \, dx\, dy \qquad (1.46)$$

minimiert. Der Integralausdruck $I(u)$ hat in den meisten Anwendungen die Bedeutung einer Energie und nimmt auf Grund von Extremalprinzipien (Hamilton'sches, Rayleigh'-sches oder Fermat'sches Prinzip) [6] ein Minimum an. Deshalb spricht man auch von der *Energiemethode*. In Ingenieurwissenschaften und Physik treten Variationsproblem oft direkt auf, ohne den Umweg über die Form einer partiellen Differenzialgleichung.

Wir wollen aber hier wieder den naiven Zugang zum Variationsproblem wie im einführenden eindimensionalen Problem in Abschn. 1.1.2 wählen. Dazu definieren wir den Lösungsraum

$$\mathfrak{M} := \left\{ u \mid u \in C^2(\Omega) \cap C^0(\bar{\Omega})\,, \quad u = 0 \text{ auf } \Gamma \right\}\,, \qquad (1.47)$$

eine Bilinearform

$$B(u, w) := \iint\limits_{\Omega} \left\{ (u_x w_x + u_y w_y) + \varrho(x, y)uw \right\} \, dx\, dy \qquad (1.48)$$

und ein lineares Funktional

$$l(w) := \iint\limits_{\Omega} f(x, y)w \, dx\, dy\,. \qquad (1.49)$$

Satz 1.3. *Ist $u \in \mathfrak{M}$ eine Lösung des Helmholtz-Problems (1.45), dann gilt*

$$\boxed{B(u, w) = l(w) \quad \forall w \in \mathfrak{M} .}$$
(1.50)

Beweis. Wir multiplizieren die Differenzialgleichung (1.45) mit einem beliebigen $w \in \mathfrak{M}$ und integrieren über Ω:

$$\iint\limits_{\Omega} \{-\Delta u + \varrho(x, y)u - f(x, y)\} w \, dxdy = 0 .$$
(1.51)

Die Green'sche Formel (partielle Integration) ergibt jetzt für den ersten Term

$$-\iint\limits_{\Omega} \{u_{xx} + u_{yy}\} w \, dxdy = -\oint\limits_{\Gamma} \frac{\partial u}{\partial \mathbf{n}} w \, ds + \iint\limits_{\Omega} u_x w_x + u_y w_y \, dxdy .$$

Dabei ist $\partial u/\partial \mathbf{n}$ die Ableitung in Richtung der äußeren Normalen. Wegen $w \in \mathfrak{M}$ verschwindet das Randintegral und wir erhalten

$$-\iint\limits_{\Omega} \{u_{xx} + u_{yy}\} w \, dxdy = \iint\limits_{\Omega} -\Delta u \, w \, dxdy = \iint\limits_{\Omega} u_x w_x + u_y w_y \, dxdy .$$

Setzen wir das in (1.51) ein, so ergibt sich die Behauptung.   □

Für die so genannten *Testfunktionen* w haben wir die zweimalige stetige Differenzierbarkeit vorausgesetzt. Das ist stark übertrieben, denn die Gleichung (1.50) kann auch für Funktionen aus einem viel größeren Raum erfüllt sein. In der Theorie wählt man geeignete *Sobolev-Räume*. Darauf soll hier nicht eingegangen werden, wir schwächen die Forderung nur insofern ab, dass wir sagen, die Testfunktionen w sollen fast überall[3] stückweise differenzierbar sein.

$$\boxed{\mathfrak{M} := \{w \mid w \in C^0(\bar{\Omega}) , \quad u = 0 \text{ auf } \Gamma , \quad w \text{ fast überall differenzierbar}\}}$$
(1.52)

Da die Ableitungen dieser Funktionen nur unter dem Integral vorkommen, reicht das aus; sind sie auf einer Menge vom Maße null[3] nicht definiert, so ändert sich der Wert des Integrals dadurch nicht. Wir haben im Abschn. 1.1.2 schon gesehen, wie diese abgeschwächte Forderung im eindimensionalen Fall konkret genutzt wird. Dies werden wir bald auch im mehrdimensionalen Fall sehen. Finden wir Lösungen des Variationsproblems in diesem erweiterten Raum, so sprechen wir wieder von einer *schwachen Lösung*. In diesem Fall

---

[3] Dieser Ausdruck bedeutet, dass es unendlich viele Ausnahmepunkte geben kann, diese aber insgesamt eine Menge vom Maße null bilden. Bildlich gesprochen ist das eine Menge, deren Dimension kleiner ist als die Raumdimension, also z. B. eine Menge von Punkten im $\mathbb{R}^1$ oder von Strecken im $\mathbb{R}^2$.

Abb. 1.9 Polygonal berandetes Gebiet Ω mit Triangulierung

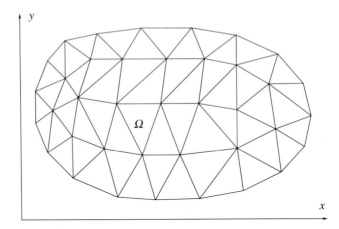

kann es schwer bis unmöglich sein, zu zeigen, dass die schwache Lösung auch die Differenzialgleichung (1.45) löst, also auch eine *reguläre* oder *klassische Lösung* ist.

Vom praktischen Gesichtspunkt aus ist die Unterscheidung zwischen schwacher und regulärer Lösung von geringer Bedeutung. Da in vielen Fällen die Variationsaufgabe die natürliche Art der Beschreibung eines physikalischen Sachverhalts darstellt, ist es überhaupt
nicht notwendig, auf das Randwertproblem zurückzugehen. Das Variationsproblem wird
im Folgenden approximativ gelöst, indem eine Näherung für $u(x, y)$ in einem endlich-
dimensionalen Funktionenraum von bestimmten stückweise stetig differenzierbaren Funktionen ermittelt wird.

In die Lösung der Variationsaufgabe müssen die Randbedingungen (1.29) bis (1.31)
ganz anders einbezogen werden als bei der direkten Diskretisierung der Differenzialgleichung. Wir haben es uns mit den homogenen Randbedingungen einfach gemacht, verweisen bezüglich allgemeinerer Randbedingungen wieder auf [12].

1.5.2 Prinzip der Methode der finiten Elemente

In einem ersten Lösungsschritt erfolgt eine Diskretisierung des Gebietes Ω in einfache
Teilgebiete, die so genannten *Elemente*. Wir wollen im Folgenden nur *Triangulierungen*
betrachten, in denen das Gebiet Ω durch Dreieckselemente so überdeckt wird, dass an-
einander grenzende Dreiecke eine ganze Seite oder nur einen Eckpunkt gemeinsam haben
(vgl. Abb. 1.9). Solche Triangulierungen heißen *konform*. Das Grundgebiet Ω wird durch
die Gesamtfläche der Dreiecke ersetzt. Ein krummlinig berandetes Gebiet kann sehr flexibel durch eine Triangulierung approximiert werden, wobei allenfalls am Rand eine lokal
feinere Einteilung angewandt werden muss. Die Triangulierung sollte keine allzu stumpf-
winkligen Dreiecke enthalten, um numerische Schwierigkeiten zu vermeiden.

Im zweiten Schritt wählt man für die gesuchte Funktion $u(x, y)$ in jedem Dreieck einen
bestimmten Ansatz $\tilde{u}(x, y)$. Dafür eignen sich lineare, quadratische und auch kubische

Abb. 1.10 Knotenpunkte im
Dreieck bei linearem Ansatz

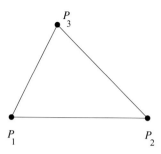

Polynome in den beiden Variablen x und y

$$\tilde{u}(x, y) = c_1 + c_2 x + c_3 y \,, \tag{1.53}$$

$$\tilde{u}(x, y) = c_1 + c_2 x + c_3 y + c_4 x^2 + c_5 xy + c_6 y^2 \,, \tag{1.54}$$

$$\tilde{u}(x, y) = c_1 + c_2 x + c_3 y + c_4 x^2 + c_5 xy + c_6 y^2 + c_7 x^3 + c_8 x^2 y + c_9 xy^2 + c_{10} y^3 \,. \tag{1.55}$$

Diese für jedes Element gültigen Ansatzfunktionen müssen beim Übergang von einem Dreieck ins benachbarte zumindest stetig sein, damit eine für die Behandlung des Variationsproblems zulässige Gesamtfunktion resultiert, die ja stetig und einmal stückweise stetig differenzierbar sein muss. Um diese Stetigkeitsbedingung zu erfüllen, sind entweder die Koeffizienten c_k in (1.53) bis (1.55) durch Funktionswerte in bestimmten *Knotenpunkten* des Dreiecks auszudrücken, oder aber man verwendet direkt einen geeigneten Ansatz für $\tilde{u}(x, y)$ mit so genannten *Basisfunktionen*, die analog zu den Lagrange-Polynomen mit entsprechenden Interpolationseigenschaften bezüglich der Knotenpunkte definiert werden.

Im Fall des linearen Ansatzes (1.53), auf den wir uns beschränken wollen, ist die Funktion $\tilde{u}(x, y)$ im Dreieck eindeutig bestimmt durch die drei Funktionswerte in den Eckpunkten, siehe Abb. 1.10. Die Stetigkeit der linearen Ansätze beim Übergang in benachbarte Dreiecke folgt aus der Tatsache, dass sie auf den Dreiecksseiten lineare Funktionen der Bogenlänge sind, welche durch die Funktionswerte in den Endpunkten eindeutig bestimmt sind.

Die linearen Ansatzfunktionen werden zu einer Basis des endlich dimensionalen Funktionenraums, in dem wir eine schwache Lösung bestimmen wollen, wenn wir eine solche Funktion pro Knotenpunkt im Innern des Gebietes Ω interpolatorisch bestimmen:

$$w_k(x, y) = \begin{cases} 1 & \text{im Punkt} \quad P_k \,, \\ 0 & \text{in allen Punkten} \quad P_j, j \neq k \,. \end{cases} \tag{1.56}$$

Die gesuchte Lösung u stellen wir als Linearkombination dieser Ansatzfunktionen dar:

$$u(x, y) = \sum_{k=1}^{n} \alpha_k w_k(x, y) \tag{1.57}$$

Diesen Ansatz setzen wir in (1.50) ein. Die Forderung, dass (1.50) für jede Basisfunktion w_k als Testfunktion w gelten soll, liefert schließlich das lineare Gleichungssystem

$$\sum_{j=1}^{n} \alpha_j \, B(w_j, w_k) = l(w_k) \quad \text{für} \quad k = 1, 2, \ldots, n \, . \tag{1.58}$$

Der dritte Schritt besteht nun darin, die Bilinearform B und das lineare Funktional l für alle Basisfunktionen auszuwerten, um damit das lineare Gleichungssystem

$$\mathbf{A}\boldsymbol{\alpha} = \mathbf{b} \quad \text{mit} \quad \mathbf{A} = \{B(w_j, w_k)\}_{j,k=1}^{n} \quad \text{und} \quad \mathbf{b} = \{l(w_k)\}_{k=1}^{n} \tag{1.59}$$

aufzustellen. Darin ist $\mathbf{A}$ eine symmetrische Matrix, die positiv definit ist, falls der Integralausdruck I (1.46) einer Energie entspricht oder $\varrho(x, y) \geq 0$ ist.

Im vierten Schritt wird dieses Gleichungssystem gelöst. Die Lösungsfunktion (1.57) ergibt sich dann mit den Lösungskomponenten $\boldsymbol{\alpha} = (\alpha_1, \ldots, \alpha_n)^T$.

Neben der Lösung des linearen Gleichungssystems (1.59) ist die Berechnung der Elemente der Matrix $\mathbf{A}$ und der rechten Seite $\mathbf{b}$ die Hauptarbeit auf dem Weg zu einer Finite-Elemente-Lösung. Diese Berechnung wollen wir im nächsten Abschnitt rezeptartig beschreiben.

1.5.3 Lokale und globale Basisfunktionen

Die Basisfunktionen wurden in (1.56) definiert, was wir hier etwas salopper schreiben wollen als

$$w_k(P_j) = \delta_{kj} \, , \quad k, j = 1, \ldots, n \, . \tag{1.60}$$

Sie heißen globale Basis- oder Formfunktionen, da sie auf dem ganzen Gebiet Ω definiert sind. Die Aufstellung des linearen Gleichungssystems (1.59) geschieht aber mit Hilfe der *lokalen Basisfunktionen*, die mit demselben Ansatz, aber beschränkt auf eine Element (Dreieck) e definiert werden:

$$w_k^e(P_j^e) = \delta_{kj} \, , \quad k, j = 1, 2, 3 \, . \tag{1.61}$$

Das bedeutet, dass die Knotenpunkte als P_j^e einen lokalen Index ($j = 1, 2$ oder 3) und als P_k einen globalen Index ($1 \leq k \leq n$) besitzen, den Zusammenhang stellt folgende Gleichung her:

$$w_k(x, y) = \begin{cases} w_j^e(x, y), & \text{falls} \quad P_j^e = P_k \text{ und } (x, y) \in e \\ 0 & \text{sonst.} \end{cases} \tag{1.62}$$

In Abb. 1.11 sind für ein kleines Dreiecksnetz lokale und globale Formfunktion zu demselben Punkt P_k zu sehen; dabei stelle man sich die Wände der lokalen Formfunktion vorn links und rechts senkrecht vor; sie fällt dort unstetig auf null.

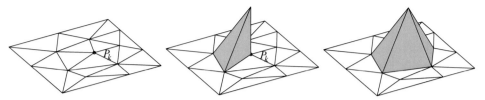

Abb. 1.11 Lokale (*Mitte*) und globale (*rechts*) Formfunktion für einen Punkt $P_k = P_j^e$ in einem Dreiecksnetz

Die Integrale in (1.48) und (1.49) werden ausschließlich mit den lokalen Formfunktionen berechnet und dann global zusammengesetzt. Dazu benötigen wir neben einer Reihe von lokalen geometrischen Informationen auch die partiellen Ableitungen der lokalen Formfunktionen[4]. Zunächst ergibt sich die Dreiecksfläche als

$$A(P_1, P_2, P_3) := \frac{1}{2} \begin{vmatrix} 1 & x_1 & y_1 \\ 1 & x_2 & y_2 \\ 1 & x_3 & y_3 \end{vmatrix} = \frac{1}{2} \begin{vmatrix} x_2 - x_1 & y_2 - y_1 \\ x_3 - x_1 & y_3 - y_1 \end{vmatrix}$$

$$= \frac{1}{2}(x_1 y_2 + x_2 y_3 + x_3 y_1 - x_1 y_3 - x_2 y_1 - x_3 y_2), \quad (1.63)$$

wenn $P_1 = (x_1, y_1), P_2 = (x_2, y_2), P_3 = (x_3, y_3) \in \mathbb{R}^2$.

Außerdem führen wir die folgenden Abkürzungen ein:

$$\begin{aligned} A &:= A(P_1^e, P_2^e, P_3^e), \\ a_1 &:= x_2 y_3 - x_3 y_2, & b_1 &:= y_2 - y_3, & c_1 &:= x_3 - x_2, \\ a_2 &:= x_3 y_1 - x_1 y_3, & b_2 &:= y_3 - y_1, & c_2 &:= x_1 - x_3, \\ a_3 &:= x_1 y_2 - x_2 y_1, & b_3 &:= y_1 - y_2, & c_3 &:= x_2 - x_1. \end{aligned} \quad (1.64)$$

Damit lauten die lokalen Formfunktionen:

$$\begin{aligned} w_1^e(x, y) &= \frac{1}{2A}(b_1 x + c_1 y + a_1), \\ w_2^e(x, y) &= \frac{1}{2A}(b_2 x + c_2 y + a_2), \\ w_3^e(x, y) &= \frac{1}{2A}(b_3 x + c_3 y + a_3). \end{aligned} \quad (1.65)$$

Die partiellen Ableitungen ergeben sich damit leicht zu

$$\frac{\partial w_i^e}{\partial x} = \frac{b_i}{2A}, \quad \frac{\partial w_i^e}{\partial y} = \frac{c_i}{2A}, \quad i = 1, 2, 3. \quad (1.66)$$

---

[4] Bei den Hilfsgrößen lassen wir hier der Übersichtlichkeit halber den Elementindex e weg.

1.5.3.1 Allgemeine Definition der Elementmatrizen

Für jedes Element e berechnen wir lokale Werte der Bilinearform B zweier lokaler Formfunktionen w_i^e, w_j^e. Mit diesen Werten können wir dann die globale Matrix $B(w_k, w_j)$
zusammensetzen. Die in den Integralen auftretenden Funktionen ϱ und f werden pro Element konstant gesetzt[5], um die formale Berechnung der Integrale zu ermöglichen.

$$f(x, y) = f^e, \quad \text{falls } (x, y) \in e \,, \tag{1.67}$$

$$\varrho(x, y) = \varrho^e \,, \quad \text{falls } (x, y) \in e \,. \tag{1.68}$$

Damit ergeben sich die Elementmatrizen

$$\mathbf{K}^e := (k_{ij}^e)_{i,j=1,2,3}$$

mit

$$k_{ij}^e := \iint\limits_e \left(\frac{\partial w_i^e}{\partial x} \frac{\partial w_j^e}{\partial x} + \frac{\partial w_i^e}{\partial y} \frac{\partial w_j^e}{\partial y} + \varrho(x, y)\, w_i^e\, w_j^e \right) dxdy \,. \tag{1.69}$$

Zum Aufbau des Rechte-Seite-Vektors $\mathbf{b}$ brauchen wir die folgenden Werte pro Element:

$$\mathbf{b}^e := (b_i^e)_{i=1,2,3} \in \mathbb{R}^3$$

mit

$$b_i^e := \iint\limits_e f(x, y) w_i^e(x, y)\, dxdy \,. \tag{1.70}$$

Zur Berechnung der Elementmatrizen setzen wir (1.66) in (1.69) ein und erhalten mit der
Vereinfachung (1.68)

$$k_{ij}^e := \iint\limits_e \left(\frac{b_i b_j}{4A^2} + \frac{c_i c_j}{4A^2} + \varrho^e w_i^e w_j^e \right) dxdy = \frac{b_i b_j + c_i c_j}{4|A|} + \frac{\varrho^e |A|}{12} \,. \tag{1.71}$$

Jetzt berechnen wir noch die Elementvektoren mit der Vereinfachung (1.67)

$$b_i^e = \iint\limits_e f^e w_i^e\, dxdy = \frac{f^e |A|}{3} \,.$$

1.5.4 Aufbau der Gesamtmatrix A und der rechten Seite b

Mit Hilfe einer geeigneten Datenstruktur sollen jetzt die Matrix $\mathbf{A}$ und die rechte Seite $\mathbf{b}$
algorithmisch akkumuliert werden, um das lineare Gleichungssystem $\mathbf{A}\alpha = \mathbf{b}$ aufzubauen.

---

[5] Auf andere Möglichkeiten wollen wir hier nicht eingehen.

1.5.4.1 Eine Datenstruktur

Bei professionellen Systemen für allgemeine Aufgabenstellungen spielt eine gut überlegte Datenstruktur eine sehr wichtige Rolle. Sie muss es z. B. ermöglichen, bei großen Problemen die Daten effizient auf die Prozessoren eines Parallelrechners zu verteilen bzw. von dort einzusammeln, siehe etwa [1]. Dabei muss jede überflüssige Operation vermieden und der Speicherplatz ökonomisch eingesetzt werden.

Davon sind wir hier weit entfernt. Wir wollen eine ganz simple Datenstruktur vorstellen, die es uns ermöglicht, ein Beispiel selbst mit Hilfe eines kleinen Programms durchzurechnen. Um eine einfache Bearbeitung zu ermöglichen, nehmen wir redundante Operationen und die großzügige Verwendung von Speicherplatz in Kauf.

Wir haben Ω in Dreiecke $e_1, \ldots, e_k$ zerlegt und auf diesen Dreiecken Knotenpunkte angesiedelt. Wir nummerieren alle n_v globalen Knotenpunkte (inklusive der Randpunkte) durch und stellen eine erste Tabelle mit ihren kartesischen Koordinaten auf:

$$
\begin{array}{c|c|c}
\text{Nummer } i & x_i & y_i \\
\hline
1 & x_1 & y_1 \\
\vdots & \vdots & \vdots \\
n_v & x_{n_v} & y_{n_v}
\end{array}
\tag{1.72}
$$

Die Elemente e_i sind bereits durchnummeriert. Wir stellen jetzt eine Tabelle der charakteristischen Werte aller Elemente auf. Wir listen für jedes Element e die Knotenpunkte P_1^e, P_2^e, P_3^e auf, indem wir ihre globalen Nummern aus der ersten Tabelle in diese Elemente-Tabelle eintragen. Da die Funktionen ϱ und f auf den Elementen für die Integrationen durch konstante Werte ersetzt werden, siehe (1.67) und (1.68), können wir diese Funktionswerte ϱ^e und f^e in die Tabelle mit aufnehmen:

$$
\begin{array}{c|ccc|cc}
\text{Nummer von } e & P_1^e & P_2^e & P_3^e & \varrho^e & f^e \\
\hline
1 & Q_{11} & Q_{12} & Q_{13} & \varrho^{e_1} & f^{e_1} \\
2 & Q_{21} & Q_{22} & Q_{23} & \varrho^{e_2} & f^{e_2} \\
\vdots & \vdots & \vdots & \vdots & \vdots & \vdots \\
k & Q_{k1} & Q_{k2} & Q_{k3} & \varrho^{e_k} & f^{e_k}
\end{array}
\tag{1.73}
$$

Wichtig ist, dass die Knotennummern in der kanonischen Reihenfolge angegeben werden, also gegen den Uhrzeigersinn nummeriert sind.

1.5.4.2 Algorithmus zur Berechnung von A und b

Jetzt erfolgt die Summation der Beiträge der einzelnen Dreieckelemente zur Matrix $\mathbf{A}$ und rechten Seite $\mathbf{b}$ des Gleichungssystems (1.59) für das gesamte triangulierte Gebiet. Diesen so genannten *Kompilationsprozess* wollen wir algorithmisch darstellen.

$$
\begin{aligned}
\mathbf{A} &:= 0 \\
\mathbf{b} &:= 0
\end{aligned}
\tag{1.74}
$$

```
for  m = 1 : k  (alle Elemente)
    for i = 1 : 3  (alle lokalen Knotenpunkte)
        for j = 1 : i  (alle Knotenkombinationen)
            l := Q_mi
            r := Q_mj
            A_lr := A_lr + k_ij^em
            A_rl := A_lr
        end
    end
    for i = 1 : 3  (alle lokalen Knotenpunkte)
        l := Q_mi
        b_l := b_l + b_i^em
    end
end
```

Die so erstellte Matrix ist symmetrisch, kann aber noch singulär sein, da Randwerte bisher nicht berücksichtigt wurden. Regulär und sogar positiv definit wird sie durch die Berücksichtigung der Randbedingungen in den betreffenden Randknotenpunkten. Da wir homogene Randbedingungen vorliegen haben, genügt es, die zu Randpunkten gehörenden Gleichungen und die entsprechenden Spalten in der Matrix $\mathbf{A}$ zu streichen. Am einfachsten ist das, wenn wir zuerst den inneren und danach erst den Randpunkten Knotenpunkt-Nummern zuteilen, sagen wir: $1, \ldots, n$ und $n + 1, \ldots, n_v$. Dann entsteht das zu lösende $n \times n$-Gleichungssystem einfach durch Streichen der letzten $n_v - n$ Spalten und Zeilen in $\mathbf{A}$ und $\mathbf{b}$. Zu dieser Vorgehensweise gibt es Alternativen, die auch Randwerte ungleich null berücksichtigen können, siehe [12].

Das symmetrische positiv definite Gleichungssystem $\mathbf{A}\boldsymbol{\alpha} = \mathbf{b}$ kann mit der Methode von Cholesky unter Ausnutzung der Bandstruktur gelöst werden. Die Bandbreite von $\mathbf{A}$ variiert allerdings bei den meisten Anwendungen sehr stark, so dass die so genannte *hüllenorientierte* Rechentechnik Vorteile bringt. Bandbreite bzw. allgemeiner die Struktur der Matrix $\mathbf{A}$ hängen wesentlich von der Nummerierung der Knotenpunkte ab. Sie sollte so erfolgen, dass die maximale Differenz zwischen Nummern, welche zu einem Element gehören, minimal ist, damit die Bandbreite der Matrix $\mathbf{A}$ im System (1.59) möglichst klein ist. Es existieren heuristische Algorithmen, die eine nahezu optimale Nummerierung in akzeptabler Zeit $O(N)$ systematisch finden [5, 11].

Bei größeren Systemen wird man zur Lösung der linearen Gleichungen $\mathbf{A}\mathbf{x} = \mathbf{b}$ spezielle iterative Methoden anwenden, die wir im Kap. 2 behandeln werden.

Beispiel 1.3. Wir wollen das einfache Poisson-Problem

$$- \Delta u = 2 \text{ in } \Omega = [0, 3] \times [0, 2] , \quad u = 0 \text{ auf } \Gamma = \partial G \qquad (1.75)$$

mit der Methode der finiten Elemente lösen. Dazu definieren wir ein sehr grobes Dreiecksnetz und nummerieren die Punkte und Elemente durch wie in Abb. 1.12 zu sehen. Wir zeigen die elementweise Berechnung beispielhaft an der Basisfunktion zum Knoten P_5 im

Abb. 1.12 Einfaches Dreiecksgitter mit Knotenpunkt- und Elemente-Nummerierung

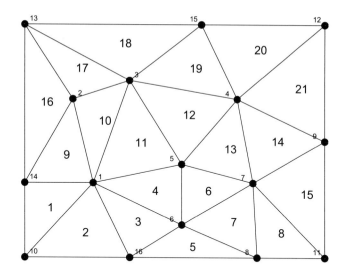

Element e_{12}, der dort der lokale Knoten P_2^{12} ist. In der Knotenpunkt-Tabelle (1.72) sind die Punkte

Nummer i	x_i	y_i
3	1.04	1.52
4	2.12	1.36
5	1.56	0.8

am Element e_{12} beteiligt. In der Elemente-Tabelle (1.73) steht für dieses Element die Zeile

Nummer von e	P_1^e	P_2^e	P_3^e	ϱ^e	f^e
12	3	5	4	0.0	2.0

Die benötigten geometrischen Hilfsgrößen für e_{12} sind

$$A = 0.3472, \quad b_1 = -0.56, \quad b_2 = -0.16, \quad b_3 = 0.72,$$
$$c_1 = 0.56, \quad c_2 = -1.08, \quad c_3 = 0.52.$$

Damit ergeben sich für das Element e_{12} die Elementmatrix und der Anteil des Elementes an der rechten Seite

$$\mathbf{K}^{e_{12}} = \begin{pmatrix} 0.4516 & -0.3710 & -0.0806 \\ -0.3710 & 0.8583 & -0.4873 \\ -0.0806 & -0.4873 & 0.5680 \end{pmatrix}, \quad \mathbf{b}^{e_{12}} = \begin{pmatrix} 0.2315 \\ 0.2315 \\ 0.2315 \end{pmatrix}.$$

Diese werden nach dem Algorithmus (1.74) auf die globale Matrix und die globale rechte Seite verteilt. Nachdem dieser Vorgang für alle Elemente durchgeführt wurde und die Zeilen und Spalten zu Randpunkten gestrichen wurden, entsteht eine 7×7-Matrix mit der

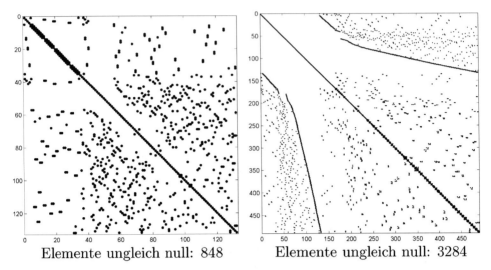

Abb. 1.13 Besetzungsstruktur der Finite-Elemente-Matrizen bei 132 bzw. 490 Knotenpunkten

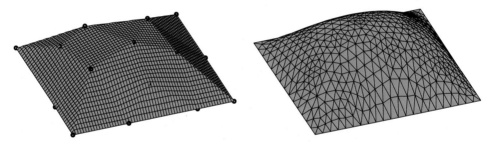

Abb. 1.14 Finite-Elemente-Lösung auf Dreiecksgittern mit 7 bzw. 490 inneren Knotenpunkten

folgenden Besetzungsstruktur

$$\begin{pmatrix}
\times & \times & \times & & \times & \times & & \\
\times & \times & \times & & & & & \\
\times & \times & \times & \times & \times & & & \\
 & & & \times & \times & \times & & \times \\
\times & & \times & \times & \times & \times & \\
\times & & & & \times & \times & \times \\
 & & & \times & \times & \times & \times
\end{pmatrix}.$$

Das kann an Abb. 1.12 gut nachvollzogen werden. Die schwache Besetztheit dieser Matrix ist wegen der geringen Größe des Problems nicht gut zu erkennen. Verfeinern wir das Dreiecksnetz auf 132 oder sogar auf 490 Knotenpunkte, dann ist mit der MATLAB-Funktion spy(A) in Abb. 1.13 die schwache Besetztheit gut zu erkennen. Im letzten Fall sind nur 3284 der 240 100 Matrixelemente ungleich null.

Die Lösung des Gleichungssystems $\mathbf{A}\alpha = \mathbf{b}$ ergibt wegen (1.56) die sieben Werte der Näherungslösung $u(P_k) = \alpha_k$ in den Knotenpunkten $P_1, \ldots, P_7$. Ihre Linearkombination (1.57) ist in Abb. 1.14 links zu sehen. Sie besteht aus ebenen Flächen und Kanten, d. h. sie ist stetig und fast überall einmal stetig differenzierbar. Die kantige Struktur ist kaum mehr zu sehen, wenn wir das Dreiecksgitter verfeinern wie in Abb. 1.14 rechts. Der Fehler der Lösung mit den nur sieben Gitterpunkten liegt bei maximal 5 %.

Aufgaben

Aufgabe 1.1. Approximieren Sie im Intervall $[0, 1]$ die Funktion

$$f(x) = x\,(1 - x)^2$$

durch einen Hutfunktionen-Ansatz

$$B(x) = \sum_{k=1}^{n} \alpha_k\, B_k(x) \, .$$

Teilen Sie dazu das Intervall $[0, 1]$ in $n + 1$ äquidistante Teilintervalle auf wie in (1.16). Bestimmen Sie dann die Koeffizienten α_k so, dass

$$\sum_{k=1}^{n} \alpha_k\, B_k(x_j) = f(x_j) \quad \text{für} \quad j = 1, 2, \ldots, n \, .$$

Wenn Sie diese Aufgabe mit einem kleinen Programm zeichnerisch lösen wollen, fangen Sie mit $n = 3$ an und lassen Sie n so lange wachsen, bis f und B graphisch nicht mehr zu unterscheiden sind. Bei welchem n ist das etwa der Fall?

Aufgabe 1.2. Stellen Sie das lineare Gleichungssystem (1.7) konkret auf, indem Sie die Integrale auswerten. Beim zweiten Integral mit Polynomen bis zur vierten Ordnung kann ein Formelmanipulationssystem (wie MAPLE oder die symbolische Toolbox von MATLAB) hilfreich sein.

Aufgabe 1.3. Zeigen Sie, dass die zentrale Differenz δu_i (1.13) einen Fehler von der Größenordnung $O(h^2)$ hat.

Aufgabe 1.4. Lösen Sie das Balkenproblem (1.1) mit geänderter rechter Randbedingung:

$$-u''(x) - (1 + x^2)\,u(x) = 1 \, , \quad u(-1) = 0 \, , \quad u'(1) = -1.736 \, . \tag{1.76}$$

Stellen Sie dazu das Gleichungssystem (1.18) auf, in dem Sie die dritte Gleichung nach (1.23) ersetzen.

Bestimmen Sie für die letzte Gleichung des Systems einen Faktor, der die Matrix $\mathbf{A}$ symmetrisch macht.

Berechnen Sie dann Lösungen für verschiedene Werte von h und überprüfen Sie im rechten Randpunkt, ob experimentell die Fehlerordnung $|u_h(1) - u(1)| = O(h^2)$ zutrifft.

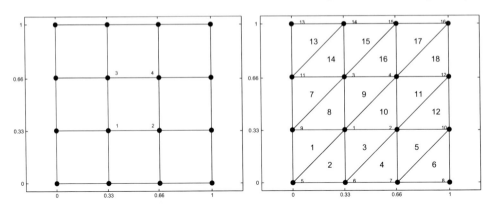

Abb. 1.15 Gitter für das Differenzenverfahren, Dreiecksnetz für die Finite-Elemente-Lösung

Aufgabe 1.5. Lösen Sie noch einmal das Balkenproblem (1.76) aus Aufgabe 1.4. Diskretisieren Sie jetzt aber die rechte Randbedingung mit der $O(h)$-Approximation

$$u'(1) \approx \frac{u_n - u_{n-1}}{h}.$$

Stellen Sie dazu das geänderte Gleichungssystem auf und überprüfen Sie wie in Aufgabe 1.4 die Fehlerordnung experimentell.

Aufgabe 1.6. Verallgemeinern Sie das Gebiet im zweidimensionalen Modellproblem (1.43) auf ein Rechteck $\Omega = [0,a] \times [0,b]$. Dabei seien a und b so gewählt, dass für gewisse Gitterweiten h ein homogenes Gitter das Rechteck ohne Randreste überdeckt, also z. B. $a = (N+1) \cdot h$ und $b = (M+1) \cdot h$.

Mit dieser Änderung ergibt sich immer noch eine sehr einheitliche Struktur der Koeffizientenmatrix $\mathbf{A}$. Geben Sie diese an!

Aufgabe 1.7. Gegeben sei ein Gebiet Ω mit fünf inneren Gitterpunkten, die wie die fünf Punkte eines Fünf-Punkte-Sterns angeordnet sind, siehe Abb. 1.5. Geben Sie mindestens zwei unterschiedliche Gebiete Ω_1 und Ω_2 an, für die gilt:

(a) Ihre inneren Punkte stimmen mit denen von Ω überein.
(b) Alle Randpunkte liegen auf Gitterpunkten eines quadratischen Gitters.
(c) Das beim Differenzenverfahren für das Poisson-Problem (1.26) mit homogenen Randbedingungen entstehende Gleichungssystem ist für alle Gebiete identisch.

Aufgabe 1.8. Lösen Sie das Modellproblem (1.43) mit dem Differenzenverfahren und mit der Methode der finiten Elemente auf den in Abb. 1.15 angezeigten Gittern. Wählen Sie als rechte Seite die Funktion $f(x) = 18$.

Literatur

1. Bastian, P.: Parallele adaptive Mehrgitterverfahren. Teubner, Stuttgart (1996)
2. Braess, D.: Finite Elemente: Theorie, schnelle Löser und Anwendungen in der Elastizitätstheorie, 3. Aufl. Springer, Berlin (2003)
3. Collatz, L.: The numerical treatment of differential equations, 3rd ed. Springer, Berlin (1982)
4. Deuflhard, P., Weiser, M.: Numerische Mathematik 3. Adaptive Lösung partieller Differentialgleichungen. de Gruyter, Berlin (2011)
5. Duff, I.S., Erisman, A.M., Reid, J.K.: Direct methods for sparse matrices. Clarendon Press, Oxford (1986)
6. Funk, P.: Variationsrechnung und ihre Anwendung in Physik und Technik 2. Aufl. Springer, Berlin (1970)
7. Großmann, C., Roos, H.G.: Numerik partieller Differentialgleichungen. 3. Aufl. Teubner, Wiesbaden (2005)
8. Hackbusch, W.: Theorie und Numerik elliptischer Differentialgleichungen, 2. Aufl. Teubner, Stuttgart (1996)
9. Marsal, D.: Die numerische Lösung partieller Differentialgleichungen in Wissenschaft und Technik. Springer, Mannheim (1976)
10. Mitchell, A.R., Wait, R.: The finite element method in partial differential Equations. Wiley, London (1985)
11. Schwarz, H.R.: Methode der finiten Elemente. 3. Aufl. Teubner, Stuttgart (1991)
12. Schwarz, H.R., Köckler, N.: Numerische Mathematik. 8. Aufl. Vieweg+Teubner, Wiesbaden (2011)
13. Stoer, J.: Numerische Mathematik 1, 10. Aufl. Springer, Berlin (2007)
14. Tveito, A., Winther, R.: Einführung in partielle Differentialgleichungen. Ein numerischer Zugang. Springer, Berlin (2000)
15. Zienkiewicz, O.C.: The finite element method, 4th ed. McGraw-Hill, New York (1994)

Kapitel 2
Iterative Lösung linearer Gleichungssysteme

Zusammenfassung Wenn das bei der Differenzen- oder der Finite-Elemente-Methode entstandene lineare Gleichungssystem

$$\mathbf{A}\mathbf{x} = \mathbf{b} \quad \text{mit } \mathbf{A} \in \mathbb{R}^{n,n}, \quad \mathbf{x}, \mathbf{b} \in \mathbb{R}^n . \tag{2.1}$$

mit dem Cholesky-Verfahren gelöst würde ohne Berücksichtigung der schwachen Besetzheit, dann würden n^2 Speicherplätze benötigt und der Aufwand (die Komplexität) betrüge etwa $n^3/3$ Operationen. Bei Berücksichtigung einer Halbbandbreite m sind nur noch $(m + 1)n$ Speicherplätze und etwa $m^2 n$ Operationen notwendig.

Wie wir schon gesehen haben, sind für große Probleme auch die Bandbreiten groß (mindestens $\sqrt{n}$) mit vielen Nullen innerhalb des Bandes. Die meisten Nullen innerhalb des Bandes werden während der Rechnung mit Elementen ungleich null aufgefüllt (*fill-in*). Das führt von $O(n)$ Elementen ungleich null zu $O(n\sqrt{n})$ (also z. B. von $5 \cdot 10^6$ zu $1 \cdot 10^{10}$) Elementen.

Für Probleme dieser Größenordnung kommen daher zwangsläufig fast nur iterative Verfahren in Frage, die hauptsächlich aus Matrix × Vektor-Operationen bestehen. Bei diesen Operationen kann dann die dünne Struktur voll ausgenutzt werden, d. h. es wird keine Operation mit einem Element gleich null ausgeführt.

Das Ziel bei diesen Algorithmen ist, Verfahren zu entwickeln, die für die behandelten Problemklassen *asymptotisch optimal* sind, d. h.

1. Es werden nur $O(n)$ Operationen benötigt.
2. Der Aufwand ist unabhängig von der Diskretisierungsgröße h.

Nur wenige Verfahren erfüllen diese Eigenschaft; oft ist sie nur für Modellprobleme beweisbar, wird aber im Experiment für allgemeine Probleme bestätigt.

Bei der Erforschung asymptotisch optimaler Methoden wurden spezielle Verfahren zur Lösung von Modellproblemen entwickelt. Sie gehören historisch zu den RES (*Rapid Elliptic Solvers*) und sind zwar schnell, aber nicht so schnell wie moderne Multilevel-Verfahren, die außerdem auf allgemeinere Problemklassen angewendet werden können.

Dieses Kapitel stellt eine stark gekürzte und leicht geänderte Version des entsprechenden Kapitels aus [18] dar.

N. Köckler, *Mehrgittermethoden*, DOI 10.1007/978-3-8348-2081-5_2,
© Vieweg+Teubner Verlag | Springer Fachmedien Wiesbaden 2012

2.1 Gesamtschritt- und Einzelschrittverfahren

2.1.1 Konstruktion der Iterationsverfahren

Wir betrachten ein allgemeines lineares Gleichungssystem

$$\mathbf{Ax} = \mathbf{b}, \quad \mathbf{A} \in \mathbb{R}^{n,n}, \quad \mathbf{x}, \mathbf{b} \in \mathbb{R}^n \tag{2.2}$$

in n Unbekannten mit der *regulären* Matrix $\mathbf{A}$, so dass die Existenz und Eindeutigkeit der Lösung $\mathbf{x}$ gewährleistet ist. Damit ein Gleichungssystem (2.2) iterativ gelöst werden kann, formen wir es zuerst in eine äquivalente Fixpunktform um, z. B.

$$\mathbf{x}^{(k+1)} = \mathbf{x}^{(k)} + \mathbf{B}^{-1}(\mathbf{b} - \mathbf{Ax}^{(k)}) = (\mathbf{I} - \mathbf{B}^{-1}\mathbf{A})\mathbf{x}^{(k)} + \mathbf{B}^{-1}\mathbf{b}. \tag{2.3}$$

Für $\mathbf{B} = \mathbf{A}$ ist $\mathbf{x}^{(1)}$ für einen beliebigen Startvektor $\mathbf{x}^{(0)}$ die exakte Lösung. Deshalb sollte die Matrix $\mathbf{B}$ so gewählt werden, dass einerseits $\mathbf{B} \approx \mathbf{A}$ und andererseits die Inverse von $\mathbf{B}$ leicht berechenbar ist. Unter den zahlreichen möglichen Varianten werden wir zunächst einige klassische Methoden betrachten. Zu ihrer Herleitung setzen wir voraus, dass für die Diagonalelemente des zu lösenden Gleichungssystems (2.2)

$$\sum_{j=1}^{n} a_{ij}x_j = b_i, \quad i = 1, 2, \ldots, n, \tag{2.4}$$

$$\boxed{a_{ii} \neq 0, \quad i = 1, 2, \ldots, n,} \tag{2.5}$$

gilt. Die Voraussetzung (2.5) ist in der Regel bei den betrachteten Anwendungen erfüllt.

Jetzt kann die i-te Gleichung von (2.4) nach der i-ten Unbekannten x_i aufgelöst werden.

$$x_i = -\frac{1}{a_{ii}} \left[\sum_{\substack{j=1 \\ j \neq i}}^{n} a_{ij}x_j - b_i \right], \quad i = 1, 2, \ldots, n \tag{2.6}$$

Gleichungen (2.6) und (2.4) stellen offensichtlich äquivalente Beziehungen dar. Durch (2.6) wird eine affin[1] lineare Abbildung des $\mathbb{R}^n$ in den $\mathbb{R}^n$ definiert, für welche der Lösungsvektor $\mathbf{x}$ von (2.2) ein *Fixpunkt* ist. Auf Grund dieser Tatsache können wir eine erste Iterationsvorschrift definieren gemäß

$$\boxed{x_i^{(k+1)} = -\frac{1}{a_{ii}} \left[\sum_{\substack{j=1 \\ j \neq i}}^{n} a_{ij}x_j^{(k)} - b_i \right], \quad \begin{array}{l} i = 1, 2, \ldots, n \, ; \\ k = 0, 1, 2, \ldots \end{array}} \tag{2.7}$$

Hier ist offenbar in (2.3) $\mathbf{B} = \mathbf{D} := \text{diag}(a_{11}, a_{22}, \ldots, a_{nn})$.

---

[1] Affin wegen des konstanten Anteils b_i/a_{ii} in der Abbildung. In diesem Zusammenhang ist aber nur die Tatsache „linear statt nichtlinear" wichtig. Deshalb wird „affin" oft weggelassen.

Da der iterierte Vektor $\mathbf{x}^{(k)}$ in (2.7) als Ganzes in der rechten Seite eingesetzt wird, nennt man die Iterationsvorschrift das *Gesamtschrittverfahren*. Es ist jedoch üblich, die Methode (2.7) als *Jacobi-Verfahren* oder kurz als *J-Verfahren* zu bezeichnen.

Anstatt in der rechten Seite von (2.6) den alten iterierten Vektor einzusetzen, besteht eine naheliegende Modifikation darin, diejenigen Komponenten $x_j^{(k+1)}$, die schon neu berechnet wurden, zu verwenden. Das ergibt im Fall $n = 4$ folgende geänderte Iterationsvorschrift:

$$
\begin{aligned}
x_1^{(k+1)} &= -[& a_{12}x_2^{(k)} &+a_{13}x_3^{(k)} &+a_{14}x_4^{(k)} -b_1]/a_{11} \\
x_2^{(k+1)} &= -[a_{21}x_1^{(k+1)} & &+a_{23}x_3^{(k)} &+a_{24}x_4^{(k)} -b_2]/a_{22} \\
x_3^{(k+1)} &= -[a_{31}x_1^{(k+1)}+ a_{32}x_2^{(k+1)} & & &+a_{34}x_4^{(k)} -b_3]/a_{33} \\
x_4^{(k+1)} &= -[a_{41}x_1^{(k+1)}+ a_{42}x_2^{(k+1)} &+a_{43}x_3^{(k+1)} & & -b_4]/a_{44}
\end{aligned}
\tag{2.8}
$$

Allgemein lautet das *Einzelschrittverfahren* oder *Gauß-Seidel-Verfahren*

$$
\boxed{
\begin{aligned}
x_i^{(k+1)} &= -\frac{1}{a_{ii}}\left[\sum_{j=1}^{i-1}a_{ij}x_j^{(k+1)} + \sum_{j=i+1}^{n}a_{ij}x_j^{(k)} - b_i\right], \\
&\quad i = 1,2,\ldots,n\,;\quad k = 0,1,2,\ldots
\end{aligned}
}
\tag{2.9}
$$

Hier ist in (2.3) $\mathbf{B}$ die untere Dreiecksmatrix von $\mathbf{A}$, siehe Aufgabe 2.1.

Die Reihenfolge, in welcher die Komponenten $x_i^{(k+1)}$ des iterierten Vektors $\mathbf{x}^{(k+1)}$ gemäß (2.9) berechnet werden, ist wesentlich, denn nur so ist diese Iterationsvorschrift explizit.

Das Konvergenzverhalten der Iterationsvektoren $\mathbf{x}^{(k)}$ gegen den Fixpunkt $\mathbf{x}$ kann oft ganz wesentlich verbessert werden kann, wenn die Korrekturen der einzelnen Komponenten mit einem festen *Relaxationsfaktor* $\omega \neq 1$ multipliziert und dann addiert werden. Falls $\omega > 1$ ist, spricht man von *Überrelaxation*, andernfalls von *Unterrelaxation*. Die geeignete Wahl des Relaxationsfaktors $\omega > 0$ ist entweder abhängig von Eigenschaften des zu lösenden Gleichungssystems oder aber von speziellen Zielsetzungen, wie etwa der Glättung bei Mehrgittermethoden, siehe unten.

Die Korrektur der i-ten Komponente im Fall des Jacobi-Verfahrens ist gemäß (2.7) gegeben durch

$$
\Delta x_i^{(k+1)} = x_i^{(k+1)} - x_i^{(k)} = -\left[\sum_{j=1}^{n}a_{ij}x_j^{(k)} - b_i\right]\bigg/a_{ii}\,,\quad i = 1,2,\ldots,n\,,
$$

und das *JOR-Verfahren*[2], auch *gedämpfte Jacobi-Iteration* genannt, ist definiert durch

$$
\begin{aligned}
x_i^{(k+1)} &:= x_i^{(k)} + \omega \cdot \Delta x_i^{(k+1)} \\
&= x_i^{(k)} - \frac{\omega}{a_{ii}} \left[\sum_{j=1}^{n} a_{ij} x_j^{(k)} - b_i \right] \\
&= (1-\omega) x_i^{(k)} - \frac{\omega}{a_{ii}} \left[\sum_{\substack{j=1 \\ j \neq i}}^{n} a_{ij} x_j^{(k)} - b_i \right], \\
i &= 1, 2, \ldots, n; \quad k = 0, 1, 2, \ldots
\end{aligned}
\tag{2.10}
$$

In Analogie dazu resultiert aus dem Einzelschrittverfahren mit den aus (2.9) folgenden Korrekturen

$$
\Delta x_i^{(k+1)} = x_i^{(k+1)} - x_i^{(k)} = - \left[\sum_{j=1}^{i-1} a_{ij} x_j^{(k+1)} + \sum_{j=i}^{n} a_{ij} x_j^{(k)} - b_i \right] \Big/ a_{ii}
$$

die *Methode der sukzessiven Überrelaxation* (successive overrelaxation) oder abgekürzt das *SOR-Verfahren*

$$
\begin{aligned}
x_i^{(k+1)} &:= x_i^{(k)} - \frac{\omega}{a_{ii}} \left[\sum_{j=1}^{i-1} a_{ij} x_j^{(k+1)} + \sum_{j=i}^{n} a_{ij} x_j^{(k)} - b_i \right] \\
&= (1-\omega) x_i^{(k)} - \frac{\omega}{a_{ii}} \left[\sum_{j=1}^{i-1} a_{ij} x_j^{(k+1)} + \sum_{j=i+1}^{n} a_{ij} x_j^{(k)} - b_i \right], \\
i &= 1, 2, \ldots, n; \quad k = 0, 1, 2, \ldots
\end{aligned}
\tag{2.11}
$$

Das JOR- und das SOR-Verfahren enthalten für $\omega = 1$ als Spezialfälle das J-Verfahren beziehungsweise das Einzelschrittverfahren.

Als Vorbereitung für die nachfolgenden Konvergenzbetrachtungen sollen die Iterationsverfahren, welche komponentenweise und damit auf einem Computer unmittelbar implementierbar formuliert worden sind, auf eine einheitliche Form gebracht werden. Da die Diagonalelemente und die Nicht-Diagonalelemente der unteren und der oberen Hälfte der gegebenen Matrix **A** eine zentrale Rolle spielen, wird die Matrix **A** als Summe von drei Matrizen dargestellt gemäß

$$
\mathbf{A} := \mathbf{D} - \mathbf{L} - \mathbf{U} = \begin{pmatrix} \ddots & & -\mathbf{U} \\ & \mathbf{D} & \\ -\mathbf{L} & & \ddots \end{pmatrix}.
\tag{2.12}
$$

---

[2] JOR = „Jacobi over relaxation". Dabei ändert sich die Bezeichnung nicht bei Unterrelaxation.

Darin bedeutet $\mathbf{D} := \mathrm{diag}(a_{11}, a_{22}, \ldots, a_{nn}) \in \mathbb{R}^{n,n}$ eine Diagonalmatrix, gebildet mit den Diagonalelementen von $\mathbf{A}$, die wegen der Vorraussetzung (2.5) regulär ist. $\mathbf{L}$ ist eine *strikt untere Linksdreiecksmatrix* mit den Elementen $-a_{i,j}$, $i > j$, und $\mathbf{U}$ ist eine *strikt obere Rechtsdreiecksmatrix* mit den Elementen $-a_{i,j}$, $i < j$.

Die Iterationsvorschrift (2.7) des Gesamtschrittverfahrens ist nach Multiplikation mit a_{ii} äquivalent zu

$$\mathbf{D}\mathbf{x}^{(k+1)} = (\mathbf{L} + \mathbf{U})\mathbf{x}^{(k)} + \mathbf{b} ,$$

und infolge der erwähnten Regularität von $\mathbf{D}$ ist dies gleichwertig zu

$$\mathbf{x}^{(k+1)} = \mathbf{D}^{-1}(\mathbf{L} + \mathbf{U})\mathbf{x}^{(k)} + \mathbf{D}^{-1}\mathbf{b} . \tag{2.13}$$

Mit der *Iterationsmatrix*

$$\boxed{\mathbf{T}_J := \mathbf{D}^{-1}(\mathbf{L} + \mathbf{U})} \tag{2.14}$$

und dem *Konstantenvektor* $\mathbf{c}_J := \mathbf{D}^{-1}\mathbf{b}$ kann das J-Verfahren (2.7) formuliert werden als

$$\boxed{\mathbf{x}^{(k+1)} = \mathbf{T}_J\mathbf{x}^{(k)} + \mathbf{c}_J , \quad k = 0, 1, 2, \ldots} \tag{2.15}$$

In Analogie ist die Rechenvorschrift (2.9) des Einzelschrittverfahrens äquivalent zu

$$\mathbf{D}\mathbf{x}^{(k+1)} = \mathbf{L}\mathbf{x}^{(k+1)} + \mathbf{U}\mathbf{x}^{(k)} + \mathbf{b} ,$$

beziehungsweise nach anderer Zusammenfassung gleichwertig zu

$$(\mathbf{D} - \mathbf{L})\mathbf{x}^{(k+1)} = \mathbf{U}\mathbf{x}^{(k)} + \mathbf{b} .$$

Jetzt stellt $(\mathbf{D} - \mathbf{L})$ eine Linksdreiecksmatrix mit von null verschiedenen Diagonalelementen dar und ist deshalb regulär. Folglich erhalten wir für das Einzelschrittverfahren

$$\mathbf{x}^{(k+1)} = (\mathbf{D} - \mathbf{L})^{-1}\mathbf{U}\mathbf{x}^{(k)} + (\mathbf{D} - \mathbf{L})^{-1}\mathbf{b} . \tag{2.16}$$

Mit der nach (2.16) definierten Iterationsmatrix

$$\boxed{\mathbf{T}_{ES} := (\mathbf{D} - \mathbf{L})^{-1}\mathbf{U}} \tag{2.17}$$

und dem entsprechenden Konstantenvektor $\mathbf{c}_{ES} := (\mathbf{D} - \mathbf{L})^{-1}\mathbf{b}$ erhält (2.16) dieselbe Form wie (2.15).

Aus dem *JOR*-Verfahren (2.10) resultiert auf ähnliche Weise die äquivalente Matrizenformulierung

$$\mathbf{D}\mathbf{x}^{(k+1)} = [(1 - \omega)\mathbf{D} + \omega(\mathbf{L} + \mathbf{U})]\mathbf{x}^{(k)} + \omega\mathbf{b} .$$

Deshalb ergeben sich wegen

$$\mathbf{x}^{(k+1)} = [(1 - \omega)\mathbf{I} + \omega\mathbf{D}^{-1}(\mathbf{L} + \mathbf{U})]\mathbf{x}^{(k)} + \omega\mathbf{D}^{-1}\mathbf{b} \tag{2.18}$$

einerseits die vom Relaxationsparameter ω abhängige Iterationsmatrix des *JOR*-Verfahrens

$$\boxed{\mathbf{T}_{\mathrm{JOR}}(\omega) := (1 - \omega)\mathbf{I} + \omega\mathbf{D}^{-1}(\mathbf{L} + \mathbf{U})} \tag{2.19}$$

und andererseits der Konstantenvektor $\mathbf{c}_{\mathrm{JOR}}(\omega) := \omega\mathbf{D}^{-1}\mathbf{b}$. Für $\omega = 1$ gelten offensichtlich $\mathbf{T}_{\mathrm{JOR}}(1) = \mathbf{T}_{\mathrm{J}}$ und $\mathbf{c}_{\mathrm{JOR}}(1) = \mathbf{c}_{\mathrm{J}}$.

Aus der zweiten Darstellung der Iterationsvorschrift (2.11) des *SOR*-Verfahrens erhalten wir nach Multiplikation mit a_{ii}

$$\mathbf{D}\mathbf{x}^{(k+1)} = (1 - \omega)\mathbf{D}\mathbf{x}^{(k)} + \omega\mathbf{L}\mathbf{x}^{(k+1)} + \omega\mathbf{U}\mathbf{x}^{(k)} + \omega\mathbf{b} \,,$$

oder nach entsprechender Zusammenfassung

$$(\mathbf{D} - \omega\mathbf{L})\mathbf{x}^{(k+1)} = [(1 - \omega)\mathbf{D} + \omega\mathbf{U}]\mathbf{x}^{(k)} + \omega\mathbf{b} \,.$$

Darin ist $(\mathbf{D} - \omega\mathbf{L})$ unabhängig von ω eine reguläre Linksdreiecksmatrix, da ihre Diagonalelemente wegen (2.5) von null verschieden sind, und sie ist somit invertierbar. Folglich kann die Iterationsvorsschrift des SOR-Verfahrens geschrieben werden als

$$\mathbf{x}^{(k+1)} = (\mathbf{D} - \omega\mathbf{L})^{-1}[(1 - \omega)\mathbf{D} + \omega\mathbf{U}]\mathbf{x}^{(k)} + \omega(\mathbf{D} - \omega\mathbf{L})^{-1}\mathbf{b} \,. \tag{2.20}$$

Die von ω abhängige Iterationsmatrix des SOR-Verfahrens ist deshalb definiert durch

$$\boxed{\mathbf{T}_{\mathrm{SOR}}(\omega) := (\mathbf{D} - \omega\mathbf{L})^{-1}[(1 - \omega)\mathbf{D} + \omega\mathbf{U}] \,,} \tag{2.21}$$

und der Konstantenvektor ist $\mathbf{c}_{\mathrm{SOR}}(\omega) := \omega(\mathbf{D} - \omega\mathbf{L})^{-1}\mathbf{b}$, mit denen das SOR-Verfahren auch die Gestalt (2.15) erhält. Für $\omega = 1$ gelten selbstverständlich $\mathbf{T}_{\mathrm{SOR}}(1) = \mathbf{T}_{\mathrm{ES}}$ und $\mathbf{c}_{\mathrm{SOR}}(1) = \mathbf{c}_{\mathrm{ES}}$.

Alle betrachteten Iterationsverfahren haben damit die Form einer Fixpunktiteration

$$\mathbf{x}^{(k+1)} = \mathbf{T}\mathbf{x}^{(k)} + \mathbf{c} \,, \quad k = 0, 1, 2, \dots \,, \tag{2.22}$$

mit der speziellen Eigenschaft, dass sie *linear* und *stationär* sind. Denn die Iterationsmatrix $\mathbf{T}$ und der Konstantenvektor $\mathbf{c}$ sind nicht vom iterierten Vektor $\mathbf{x}^{(k)}$ und auch nicht von k abhängig. Sowohl $\mathbf{T}$ als auch $\mathbf{c}$ sind konstant, falls im JOR- und SOR-Verfahren der Relaxationsparameter ω fest gewählt wird. Zudem handelt es sich um *einstufige* Iterationsverfahren, da zur Bestimmung von $\mathbf{x}^{(k+1)}$ nur $\mathbf{x}^{(k)}$ und keine zurückliegenden Iterationsvektoren verwendet werden.

Da Fixpunktiterationen zur iterativen Lösung von linearen Gleichungssystemen außer den oben betrachteten Herleitungen noch auf unzählig andere Arten konstruiert werden können, stellt sich das grundsätzliche Problem, ob die Fixpunktiteration in einer sinnvollen Relation zum Gleichungssystem steht. Diese Problematik führt zu folgender

Definition 2.1. *Ein Gleichungssystem* $\mathbf{A}\mathbf{x} = \mathbf{b}$ *heißt* vollständig konsistent *mit einer Fixpunktgleichung* $\mathbf{x} = \mathbf{T}\mathbf{x} + \mathbf{c}$, *wenn jede Lösung der einen Gleichung auch Lösung der anderen ist.*

Lemma 2.2. *Für* $\omega > 0$ *ist das JOR-Verfahren vollständig konsistent mit* $\mathbf{A}\mathbf{x} = \mathbf{b}$.

2.1.2 Einige Konvergenzsätze

Definition 2.3. *Der* Spektralradius *einer Matrix* $\mathbf{A} \in \mathbb{R}^{n,n}$ *ist der Absolutbetrag des betragsgrößten Eigenwertes von* $\mathbf{A}$:

$$\sigma(\mathbf{A}) = \max \left\{ |\lambda| \mid \lambda \text{ ist Eigenwert von } \mathbf{A} \right\}. \tag{2.23}$$

Satz 2.4. *Eine Fixpunktiteration* $\mathbf{x}^{(k+1)} = \mathbf{T}\mathbf{x}^{(k)} + \mathbf{c}$, $k = 0, 1, 2, \ldots$, *welche zum Gleichungssystem* $\mathbf{A}\mathbf{x} = \mathbf{b}$ *vollständig konsistent ist, erzeugt genau dann für jeden beliebigen Startvektor* $\mathbf{x}^{(0)}$ *eine gegen die Lösung* $\mathbf{x}$ *konvergente Folge, falls* $\sigma(\mathbf{T}) < 1$ *ist.*

Zur weiteren Betrachtung der Konvergenz benutzen wir den *Banach'schen Fixpunktsatz,* siehe etwa [18], dessen Fehlerabschätzungen wir hier in der auf die Situation der linearen Fixpunktiteration umformulierten Form und ohne Beweis angeben:

Satz 2.5. *Die Fixpunktiteration* $\mathbf{x}^{(k+1)} = \mathbf{T}\mathbf{x}^{(k)} + \mathbf{c}$, $k = 0, 1, 2, \ldots$, *ist für* $\sigma(\mathbf{T}) < 1$ *eine kontrahierende Abbildung. Deshalb gilt:*

1. A-priori-Fehlerabschätzung:

$$\|\mathbf{x}^{(k)} - \mathbf{x}\| \le \frac{L^k}{1-L} \|\mathbf{x}^{(1)} - \mathbf{x}^{(0)}\|. \tag{2.24}$$

2. A-posteriori-Fehlerabschätzung:

$$\|\mathbf{x}^{(k)} - \mathbf{x}\| \le \frac{L}{1-L} \|\mathbf{x}^{(k)} - \mathbf{x}^{(k-1)}\|. \tag{2.25}$$

In die Fehlerabschätzungen können als Kontraktionskonstante L der Spektralradius $\sigma(\mathbf{T})$ oder eine submultiplikative Matrixnorm $\|\mathbf{T}\|$ eingesetzt werden, siehe Definition 10.2.

Deshalb ist asymptotisch die Anzahl der Iterationsschritte, die notwendig sind, um die Norm des Fehlers auf den zehnten Teil zu reduzieren, gegeben durch

$$m \ge \frac{-1}{\log_{10} \|\mathbf{T}\|} \approx \frac{1}{-\log_{10} \sigma(\mathbf{T})}.$$

Man bezeichnet $r(\mathbf{T}) := -\log_{10} \sigma(\mathbf{T})$ als *asymptotische Konvergenzrate* der Fixpunktiteration, weil ihr Wert den Bruchteil von Dezimalstellen angibt, welcher pro Schritt in der Näherung $\mathbf{x}^{(k)}$ an Genauigkeit gewonnen wird. Die Konstruktion von linearen Iterationsverfahren muss zum Ziel haben, Iterationsmatrizen $\mathbf{T}$ mit möglichst kleinem Spektralradius zu erzeugen, um damit eine rasche Konvergenz zu garantieren.

Die Iterationsmatrix $\mathbf{T}$ wird in den anvisierten Anwendungen eine große, kompliziert aufgebaute Matrix sein. Deshalb ist es in der Regel gar nicht möglich, ihren Spektralradius zu berechnen. In einigen wichtigen Fällen kann aber aus bestimmten Eigenschaften der Matrix $\mathbf{A}$ auf $\sigma(\mathbf{T})$ geschlossen werden oder es kann $\sigma(\mathbf{T})$ in Abhängigkeit von Eigenwerten anderer Matrizen dargestellt werden. Im Folgenden wird eine kleine Auswahl von solchen Aussagen zusammengestellt. Die Beweise findet man in [18].

Satz 2.6. *Falls das Jacobi-Verfahren konvergent ist, dann trifft dies auch für das JOR-Verfahren für $0 < \omega \leq 1$ zu.*

Definition 2.7. *Eine Matrix* **A** *heißt* (strikt) *diagonal dominant , falls in jeder Zeile der Betrag des Diagonalelementes größer ist als die Summe der Beträge der übrigen Matrixelemente derselben Zeile, falls also gilt*

$$|a_{ii}| > \sum_{\substack{k=1 \\ k \neq i}}^{n} |a_{ik}| , \quad i = 1, 2, \ldots, n . \tag{2.26}$$

Sie heißt schwach diagonal dominant *, wenn*

$$|a_{ii}| \geq \sum_{\substack{k=1 \\ k \neq i}}^{n} |a_{ik}| , \quad i = 1, 2, \ldots, n , \tag{2.27}$$

wobei aber für mindestens einen Index i_0 in (2.27) strikte Ungleichheit gilt.

Satz 2.8. *Für eine strikt diagonal dominante Matrix* **A** *ist das J-Verfahren konvergent und folglich auch das JOR-Verfahren für $\omega \in (0, 1]$.*

Differenzenverfahren führen in der Regel auf Gleichungssysteme mit *schwach diagonal dominanter* Matrix **A**. Satz 2.8 lässt sich für solche Matrizen unter einer Zusatzbedingung verallgemeinern.

Definition 2.9. *Eine Matrix* $\mathbf{A} \in \mathbb{R}^{n,n}$ *mit $n > 1$ heißt* irreduzibel *oder* unzerlegbar*, falls für zwei beliebige, nichtleere und disjunkte Teilmengen S und T von $W = \{1, 2, \ldots, n\}$ mit $S \cup T = W$ stets Indexwerte $i \in S$ und $j \in T$ existieren, so dass $a_{ij} \neq 0$ ist.*

Es ist leicht einzusehen, dass folgende Definition äquivalent ist.

Definition 2.10. *Eine Matrix* $\mathbf{A} \in \mathbb{R}^{n,n}$ *mit $n > 1$ heißt* irreduzibel *oder* unzerlegbar*, falls es keine Permutationsmatrix* $\mathbf{P} \in \mathbb{R}^{n,n}$ *gibt, so dass bei gleichzeitiger Zeilen- und Spaltenpermutation von* **A**

$$\mathbf{P}^T \mathbf{A} \mathbf{P} = \begin{pmatrix} \mathbf{F} & \mathbf{0} \\ \mathbf{G} & \mathbf{H} \end{pmatrix} \tag{2.28}$$

wird, wo **F** *und* **H** *quadratische Matrizen und* **0** *eine Nullmatrix darstellen.*

Diese Definition der Irreduzibilität einer Matrix bedeutet im Zusammenhang mit der Lösung eines Gleichungssystems $\mathbf{Ax} = \mathbf{b}$, dass sich die Gleichungen und gleichzeitig die Unbekannten nicht so umordnen lassen, dass das System derart zerfällt, dass zuerst ein Teilsystem mit der Matrix **F** und anschließend ein zweites Teilsystem mit der Matrix **H** gelöst werden kann.

Um die Unzerlegbarkeit einer gegebenen Matrix **A** in einer konkreten Situation entscheiden zu können, ist die folgende äquivalente Definition nützlich [11, 20].

Abb. 2.1 Matrix **A** und gerichteter Graph $G(\mathbf{A})$

$$\mathbf{A} = \begin{pmatrix} 0 & 1 & 0 & 1 \\ 1 & 0 & 1 & 0 \\ 0 & 1 & 0 & 1 \\ 1 & 0 & 0 & 1 \end{pmatrix}$$

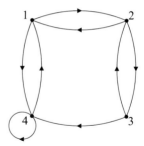

Abb. 2.2 Beispiel einer zerlegbaren Matrix

$$\mathbf{A} = \begin{pmatrix} 1 & 0 & 1 & 0 \\ 0 & 1 & 1 & 1 \\ 1 & 0 & 1 & 0 \\ 0 & 1 & 1 & 1 \end{pmatrix}$$

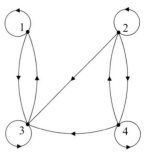

Definition 2.11. *Eine Matrix* $\mathbf{A} \in \mathbb{R}^{n,n}$ *heißt* irreduzibel, *falls zu beliebigen Indexwerten* i *und* j *mit* $i, j \in W = \{1, 2, \ldots, n\}$ *entweder* $a_{ij} \neq 0$ *ist oder eine Indexfolge* $i_1, i_2, \ldots, i_s$ *existiert, so dass*

$$a_{ii_1} \cdot a_{i_1 i_2} \cdot a_{i_2 i_3} \cdots a_{i_s j} \neq 0$$

gilt.

Die in der Definition 2.11 gegebene Charakterisierung der Irreduzibilität besitzt eine anschauliche Interpretation mit Hilfe eines der Matrix $\mathbf{A} \in \mathbb{R}^{n,n}$ zugeordneten *gerichteten Graphen* $G(\mathbf{A})$. Er besteht aus n verschiedenen *Knoten*, die von 1 bis n durchnummeriert seien. Zu jedem Indexpaar (i, j), für welches $a_{ij} \neq 0$ ist, existiert eine *gerichtete Kante* vom Knoten i zum Knoten j. Falls $a_{ij} \neq 0$ und $a_{ji} \neq 0$ sind, dann gibt es im Graphen $G(\mathbf{A})$ je eine gerichtete Kante von i nach j und von j nach i. Für $a_{ii} \neq 0$ enthält $G(\mathbf{A})$ eine so genannte *Schleife*. Diese sind für die Irreduzibilität allerdings bedeutungslos. Eine Matrix $\mathbf{A} \in \mathbb{R}^{n,n}$ ist genau dann irreduzibel, falls der Graph $G(\mathbf{A})$ in dem Sinn zusammenhängend ist, dass von jedem Knoten i jeder (andere) Knoten j über mindestens einen *gerichteten Weg*, der sich aus gerichteten Kanten zusammensetzt, erreichbar ist.

Beispiel 2.1. Die Matrix **A** aus Abb. 2.1 ist irreduzibel, weil der zugeordnete Graph $G(\mathbf{A})$ offensichtlich zusammenhängend ist.

Beispiel 2.2. Die Matrix **A** in Abb. 2.2 ist hingegen reduzibel, denn der Graph $G(\mathbf{A})$ ist nicht zusammenhängend, da es keinen gerichteten Weg von 1 nach 4 gibt. In diesem Fall liefert eine gleichzeitige Vertauschung der zweiten und dritten Zeilen und Spalten eine Matrix der Gestalt (2.28). Mit $S := \{1, 3\}$ und $W := \{2, 4\}$ ist die Bedingung der Definition 2.9 nicht erfüllt.

Abb. 2.3 Diskretisierung
eines Gebietes mit zerlegbarer
Matrix

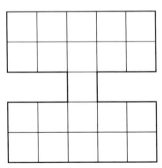

Beispiel 2.3. Für die Diskretisierung der Laplace- oder Poisson-Gleichung mit dem üblichen Fünf-Punkte-Stern ergibt sich eine vernünftige geometrische Bedingung für die Unzerlegbarkeit der entstehenden Matrix:

Jeder innere Punkt muss von jedem anderen inneren Punkt auf einem Weg über innere Nachbarpunkte erreichbar sein. Die Matrix zur Diskretisierung in Abb. 2.3 ist deshalb zerlegbar.

Lemma 2.12. *Eine irreduzible, schwach diagonal dominante Matrix* $\mathbf{A} \in \mathbb{C}^{n,n}$ *hat nicht verschwindende Diagonalelemente und ist regulär, d. h. es gilt* $|\mathbf{A}| \neq 0$.

Satz 2.13. *Für eine irreduzible, schwach diagonal dominante Matrix* $\mathbf{A}$ *ist das J-Verfahren konvergent und somit auch das JOR-Verfahren für* $\omega \in (0, 1]$.

Im Folgenden betrachten wir den Spezialfall, dass die Matrix $\mathbf{A}$ des linearen Gleichungssystems symmetrisch und positiv definit ist.

Satz 2.14. *Es sei* $\mathbf{A} \in \mathbb{R}^{n,n}$ *symmetrisch und positiv definit und überdies das J-Verfahren konvergent. Dann ist das JOR-Verfahren konvergent für alle* ω *mit*

$$0 < \omega < \frac{2}{1 - \mu_{\min}} \leq 2 \,, \tag{2.29}$$

wobei $\mu_{\min}$ *der kleinste negative Eigenwert von* $\mathbf{T}_J$ *ist.*

Das Gesamtschrittverfahren braucht nicht für jede symmetrische und positiv definite Matrix $\mathbf{A}$ zu konvergieren.

Beispiel 2.4. Die symmetrische Matrix

$$\mathbf{A} = \begin{pmatrix} 1 & a & a \\ a & 1 & a \\ a & a & 1 \end{pmatrix} = \mathbf{I} - \mathbf{L} - \mathbf{U}$$

ist positiv definit für $a \in (-0.5, 1)$, wie man mit Hilfe ihrer Cholesky-Zerlegung bestimmen kann. Die zugehörige Iterationsmatrix

$$\mathbf{T}_J = \mathbf{L} + \mathbf{U} = \begin{pmatrix} 0 & -a & -a \\ -a & 0 & -a \\ -a & -a & 0 \end{pmatrix}$$

hat die Eigenwerte $\mu_{1,2} = a$ und $\mu_3 = -2a$, so dass $\sigma(\mathbf{T}_J) = 2|a|$ ist. Das J-Verfahren ist dann und nur dann konvergent, falls $a \in (-0.5, 0.5)$ gilt. Es ist nicht konvergent für $a \in [0.5, 1)$, obwohl $\mathbf{A}$ für diese Werte positiv definit ist.

Die bisherigen Sätze beinhalten nur die grundsätzliche Konvergenz des JOR-Verfahrens unter bestimmten Voraussetzungen an die Systemmatrix $\mathbf{A}$, enthalten aber keine Hinweise über die optimale Wahl von ω für bestmögliche Konvergenz.

Auf diese Aufgabe wollen wir nur für das SOR-Verfahren eingehen. Im Folgenden untersuchen wir die Konvergenz des SOR-Verfahrens und behandeln das Einzelschrittverfahren als Spezialfall für $\omega = 1$.

Satz 2.15. *Das SOR-Verfahren ist für $0 < \omega \leq 1$ konvergent, falls die Matrix $\mathbf{A} \in \mathbb{R}^{n,n}$ strikt diagonal dominant oder irreduzibel und schwach diagonal dominant ist.*

Satz 2.16. *Für eine symmetrische und positiv definite Matrix $\mathbf{A} \in \mathbb{R}^{n,n}$ gilt*

$$\boxed{\sigma(\mathbf{T}_{\text{SOR}}(\omega)) < 1 \quad \text{für} \quad \omega \in (0, 2).} \tag{2.30}$$

Für die zahlreichen weiteren Konvergenzsätze, Varianten und Verallgemeinerungen der hier behandelten Iterationsverfahren sei auf Spezialliteratur wie [11, 20] verwiesen.

Die Untersuchung vom Mehrgittermethoden hängt von den behandelten Problemen und ihrer Diskretisierung ab. Deswegen sollen hier noch zwei Matrix-Formen definiert und mit Beispielen verdeutlicht werden, die in diesem Zusammenhang eine Rolle spielen.

Definition 2.17. *Eine schwach diagonal dominante Matrix $\mathbf{A} \in \mathbb{R}^{n,n}$ ist eine M-Matrix, falls ihre Diagonalelemente positiv und ihre Nicht-Diagonalelemente nicht positiv sind.*

Definition 2.18. *Eine Matrix $\mathbf{A} \in \mathbb{R}^{n,n}$ mit der speziellen blockweise tridiagonalen Gestalt*

$$\mathbf{A} = \begin{pmatrix} \mathbf{D}_1 & \mathbf{H}_1 & 0 & \cdots & 0 & 0 \\ \mathbf{K}_1 & \mathbf{D}_2 & \mathbf{H}_2 & 0 & \cdots & 0 \\ 0 & \mathbf{K}_2 & \mathbf{D}_3 & \mathbf{H}_3 & \ddots & \vdots \\ \vdots & \ddots & \ddots & \ddots & \ddots & 0 \\ 0 & & \ddots & \mathbf{K}_{s-2} & \mathbf{D}_{s-1} & \mathbf{H}_{s-1} \\ 0 & 0 & \cdots & 0 & \mathbf{K}_{s-1} & \mathbf{D}_s \end{pmatrix}, \tag{2.31}$$

ist eine T-Matrix, falls die $\mathbf{D}_i$ quadratische Diagonalmatrizen sind. Die Matrizen $\mathbf{H}_i$ und $\mathbf{K}_i$ der beiden Nebendiagonalen sind im Allgemeinen rechteckig.

Beispiel 2.5. Die Diskretisierung des zweidimensionalen Modellproblems 1.4.3 führt ebenso auf eine M-Matrix wie das etwas kompliziertere Beispiel 1.2. In diesen Beispielen wurde das Differenzenverfahren mit einer zeilen- bzw. spaltenweisen Nummerierung der Gitterpunkte angewendet. Diese Anordnung der Gitterpunkte heißt *lexikographisch*.

Bei Anwendung eines Relaxationsverfahrens wird dementsprechend oft die Bezeichnung LEX an den Verfahrensnamen angehängt.

Im nächsten Beispiel werden wir sehen, dass die Änderung der Nummerierung der Gitterpunkte zu einem anderen Matrix-Typen führen kann.

Abb. 2.4 Schachbrett-
Nummerierung der Gitter-
punkte

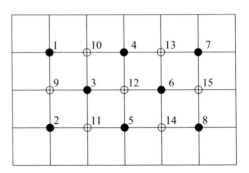

Beispiel 2.6. Um die Konvergenzverbesserung des SOR-Verfahrens gegenüber dem Ge-
samtschritt- und Einzelschrittverfahren zu illustrieren, betrachten wir das Modellproblem
der elliptischen Randwertaufgabe in einem Rechteck, für welches der Spektralradius
$\mu_1 = \sigma(\mathbf{T}_J)$ des J-Verfahrens angegeben werden kann. Bei spalten- oder zeilenweiser
Nummerierung der Gitterpunkte ist die resultierende Matrix $\mathbf{A}$ eine M-Matrix wie beim
Modellproblems 1.4.3. Da die Matrizen $\mathbf{B}$ längs der Diagonale keine Diagonalmatrizen
sind, ist es aber keine T-Matrix. Diese Eigenschaft kann durch eine schachbrettartige Fär-
bung der inneren Gitterpunkte und eine anschließende Nummerierung, bei der zuerst die
Gitterpunkte der einen Farbe und dann diejenigen der anderen Farbe erfasst werden, erreicht werden, wie dies in Abb. 2.4 für ein $(N = 5) \times (M = 3)$-Gitter dargestellt ist.

Die Matrix $\mathbf{A}$ der Ordnung $n = N \cdot M$ besitzt für die Fünf-Punkte-Formel offenbar die
spezielle Blockstruktur

$$\mathbf{A} = \begin{pmatrix} \mathbf{D}_1 & \mathbf{H}_1 \\ \mathbf{K}_1 & \mathbf{D}_2 \end{pmatrix} \quad \text{mit Diagonalmatrizen } \mathbf{D}_1 \text{ und } \mathbf{D}_2 ,$$

weil in der Differenzengleichung für einen schwarzen Gitterpunkt neben der Unbekannten
des betreffenden Punktes nur Unbekannte von weiß markierten Gitterpunkten auftreten
und umgekehrt. Dies kann man am $(N = 5) \times (M = 3)$-Beispiel gut erkennen:

$$\mathbf{A} = \frac{1}{h^2} \begin{pmatrix}
+ & \cdot & \cdot & \cdot & \cdot & \cdot & \cdot & \cdot & \times & \times & \cdot & \cdot & \cdot & \cdot & \cdot \\
\cdot & + & \cdot & \cdot & \cdot & \cdot & \cdot & \cdot & \times & \cdot & \times & \cdot & \cdot & \cdot & \cdot \\
\cdot & \cdot & + & \cdot & \cdot & \cdot & \cdot & \cdot & \times & \times & \times & \cdot & \cdot & \cdot & \cdot \\
\cdot & \cdot & \cdot & + & \cdot & \cdot & \cdot & \cdot & \times & \cdot & \times & \times & \cdot & \cdot & \cdot \\
\cdot & \cdot & \cdot & \cdot & + & \cdot & \cdot & \cdot & \cdot & \times & \times & \cdot & \times & \cdot & \cdot \\
\cdot & \cdot & \cdot & \cdot & \cdot & + & \cdot & \cdot & \cdot & \cdot & \times & \times & \times & \times & \cdot \\
\cdot & \cdot & \cdot & \cdot & \cdot & \cdot & + & \cdot & \cdot & \cdot & \cdot & \times & \cdot & \times \\
\cdot & \cdot & \cdot & \cdot & \cdot & \cdot & \cdot & + & \cdot & \cdot & \cdot & \cdot & \cdot & \times & \times \\
\times & \times & \times & \cdot & \cdot & \cdot & \cdot & \cdot & + & \cdot & \cdot & \cdot & \cdot & \cdot & \cdot \\
\times & \cdot & \times & \times & \cdot & \cdot & \cdot & \cdot & \cdot & + & \cdot & \cdot & \cdot & \cdot & \cdot \\
\cdot & \times & \times & \cdot & \times & \cdot & \cdot & \cdot & \cdot & \cdot & + & \cdot & \cdot & \cdot & \cdot \\
\cdot & \cdot & \times & \times & \times & \times & \cdot & \cdot & \cdot & \cdot & \cdot & + & \cdot & \cdot & \cdot \\
\cdot & \cdot & \cdot & \times & \cdot & \times & \times & \cdot & \cdot & \cdot & \cdot & \cdot & + & \cdot & \cdot \\
\cdot & \cdot & \cdot & \cdot & \times & \times & \cdot & \times & \cdot & \cdot & \cdot & \cdot & \cdot & + & \cdot \\
\cdot & \cdot & \cdot & \cdot & \cdot & \times & \times & \times & \cdot & \cdot & \cdot & \cdot & \cdot & \cdot & +
\end{pmatrix}$$

Tabelle 2.1 Konvergenzverhalten für das Modellproblem

N, M	n	μ_1	m_J	$\sigma(\mathbf{T}_{ES})$	m_{ES}	ω_{opt}	$\sigma(\mathbf{T}_{SOR})$	m_{SOR}	q
5, 3	15	0.7866	10	0.6187	5	1.2365	0.2365	1.6	6
10, 6	60	0.9302	32	0.8653	16	1.4631	0.4631	3.0	11
20, 12	240	0.9799	113	0.9602	57	1.6673	0.6673	5.7	20
30, 18	540	0.9906	244	0.9813	122	1.7595	0.7595	8.4	29
40, 24	960	0.9946	424	0.9892	212	1.8118	0.8118	11	38
60, 36	2160	0.9975	933	0.9951	467	1.8689	0.8689	16	57
80, 48	3840	0.9986	1640	0.9972	820	1.8994	0.8994	22	75

Dabei sind $+ \equiv 4$, $\times \equiv -1$ und $\cdot \equiv 0$. Es handelt sich also hier um ein T-Matrix.

Die Matrix $\mathbf{A}$ ist irreduzibel schwach diagonal dominant, sie ist symmetrisch wegen $\mathbf{H}_1^T = \mathbf{K}_1$, die Iterationsmatrix $\mathbf{T}_J$ hat reelle Eigenwerte μ_j, und für sie gilt wegen Satz 2.13 $\sigma(\mathbf{T}_J) < 1$. Für solche Matrizen kann man den optimalen Relaxationsfaktor ω_{opt} berechnen. Für das Modellproblem sind $\mathbf{D}_1$ und $\mathbf{D}_2$ je gleich den Vierfachen entsprechender Einheitsmatrizen. Aus diesem Grund gilt für die Iterationsmatrix

$$\mathbf{T}_J = \frac{1}{4} \begin{pmatrix} \mathbf{0} & -\mathbf{H}_1 \\ -\mathbf{K}_1 & \mathbf{0} \end{pmatrix} = \mathbf{I} - \frac{1}{4}\mathbf{A} .$$

Die Eigenwerte der Matrix $\mathbf{A}$ lassen sich formelmäßig angeben:

$$\lambda_{jk} = 4 - 2 \left\{ \cos\left(\frac{j\pi}{N+1}\right) + \cos\left(\frac{k\pi}{M+1}\right) \right\} ,$$
$$j = 1, 2, \ldots, N; \quad k = 1, 2, \ldots, M . \tag{2.32}$$

Aus den Eigenwerten (2.32) der Matrix $\mathbf{A}$ ergeben sich die Eigenwerte von $\mathbf{T}_J$ als

$$\mu_{jk} = \frac{1}{2} \left\{ \cos\left(\frac{j\pi}{N+1}\right) + \cos\left(\frac{k\pi}{M+1}\right) \right\} ,$$
$$j = 1, 2, \ldots, N; \quad k = 1, 2, \ldots, M .$$

Daraus resultiert der Spektralradius für $j = k = 1$

$$\sigma(\mathbf{T}_J) = \mu_{11} = \frac{1}{2} \left\{ \cos\left(\frac{\pi}{N+1}\right) + \cos\left(\frac{\pi}{M+1}\right) \right\} .$$

In Tab. 2.1 sind für einige Wertekombinationen N und M die Ordnungen $n = N \cdot M$, die Spektralradien $\sigma(\mathbf{T}_J)$ des J-Verfahrens, $\sigma(\mathbf{T}_{ES})$ des Einzelschrittverfahrens, die optimalen Werte ω_{opt} des SOR-Verfahrens und die zugehörigen Spektralradien $\sigma(\mathbf{T}_{SOR}(\omega))$ angegeben. Zu Vergleichszwecken sind die ganzzahligen Werte m von Iterationsschritten aufgeführt, welche zur Reduktion des Fehlers auf den zehnten Teil nötig sind sowie das Verhältnis $q = m_J/m_{SOR}$, welche die wesentliche Konvergenzsteigerung zeigen. Die Tabelle zeigt, dass das SOR-Verfahren etwa N-mal ($N > M$) schneller konvergiert als das Gesamtschrittverfahren, falls ω optimal gewählt wird. Diese Tatsache kann für das Modellproblem auf analytischem Weg nachgewiesen werden.

Da die Schachbrett-Nummerierung im Englischen Red-Black-Ordering genannt wird, kann das SOR-Verfahren hier als SOR-RB gekennzeichnet werden.

2.2 Block-Relaxationsverfahren

Alle Verfahren aus Abschn. 2.1 lassen sich in Blockform darstellen. Hierzu fasst man Teilmatrizen zu sogenannten Blöcken zusammen und ersetzt die Elemente bei der Verfahrensdefinition durch diese Blöcke, bei Division durch die Inverse. Sei also

$$\mathbf{A} = \begin{bmatrix} \mathbf{A}_{11} & \cdots & \mathbf{A}_{1K} \\ \vdots & \ddots & \vdots \\ \mathbf{A}_{K1} & \cdots & \mathbf{A}_{KK} \end{bmatrix} \tag{2.33}$$

mit quadratischen Matrizen $\mathbf{A}_{ii}$ und rechteckigen Matrizen $\mathbf{A}_{ij}$, und sei

$$\mathbf{A} = \mathbf{D} - \mathbf{L} - \mathbf{U} \quad \text{mit}$$
$$\mathbf{D} := \text{diag}\,(\mathbf{A}_{11}, \ldots, \mathbf{A}_{KK}) \quad \text{und}$$

$$\mathbf{L} := - \begin{bmatrix} 0 & & & \\ \mathbf{A}_{21} & \ddots & & \\ \vdots & \ddots & \ddots & \\ \mathbf{A}_{K1} & \cdots & \mathbf{A}_{K,K-1} & 0 \end{bmatrix}, \quad \mathbf{U} := - \begin{bmatrix} 0 & \mathbf{A}_{12} & \cdots & \mathbf{A}_{1K} \\ & \ddots & \ddots & \vdots \\ & & \ddots & \mathbf{A}_{K-1,K} \\ & & & 0 \end{bmatrix} . \tag{2.34}$$

Dann lautet das *Block-Jacobi-Verfahren*

$$\mathbf{D}\mathbf{x}^{i+1} = \mathbf{b} + (\mathbf{L} + \mathbf{U})\mathbf{x}^i, \quad i = 0, 1, \ldots \tag{2.35}$$

oder

$$\boxed{\mathbf{A}_{jj}\mathbf{x}_j^{i+1} = \mathbf{b}_j - \sum_{k \neq j} \mathbf{A}_{jk}\mathbf{x}_k^i, \qquad j = 1, \ldots, K, \quad i = 0, 1, \ldots} \tag{2.36}$$

Dabei sind $\mathbf{x}_j$ und $\mathbf{b}_j$ Vektorabschnitte der gleichen Dimension wie $\mathbf{A}_{jj}$. Es müssen also pro Iterationsschritt K „kleine" Gleichungssysteme gelöst werden.

1. Sind die $\mathbf{A}_{jj}$ symmetrisch positiv definit, so löst man diese mit dem Cholesky-Verfahren.
2. Oft sind alle $\mathbf{A}_{jj} \equiv \mathbf{M}$, dann spart man Speicher und Rechenzeit und zerlegt nur einmal.
3. Die Konvergenzgeschwindigkeit wird bestimmt vom Spektralradius

$$\sigma(\mathbf{T}) = \sigma(\mathbf{D}^{-1}(\mathbf{L} + \mathbf{U})), \tag{2.37}$$

der i. a. kleiner ist als beim elementweisen Verfahren, da in der Matrix $\mathbf{B}$ in der Fixpunktform (2.3) mehr Information über $\mathbf{A}$ steckt, anders gesagt: $\mathbf{B}$ ist ein besserer Vorkonditionierer.

Block-Gauß-Seidel

$$\boxed{\begin{aligned} \mathbf{A}_{jj}\mathbf{x}_j^{i+1} = \mathbf{b}_j - \sum_{k<j} \mathbf{A}_{jk}\mathbf{x}_k^{i+1} - \sum_{k>j} \mathbf{A}_{jk}\mathbf{x}_k^i \\ j = 1,\ldots,K\,,\quad i = 0,1,\ldots \end{aligned}}$$

(2.38)

Block-SOR

$$\boxed{\begin{aligned} \mathbf{A}_{jj}\mathbf{x}_j^{i+1} = \omega\left(\mathbf{b}_j - \sum_{k<j} \mathbf{A}_{jk}\mathbf{x}_k^{i+1} - \sum_{k>j} \mathbf{A}_{jk}\mathbf{x}_k^i\right) \\ + (1-\omega)\mathbf{x}_j^i\,,\qquad j = 1,\ldots,K\,,\quad i = 0,1,\ldots \end{aligned}}$$

(2.39)

Zwischen den Gauß-Seidel- und den Block-SOR-Iterierten besteht folgende Beziehung:

$$\mathbf{x}_{j,\text{SOR}}^{(i+1)} = \omega\left(\mathbf{x}_{j,\text{ESV}}^{(i+1)} - \mathbf{x}_{j,\text{SOR}}^{(i)}\right) + \mathbf{x}_{j,\text{SOR}}^{(i)}\,,\qquad j = 1,\ldots,K\,.$$

Die Konvergenzgeschwindigkeit wird wieder bestimmt von

$$\sigma(\mathbf{T}(\omega)) \text{ mit } \mathbf{T}(\omega) := (\mathbf{I} - \omega\mathbf{D}^{-1}\mathbf{L})^{-1}[(1-\omega)\mathbf{I} + \omega\mathbf{D}^{-1}\mathbf{U}]\,.$$

(2.40)

Dabei lässt sich die Theorie der konsistent geordneten Matrizen übertragen: $\mathbf{A}$ heißt jetzt *konsistent geordnet*, falls die Eigenwerte von

$$\mathbf{J}(\alpha) := \alpha\mathbf{D}^{-1}\mathbf{L} + \alpha^{-1}\mathbf{D}^{-1}\mathbf{U}$$

(2.41)

unabhängig von α sind. Dann lassen sich optimale Relaxationsparameterwerte mit Hilfe von $\sigma(\mathbf{J})$ bestimmen. Für ein Modellproblem ergibt sich:

$$\sigma(\mathbf{J}_{\text{Block}}) = \frac{\cos\frac{\pi}{K+1}}{2 - \cos\frac{\pi}{K+1}} < \sigma(\mathbf{J}_{\text{Element}})$$

(2.42)

und

$$\sigma(\mathbf{T}_{\text{Block}}(\omega_b)) \approx \sigma(\mathbf{T}_{\text{Element}}(\omega_b))^{\sqrt{2}}\,,$$

(2.43)

d. h. die Zahl der Iterationen reduziert sich etwa um den Faktor $\sqrt{2}$.

2.3 Methode der konjugierten Gradienten (CG-Verfahren)

Die iterative Lösung von linearen Gleichungssystemen $\mathbf{A}\mathbf{x} = \mathbf{b}$ mit symmetrischer und positiv definiter Matrix $\mathbf{A} \in \mathbb{R}^{n,n}$ mit der Methode der konjugierten Gradienten soll hier kurz dargestellt werden. Diese Methode formuliert das lineare Gleichungssystem als ein n-dimensionales Minimierungsproblem, das Schritt für Schritt durch eindimensionale Minimierung der Zielfunktion gelöst wird. Herleitung und viele weitere Einzelheiten sind in [18] zu finden.

2.3.1 Grundlage und Algorithmus

Als Grundlage zur Begründung des iterativen Verfahrens zur Lösung von symmetrischen positiv definiten Gleichungssystemen dient der

Satz 2.19. *Die Lösung* $\mathbf{x}$ *von* $\mathbf{A}\mathbf{x} = \mathbf{b}$ *mit symmetrischer und positiv definiter Matrix* $\mathbf{A} \in \mathbb{R}^{n,n}$ *ist das Minimum der quadratischen Funktion*

$$F(\mathbf{v}) := \frac{1}{2} \sum_{i=1}^{n} \sum_{k=1}^{n} a_{ik} v_k v_i - \sum_{i=1}^{n} b_i v_i = \frac{1}{2}(\mathbf{v}, \mathbf{A}\mathbf{v}) - (\mathbf{b}, \mathbf{v}) . \tag{2.44}$$

Der CG-Algorithmus zur Lösung dieser Minimierungsaufgabe lautet:

$$
\begin{aligned}
&\textit{Start:}\quad \text{Wahl von } \mathbf{x}^{(0)}, \varepsilon \\
&\mathbf{r}^{(0)} := \mathbf{A}\mathbf{x}^{(0)} - \mathbf{b} \\
&\mathbf{p}^{(1)} := -\mathbf{r}^{(0)} \\[2mm]
&\text{for } k = 1, 2, \ldots, \text{itmax} \\
&\quad \text{if } k > 1 \\
&\qquad e_{k-1} := (\mathbf{r}^{(k-1)}, \mathbf{r}^{(k-1)})/(\mathbf{r}^{(k-2)}, \mathbf{r}^{(k-2)}) \\
&\qquad \mathbf{p}^{(k)} := -\mathbf{r}^{(k-1)} + e_{k-1}\mathbf{p}^{(k-1)} \\
&\quad \text{end} \\
&\quad \mathbf{z} := \mathbf{A}\mathbf{p}^{(k)} \\
&\quad q_k := (\mathbf{r}^{(k-1)}, \mathbf{r}^{(k-1)})/(\mathbf{p}^{(k)}, \mathbf{z}) \\
&\quad \mathbf{x}^{(k)} := \mathbf{x}^{(k-1)} + q_k \mathbf{p}^{(k)} \quad \mathbf{r}^{(k)} := \mathbf{r}^{(k-1)} + q_k \mathbf{z} \\
&\quad \text{if } \|\mathbf{r}^{(k)}\|_2/\|\mathbf{r}^{(0)}\|_2 < \varepsilon \\
&\qquad \text{STOP} \\
&\quad \text{end} \\
&\text{end}
\end{aligned}
\tag{2.45}
$$

Der Rechenaufwand für einen typischen Iterationsschritt setzt sich zusammen aus einer Matrix-Vektor-Multiplikation $\mathbf{z} = \mathbf{A}\mathbf{p}$, bei der die schwache Besetzung von $\mathbf{A}$ ausgenutzt werden kann, aus zwei Skalarprodukten und drei skalaren Multiplikationen von Vektoren. Sind γn Matrixelemente von $\mathbf{A}$ ungleich null, wobei $\gamma \ll n$ gilt, beträgt der Rechenaufwand pro CG-Schritt etwa

$$\mathbf{Z}_{\text{CGS}} = (\gamma + 5)n \tag{2.46}$$

multiplikative Operationen. Der Speicherbedarf beträgt neben der Matrix $\mathbf{A}$ nur rund $4n$ Plätze, da für $\mathbf{p}^{(k)}$, $\mathbf{r}^{(k)}$ und $\mathbf{x}^{(k)}$ offensichtlich nur je ein Vektor benötigt wird, und dann noch der Hilfsvektor $\mathbf{z}$ auftritt.

Die Vektoren $\mathbf{p}^{(k)}$ sind die jeweiligen Richtungen, in die in einem Schritt ein Minimum berechnet wird. Theoretisch ist nach n Schritten die exakte Lösung berechnet. Damit wäre das CG-Verfahren ein direktes Verfahren. Der Aufwand dafür wäre aber viel zu hoch, außerdem würde die Berechnung bei so vielen Rechenoperationen durch Rundungsfehler stark verfälscht. Deshalb wird dieses Verfahren als Iterationsverfahren angewendet, bei dem nach einer Schrittzahl $l \ll n$ hoffentlich eine zufrieden stellende Näherungslösung berechnet wird. Wie schnell das Verfahren konvergiert, sagt der nächste Satz. Er benutzt die Energienorm (10.24) und die Konditionszahl (10.23).

Satz 2.20. *Im CG-Verfahren (2.45) gilt für den Fehler* $\mathbf{f}^{(k)} = \mathbf{x}^{(k)} - \mathbf{x}$ *die Abschätzung*

$$\frac{\|\mathbf{f}^{(k)}\|_A}{\|\mathbf{f}^{(0)}\|_A} \leq 2 \left(\frac{\sqrt{\kappa(\mathbf{A})} - 1}{\sqrt{\kappa(\mathbf{A})} + 1} \right)^k . \tag{2.47}$$

Auch wenn die Schranke (2.47) im Allgemeinen pessimistisch ist, so gibt sie doch den Hinweis, dass die Konditionszahl der Systemmatrix $\mathbf{A}$ eine entscheidende Bedeutung für die Konvergenzgüte hat. Für die Anzahl k der erforderlichen CG-Schritte, derart dass $\|\mathbf{f}^{(k)}\|_A / \|\mathbf{f}^{(0)}\|_A \leq \varepsilon$ ist, erhält man aus (2.47) die Schranke

$$k \geq \frac{1}{2} \sqrt{\kappa(\mathbf{A})} \ln \left(\frac{2}{\varepsilon} \right) + 1 . \tag{2.48}$$

Neben der Toleranz ε ist die Schranke im Wesentlichen von der Wurzel aus der Konditionszahl von $\mathbf{A}$ bestimmt. Das CG-Verfahren arbeitet dann effizient, wenn die Konditionszahl von $\mathbf{A}$ nicht allzu groß ist oder aber durch geeignete Maßnahmen reduziert werden kann, sei es durch entsprechende Problemvorbereitung oder durch *Vorkonditionierung*, siehe Abschn. 2.3.2.

Beispiel 2.7. Als Modellproblem nehmen wir die auf ein Rechteck verallgemeinerte Randwertaufgabe (1.43) aus Abschn. 1.4.3, hier mit $f(x, y) = 2$. Das Rechteck wird mit einer Gitterweite h so diskretisiert, dass N innere Punkte in x- und M innere Punkte in y-Richtung entstehen. Das Konvergenzverhalten der CG-Methode soll mit dem der SOR-Methode bei optimaler Wahl von ω verglichen werden. In Tab. 2.2 sind für einige Kombinationen der Werte N und M die Ordnung n der Matrix $\mathbf{A}$, ihre Konditionszahl $\kappa(\mathbf{A})$, die obere Schranke k der Iterationschritte gemäß (2.48) für $\varepsilon = 10^{-6}$, die tatsächlich festgestellte Zahl der Iterationschritte k_{eff} unter dem Abbruchkriterium $\|\mathbf{r}^{(k)}\|_2 / \|\mathbf{r}^{(0)}\|_2 \leq \varepsilon$, die zugehörige Rechenzeit t_{CG} sowie die entsprechenden Zahlen k_{SOR} und t_{SOR} zusammengestellt. Da der Residuenvektor im SOR-Verfahren nicht direkt verfügbar ist, wird hier als Abbruchkriterium $\|\mathbf{x}^{(k)} - \mathbf{x}^{(k-1)}\|_2 \leq \varepsilon$ verwendet. Dieses Abbruchkriterium hätte beim CG-Verfahren und bei diesem Beispiel zu höchstens einem Schritt mehr oder weniger geführt.

Tabelle 2.2 Konvergenzverhalten des CG-Verfahrens im
Vergleich zur SOR-Methode

N, M	n	$\kappa(\mathbf{A})$	k	k_{eff}	t_{CG}	k_{SOR}	t_{SOR}
10, 6	60	28	39	14	0.8	23	1.7
20, 12	240	98	72	30	4.1	42	5.3
30, 18	540	212	106	46	10.8	61	14.4
40, 24	960	369	140	62	23.3	78	30.5
60, 36	2160	811	207	94	74.3	118	98.2
80, 48	3840	1424	274	125	171.8	155	226.1

Wegen (2.32) ist die Konditionszahl (10.23) gegeben durch

$$\kappa(\mathbf{A}) = \frac{\left[\sin^2\left(\frac{N\pi}{2N+2}\right) + \sin^2\left(\frac{M\pi}{2M+2}\right)\right]}{\left[\sin^2\left(\frac{\pi}{2N+2}\right) + \sin^2\left(\frac{\pi}{2M+2}\right)\right]}$$

und nimmt bei Halbierung der Gitterweite h etwa um den Faktor vier zu, so dass sich dabei k verdoppelt. Die beobachteten Zahlen k_{eff} folgen diesem Gesetz, sind aber nur etwa halb so groß. Der Rechenaufwand steigt deshalb um den Faktor acht an. Dasselbe gilt für das SOR-Verfahren, wie auf Grund der Werte m_{SOR} in Tab. 2.1 zu erwarten ist.

Die Methode der konjugierten Gradienten löst die Gleichungssysssteme mit geringerem Aufwand als das SOR-Verfahren. Für das CG-Verfahren spricht auch die Tatsache, dass kein Parameter gewählt werden muss, dass es problemlos auf allgemeine symmetrisch positiv definite Systeme anwendbar ist und dass die Konvergenz noch verbessert werden kann, wie wir im nächsten Abschnitt sehen werden.

2.3.2 Vorkonditionierung

Das Ziel, die Konvergenzeigenschaften der CG-Methode durch Reduktion der Konditionszahl $\kappa(\mathbf{A})$ zu verbessern, wird mit mit einer *Vorkonditionierung* erreicht. Das Gleichungssystem $\mathbf{A}\mathbf{x} = \mathbf{b}$, $\mathbf{A}$ symmetrisch und positiv definit, wird mit einer geeigneten regulären Matrix $\mathbf{C} \in \mathbb{R}^{n,n}$ in die äquivalente Form[3]

$$\mathbf{C}^{-1}\mathbf{A}\mathbf{C}^{-T}\mathbf{C}^{T}\mathbf{x} = \mathbf{C}^{-1}\mathbf{b} \tag{2.49}$$

übergeführt. Mit den neuen Größen

$$\tilde{\mathbf{A}} := \mathbf{C}^{-1}\mathbf{A}\mathbf{C}^{-T}, \qquad \tilde{\mathbf{x}} := \mathbf{C}^{T}\mathbf{x}, \qquad \tilde{\mathbf{b}} := \mathbf{C}^{-1}\mathbf{b} \tag{2.50}$$

lautet das transformierte Gleichungssystem

$$\tilde{\mathbf{A}}\tilde{\mathbf{x}} = \tilde{\mathbf{b}} \tag{2.51}$$

mit ebenfalls symmetrischer und positiv definiter Matrix $\tilde{\mathbf{A}}$, welche aus $\mathbf{A}$ durch eine *Kongruenztransformation* hervorgeht, so dass die Eigenwerte und damit die Konditionszahl mit günstigem $\mathbf{C}$ im beabsichtigten Sinn beeinflusst werden können. Eine zweckmäßige

---

[3] Zur Notation: $\mathbf{C}^{-T} := (\mathbf{C}^{T})^{-1}$.

Festlegung von $\mathbf{C}$ muss

$$\kappa_2(\tilde{\mathbf{A}}) = \kappa_2(\mathbf{C}^{-1}\mathbf{A}\mathbf{C}^{-T}) \ll \kappa_2(\mathbf{A})$$

erreichen. Hierbei hilft die Feststellung, dass $\tilde{\mathbf{A}}$ *ähnlich* ist zur Matrix

$$\mathbf{K} := \mathbf{C}^{-T}\tilde{\mathbf{A}}\mathbf{C}^T = \mathbf{C}^{-T}\mathbf{C}^{-1}\mathbf{A} = (\mathbf{C}\mathbf{C}^T)^{-1}\mathbf{A} =: \mathbf{M}^{-1}\mathbf{A} . \tag{2.52}$$

Die symmetrische und positiv definite Matrix $\mathbf{M} := \mathbf{C}\mathbf{C}^T$ spielt die entscheidende Rolle, und man nennt sie die *Vorkonditionierungsmatrix*. Wegen der Ähnlichkeit von $\tilde{\mathbf{A}}$ und $\mathbf{K}$ gilt natürlich

$$\kappa_2(\tilde{\mathbf{A}}) = \lambda_{\max}(\mathbf{M}^{-1}\mathbf{A})/\lambda_{\min}(\mathbf{M}^{-1}\mathbf{A}) .$$

Mit $\mathbf{M} = \mathbf{A}$ hätte man $\kappa_2(\tilde{\mathbf{A}}) = \kappa_2(\mathbf{I}) = 1$. Doch ist diese Wahl nicht sinnvoll, denn mit der Cholesky-Zerlegung $\mathbf{A} = \mathbf{C}\mathbf{C}^T$, wo $\mathbf{C}$ eine Linksdreiecksmatrix ist, wäre das Gleichungssystem direkt lösbar, aber das ist für großes n viel zu aufwändig. Jedenfalls soll $\mathbf{M}$ eine Approximation von $\mathbf{A}$ sein, womöglich unter Beachtung der schwachen Besetzung der Matrix $\mathbf{A}$.

Im Prinzip kann der CG-Algorithmus in der Form (2.45) durchgeführt werden, indem die Matrix $\mathbf{A}$ durch $\tilde{\mathbf{A}}$ und alle anderen Größen entsprechend ersetzt werden. Zweckmäßiger ist es, den Algorithmus neu so zu formulieren, dass mit den gegebenen Größen gearbeitet wird und dass eine Folge von iterierten Vektoren $\mathbf{x}^{(k)}$ erzeugt wird, welche Näherungen der gesuchten Lösung $\mathbf{x}$ sind. Die Vorkonditionierung wird gewissermaßen *implizit* angewandt.

Wegen (2.50) und (2.51) gelten die Relationen

$$\tilde{\mathbf{x}}^{(k)} = \mathbf{C}^T\mathbf{x}^{(k)} , \qquad \tilde{\mathbf{r}}^{(k)} = \mathbf{C}^{-1}\mathbf{r}^{(k)} . \tag{2.53}$$

Da der Richtungsvektor $\tilde{\mathbf{p}}^{(k)}$ mit Hilfe des Residuenvektors $\tilde{\mathbf{r}}^{(k-1)}$ gebildet wird, führen wir die Hilfsvektoren $\mathbf{s}^{(k)} := \mathbf{C}\tilde{\mathbf{p}}^{(k)}$ ein, womit wir zum Ausdruck bringen, dass die $\mathbf{s}^{(k)}$ nicht mit den Richtungsvektoren $\mathbf{p}^{(k)}$ des nicht vorkonditionierten CG-Algorithmus identisch zu sein brauchen. Aus der Rekursionsformel für die iterierten Vektoren $\tilde{\mathbf{x}}^{(k)}$ ergibt sich so

$$\mathbf{C}^T\mathbf{x}^{(k)} = \mathbf{C}^T\mathbf{x}^{(k-1)} + \tilde{q}_k\mathbf{C}^{-1}\mathbf{s}^{(k)}$$

und nach Multiplikationen mit $\mathbf{C}^{-T}$ von links

$$\mathbf{x}^{(k)} = \mathbf{x}^{(k-1)} + \tilde{q}_k(\mathbf{M}^{-1}\mathbf{s}^{(k)}).$$

Desgleichen erhalten wir aus der Rekursionsformel der Residuenvektoren

$$\mathbf{C}^{-1}\mathbf{r}^{(k)} = \mathbf{C}^{-1}\mathbf{r}^{(k-1)} + \tilde{q}_k\mathbf{C}^{-1}\mathbf{A}\mathbf{C}^{-T}\mathbf{C}^{-1}\mathbf{s}^{(k)}$$

nach Multiplikation von links mit $\mathbf{C}$

$$\mathbf{r}^{(k)} = \mathbf{r}^{(k-1)} + \tilde{q}_k\mathbf{A}(\mathbf{M}^{-1}\mathbf{s}^{(k)}) .$$

In beiden Beziehungen treten die Vektoren

$$\mathbf{M}^{-1}\mathbf{s}^{(k)} =: \mathbf{g}^{(k)} \tag{2.54}$$

auf, mit denen für $\mathbf{x}^{(k)}$ und $\mathbf{r}^{(k)}$ einfachere Formeln resultieren. Aber auch aus den Gleichungen für die Richtungsvektoren

$$\tilde{\mathbf{p}}^{(k)} = -\tilde{\mathbf{r}}^{(k-1)} + \tilde{e}_{k-1}\tilde{\mathbf{p}}^{(k-1)} \quad \text{mit} \quad \tilde{e}_{k-1} = (\tilde{\mathbf{r}}^{(k-1)}, \tilde{\mathbf{r}}^{(k-1)})/(\tilde{\mathbf{r}}^{(k-2)}, \tilde{\mathbf{r}}^{(k-2)})$$

ergibt sich nach Substitution der Größen und Multiplikation von links mit $\mathbf{C}^{-T}$

$$\mathbf{M}^{-1}\mathbf{s}^{(k)} = -\mathbf{M}^{-1}\mathbf{r}^{(k-1)} + \tilde{e}_{k-1}\mathbf{M}^{-1}\mathbf{s}^{(k-1)} \ .$$

Mit der weiteren Definition

$$\mathbf{M}^{-1}\mathbf{r}^{(k)} =: \varrho^{(k)} \tag{2.55}$$

wird die letzte Beziehung zu

$$\mathbf{g}^{(k)} = -\varrho^{(k-1)} + \tilde{e}_{k-1}\mathbf{g}^{(k-1)} \ . \tag{2.56}$$

Dies ist die Ersatzgleichung für die Richtungsvektoren $\tilde{\mathbf{p}}^{(k)}$, die durch die $\mathbf{g}^{(k)}$ ersetzt werden.

Schließlich lassen sich die notwendigen Skalarprodukte durch die neuen Größen wie folgt darstellen:

$$(\tilde{\mathbf{r}}^{(k)}, \tilde{\mathbf{r}}^{(k)}) = (\mathbf{C}^{-1}\mathbf{r}^{(k)}, \mathbf{C}^{-1}\mathbf{r}^{(k)}) = (\mathbf{r}^{(k)}, \mathbf{M}^{-1}\mathbf{r}^{(k)}) = (\mathbf{r}^{(k)}, \varrho^{(k)})$$

$$(\tilde{\mathbf{p}}^{(k)}, \tilde{\mathbf{z}}) = (\mathbf{C}^{-1}\mathbf{s}^{(k)}, \mathbf{C}^{-1}\mathbf{A}\mathbf{C}^{-T}\mathbf{C}^{-1}\mathbf{s}^{(k)})$$

$$= (\mathbf{M}^{-1}\mathbf{s}^{(k)}, \mathbf{A}\mathbf{M}^{-1}\mathbf{s}^{(k)}) = (\mathbf{g}^{(k)}, \mathbf{A}\mathbf{g}^{(k)})$$

Für den Start des Algorithmus wird noch $\mathbf{g}^{(1)}$ anstelle von $\tilde{\mathbf{p}}^{(1)}$ benötigt. Dafür ergibt sich

$$\mathbf{g}^{(1)} = \mathbf{M}^{-1}\mathbf{s}^{(1)} = \mathbf{C}^{-T}\tilde{\mathbf{p}}^{(1)} = -\mathbf{C}^{-T}\tilde{\mathbf{r}}^{(0)} = -\mathbf{C}^{-T}\mathbf{C}^{-1}\mathbf{r}^{(0)}$$

$$= -\mathbf{M}^{-1}\mathbf{r}^{(0)} = -\varrho^{(0)} \ .$$

Dieser Vektor muss als Lösung eines Gleichungssystems bestimmt werden. Ein System mit $\mathbf{M}$ als Koeffizientenmatrix muss in jedem Schritt aufgelöst werden. Wird das im Algorithmus berücksichtigt und außerdem die Fallunterscheidung für $k = 1$ durch Hilfsgrößen eliminiert, so ergibt sich für das vorkonditionierte CG-Verfahren (PCG) der folgende *PCG-Algorithmus*:

Start: Festsetzung von $\mathbf{M}$;

Wahl von $\mathbf{x}^{(0)}, \varepsilon$ (2.57)

$\mathbf{r}^{(0)} := \mathbf{A}\mathbf{x}^{(0)} - \mathbf{b}$

$\zeta_a := 1$

$\mathbf{g}^{(0)} := \mathbf{0}$

for $k = 1, 2, \ldots,$ itmax

$\quad \mathbf{M}\varrho^{(k-1)} = \mathbf{r}^{(k-1)} \ (\rightarrow \varrho^{(k-1)})$

$$\zeta := (\mathbf{r}^{(k-1)}, \varrho^{(k-1)})$$

$$\tilde{e}_{k-1} := \zeta/\zeta_a$$

$$\mathbf{g}^{(k)} := -\varrho^{(k-1)} + \tilde{e}_{k-1}\mathbf{g}^{(k-1)}$$

$$\mathbf{z} := \mathbf{A}\mathbf{g}^{(k)}$$

$$\tilde{q}_k := \zeta/(\mathbf{g}^{(k)}, \mathbf{z})$$

$$\zeta_a := \zeta$$

$$\mathbf{x}^{(k)} := \mathbf{x}^{(k-1)} + \tilde{q}_k\mathbf{g}^{(k)}$$

$$\mathbf{r}^{(k)} := \mathbf{r}^{(k-1)} + \tilde{q}_k\mathbf{z}$$

$$\text{if } \|\mathbf{r}^{(k)}\|_2/\|\mathbf{r}^{(0)}\|_2 < \varepsilon$$
$$\text{STOP}$$
$$\text{end}$$
$$\text{end}$$

Die Matrix $\mathbf{C}$, von der wir ursprünglich ausgegangen sind, tritt im PCG-Algorithmus (2.57) nicht mehr auf, sondern nur noch die symmetrisch positiv definite Vorkonditionierungsmatrix $\mathbf{M}$. Im Vergleich zum normalen CG-Algorithmus (2.45) erfordert jetzt jeder Iterationsschritt die Auflösung des linearen Gleichungssystems $\mathbf{M}\varrho = \mathbf{r}$ nach ϱ als so genannten *Vorkonditionierungsschritt*. Die Matrix $\mathbf{M}$ muss unter dem Gesichtspunkt gewählt werden, dass dieser zusätzliche Aufwand im Verhältnis zur Konvergenzverbesserung nicht zu hoch ist. Deshalb kommen in erster Linie Matrizen $\mathbf{M} = \mathbf{CC}^T$ in Betracht, welche sich als Produkt einer schwach besetzen Linksdreiecksmatrix $\mathbf{C}$ und ihrer Transponierten darstellen. Die Prozesse der Vorwärts- und Rücksubstitution sind dann effizient durchführbar. Hat $\mathbf{C}$ die gleiche Besetzungsstruktur wie die untere Hälfte von $\mathbf{A}$, dann ist das Auflösen von $\mathbf{M}\varrho = \mathbf{r}$ praktisch gleich aufwändig wie eine Matrix-Vektor-Multiplikation $\mathbf{z} = \mathbf{Ag}$. Der Rechenaufwand pro Iterationsschritt des vorkonditionierten CG-Algorithmus (2.57) verdoppelt sich dann etwa im Vergleich zum Algorithmus (2.45). Die einfachste, am wenigsten Mehraufwand erfordernde Wahl von $\mathbf{M}$ besteht darin, $\mathbf{M} := \text{diag}(a_{11}, a_{22}, \ldots, a_{nn})$ als Diagonalmatrix mit den positiven Diagonalelementen a_{ii} von $\mathbf{A}$ festzulegen. Der Vorkonditionierungsschritt erfordert dann nur n zusätzliche Operationen. Da in diesem Fall $\mathbf{C} = \text{diag}(\sqrt{a_{11}}, \sqrt{a_{22}}, \ldots, \sqrt{a_{nn}})$ ist, ist die vorkonditionierte Matrix $\tilde{\mathbf{A}}$ (2.50) gegeben durch

$$\tilde{\mathbf{A}} = \mathbf{C}^{-1}\mathbf{A}\mathbf{C}^{-T} = \mathbf{C}^{-1}\mathbf{A}\mathbf{C}^{-1} = \mathbf{E} + \mathbf{I} + \mathbf{F}, \quad \mathbf{F} = \mathbf{E}^T. \qquad (2.58)$$

Hier ist $\mathbf{E}$ eine strikte untere Dreiecksmatrix. Mit dieser Vorkonditionierungsmatrix $\mathbf{M}$ wird die Matrix $\mathbf{A}$ derart *skaliert*, dass die Diagonalelemente von $\tilde{\mathbf{A}}$ gleich Eins werden. Diese Skalierung hat in jenen Fällen, in denen die Diagonalelemente sehr unterschiedliche Größenordnung haben, oft eine starke Reduktion der Konditionszahl zur Folge. Für Gleichungssysteme, welche aus dem Differenzenverfahren oder der Methode der finiten Elemente mit linearen oder quadratischen Ansätzen für elliptische Randwertaufgaben resultieren, hat die Skalierung allerdings entweder keine oder nur eine geringe Verkleinerung der Konditionszahl zur Folge.

Für die im Folgenden skizzierte Definition einer Vorkonditionierungsmatrix $\mathbf{M}$ wird vorausgesetzt, dass die Matrix $\mathbf{A}$ skaliert ist und die Gestalt (2.58) hat. Mit einem geeignet zu wählenden Parameter ω kann $\mathbf{M}$ wie folgt festgelegt werden [2, 9]

$$\mathbf{M} := (\mathbf{I} + \omega\mathbf{E})(\mathbf{I} + \omega\mathbf{F}), \quad \text{also } \mathbf{C} := (\mathbf{I} + \omega\mathbf{E}) . \tag{2.59}$$

$\mathbf{C}$ ist eine reguläre Linksdreiecksmatrix mit derselben Besetzungsstruktur wie die untere Hälfte von $\mathbf{A}$. Zu ihrer Festlegung wird kein zusätzlicher Speicherbedarf benötigt. Die Lösung von $\mathbf{M}\varrho = \mathbf{r}$ erfolgt mit den beiden Teilschritten

$$(\mathbf{I} + \omega\mathbf{E})\mathbf{y} = \mathbf{r} \quad \text{und} \quad (\mathbf{I} + \omega\mathbf{F})\varrho = \mathbf{y} . \tag{2.60}$$

Die Prozesse der Vorwärts- und Rücksubstitution (2.60) erfordern bei geschickter Beachtung des Faktors ω und der schwachen Besetzung von $\mathbf{E}$ und $\mathbf{F}$ zusammen einen Aufwand von $(\gamma + 1)\,n$ wesentlichen Operationen mit γ wie in (2.46). Der Rechenaufwand eines Iterationsschrittes des vorkonditionierten CG-Algorithmus (2.57) beläuft sich damit auf etwa

$$Z_{\text{PCGS}} = (2\gamma + 6)\,n \tag{2.61}$$

multiplikative Operationen. Für eine bestimmte Klasse von Matrizen $\mathbf{A}$ kann gezeigt werden [3], dass bei optimaler Wahl von ω die Konditionszahl $\kappa(\tilde{\mathbf{A}})$ etwa gleich der Quadratwurzel von $\kappa(\mathbf{A})$ ist, so dass sich die Verdoppelung des Aufwandes pro Schritt wegen der starken Reduktion der Iterationszahl lohnt. Die Abhängigkeit der Zahl der Iterationen von ω ist in der Gegend des optimalen Wertes nicht sehr empfindlich, da der zugehörige Graph ein flaches Minimum aufweist. Wegen dieses zur symmetrischen Überrelaxation (= SSOR-Methode) [3, 19] analogen Verhaltens wird (2.57) mit der Vorkonditionierungsmatrix $\mathbf{M}$ (2.59) als SSORCG-Methode bezeichnet.

Neben den erwähnten Vorkonditionierungsmatrizen $\mathbf{M}$ existieren viele weitere, den Problemstellungen oder den Aspekten einer Vektorisierung oder Parallelisierung auf modernen Rechenanlagen angepasste Definitionen. Zu nennen sind etwa die *partielle Cholesky-Zerlegung* von $\mathbf{A}$, bei welcher zur Gewinnung einer Linksdreiecksmatrix $\mathbf{C}$ der fill-in bei der Zerlegung entweder ganz oder nach bestimmten Gesetzen vernachlässigt wird [3, 9, 10, 13–15, 17]. Weiter existieren Vorschläge für $\mathbf{M}$, welche auf blockweisen Darstellungen von $\mathbf{A}$ und Gebietszerlegung basieren [1, 5–7]. Für Gleichungssysteme aus der Methode der finiten Elemente sind Varianten der Vorkonditionierung auf der Basis der Elementmatrizen vorgeschlagen worden [4, 8, 12, 16]. Vorkonditionierungsmatrizen $\mathbf{M}$, welche mit Hilfe von so genannten *hierarchischen Basen* gewonnen werden, erweisen sich als äußerst konvergenzsteigernd [21, 22]; auf sie werden wir im Abschn. 8.4 zurückkommen.

Beispiel 2.8. Zur Illustration der Vorkonditionierung mit der Matrix $\mathbf{M}$ aus (2.59) und der Abhängigkeit ihres Effektes von ω betrachten wir die elliptische Randwertaufgabe

$$\begin{aligned} -u_{xx} - u_{yy} &= 2 \quad \text{in } \Omega, \\ u &= 0 \quad \text{auf } \Gamma . \end{aligned} \tag{2.62}$$

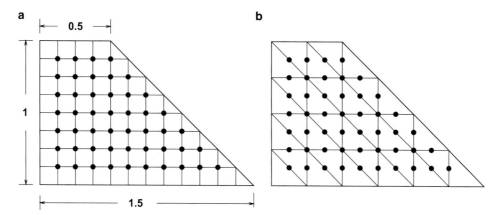

Abb. 2.5 a Differenzengitter, **b** Triangulierung für quadratische finite Elemente

Tabelle 2.3 Konvergenzverhalten bei Vorkonditionierung

h^{-1}	n	Differenzen			finite Elemente		
		k_{CG}	ω_{opt}	k_{PCG}	k_{CG}	ω_{opt}	k_{PCG}
8	49	21	1.30	8	24	1.30	9
12	121	33	1.45	10	38	1.45	11
16	225	45	1.56	12	52	1.56	13
24	529	68	1.70	14	79	1.70	16
32	961	91	1.75	17	106	1.75	19
48	2209	137	1.83	21	161	1.83	23
64	3969	185	1.88	24	–	–	–

Ω ist das trapezförmige Gebiet und Γ sein Rand, siehe Abb. 2.5. Die Aufgabe wird sowohl mit dem Differenzenverfahren mit der Fünf-Punkte-Differenzenapproximation (1.35) als auch mit der Methode der finiten Elemente mit quadratischem Ansatz auf einem Dreiecksnetz behandelt, von denen in Abb. 2.5a, b je ein Fall dargestellt ist. Wird die Kathetenlänge eines Dreieckselementes gleich der doppelten Gitterweite h des Gitters des Differenzenverfahrens gewählt, ergeben sich gleich viele Unbekannte in inneren Gitter- oder Knotenpunkten. In Tab. 2.3 sind für einige Gitterweiten h die Zahl n der Unbekannten, die Zahl k_{CG} der Iterationsschritte des CG-Verfahrens (2.45), der optimale Wert ω_{opt} des SSORCG-Verfahrens und die Zahl k_{PCG} der Iterationen des vorkonditionierten CG-Verfahrens für die beiden Methoden zusammengestellt. Die Iteration wurde abgebrochen, sobald $\|\mathbf{r}^{(k)}\|/\|\mathbf{r}^{(0)}\| \leq 10^{-6}$ erfüllt ist. Die angewandte Vorkonditionierung bringt die gewünschte Reduktion des Rechenaufwandes, die für feinere Diskretisierungen größer wird. Die Beispiele sind mit Programmen aus [17] gerechnet worden.

In Abb. 2.6 ist die Anzahl der Iterationsschritte in Abhängigkeit von ω im Fall $h = 1/32$ beim Differenzenverfahren dargestellt. $\omega = 0$ entspricht keiner Vorkonditionierung oder $\mathbf{M} = \mathbf{I}$. Das flache Minimum des Graphen ist deutlich.

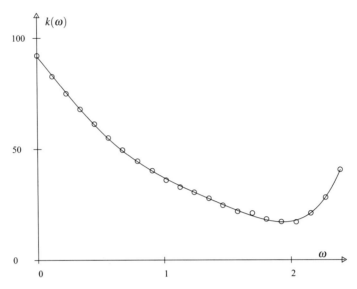

Abb. 2.6 Iterationszahl des SSORCG-Verfahrens

Aufgaben

Aufgabe 2.1. Zeigen Sie, dass die Matrix **B** im Fall des Jacobi-Verfahrens (2.7) gleich der Diagonalmatrix mit den Diagonalelementen von **A** und im Fall des Gauß-Seidel-Verfahrens (2.9) gleich der unteren Dreiecksmatrix (inklusive der Diagonalen) von **A** ist.

Aufgabe 2.2. Die Matrix eines linearen Gleichungssystems sei

$$\mathbf{A} = \begin{pmatrix} 2 & -1 & -1 & 0 \\ -1 & 2.5 & 0 & -1 \\ -1 & 0 & 2.5 & -1 \\ 0 & -1 & -1 & 2 \end{pmatrix}.$$

Zeigen Sie, dass **A** irreduzibel ist, und dass das Gesamtschritt- und das Einzelschrittverfahren konvergent sind.

Aufgabe 2.3. (a) Programmieraufgabe:
Bestimmen Sie die Lösung des folgenden linearen Gleichungssystems iterativ mit dem Einzelschritt- und dem SOR-Verfahren für verschiedene ω-Werte. Wie groß ist der experimentell ermittelte optimale Relaxationsparameter? Welche Reduktion des Rechenaufwandes wird mit dem optimalen ω_{opt} des SOR-Verfahrens im Vergleich zum

Abb. 2.7 Gebiet Ω der Randwertaufgabe

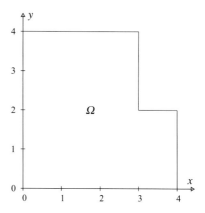

Einzelschrittverfahren erzielt?

$$
\begin{array}{rcrcrcrcrcl}
4x_1 & - & x_2 & - & x_3 & & & & & = & 6 \\
-x_1 & + & 4x_2 & & & - & 2x_4 & & & = & 12 \\
-x_1 & & & + & 4x_3 & - & x_4 & & & = & -3 \\
& - & 2x_2 & - & x_3 & + & 4x_4 & - & x_5 & = & -5 \\
& & & & & - & x_4 & + & 4x_5 & = & 1
\end{array}
$$

(b) Transformieren Sie die Matrix $\mathbf{A}$ des Gleichungssystems durch eine geeignete Permu-
tation der Unbekannten und der Gleichungen auf die spezielle Blockstruktur

$$
\mathbf{A} = \begin{pmatrix} \mathbf{D}_1 & \mathbf{H} \\ \mathbf{K} & \mathbf{D}_2 \end{pmatrix}
$$

mit Diagonalmatrizen $\mathbf{D}_1$ und $\mathbf{D}_2$ wie in Beispiel 2.6.

Aufgabe 2.4. (a) Die elliptische Randwertaufgabe

$$
\begin{aligned}
-\Delta u &= 1 \ \text{ in } \ \Omega \,, \\
u &= 0 \ \text{ auf } \Gamma = \partial\Omega \,,
\end{aligned}
$$

soll für das Gebiet Ω aus Abb. 2.7 mit dem Differenzenverfahren (1.35) näherungsweise gelöst werden. Stellen Sie das lineare Gleichungssystem für die Gitterweite $h = 1$
bei lexikographischer und bei schachbrettartiger Nummerierung der Gitterpunkte auf,
und kennzeichnen Sie die entstandenen Blockstrukturen.
(b) Programmieraufgabe:
Stellen Sie die Formeln für das Gesamtschrittverfahren mit und ohne Überrelaxation
für allgemeine quadratische Schrittweite $h = 1/p$ auf. Lösen Sie es für verschiedene
Werte des Relaxationsparameters ω, und ermitteln Sie experimentell den optimalen
Wert ω_{opt}.
Wie entwickeln sich die optimalen ω-Werte der SOR-Methode für kleiner werdende
Gitterweiten h?

Für die Programmierung ist es zweckmäßig, die unbekannten Werte in den Gitterpunkten unter Einbeziehung der Dirichlet'schen Randbedingungen in einem zweidimensionalen Feld anzuordnen. So können die Iterationsformeln mit Hilfe der benachbarten Werte in der Form von einfachen Anweisungen explizit formuliert werden. Auf diese Weise braucht weder die Matrix $\mathbf{A}$ noch die rechte Seite $\mathbf{b}$ definiert zu werden.

Aufgabe 2.5. Es sei $\mathbf{A} = \mathbf{D} - \mathbf{L} - \mathbf{U}$ eine Matrix mit positiven Diagonalelementen a_{ii} und $\tilde{\mathbf{A}} = \mathbf{D}^{-1/2}\mathbf{A}\mathbf{D}^{-1/2} = \mathbf{I} - \tilde{\mathbf{L}} - \tilde{\mathbf{U}}$ die zugehörige skalierte Matrix mit Diagonalelementen $\tilde{a}_{ii} = 1$. Zeigen Sie, dass die Spektralradien des J-Verfahrens und der SOR-Methode durch die Skalierung nicht beeinflusst werden, so dass gelten

$$\varrho(\mathbf{T}_{\mathrm{J}}) = \varrho(\tilde{\mathbf{T}}_{\mathrm{J}}) , \qquad \varrho(\mathbf{T}_{\mathrm{SOR}}(\omega)) = \varrho(\tilde{\mathbf{T}}_{\mathrm{SOR}}(\omega)) .$$

Tipp: Die Eigenwerte von $\mathbf{A}$ und damit auch der Spektralradius bleiben unter einer Ähnlichkeitstransformation $\tilde{\mathbf{A}} = \mathbf{S}^{-1} \mathbf{A} \mathbf{S}$ mit einer regulären Transformationsmatrix $\mathbf{S}$ unverändert.

Literatur

1. Axelsson, O.: A survey of preconditioned iterative methods for linear systems of algebraic equations. BIT **25**, 166–187 (1985)
2. Axelsson, O. (ed.): Preconditioned conjugate gradient methods. Special issue of BIT **29**:4 (1989)
3. Axelsson, O., Barker, V.A.: Finite element solution of boundary value problems. Academic Press, New York (1984)
4. Barragy, E., Carey, G.F.: A parallel element by element solution scheme. Int. J. Numer. Meth. Engin. **26**, 2367–2382 (1988)
5. Bramble, J.H., Pasciak, J.E., Schatz, A.H.: The construction of preconditioners for elliptic problems by substructuring I. Math. Comp. **47**, 103–134 (1986)
6. Chan, T.F., Glowinski, R., Périaux, J., Widlund, O.B. (eds.): Proceedings of the second international symposium on domain decomposition methods. SIAM, Philadelphia (1989)
7. Concus, P., Golub, G., Meurant, G.: Block preconditioning for the conjugate gradient method. SIAM J. Sci. Comp. **6**, 220–252 (1985)
8. Crisfield, M.A.: Finite elements and solution procedures for structural analysis, linear analysis. Pineridge Press, Swansea (1986)
9. Evans, D.J. (ed.): Preconditioning methods: Analysis and applications. Gordon and Breach, New York (1983)
10. Golub, G.H., Van Loan, C.F.: Matrix computations. 3rd ed. John Hopkins University Press, Baltimore (1996)
11. Hackbusch, W.: Iterative Lösung großer schwach besetzter Gleichungssysteme, 2. Aufl. Teubner, Stuttgart (1993)
12. Hughes, T.J.R., Levit, I., Winget, J.: An element-by-element solution algorithm for problems of structural and solid mechanics. Comp. Meth. Appl. Mech. Eng. **36**, 241–254 (1983)
13. Jennings, A., Malik, G.M.: Partial elimination. J. Inst. Math. Applics. **20**, 307–316 (1977)
14. Kershaw, D.S.: The incomplete Cholesky-conjugate gradient method for the iterative solution of systems of linear equations. J. Comp. Physics **26**, 43–65 (1978)
15. Meijerink, J.A., van der Vorst, H.A.: An iterative solution method for linear systems of which the coefficient matrix is a symmetric m-matrix. Math. Comp. **31**, 148–162 (1977)
16. Nour-Omid, B., Parlett, B.N.: Element preconditioning using splitting techniques. SIAM J. Sci. Stat. Comp. **6**, 761–771 (1985)

17. Schwarz, H.R.: Methode der finiten Elemente. 3. Aufl. Teubner, Stuttgart (1991)
18. Schwarz, H.R., Köckler, N.: Numerische Mathematik. 8. Aufl. Vieweg+Teubner, Wiesbaden (2011)
19. Schwarz, H.R., Rutishauser, H., Stiefel, E.: Numerik symmetrischer Matrizen. 2. Aufl. Teubner, Stuttgart (1972)
20. Young, D.M.: Iterative solution of large linear systems. Academic Press, New York (1971)
21. Yserentant, H.: Hierachical basis give conjugate gradient type methods a multigrid speed of convergence. Applied Math. Comp. **19**, 347–358 (1986)
22. Yserentant, H.: Two preconditioners based on the multi-level splitting of finite element spaces. Numer. Math. **58**, 163–184 (1990)

Teil II
Mehrgittermethoden im $\mathbb{R}^1$

Im zweiten Teil sollen die Idee und die Funktionsweise der Mehrgittermethoden vollständig verstanden werden, allerdings beschränkt auf eindimensionale Probleme. Das erleichtert das Verständnis, macht alle Schritte besser nachvollziehbar und ermöglicht zudem, mit wenig Aufwand selbst Beispiele zu rechnen.

Wir beginnen mit Experimenten, die zeigen, dass die schlecht konvergierenden einfachen Iterationsverfahren aus dem letzten Kapitel gute Eigenschaften als so genannte Glätter haben. Das nutzen wir dann in einem ersten Zweigitterverfahren aus, bevor wir die ganze Bandbreite der verschiedenen Mehrgitter-Zyklen kennen lernen werden.

Effizienz und asymptotische Optimalität der Mehrgitterverfahren machen sich eigentlich erst bei mehrdimensionalen Problemen stark positiv bemerkbar. Wie sie zustande kommen, und welche Möglichkeiten es gibt sie zu erzeugen und zu steuern, lernen wir aber viel leichter im $\mathbb{R}^1$.

Kapitel 3
Erste Experimente

Zusammenfassung In diesem Kapitel werden wir noch keine Mehrgittermethode kennen lernen, aber die wichtigsten Grundlagen dafür, dass diese Verfahren so gut konvergieren. Wir wollen das an drei Experimenten beispielhaft illustrieren. Das erste zeigt, wie unterschiedlich ein klassisches Iterationsverfahren auf Fehlervektoren mit verschieden vielen Vorzeichenwechseln (Frequenzen) wirkt. Es konvergiert schlecht, aber glättet den Fehler gut. Nachdem wir genauer definiert haben, was ein Glätter ist, bestimmen wir in einem zweiten Experiment den für die Glättungseigenschaft optimalen Wert des Relaxationsparameters ω im JOR-Verfahren. Im letzten Experiment dieses Kapitels betrachten wir zum ersten Mal zwei verschieden feine Gitter, um zu sehen, dass die Wirkung eines Glätters abhängig ist von der Feinheit der Gitter. Dies zusammen ist ein idealer Einstieg in ein erstes Mehrgitterverfahren, das dann im nächsten Kapitel vorgestellt wird.

3.1 Die Gauß-Seidel-Iteration als Glätter

Grundlage für unsere Experimente ist das triviale Problem

$$\boxed{\begin{aligned} -u''(x) \quad &= 0 \,, \quad 0 < x < 1 \,, \\ u(0) = u(1) &= 0 \,. \end{aligned}}$$

(3.1)

Das ist das Randwertproblem (1.15) mit $q = 0$ und der rechten Seite $g = 0$, deshalb ist $u(x) = 0$ die exakte Lösung und die Matrix zum diskretisierten Problem (1.18) lautet

$$\mathbf{A} = \begin{pmatrix} 2 & -1 & 0 & \cdots & 0 \\ -1 & 2 & -1 & 0 & \\ 0 & \ddots & \ddots & \ddots & \ddots \\ \vdots & \ddots & \ddots & \ddots & -1 \\ 0 & \cdots & 0 & -1 & 2 \end{pmatrix} \,.$$

(3.2)

N. Köckler, *Mehrgittermethoden*, DOI 10.1007/978-3-8348-2081-5_3,
© Vieweg+Teubner Verlag | Springer Fachmedien Wiesbaden 2012

Abb. 3.1 Unterschiedliche
Fehlerdämpfung für die Fre-
quenzen $k = 1, 5, 11$: $\mathbf{u}_k^{(0)}$
(- -) und $\mathbf{u}_k^{(30)}$ (–)

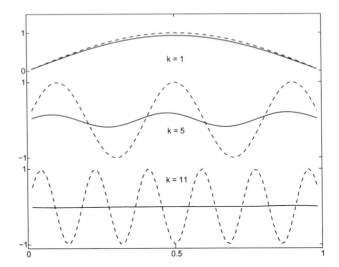

In einem ersten numerischen Experiment diskretisieren wir dieses Problem mit $h = 2^{-6}$, also $n = 64$, und nehmen als Startvektoren für die Iterationsverfahren Vektoren mit unterschiedlich vielen Vorzeichenwechseln, die man auch als Frequenzen bezeichnen kann:

$$\mathbf{u}^{(0)}(k) = \left(u_i^{(0)}(k)\right)_{i=1}^{n-1} = \left(\sin\left(\frac{ik\pi}{n}\right)\right)_{i=1}^{n-1} , \quad k = 1, 5, 11 .$$

Jetzt rechnen wir dreißig Iterationsschritte mit dem Gauß-Seidel'schen Einzelschrittver-fahren (2.9), das algorithmisch hier wegen $u_0 = u_n = 0$ so lautet:

$$u_1 := u_2/2 ,$$
$$u_i := (u_{i-1} + u_{i+1})/2 , \quad i = 2, \ldots, n-2$$
$$u_{n-1} := u_{n-2}/2 .$$

An Abb. 3.1 sehen wir, dass der Startfehler, der hier mit dem Startvektor identisch ist, für die unterschiedlichen Frequenzen stark unterschiedlich gedämpft wird. Diese Beobach-tung machten die Begründer der Mehrgittermethoden, R. P. Fedorenko 1961 und A. Brandt 1972, unabhängig voneinander, [1, 3]. Sie ist die erste wichtige Grundlage dieses Verfah-rens.

3.2 Was ist ein Glätter?

Auf der Basis des ersten Experimentes können wir definieren, was ein Glätter ist. Dazu seien $\mathbf{A}$ die Koeffizientenmatrix zu einem Modellproblem und $\mathbf{T}$ eine zugeordnete Itera-tionsmatrix, z. B. eine der Iterationsmatrizen zum Jacobi-, Gauß-Seidel, dem JOR- oder SOR-Verfahren, siehe (2.14), (2.17), (2.19) und (2.21). Ihr Spektralradius bestimmt die

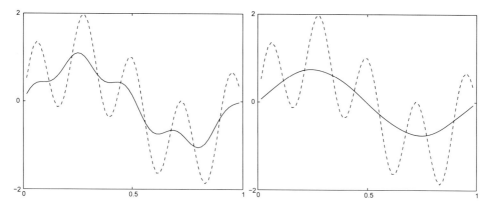

Abb. 3.2 Glättung eines Startvektor (- -) mit zehn und dreißig Schritten des Einzelschrittverfahrens

Konvergenz des Verfahrens, siehe Abschn. 2.1.2. Nun haben wir aber gerade an einem Beispiel beobachtet, dass diese Iterationsmatrix auf Fehlervektoren unterschiedlicher Frequenz stark unterschiedlich wirkt. Im Experiment war es so, dass Fehlervektoren ohne Vorzeichenwechsel kaum vermindert wurden, während Fehlervektoren mit vielen Vorzeichenwechsel stark vermindert wurden. Mit anderen Worten: Fehlervektoren, die schon glatt sind, bleiben nahezu unverändert, Fehlervektoren, die einen oszillatorischen Verlauf nehmen, werden geglättet.

Beispiel 3.1. Um die letzte Aussage experimentell noch besser zu verstehen, wenden wir jetzt das Einzelschrittverfahren zum Modellproblem (3.1) auf die Summe eines glatten und eines oszillierenden Startvektors an.

Sei dazu wieder $h = 2^{-6}$, $n = 64$ und

$$\mathbf{u}^{(0)} = \left(u_i^{(0)}\right)_{i=1}^{n-1} = \sin\left(\frac{2i\pi}{n}\right) + \sin\left(\frac{9i\pi}{n}\right)$$

Auf diese Mischung zweier Fehlervektoren mit einem und acht Vorzeichenwechseln wenden wir jetzt zehn und dreißig Schritte des Einzelschrittverfahrens an. Nach zehn Schritten kann man noch beide Frequenz-Strukturen erkennen, nach dreißig Schritten sieht man nur noch die leicht verminderten Werte des glatten Summanden, siehe Abb. 3.2.

Ein Glätter ist also eine Iterationsmatrix, die eine solche Wirkung hat. Wir wollen das im Folgenden genauer definieren und dann an einem Beispiel-Verfahren quantifizieren. Viele lineare Differenzialgleichungen 2. Ordnung besitzen die so genannte Oszillationseigenschaft, [4], die sich auf die Diskretisierungsmatrix $\mathbf{A}$ wie folgt überträgt.

Definition 3.1. *Sei $\mathbf{A} \in \mathbb{R}^{n-1,n-1}$ eine Matrix mit positiven, reellen[1] Eigenwerten λ_j und den zugehörigen Eigenvektoren $\mathbf{w}_j$, also*

$$\mathbf{A}\,\mathbf{w}_j = \lambda_j\mathbf{w}_j\,, \quad j = 1, 2, \ldots, n-1\,. \tag{3.3}$$

---

[1] Wir formulieren diese Eigenschaft nur für positive, reelle Eigenwerte, da diese in unserem Zusammenhang fast ausschließlich in Betracht kommen.

Dabei seien Eigenwerte und -vektoren so geordnet, dass

$$\lambda_1 \leq \lambda_2 \leq \cdots \leq \lambda_{n-1} \, . \tag{3.4}$$

Dann besitzt **A** *die* Oszillationseigenschaft, *wenn für den Eigenvektor* w_k *gilt, dass er* $k-1$ *Vorzeichenwechsel hat.*

Beispiel 3.2. Die Eigenschwingungen einer Geigensaite haben z. B. diese Eigenschaft. Zur kleinsten Frequenz gibt es nur einen Schwingungsbauch und keine Nullstelle der Eigenfunktion außer an den Einspannstellen am Rand. Die Frequenzen entsprechen den Grundtönen. Die Eigenfunktion zum ersten Oberton hat zwei Schwingungsbäuche und eine Nullstelle im freien Saitenbereich. Die Obertöne werden immer höher, die Frequenzen wachsen entsprechend, die Anzahl der Nullstellen ebenfalls. Da dies ein kontinuierliches Problem ist, gibt es unendlich viele Eigenwerte bzw. Frequenzen, die ins Unendliche wachsen. Eine sinnvolle Diskretisierung hat die entsprechenden Eigenschaften, aber natürlich nur endlich viele Eigenwerte bzw. Frequenzen.

Iterationsverfahren mit einer Iterationsmatrix **T** sind nun oft so definiert, dass sich die Vorzeichenwechsel der Eigenvektoren von **A** auf diejenigen von **T** übertragen. Das im Abschn. 3.1 beobachtete Verhalten ist eine von der Frequenz abhängige Konvergenz. Um sie zu untersuchen, teilen wir das Spektrum der Iterationsmatrix in zwei Teile ein:

Definition 3.2.

- *Die nach der Anordnung (3.4) ersten Eigenvektoren* $\mathbf{w}_k$ *mit* $1 \leq k < n/2$ *nennen wir* niederfrequent *oder* glatt.
- *Die restlichen Eigenvektoren* $\mathbf{w}_k$ *mit* $n/2 \leq k \leq n-1$ *nennen wir* hochfrequent *oder* oszillatorisch.

Bei der Untersuchung, ob eine Iterationsmatrix **T** ein guter Glätter ist, werden nur die hochfrequenten Anteile einer Lösung oder eines Fehlers berücksichtigt. Da die Eigenvektoren eine Basis des $\mathbb{R}^{n-1}$ bilden, kann ja jeder Fehler nach diesen entwickelt werden, und deshalb kann die Wirkung von **T** auf einen Fehlervektor auch entsprechend getrennt betrachtet werden.

Die Konvergenz hochfrequenter Fehleranteile kann über die Eigenwerte bestimmt werden. Wir werden das im nächsten Abschnitt an einem Beispiel-Verfahren genauer quantifizieren. Wenn gezeigt werden kann, dass die Iterationsmatrix **T** diese Anteile in jedem Iterationsschritt um den Faktor μ vermindert, dann nennen wir μ den *Glättungsfaktor* (smoothing factor) von **T**.

3.3 Eigenschaften der gedämpften Jacobi-Iteration

Jetzt wollen wir die gedämpfte Jacobi-Iteration (2.10) auf ihre Qualitäten als Glätter untersuchen. Dazu wenden wir sie auf das triviale Problem (3.1) an, weil wir dabei die Wirkung des Relaxationsfaktors recht genau studieren können, und das wegen der einfachen Struktur des Problems und des Verfahrens hier auch analytisch.

Für alle bisher betrachteten linearen und stationären Fixpunktiterationen gilt

$$\mathbf{u}^{(k+1)} = \mathbf{T}\mathbf{u}^{(k)} + \mathbf{c} \quad \text{und} \tag{3.5}$$

$$\mathbf{u} = \mathbf{T}\mathbf{u} + \mathbf{c} \,, \tag{3.6}$$

wenn $\mathbf{u}$ die exakte Lösung des entsprechenden Gleichungssystems ist. Daraus folgt für den Fehler

$$\mathbf{e}^{(k+1)} = \mathbf{T}\mathbf{e}^{(k)} = \mathbf{T}^{k+1}\mathbf{e}^{(0)} \,. \tag{3.7}$$

Also stellt der Spektralradius von $\mathbf{T}$ den asymptotischen Konvergenzfaktor dar:

$$\|\mathbf{e}^{(k+1)}\| \leq \sigma(\mathbf{T})\|\mathbf{e}^{(k)}\| \leq (\sigma(\mathbf{T}))^{k+1} \|\mathbf{e}^{(0)}\| \,. \tag{3.8}$$

Nun gilt für die gedämpfte Jacobi-Iteration wegen (2.14) und (2.19) für das Problem (3.1)

$$\mathbf{T}_{\text{JOR}}(\omega) = (1 - \omega)\mathbf{I} + \omega\mathbf{T}_{\text{J}} = \mathbf{I} - \frac{\omega}{2} \begin{pmatrix} 2 & -1 & 0 & \cdots & 0 \\ -1 & 2 & -1 & 0 & \\ 0 & \ddots & \ddots & \ddots & \ddots \\ \vdots & \ddots & \ddots & \ddots & -1 \\ 0 & \cdots & 0 & -1 & 2 \end{pmatrix} = \mathbf{I} - \frac{\omega}{2}\bar{\mathbf{A}} \,. \tag{3.9}$$

Dabei ist $\bar{\mathbf{A}}$ die Matrix $\mathbf{A}$ ohne den Faktor $1/h^2$. Nach (3.9) sind die Eigenwerte von $\mathbf{T}_{\text{JOR}}(\omega)$ und $\bar{\mathbf{A}}$ miteinander verknüpft durch

$$\lambda(\mathbf{T}_{\text{JOR}}(\omega)) = 1 - \frac{\omega}{2}\lambda(\bar{\mathbf{A}}) \,. \tag{3.10}$$

Die Eigenwerte und Eigenvektoren der Standardmatrix $\bar{\mathbf{A}}$ sind bekannt als

$$\lambda_k(\bar{\mathbf{A}}) = 4\sin^2\left(\frac{k\pi}{2n}\right), \quad w_{k,j} = \sin\left(\frac{jk\pi}{n}\right), \quad k = 1, \ldots, n-1 \,. \tag{3.11}$$

Die Eigenvektoren von $\mathbf{T}_{\text{JOR}}(\omega)$ stimmen mit denen von $\bar{\mathbf{A}}$ überein, während für die Eigenwerte

$$\lambda(\mathbf{T}_{\text{JOR}}(\omega)) = 1 - 2\omega\sin^2\left(\frac{k\pi}{2n}\right) \tag{3.12}$$

gilt und damit

$$|\lambda(\mathbf{T}_{\text{JOR}}(\omega))| < 1 \quad \text{für} \quad 0 < \omega \leq 1 \,. \tag{3.13}$$

Daraus folgt die Konvergenz der gedämpften Jacobi-Iteration.

Die Eigenvektoren sind für die folgenden Beobachtungen auch von großer Bedeutung. Aus (3.11) folgt sofort, dass sie die Oszillationseigenschaft besitzen.[2] In Abb. 3.3 sehen

---

[2] Die Oszillationseigenschaft gilt im Diskreten allerdings nur für Frequenzen mit einer Wellenzahl kleiner als n. Wellen mit höherer Wellenzahl können auf dem Gitter nicht dargestellt werden. Der so genannte *Aliasing-Effekt* führt dazu, dass eine Welle mit einer Wellenlänge kleiner als $2h$ auf dem Gitter als Welle mit einer Wellenlänge größer als $2h$ erscheint.

Abb. 3.3 Eigenvektoren von T_{JOR} mit der Oszillationseigenschaft

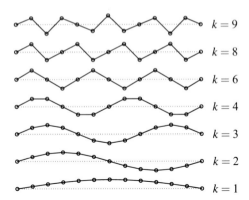

wir die k-ten Eigenvektoren für $k = 1, 2, 3, 4, 6, 8, 9$. Den Index eines Eigenwertes bezeichnen wir in diesem Zusammenhang auch als *Wellenzahl*.

Jetzt stellen wir den Anfangsfehler $e^{(0)}$ als Fourier-Entwicklung der Eigenvektoren dar, das geht immer, weil die die Eigenvektoren eine Basis des Vektorraumes bilden:

$$e^{(0)} = \sum_{j=1}^{n-1} c_j w_j \; . \tag{3.14}$$

Wegen (3.7) gilt dann

$$e^{(k)} = (T_{JOR}(\omega))^k e^{(0)} = \sum_{j=1}^{n-1} c_j (T_{JOR}(\omega))^k w_j = \sum_{j=1}^{n-1} c_j \lambda_j^k (T_{JOR}(\omega)) w_j \; .$$

Das bedeutet, dass die Amplitude der j-ten Frequenz des Fehlers nach k Iterationsschritten um den Faktor $\lambda_j^k(T_{JOR}(\omega))$ reduziert wird. Wir sehen auch, dass die gedämpfte Jacobi-Iteration die Fehlerfrequenzen nicht mischt; wenn wir sie auf einen Fehler mit nur einer Frequenz (also $c_l \neq 0$, aber $c_j = 0$ für alle $j \neq l$ in (3.14)) anwenden, dann ändert die Iteration die Amplitude c_l dieser Frequenz, aber es entsteht keine andere Freqenz neu.

Wie wir schon gesehen haben, sind die Eigenwerte (Frequenzen) der Iterationsmatrix bei der gedämpften Jacobi-Iteration gegeben als

$$\lambda_k(T_{JOR}(\omega)) = 1 - 2\omega \sin^2\left(\frac{k\pi}{2n}\right), \quad k = 1, \ldots, n-1 \; .$$

Wir suchen jetzt den optimalen Wert für den Dämpfungsfaktor ω. Das ist der Wert, der die Eigenwerte $\lambda_k(T_{JOR}(\omega))$ am kleinsten macht für alle k zwischen 1 und $n-1$. Nun ist aber

$$\lambda_1 = 1 - 2\omega \sin^2\left(\frac{\pi}{2n}\right) = 1 - 2\omega \sin^2\left(\frac{h\pi}{2}\right) \approx 1 - \frac{\omega h^2 \pi^2}{2} \; . \tag{3.15}$$

Abb. 3.4 Eigenwertverteilung
der Iterationsmatrix $\mathbf{T}_{\mathrm{JOR}}(\omega)$
für verschiedene Werte von ω

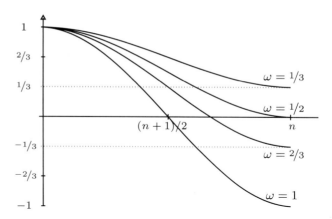

Das bedeutet, dass der Eigenwert zum glattesten Eigenvektor für kleine h immer nahe
bei 1 liegt. Es gibt also keinen Wert für ω, der die glatten Komponenten des Fehler schnell
reduziert. Hinzu kommt, dass die Konvergenz der gedämpften Jacobi-Iteration mit kleiner
werdender Gitterweite wie $O(1-h^2)$ schlechter wird. Diese „*Ironie des Schicksals*" haben
die meisten Relaxationsmethoden gemeinsam.

Aber wir wollten ja ohnehin die gedämpfte Jacobi-Iteration auf ihre Fähigkeiten als
Glätter untersuchen. Dafür ist die Frage, bei welchem Wert von ω die oszillatorischen
Komponenten am besten reduziert werden, also die Komponenten von $\mathbf{e}^{(k)}$ mit $n/2 \leq$
$j \leq n-1$. Diese Forderung können wir dadurch erfüllen, dass wir

$$\lambda_{n/2} = -\lambda_n \tag{3.16}$$

fordern. Die Lösung dieser Gleichung führt auf den optimalen Wert $\omega = 2/3$. In Abb. 3.4
ist auch graphisch zu sehen, dass $\omega = \frac{2}{3}$ der optimale Wert ist.

Darüberhinaus ist leicht zu zeigen, dass mit $\omega = 2/3$ für alle hochfrequenten Eigen-
werte die Schranke $|\lambda_k| < 1/3$ gilt, $n/2 \leq k \leq n-1$. Also besitzt das gedämpfte
JOR-Verfahren für das triviale Problem (3.1) bei der Wahl von $\omega = 2/3$ den Glättungsfaktor $\mu = 1/3$. Ein kleiner Glättungsfaktor, der – wie hier – auch noch unabhängig von
der Gitterweite h ist, stellt eine weitere wichtige Grundlage zur Konstruktion von Mehrgittermethoden dar.

3.4 Eigenschaften der Gauß-Seidel-Iteration

Die Untersuchung des Gauß-Seidel'schen Einzelschrittverfahrens führt nicht so leicht und
direkt auf einen Glättungsfaktor wie beim Jacobi-Verfahren im letzten Abschnitt. Das liegt
daran, dass für das Einzelschrittverfahren die Eigenvektoren der Iterationsmatrix $\mathbf{T}_{\mathrm{ES}}$ nicht
mit denen der Matrix $\mathbf{A}$ zum diskretisierten Modellproblem übereinstimmen.

Die Eigenwerte und -vektoren der Iterationsmatrix sind gegeben als

$$\lambda_k(\mathbf{T}_{ES}) = \cos^2\left(\frac{k\pi}{n}\right) , \quad k = 1, \ldots, n-1 ,$$

$$w_{k,j}(\mathbf{T}_{ES}) = (\lambda_k(\mathbf{T}_{ES}))^{j/2} \sin\left(\frac{jk\pi}{n}\right) = \cos^j\left(\frac{k\pi}{n}\right) \sin\left(\frac{jk\pi}{n}\right) ,$$

$$j = 0, 1, \ldots, n . \tag{3.17}$$

Die Eigenwerte liegen nahe bei 1 für kleine und große Werte von k, aber λ_k ist nicht die asymptotische Konvergenzrate für den k-ten Eigenvektor von $\mathbf{A}$, der uns interessiert zur Bestimmung eines Glättungsfaktors, sondern die für den k-ten Eigenvektor von $\mathbf{T}_{ES}$, der für die Konvergenz keine große Rolle spielt.

Dass auch die Gauß-Seidel-Iteration ein guter Glätter ist, haben wir schon in Abschn. 3.1 gesehen, wenn auch nur experimentell. Dass sie noch besser glättet als die gedämpfte Jacobi-Iteration werden wir bei einem Vergleich mehrerer Mehrgitter-Schemata im Abschn. 5.7 sehen.

Die Glättungseigenschaften hängen aber noch von einem anderen wichtigen Faktum ab, der Nummerierung der Gitterpunkte. In den Beispielen 2.5 und 2.6 haben wir schon den Unterschied zwischen lexikographischer und schachbrettartiger Nummerierung kennen gelernt. Da unterschiedliche Nummerierungen zu unterschiedlichen Diskretisierungsmatrizen $\mathbf{A}$ führen, hängt hiervon natürlich auch die Glättungseigenschaft eines Iterationsverfahrens ab. Es soll schon einmal festgehalten werden, dass die schachbrettartige Nummerierung generell zu besseren Glättungs- und Konvergenzeigenschaften führt als die lexikographische. Wir werden darauf in den Aufgaben und bei mehrdimensionalen Problemen zurück kommen. Dort wie hier ist eine Fourier-Analyse ein gutes Mittel zur Bestimmung des Glättungsfaktors. Eine solche Analyse soll hier einmal knapp vorgestellt werden, mehr Einzelheiten finden sich bei [5]. Eine solche Analyse hat Achi Brandt schon 1977 in [2] für zweidimensionale Probleme durchgeführt.

3.4.1 Fourier-Analyse

Für die Einführung in diese Technik vereinfachen wir das Randwertproblem (1.15) dadurch, dass wir $q = 0$ annehmen und weiter, dass die Randbedingungen im Intervall $[a, b] := [0, 1]$ periodisch sind

$$-u'' = f \quad \text{in} \quad (0, 1) ,$$

$$u(1) = u(0) . \tag{3.18}$$

Dann sind wir nicht an das Intervall gebunden, sondern können die Analyse auf dem unendlichen reellen Zahlenstrahl durchführen. Auf dieses Problem wenden wir das Gauß-Seidel'sche Einzelschrittverfahren an. Jetzt ist auch der Fehler nach j Schritten $\mathbf{e}^{(j)} = \mathbf{u}^{(j)} - \mathbf{u}^\infty$ periodisch und seine Komponenten erfüllen auf Grund des Einzelschrittverfahrens

$$-e_{k-1}^{(j)} + 2e_k^{(j)} = e_{k+1}^{(j-1)} ,$$

$$e_k^{(j)} = e_{k+2n}^{(j)} . \tag{3.19}$$

Da die $\mathbf{e}^{(j)}$ periodisch sind, kann k beliebig nach links und rechts fortgesetzt werden. Als Fourier-Reihe für den Fehler setzen wir an

$$e_k^{(j)} = \sum_{p=1}^{n-1} c_p^{(j)} \exp\left(ik\eta_p\right), \quad \eta_p = \frac{\pi p}{n}, \quad i = \sqrt{-1} . \tag{3.20}$$

Da die $[\exp\left(ik\eta_p\right)]$ linear unabhängig, ja sogar orthogonal sind, genügt es, einen Term aus (3.20) für ein beliebiges, aber festes p in die Gleichungen (3.19) einzusetzen, um die Änderung der Amplituden von $c_p^{(j-1)}$ zu c_p^j zu berechnen. Dann sind

$$e_k^{(j-1)} = c_p^{(j-1)} \exp(ik\eta_p) ,$$

$$e_k^{(j)} = c_p^{(j)} \exp(ik\eta_p) ,$$

$$e_{k-1}^{(j)} = c_p^{(j)} \exp(i(k-1)\eta_p) ,$$

und damit wird

$$-e_{k-1}^{(j)} + 2e_k^{(j)} = e_{k+1}^{(j-1)}$$

zu

$$-c_p^{(j)} \exp\left(i(k-1)\eta_p\right) + 2c_p^{(j)} \exp\left(ik\eta_p\right) = c_p^{(j-1)} \exp\left(i(k+1)\eta_p\right) .$$

Nach Kürzen von $\exp\left(ik\eta_p\right)$ kann das aufgelöst werden nach

$$c_p^{(j)} = \underbrace{\frac{\exp(i\,\eta_p)}{2 - \exp(-i\,\eta_p)}}_{=:g(\eta_p)} c_p^{(j-1)} \tag{3.21}$$

$g(\eta_p)$ heißt Vergrößerungsfaktor. Er misst die Dämpfung eines Fourier-Terms des Fehlers durch einen Iterationsschritt des Gauß-Seidel-Verfahrens.

Der Betrag von $g(\eta_p)$ kann nach einiger Rechnerei[3] vereinfacht werden zu

$$|g(\eta_p)| = \frac{1}{\sqrt{5 - 4\cos\eta_p}} . \tag{3.22}$$

---

[3] Wenn Sie das nachrechnen wollen, empfehle ich die Zuhilfenahme eines CAS wie MAPLE oder MUPAD.

Setzt man jetzt alle Werte η_p in diesen Ausdruck ein und bestimmt sein Maximum

$$\max\left\{|g(\eta_p)| \;\middle|\; \eta_p = \frac{\pi p}{2n}, p = 1, 2, \ldots, n-1\right\}$$

$$= g(\eta_1) = \frac{1}{\sqrt{5 - 4\cos\eta_1}}$$

$$= (5 - 4(1 - \eta_1^2/2 - O(\eta_1^4)))^{-\frac{1}{2}} \quad (\text{wegen } \cos(\eta_1) \approx 1 - \eta_1^2/2)$$

$$= (1 + 2\eta_1^2 + O(\eta_1^4))^{-\frac{1}{2}} = 1 - \pi^2 h^2 + O(h^4)$$

$$\left[\text{wegen } \eta_1 = \frac{\pi}{n} = \pi h \Rightarrow \eta_1^2 = \pi^2 h^2\right], \tag{3.23}$$

dann bekommt man das bekannte Ergebnis, dass das Einzelschrittverfahren ohne optimalen Relaxationsparameter bzw. mit $\omega = 1$ so schlecht wie $1 - 1/n^2$ konvergiert. Aber hier geht es um die Glättung, d. h. darum, dass die hohen Frequenzen um einen möglichst großen Faktor verkleinert werden. Unmittelbar zu sehen ist, dass $|g(\eta_p)|$ kleiner wird mit wachsendem p.

Der Glättungsfaktor μ ist ja definiert (siehe Seite 68) als das Maximum von (3.23) über die hochfrequenten Wellenzahlen

$$\mu = \max\{|g(\eta_p)| \;\mid\; p = n/2, n/2 + 1, \ldots, n-1\}.$$

Wenn $\mu < 1$ unabhängig von h ist, dann ist die Methode ein optimaler Glätter (smoother).

Für das Gauß-Seidel-Verfahren ergibt sich – wieder nach einiger Rechnerei – der Glättungsfaktor

$$\mu = \left(5 - 4\cos\frac{\pi}{2}\right)^{-\frac{1}{2}} = 5^{-\frac{1}{2}}.$$

Er ändert sich nicht wesentlich bei anderen Randbedingungen, die periodischen haben nur das Rechnen erleichtert.

3.5 Glättung auf verschiedenen Gittern

Als Grundlagen der Mehrgitterverfahren haben wir bisher die unterschiedliche Wirkung der Iterationsmatrizen auf verschieden stark oszillierende Fehlervektoren und die daraus resultierende Idee der Frequenzaufteilung des Spektrums dieser Matrizen kennen gelernt. Damit haben wir einen Glättungsfaktor definiert. Wir haben aber noch nicht auf *mehreren* Gittern gerechnet. Das wollen wir in einem letzten Experiment auf dem Weg zu einer ersten Mehrgittermethode tun.

Dazu nehmen wir für das Problem (3.1) als Start- und Fehlervektor die Werte der Funktion

$$u(x) = \sin(9\pi x) \tag{3.24}$$

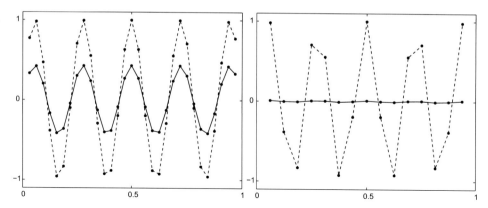

Abb. 3.5 Glättung des Fehlervektors $u = \sin(9\pi x)$ mit drei Schritten des gedämpften Jacobi-Verfahrens $\mathbf{T}_{\text{JOR}}(2/3)$ für verschiedene Gitter, *links* mit 31, *rechts* mit 15 inneren Punkten

auf zwei Gittern, einem mit 15 und einem mit 31 inneren Punkten. Nach der Aufteilung des Frequenzbereichs in zwei Hälften auf Seite 68 ist unmittelbar klar, dass der Startvektor auf dem 15-Punkte-Gitter zu den hochfrequenten, aber auf dem 31-Punkte-Gitter zu den niederfrequenten Vektoren gehört. Er müsste dementsprechend unterschiedlich geglättet werden. Abbildung 3.5 zeigt, dass dies tatsächlich der Fall ist.

Als letzte Grundlage zur Konstruktion einer Mehrgittermethode halten wir damit fest, dass Vektoren mit einer gewissen festen Zahl von Vorzeichenwechseln auf verschieden feinen Gittern mehr oder weniger oszillatorisch sind, dass also die Frage, ob ein Vektor zu den hoch- oder niederfrequenten Vektoren gehört, von der Feinheit des Gitters abhängt.

Abbildung 3.5 zeigt auch, dass der Unterschied erheblich ist. Die Maximumnorm des hochfrequenten Vektors $\sin(9\pi x_k)$, $k = 1, \ldots, 15$, wird mit drei Schritten des gedämpften Jacobi-Verfahrens mit $\omega = 2/3$ etwa um den Faktor hundert verkleinert (Abb. 3.5 rechts), während die des niederfrequenten Vektor $\sin(9\pi x_k)$, $k = 1, \ldots, 31$, mit drei Schritten desselben Verfahrens nur auf 43% seines Wertes gedrückt wird (Abb. 3.5 links).

Diesen Unterschied müssen wir geschickt ausnutzen, um effiziente Mehrgitterverfahren zu konstruieren, denn:

> Wenn ein Relaxationsverfahren die hochfrequenten Fehleranteile schnell und effizient reduziert, dann kann der Fehler insgesamt schnell und effizient reduziert werden, indem das Verfahren auf verschieden feinen Gittern angewendet wird.

Aufgaben

Aufgabe 3.1. Überprüfen Sie, ob die Matrix

$$\mathbf{B} = \begin{pmatrix} 6 & -2 & 0 & \cdots & 0 \\ -2 & 6 & -2 & 0 & \\ 0 & \ddots & \ddots & \ddots & \ddots \\ \vdots & \ddots & \ddots & \ddots & -2 \\ 0 & \cdots & 0 & -2 & 6 \end{pmatrix}. \tag{3.25}$$

die Oszillationseigenschaft hat, indem Sie die Eigenwerte und Eigenvektoren von $\mathbf{B}$ bestimmen.

Aufgabe 3.2. Rechnen Sie nach, dass für Problem (3.1) Gleichung (3.9) gilt:

$$\mathbf{T}_{\text{JOR}}(\omega) = \mathbf{I} - \frac{\omega}{2}\bar{\mathbf{A}}.$$

Aufgabe 3.3. Es gibt symmetrische positiv definite Matrizen, die die Oszillationseigenschaft nicht besitzen. Zeigen Sie dies für die Matrix

$$\mathbf{A} = \begin{pmatrix} 4 & 1 & 1 & 0 \\ 1 & 4 & 0.5 & 1 \\ 1 & 0.5 & 4 & 1 \\ 0 & 1 & 1 & 4 \end{pmatrix}.$$

Aufgabe 3.4. Zeigen Sie, dass die Forderung (3.16) bei Anwendung der gedämpften Jacobi-Iteration auf das Modellproblem (3.1) zum optimalen Relaxationsparameter $\omega = 2/3$ führt und damit einen Glättungsfaktor $\mu = 1/3$ ergibt.

Aufgabe 3.5. In Kap. 7 werden wir sehen, dass sich die Glättungseigenschaften des Gauß-Seidel-Verfahrens für eine schachbrettartige Nummerierung der Gitterpunkte eines Gebietes im $\mathbb{R}^2$ noch verbessern. Im eindimensionalen Fall entspricht das der folgenden Nummerierung der inneren Gitterpunkte, hier beispielhaft für das Intervall $[0, 1]$ und $n = 10$:

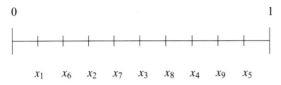

Nun ist eine solche Nummerierung für die Weiterverarbeitung der Ergebnisse z. B. in einer Abbildung ungünstig, deshalb wird es vorgezogen, die Nummerierung lexikographisch zu lassen, aber das Gauß-Seidel-Verfahren so umzuformulieren, dass sich rechnerisch der Effekt einer schachbrettartigen Nummerierung ergibt.

Formulieren Sie das entsprechende Einzelschrittverfahren für das Randwertproblem $-u'' = f$ mit $u(0) = u(1) = 0$.

Literatur

1. Brandt, A.: Multi-level adaptive technique (MLAT) for fast numerical solution to boundary value problems. In: H. Cabannes, R. Temam (eds.) Proc. 3rd Int. Conf. on Numerical Methods in Fluid Mechanics, Paris 1972, pp. 82–89. Springer, Berlin (1973)
2. Brandt, A.: Multi-level adaptive solutions to boundary value problems. Math. Comp. **31**, 333–390 (1977)
3. Fedorenko, R.P.: A relaxation method for solving elliptic difference equations. USSR Comput. Math. and Math. Phys. **1**(5), 1092–1096 (1961)
4. Richardson, R.G.D.: Das Jacobische Kriterium der Variationsrechnung und die Oszillationseigenschaften linearer Differentialgleichungen 2. Ordnung. Math. Annalen **68**, 279–303 (1910)
5. Wesseling, P.: An Introduction to Multigrid Methods, corr. reprint. R.T. Edwards, Philadelphia (2004)

Kapitel 4
Ein Zweigitterverfahren

Zusammenfassung Im letzten Kapitel haben wir gesehen, dass einige Schritte der Gauß-Seidel- oder der Jacobi-Iteration den Fehler glätten; d. h. hochfrequente Fehlerkomponenten konvergieren rasch gegen null, während niederfrequente Komponenten unerträglich langsam konvergieren. Diese Beobachtung wollen wir zur Grundlage eines Zweigitterverfahrens für das einfache eindimensionale Modellproblem (1.15) machen.

Wir haben auch gesehen, dass eine niederfrequente Funktion auf einem feinen Gitter zu einer hochfrequenten Funktion werden kann, wenn sie auf das grobe Gitter projiziert wird. Wenn wir für gerades n zwei Gitter mit den Gitterweiten $h = 1/n$ und $2h$ definieren, dann kann diese Tatsache für eine diskrete Sinus-Funktion formal ausgedrückt werden als

$$w_{k,2j}^{h} = \sin\left(\frac{2jk\pi}{n}\right) = \sin\left(\frac{jk\pi}{n/2}\right) = w_{k,j}^{2h}, \quad 1 \le k < \frac{n}{2}. \tag{4.1}$$

Dies reicht als Idee für eine Zweigittermethode aus, wenn wir zusätzlich den Wechsel zwischen den beiden Gittern mathematisch definieren.

4.1 Ideensammlung

Wir wollen jetzt eine Zweigittermethode vorbereiten. Dazu halten wir fest, dass Wellen einer gewissen Frequenz auf einem groben Gitter oszillatorischer sind als auf einem feinen Gitter. Wechseln wir also von einem feinen auf ein grobes Gitter, dann ist die Relaxation effizienter, die Fehlerkomponenten einer gewissen Frequenz werden schneller klein. Wir müssen deshalb den Vorgang des Wechselns zwischen zwei Gittern formalisieren.

Zur Vorbereitung erinnern wir noch an die Nachiteration bei der numerischen Lösung von linearen Gleichungssystemen. Wenn $\mathbf{v}$ eine Näherungslösung von

$$\mathbf{Au} = \mathbf{f} \tag{4.2}$$

ist, und wenn $\mathbf{r} = \mathbf{f} - \mathbf{Av}$ das zugehörige Residuum und $\mathbf{e} = \mathbf{u} - \mathbf{v}$ der Fehler sind, dann gilt

$$\mathbf{Ae} = \mathbf{r}. \tag{4.3}$$

N. Köckler, *Mehrgittermethoden*, DOI 10.1007/978-3-8348-2081-5_4,
© Vieweg+Teubner Verlag | Springer Fachmedien Wiesbaden 2012

Ausgehend von einer Näherungslösung $\mathbf{v}$ können wir also statt des eigentlich zu lösenden Gleichungssystems (4.2) genau so gut die so genannte Defektgleichung (4.3) lösen und die Näherungslösung $\mathbf{v}$ mit deren Lösung $\mathbf{e}$ zu $\mathbf{v}_{\text{neu}} = \mathbf{v} + \mathbf{e}$ korrigieren. Nehmen wir noch $\mathbf{e} = \mathbf{0}$ als Startnäherung, so kommen wir zu der Aussage

> Relaxation der Originalgleichung $\mathbf{Au} = \mathbf{f}$ mit einer beliebigen Startnäherung $\mathbf{v}$ ist äquivalent zur Relaxation der Residuumsgleichung $\mathbf{Ae} = \mathbf{r}$ mit $\mathbf{r} = \mathbf{f} - \mathbf{Av}$ und einer Startnäherung $\mathbf{e} = \mathbf{0}$.

Eine sinnvolle Zweigittermethode wird also das feine Gitter zur Glättung, also Reduktion der hochfrequenten Fehleranteile, und das grobe Gitter zur Reduktion der niederfrequenten Fehleranteile benutzen. Zusammen mit der Idee der Nachiteration führt das zu einer ersten Strategie für eine Zweigittermethode; dabei sind h die Gitterweite des feinen Gitters und $2h$ die des groben Gitters und alle Größen bekommen einen entsprechenden oberen Index. Das Zeichen $:=$ bedeutet die Zuweisung der Auswertung der rechten Seite an die Variable links, die mit ihrem alten Wert im Ausdruck rechts auftreten kann.

> (1) Wähle eine Startnäherung $\mathbf{v}^h$ (z. B. $\mathbf{v}^h = \mathbf{0}$) auf dem feinen Gitter G^h.
> (2) Relaxiere $\mathbf{A}^h\mathbf{u}^h = \mathbf{f}^h$ auf G^h, um eine verbesserte Näherungslösung $\mathbf{v}^h$ zu bekommen.
> (3) Berechne das Residuum $\mathbf{r}^h = \mathbf{f}^h - \mathbf{A}^h\mathbf{v}^h$.
> (4) Übertrage dieses $\mathbf{r}^h$ auf das grobe Gitter G^{2h}: $\mathbf{r}^{2h}$.
> (5) Löse $\mathbf{A}^{2h}\mathbf{e}^{2h} = \mathbf{r}^{2h}$ auf G^{2h}, um eine Näherung des Fehlers $\mathbf{e}^{2h}$ zu bekommen.
> (6) Übertrage dieses $\mathbf{e}^{2h}$ auf das feine Gitter G^h: $\mathbf{e}^h$.
> (7) Korrigiere die Näherung $\mathbf{v}^h := \mathbf{v}^h + \mathbf{e}^h$.

Diese Strategie heißt *Korrektur-Schema (correction scheme)*. Die Schritte (2) bis (7) können iteriert werden, bis eine gewünschte Genauigkeit erreicht ist.

Es fehlen aber definitorische Teile:

- Wir müssen Gitter verschiedener Feinheit und auf ihnen das Gleichungssystem $\mathbf{Au} = \mathbf{f}$ definieren können. Es ist $\mathbf{A}^h = \mathbf{A}$, aber was ist $\mathbf{A}^{2h}$?
- Wir brauchen Methoden für die Abbildungen der Fehler- oder Näherungsvektoren

$$\text{von } G^h \text{ nach } G^{2h} \qquad \text{und} \qquad \text{von } G^{2h} \text{ nach } G^h.$$

Durch die Bezeichnungsweise wird nahe gelegt, dass die Gitterweite sich immer um den Faktor 2 ändert. Dies ist die übliche Methode, und es gibt kaum einen Grund einen anderen Faktor zu nehmen. Der Faktor 2 erleichtert nämlich die Konstruktion der Abbildungen zwischen den verschiedenen Vektorräumen.

Um einen Vektor von einem groben auf ein feines Gitter zu übertragen, wird man Interpolationsmethoden wählen. So macht man aus wenigen viele Komponenten. Dadurch wird der Vektor „verlängert". Man nennt deshalb diese Abbildung *Interpolation* oder *Prolongation*.

Für den umgekehrten Weg muss man aus vielen Werten wenige machen, diesen Vorgang nennt man deshalb *Restriktion*.

4.2 Das Modellproblem auf zwei Gittern

Wir kehren zu unserem eindimensionalen Modellproblem (1.15) zurück. Es soll hier weiter vereinfacht werden, bevor die Elemente einer Mehrgittermethode erklärt werden. Wir beschränken uns auf das Einheitsintervall und schreiben homogene Randbedingungen vor.

$$-u''(x) + qu(x) = g(x)\,, \quad 0 < x < 1\,,$$
$$u(0) = u(1) = 0\,. \tag{4.4}$$

Das Intervall $[0, 1]$ wird wieder in n gleich lange Intervalle $[x_i, x_{i+1}]$ aufgeteilt mit $x_i := ih, i = 0, 1, \ldots, n, h := 1/n$.

Diese x_i bilden das *feine* Gitter G^h, das immer das Referenz-Gitter zur Lösung der Differenzialgleichung sein soll. Das *grobe* Gitter G^{2h} entsteht durch die Verdoppelung der Gitterweite h. Dazu muss n gerade sein. Grobes und feines Gitter G^h sind dann gegeben durch

$$G^{2h} := \{x \in \mathbb{R} \,|\, x = x_j = 2jh, j = 0, 1, \ldots, n/2\}\,,$$

$$G^h := \{x \in \mathbb{R} \,|\, x = x_j = jh, j = 0, 1, \ldots, n\}\,. \tag{4.5}$$

Die Näherungswerte auf den Gittern werden durch den oberen Index unterschieden. Wegen der vorgegebenen Randwerte gehören diese nicht zu den Unbekannten. Die Vektoren der Unbekannten sind daher $\mathbf{v}^h = (v_1^h, \ldots, v_{n-1}^h)^T$ und $\mathbf{v}^{2h} = (v_1^{2h}, \ldots, v_{n/2-1}^{2h})^T$.

4.2.1 Relaxation

Zur Herleitung eines Relaxationsverfahrens gehen wir vom Gleichungssystem (1.18) aus und schreiben das Gauß-Seidel'sche Einzelschrittverfahren für das feine Gitter auf; andere Verfahren lassen sich leicht entsprechend herleiten.

$$
v_1^h = \frac{v_2^h + h^2 g_1^h}{2 + h^2 q_1} \, ,
$$

$$
v_i^h = \frac{v_{i-1}^h + v_{i+1}^h + h^2 g_i^h}{2 + h^2 q_i} \, , \qquad i = 2, \ldots, n-2 \, , \tag{4.6}
$$

$$
v_{n-1}^h = \frac{v_{n-2}^h + h^2 g_{n-1}^h}{2 + h^2 q_{n-1}} \, .
$$

4.2.2 Interpolation (Prolongation)

Die Interpolation oder Prolongation ist eine Abbildung von Vektoren des groben auf solche des feinen Gitters:

$$
\mathbf{I}_{2h}^h : V(G^{2h}) \to V(G^h) \, .
$$

Sei $\mathbf{v}^{2h}$ ein Vektor mit Werten auf G^{2h}. Dann definiert

$$
\mathbf{v}^h = \mathbf{I}_{2h}^h \mathbf{v}^{2h}
$$

mit

$$
\begin{aligned}
v_{2i}^h &= v_i^{2h} \, , & i &= 1, 2, \ldots, \frac{n}{2} - 1 \, , \\
v_{2i+1}^h &= \frac{1}{2}(v_i^{2h} + v_{i+1}^{2h}) \, , & i &= 0, 1, \ldots, \frac{n}{2} - 1 \, ,
\end{aligned} \tag{4.7}
$$

eine lineare Interpolation und erzeugt einen Vektor $\mathbf{v}^h$ mit Werten auf dem feinen Gitter G^h, ein Beispiel mit $n = 10$ sehen wir in Abb. 4.1.

Da die Randwerte nicht als Unbekannte in das lineare Gleichungssystem (1.18) eingehen, ist die Ordnung seiner Koeffizientenmatrizen $n-1$ bzw. $n/2-1$ auf dem feinem bzw. dem grobem Gitter. $\mathbf{I}_{2h}^h$ ist deshalb eine lineare Abbildung vom $\mathbb{R}^{n/2-1}$ in den $\mathbb{R}^{n-1}$.

Für $n = 8$ bekommen wir die Abbildung

$$
\begin{pmatrix} v_1^h \\ v_2^h \\ v_3^h \\ v_4^h \\ v_5^h \\ v_6^h \\ v_7^h \end{pmatrix}_{7 \times 1}
:=
\begin{pmatrix} 1/2 & 0 & 0 \\ 1 & 0 & 0 \\ 1/2 & 1/2 & 0 \\ 0 & 1 & 0 \\ 0 & 1/2 & 1/2 \\ 0 & 0 & 1 \\ 0 & 0 & 1/2 \end{pmatrix}_{7 \times 3}
\begin{pmatrix} v_1^{2h} \\ v_2^{2h} \\ v_3^{2h} \end{pmatrix}_{3 \times 1} . \tag{4.8}
$$

$\mathbf{I}_{2h}^h$ hat vollen Rang, der Nullraum besteht deshalb nur aus dem Nullelement.

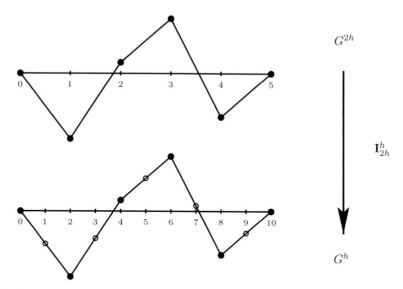

Abb. 4.1 Lineare Interpolation eines Vektors vom groben auf das feine Gitter

Die lineare Interpolation ist für die Zwecke der Mehrgittermethode gut geeignet, denn bei der Mehrgittermethode wird die Abbildung auf Fehlervektoren angewendet. Wenn wir davon ausgehen können, dass der Fehler auf dem feinen Gitter glatt ist, dass wir also die hochfrequenten Fehleranteile durch Relaxation sehr klein gemacht haben, dann stellt die lineare Interpolation eine gute Approximationsmethode dar.

Für nicht zu vernachlässigende hochfrequente Fehleranteile gilt dies nicht, da diese auf dem groben Gitter nicht „*gesehen*" werden. Das ist einer der Gründe dafür, dass es nicht ausreicht auf zwei Gittern zu arbeiten, sondern deutlich mehr Gitter einzubeziehen.

4.2.3 Restriktion

Als Restriktion wird die Abbildung von Vektoren des feinen auf solche des groben Gitters bezeichnet, also in umgekehrter Richtung bezogen auf die Prolongation

$$\mathbf{I}_h^{2h} : V(G^h) \to V(G^{2h}) .$$

Dem entsprechend betrachten wir $\mathbf{I}_h^{2h}$ als linearen Operator von $\mathbb{R}^{n-1}$ nach $\mathbb{R}^{n/2-1}$. Für unser Modellproblem wollen wir zwei mögliche Restriktionsabbildungen beschreiben.

4.2.3.1 Restriktion durch Injektion

Der Injektions-Operator $\mathbf{I}_h^{2h} : V(G^h) \to V(G^{2h})$ übernimmt einfach jeden zweiten Wert des feinen Gitters auf das grobe:

$$\boxed{\mathbf{v}^{2h} = \mathbf{I}_h^{2h}\mathbf{v}^h \quad \text{mit} \quad v_i^{2h} = v_{2i}^h .}$$ (4.9)

Für $n = 8$ bekommen wir die Abbildung

$$\begin{pmatrix} v_1^{2h} \\ v_2^{2h} \\ v_3^{2h} \end{pmatrix} := \begin{pmatrix} 0\ 1\ 0\ 0\ 0\ 0\ 0 \\ 0\ 0\ 0\ 1\ 0\ 0\ 0 \\ 0\ 0\ 0\ 0\ 0\ 1\ 0 \end{pmatrix} \begin{pmatrix} v_1^h \\ v_2^h \\ v_3^h \\ v_4^h \\ v_5^h \\ v_6^h \\ v_7^h \end{pmatrix} . \tag{4.10}$$

Es ist $\mathrm{Rang}(\mathbf{I}_h^{2h}) = \dfrac{n}{2} - 1$, also ist die Dimension des Nullraums $\dim(N(\mathbf{I}_h^{2h})) = \dfrac{n}{2}$.

4.2.3.2 Restriktion durch einen *full-weighting*-Operator

Der Full-weighting-Operator hingegen berücksichtigt zusätzlich zwei Nachbarwerte auf dem feinen Gitter. Aus den zusammen drei Werten wird ein gewichtetes Mittel gebildet

$$\boxed{\mathbf{v}^{2h} = \mathbf{I}_h^{2h}\mathbf{v}^h \quad \text{mit} \quad v_i^{2h} = \frac{1}{4}(v_{2i-1}^h + 2v_{2i}^h + v_{2i+1}^h) .} \tag{4.11}$$

Ein Beispiel mit $n = 10$ sehen wir in Abb. 4.2, für $n = 8$ bekommen wir die Abbildung

$$\begin{pmatrix} v_1^{2h} \\ v_2^{2h} \\ v_3^{2h} \end{pmatrix} := \begin{pmatrix} 1/4\ 1/2\ 1/4\ 0\ \ \ 0\ \ \ 0\ \ \ 0 \\ 0\ \ \ 0\ \ \ 1/4\ 1/2\ 1/4\ 0\ \ \ 0 \\ 0\ \ \ 0\ \ \ 0\ \ \ 0\ \ \ 1/4\ 1/2\ 1/4 \end{pmatrix} \begin{pmatrix} v_1^h \\ v_2^h \\ v_3^h \\ v_4^h \\ v_5^h \\ v_6^h \\ v_7^h \end{pmatrix} . \tag{4.12}$$

Auch hier gilt: $\mathrm{Rang}(\mathbf{I}_h^{2h}) = \dfrac{n}{2} - 1$ und $\dim(N(\mathbf{I}_h^{2h})) = \dfrac{n}{2}$.

Die Full-weighting-Restriktion glättet die Werte des feinen Gitters besser als die Injektion, sie ist aber auch aus anderen Gründen vorzuziehen, wie wir im folgenden Abschnitt sehen werden.

4.2.4 Beziehungen zwischen den Operatoren

Transponierte und Adjungierte
Gegeben sei eine Matrix $\mathbf{A} \in \mathbb{R}^{n,m}$ mit den Elementen

$$\mathbf{A} = \left(a_{i,j}\right)_{i=1,j=1}^{n\quad m} .$$

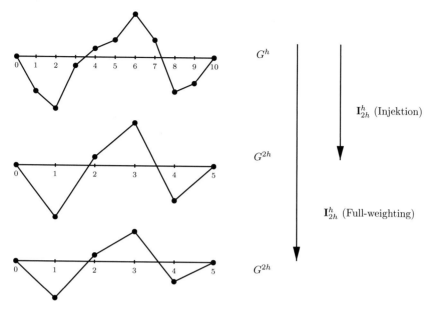

Abb. 4.2 Restriktion eines Vektors vom feinen auf das grobe Gitter

Die Transponierte $\mathbf{A}^T \in \mathbb{R}^{m,n}$ ist dann gegeben als

$$\mathbf{A}^T = \left(a_{j,i}\right)_{j=1,\, i=1}^{m\quad n} .$$

Die Adjungierte $\mathbf{A}^*$ von $\mathbf{A}$ ist nur zusammen mit einem Skalarprodukt $(\cdot,\cdot)$ definiert. Die Adjungierte $\mathbf{A}^*$ ist die Matrix, für die gilt

$$(\mathbf{A}\mathbf{u},\mathbf{v}) = (\mathbf{u},\mathbf{A}^*\mathbf{v}) \quad \forall \mathbf{u} \in \mathbb{R}^n,\ \mathbf{v} \in \mathbb{R}^m . \tag{4.13}$$

Adjungierte und Transponierte stimmen also nur überein, wenn das Standard-Skalarprodukt gewählt wird.

Für das eindimensionale Modellproblem sind die lineare Interpolation und die Full-weigthing-Restriktion definiert als (hier wieder für $n = 8$)

$$\mathbf{I}_{2h}^h = \frac{1}{2}\begin{pmatrix} 1 & 0 & 0 \\ 2 & 0 & 0 \\ 1 & 1 & 0 \\ 0 & 2 & 0 \\ 0 & 1 & 1 \\ 0 & 0 & 2 \\ 0 & 0 & 1 \end{pmatrix}, \quad \mathbf{I}_h^{2h} = \frac{1}{4}\begin{pmatrix} 1 & 2 & 1 & 0 & 0 & 0 & 0 \\ 0 & 0 & 1 & 2 & 1 & 0 & 0 \\ 0 & 0 & 0 & 0 & 1 & 2 & 1 \end{pmatrix}.$$

Sie stehen damit in einer Beziehung, die auch als allgemeine Forderung sehr sinnvoll ist:

$$\mathbf{I}_{2h}^{h} = c(\mathbf{I}_{h}^{2h})^{T} \quad \text{für ein } c \in \mathbb{R} . \tag{4.14}$$

Hier ist also die Interpolationsmatrix bis auf eine Konstante die Transponierte der Restriktionsmatrix. Die zugehörigen Operatoren sind nach (4.13) *adjungiert* bezüglich des Skalarprodukts

$$(\mathbf{v}, \mathbf{w}) = h \sum_{k=1}^{n-1} v_k w_k , \quad \mathbf{u}, \mathbf{v} \in \mathbb{R}^{n-1} . \tag{4.15}$$

Diese Tatsache bezeichnet man auch als *Variationseigenschaft*. Eine zweite als Variationseigenschaft bezeichnete Beziehung zwischen Mehrgitter-Operatoren steht in engem Zusammenhang mit der gerade angegebenen, die so genannte *Galerkin-Eigenschaft*

$$\mathbf{A}^{2h} = \bar{\mathbf{A}}^{2h} := \mathbf{I}_{h}^{2h} \mathbf{A}^{h} \mathbf{I}_{2h}^{h} . \tag{4.16}$$

$\bar{\mathbf{A}}^{2h}$ wird auch Galerkin-Grobgitter-Approximation genannt. (4.16) ermöglicht es, die Grobgittermatrix eines Zweigitterverfahrens rein algebraisch zu definieren. Für unsere Definition der verschiedenen Operatoren kann gezeigt werden, dass $\bar{\mathbf{A}}^{2h} = \mathbf{A}^{2h}$, wenn $\mathbf{A}^{2h}$ die durch Diskretisierung des Modellproblems (4.4) mit der Gitterweite $2h$ entstandene Matrix ist.

4.3 Ein Modellproblem mit Neumann-Randbedingungen

Im Abschn. 1.3.2 haben wir die Behandlung von Ableitungen in den Randbedingungen kurz dargestellt. Hier soll ein entsprechendes Modellproblem definiert werden, an Hand dessen wir die Elemente eines Mehrgitterverfahrens für diese Situation untersuchen wollen.

$$-u''(x) = g(x) , \quad 0 < x \le 1 ,$$
$$u(0) = 0 , \quad u'(1) = 0 . \tag{4.17}$$

Die Ableitungsbedingung am rechten Intervallrand wird auch Neumann-Randbedingung genannt. Die Diskretisierung dieses speziellen Problems führt mit den in Abschn. 1.3.2 dargestellten Methoden und den in Abschn. 4.2 eingeführten Bezeichnungen und mit den zu eliminierenden Hilfsgrößen $v_0^h = 0$ und v_{n+1}^h zu dem linearen Gleichungssystem

$$v_0^h = 0 ,$$
$$\frac{-v_{i-1}^h + 2v_i^h - v_{i+1}^h}{h^2} = g_i^h , \quad i = 1, \ldots, n ,$$
$$\frac{v_{n+1}^h - v_{n-1}^h}{2h} = 0 . \tag{4.18}$$

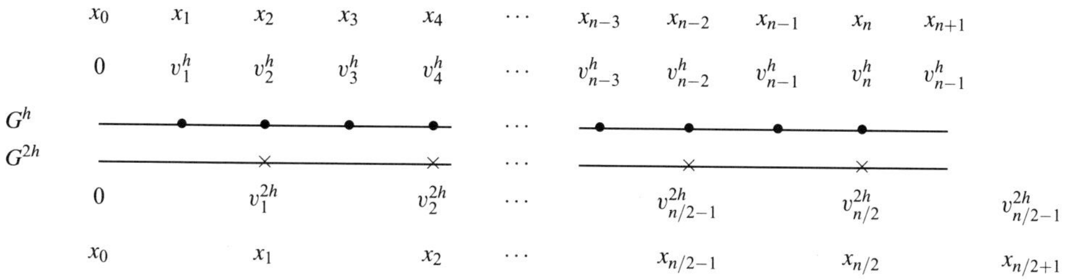

Abb. 4.3 Das feine und das grobe Gitter bei einer Ableitungs-Randbedingung am rechten Rand. Im linken Randpunkt ist der Wert 0 eingesetzt, im Geisterpunkt der links vom rechten Rand liegende Wert nach (4.19)

Aus der letzten Gleichung ergibt sich

$$v_{n+1}^h = v_{n-1}^h \ . \tag{4.19}$$

Damit kann v_{n+1}^h aus der Differenzengleichung für v_n^h eliminiert werden ebenso wie $v_0^h = 0$ aus der ersten. Ein Hilfswert außerhalb des Intervalls wie v_{n+1}^h wird auch *Geisterpunkt* genannt. Der Wert v_n^h ist jetzt unbekannt und so ergibt sich eine Gleichung mehr als im Fall der Randbedingungen ohne Ableitungen (1.17). Diese Gleichung wird mit dem Faktor $1/2$ multipliziert, damit sich eine symmetrische Koeffizientenmatrix ergibt. Insgesamt resultiert das lineare Gleichungssystem $\mathbf{A}^h \mathbf{v}^h = \mathbf{f}^h$ mit

$$\mathbf{A}^h = \frac{1}{h^2} \begin{pmatrix} 2 & -1 & & & \\ -1 & 2 & -1 & & \\ & \cdot & \cdot & \cdot & \\ & & \cdot & \cdot & \cdot \\ & & & -1 & 2 & -1 \\ & & & & -1 & 1 \end{pmatrix} , \qquad \mathbf{f}^h = \begin{pmatrix} g_1^h \\ g_2^h \\ \vdots \\ g_{n-1}^h \\ g_n^h/2 \end{pmatrix} . \tag{4.20}$$

Es gehören daher jetzt alle inneren Punkte und der rechte Randpunkt zu dem jeweiligen Gitter, auf dem gelöst wird. Für das feine und das grobe Gitter sind das die in Abb. 4.3 dargestellten Punkte. Darunter bzw. darüber sind die Unbekannten $\mathbf{v}^h$ und $\mathbf{v}^{2h}$ aufgeführt, wobei die Elimination der Werte im Punkt $x = 0$ und im Geisterpunkt schon berücksichtigt ist.

Mit diesen Vorbereitungen können wir jetzt die Elemente der Mehrgittermethode definieren. In Abschn. 5.6 findet sich ein durchgerechnetes Beispiel.

4.3.1 Relaxation

Der Relaxationsoperator ergibt sich aus dem Gleichungssystem $\mathbf{A}^h \mathbf{v}^h = \mathbf{f}^h$ oder aus den Gleichungen (4.18), wobei noch die Elimination von v_0^h und v_{n+1}^h zu berücksichtigen ist.

Für das Gauß-Seidel'sche Einzelschrittverfahren ergeben sich die Formeln

$$
\begin{aligned}
v_1^h &= \frac{1}{2}\,(v_2^h + h^2 g_1^h)\,, \\
v_i^h &= \frac{1}{2}\,(v_{i-1}^h + v_{i+1}^h + h^2 g_i^h)\,, \quad i = 2,\ldots,n-1\,, \\
v_n^h &= v_{n-1}^h + \frac{h^2}{2}\,g_n^h\,.
\end{aligned}
\tag{4.21}
$$

4.3.2 Interpolation

Der Interpolationsoperator $\mathbf{I}_{2h}^h$ ändert sich nur geringfügig gegenüber den in Abschn. 4.2.2 angegebenen Formeln, da ein Punkt und damit eine Gleichung mehr berücksichtigt werden müssen. Das ergibt die Formeln

$$
\mathbf{v}^h = \mathbf{I}_{2h}^h \mathbf{v}^{2h}
$$

mit

$$
\begin{aligned}
v_{2i}^h &= v_i^{2h}\,, & i &= 1,2,\ldots,\frac{n}{2}\,, \\
v_{2i+1}^h &= \frac{1}{2}(v_i^{2h} + v_{i+1}^{2h})\,, & i &= 0\,,1\,,\ldots,\frac{n}{2}-1\,.
\end{aligned}
\tag{4.22}
$$

Mit der zugeordneten Abbildungsmatrix $\mathbf{I}_{2h}^h$ ergibt sich damit für $n = 8$

$$
\begin{pmatrix} v_1^h \\ v_2^h \\ v_3^h \\ v_4^h \\ v_5^h \\ v_6^h \\ v_7^h \\ v_8^h \end{pmatrix}_{8\times 1}
:=
\begin{pmatrix}
1/2 & 0 & 0 & 0 \\
1 & 0 & 0 & 0 \\
1/2 & 1/2 & 0 & 0 \\
0 & 1 & 0 & 0 \\
0 & 1/2 & 1/2 & 0 \\
0 & 0 & 1 & 0 \\
0 & 0 & 1/2 & 1/2 \\
0 & 0 & 0 & 1
\end{pmatrix}_{8\times 4}
\begin{pmatrix} v_1^{2h} \\ v_2^{2h} \\ v_3^{2h} \\ v_4^{2h} \end{pmatrix}_{4\times 1}
\;.
\tag{4.23}
$$

Sie hat wieder vollen Rang, der Nullraum besteht deshalb nur aus dem Nullelement.

4.3.3 Restriktion

Die Definition der Restriktion geschieht auch ganz entsprechend zur FW-Restriktion (4.11), wobei wieder die Neumann-Bedingung am rechten Rand berücksichtigt werden muss und die Zeilen- und Spaltenzahl der zugehörigen Matrix sich um eins erhöht. Das ergibt

$$\mathbf{v}^{2h} = \mathbf{I}_h^{2h}\mathbf{v}^h \quad \text{mit}$$

$$v_i^{2h} = \frac{1}{4}(v_{2i-1}^h + 2v_{2i}^h + v_{2i+1}^h)\,, \quad i = 1,\dots,n/2 - 1\,,$$

$$v_{n/2}^{2h} = \frac{1}{4}(v_{2n-1}^h + 2v_{2n}^h)\,.$$

(4.24)

Das ist konkret für $n = 8$

$$\begin{pmatrix} v_1^{2h} \\ v_2^{2h} \\ v_3^{2h} \\ v_4^{2h} \end{pmatrix} = \begin{pmatrix} 1/4 & 1/2 & 1/4 & 0 & 0 & 0 & 0 & 0 \\ 0 & 0 & 1/4 & 1/2 & 1/4 & 0 & 0 & 0 \\ 0 & 0 & 0 & 0 & 1/4 & 1/2 & 1/4 & 0 \\ 0 & 0 & 0 & 0 & 0 & 0 & 1/2 & 1/2 \end{pmatrix} \begin{pmatrix} v_1^h \\ v_2^h \\ v_3^h \\ v_4^h \\ v_5^h \\ v_6^h \\ v_7^h \\ v_8^h \end{pmatrix}. \quad (4.25)$$

Für diese Definition der Operatoren ist die Variationseigenschaft (4.14) mit $c = 1/2$ nicht erfüllt, aber die Galerkin-Eigenschaft (4.16) $\bar{\mathbf{A}}^{2h} := \mathbf{I}_h^{2h}\mathbf{A}^h\mathbf{I}_{2h}^h$ ergibt die Matrix $\mathbf{A}^{2h} = \bar{\mathbf{A}}^{2h}$.

4.4 Eine Zweigittermethode

Mit den Vorbereitungen der letzten Abschnitte können wir jetzt ein Zweigitterverfahren zusammensetzen und an einem praktischen Beispiel ausprobieren. Das Zweigitterverfahren entspricht fast vollständig dem Schema in Abschn. 4.1, die linearen Gleichungssysteme auf den zwei Gittern entstehen aus den Diskretisierungen mit den Gitterweiten h und $2h$; dazu gehören die Koeffizientenmatrizen $\mathbf{A}^h$ und $\mathbf{A}^{2h}$ ebenso wie die verschiedenen Vektoren (rechte Seite, Fehler, Residuum, Näherung, Lösung). Zusätzlich wird als letztes Modul eines Iterationsschrittes eine abschließende Relaxation auf dem feinen Gitter durchgeführt. Das ergibt das Zweigitter-Schema des Algorithmus (4.26). Es wird *Korrektur-Schema* genannt. Auf dem feinen Gitter wird am Anfang und Ende des Zweigitter-Schrittes ν_1 mal bzw. ν_2 mal relaxiert, wobei ν_1 und $\nu_2 = 1$, 2 oder 3 sind, auf dem groben Gitter wird „exakt" gelöst.

$$\mathbf{v}^h \;\leftarrow\; \text{MG}\,(\mathbf{v}^h, \mathbf{f}) \quad (4.26)$$

Relaxation
Relaxiere ν_1 mal $\mathbf{A}^h\mathbf{u}^h = \mathbf{f}^h$ auf G^h mit der Startnäherung $\mathbf{v}^h \to \mathbf{v}^h$.

Residuum
Berechne $\mathbf{r}^h := \mathbf{f}^h - \mathbf{A}^h \mathbf{v}^h$.

Restriktion
Berechne $\mathbf{r}^{2h} := \mathbf{I}_h^{2h} \mathbf{r}^h$.

Lösung
Löse $\mathbf{A}^{2h} \mathbf{e}^{2h} = \mathbf{r}^{2h}$ auf G^{2h}
   • „exakt" mit einem direkten Verfahren (Cholesky, Gauß) oder
   • näherungsweise mit einem Relaxationsverfahren (Jacobi, Gauß-Seidel).

Interpolation
Berechne $\mathbf{e}^h := \mathbf{I}_{2h}^h \mathbf{e}^{2h}$.

Korrektur
Korrigiere die Näherung $\mathbf{v}^h := \mathbf{v}^h + \mathbf{e}^h$.

Relaxation
Relaxiere ν_2 mal $\mathbf{A}^h \mathbf{u}^h = \mathbf{f}^h$ auf G^h mit der Startnäherung $\mathbf{v}^h \to \mathbf{v}^h$.

Der Algorithmus (4.26) kann folgendermaßen kommentiert und erweitert werden:

• Der Algorithmus wird zum Iterationsverfahren, indem $\mathbf{v}^h \leftarrow$ MG $(\mathbf{v}^h, \mathbf{f})$ solange aufgerufen wird, bis eine Fehlerabfrage erfüllt ist wie z. B.

$$\|\mathbf{v}_{\text{alt}}^h - \mathbf{v}_{\text{neu}}^h\| < \varepsilon \ .$$

• ν_1 und ν_2 sind Parameter des Algorithmus, sie werden normalerweise auf zwei konstante Werte festgelegt, können aber auch von Schritt zu Schritt variieren.
• Das Zweigitterverfahren wird zum Mehrgitterverfahren, wenn die Lösung auf dem groben Gitter rekursiv durch ein Zweigitterverfahren ersetzt wird. Die dabei entstehenden Iterationsverfahren werden wir noch genauer untersuchen.
• Durch die Betrachtung der Effekte von Relaxationsverfahren wissen wir, dass der Fehler auf dem feinen Gitter geglättet wird, deshalb kann auch erwartet werden, dass die Interpolation zu „vernünftigen" Werten führt.
• Bei einem Mehrgitterverfahren mit mehr als zwei Gittern wird unterschiedlich geglättet. Wir haben ja gesehen, dass „hochfrequent" auf verschieden feinen Gittern unterschiedliche Frequenzbereiche bezeichnet.

Beispiel 4.1. Das Zweigitter-Korrektur-Schema wird jetzt auf das Balkenbeispiel (1.1) mit folgenden Parametern angewendet:
   JOR-Methode mit $\omega = 2/3$ als Relaxation, $\nu_1 = \nu_2 = 3$ Vor- und Nach-Relaxationen, $n = 63$ innere Gitterpunkte.
   Da die exakte Lösung auf dem groben Gitter schon eine sehr gute Näherung darstellt und das gedämpfte Jacobi-Verfahren gut glättet, soll die Lösung durch den besonders ungünstigen Startvektor

$$u = \frac{x+1}{3} + 0.2 \left(\sin \left(\frac{n}{4} \pi x \right) + 1 \right)$$

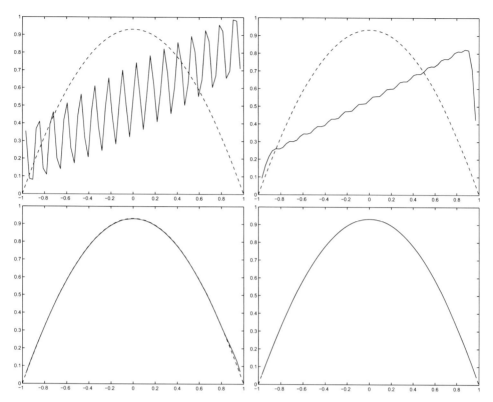

Abb. 4.4 Zweigittermethode mit oszillierendem Anfangsvektor (*oben links*), Näherungslösung (–) nach drei gedämpften Jacobi-Relaxationen (*oben rechts*) und nach einem und fünf Gesamtschritten (*unten*)

erschwert werden. Diese Startnäherung ist die Summe einer glatten und einer stark oszillierenden Funktion; ihre Werte liegen im Bereich der Lösungswerte, aber mit einem großen Fehler direkt neben den Randpunkten.

In Abb. 4.4 sehen wir oben links neben der Lösung (- -) die Startnäherung. Daneben sehen wir, dass drei Schritte des gedämpften Jacobi-Verfahrens die Startnäherung schon gut glätten. Die Asymmetrie und Randabweichung der Startnäherung ist nach einem V-Zyklus unten links nur noch schwach in der Nähe des rechten Randes zu sehen, nach fünf V-Zyklen ist die Näherungslösung von der korrekten Lösung graphisch nicht mehr zu unterscheiden. Der Fehler in der diskreten L^2-Norm (10.25) und der betragsmaximale Fehler liegen dann bei 10^{-6}, die Konvergenzrate bei 0.04. Dieses außerordentlich gute Verhalten des Verfahrens liegt auch daran, dass die exakte Lösung auf dem groben Gitter schon sehr gut die Lösung auf dem feinen Gitter approximiert. Um mit dem klassischen Jacobi-Verfahren (2.7) mit $\omega = 1$ dieselbe Genauigkeit zu erzielen, müssten fast 1000 Iterationsschritte ausgeführt werden; das würde etwa die zehnfache Rechenzeit benötigen.

Vergleicht man die Konvergenzraten für verschiedene Werte von n, so ist das Ziel einer von h unbhängigen Konvergenzrate nicht vollständig erreicht, die Schwankungen sind aber sehr gering. Bei Mehrgitterverfahren mit mehr als zwei Gittern erwarten wir eine von h vollkommen unabhängige Konvergenz, siehe Abschn. 5.7.

4.4.1 Kontrolle der Konvergenz

Wie oben schon angedeutet, wird ein Mehrgitterzyklus wie der in (4.26) dargestellte Zweigitterzyklus iteriert, also mehrfach hintereinander aufgerufen, bis ein Konvergenzkriterium erfüllt ist. In der Regel wird jeweils die Norm der Differenz zweier aufeinander folgender Näherungslösungen auf eine vorgegebene Schranke abgefragt:

$$\|\mathbf{v}_{\text{alt}}^h - \mathbf{v}_{\text{neu}}^h\| < \varepsilon \; . \tag{4.27}$$

Die Iteration wird beendet, wenn dieses Konvergenzkriterium erfüllt ist. Bei der Wahl von ε sollte berücksichtigt werden, dass die Iteration ja nicht gegen eine Lösung des ursprünglichen Problems – einer Differenzialgleichung –, sondern gegen die Lösung des Gleichungssystems konvergiert, das durch Diskretisierung der Differenzialgleichung entstanden ist. Deshalb macht es keinen Sinn eine Genauigkeit anzustreben, die kleiner ist als der Diskretisierungsfehler. Bei den Modellproblemen und den meisten der Beispiele in diesem Text liegt der Diskretisierungsfehler in der Größenordnung des Quadrats einer gegebenen Gitterweite:

$$\|\mathbf{v} - \mathbf{v}^h\| = O(h^2) \; , \tag{4.28}$$

wo $\mathbf{v}$ eine vektorisierte Lösungsfunktion sei. Die größtmögliche Genauigkeit wird daher erzielt, wenn

$$\|\mathbf{v} - \mathbf{v}^h\| \approx \|\mathbf{v}_{\text{alt}}^h - \mathbf{v}_{\text{neu}}^h\| \; . \tag{4.29}$$

Deshalb ist es unter den genannten Bedingungen sinnvoll in der Abfrage (4.27)

$$\varepsilon = \beta h^2 \tag{4.30}$$

zu setzen, wo üblicherweise $\beta = 1$ oder $\beta = 2$ gewählt wird. Mit dem Setzen von β kann darüber hinaus versucht werden, die spezifischen Eigenschaften des behandelten Problems zu berücksichtigen, soweit das möglich ist.

Aufgaben

Aufgabe 4.1. Die Grobgittermatrix eines Zweigitterverfahrens sei jetzt rein algebraisch definiert als

$$\bar{\mathbf{A}}^{2h} := \mathbf{I}_h^{2h} \mathbf{A}^h \mathbf{I}_{2h}^h \; .$$

Man nennt $\bar{\mathbf{A}}^{2h}$ die Galerkin-Grobgitter-Approximation; wir werden darauf zurückkommen.

Zeigen Sie, dass $\bar{\mathbf{A}}^{2h} = \mathbf{A}^{2h}$, wenn $\mathbf{A}^{2h}$ die durch Diskretisierung des Modellproblems (4.4) mit der Gitterweite $2h$ entstandene Matrix ist und die Matrizen $\mathbf{I}_{2h}^h$ nach (4.7)/(4.8) und $\mathbf{I}_h^{2h}$ nach (4.11)/(4.12) definiert sind.

Aufgabe 4.2. Zeigen Sie, dass die Matrizen $\mathbf{I}_{2h}^h$ nach (4.7)/(4.8) und $\mathbf{I}_h^{2h}$ nach (4.11)/(4.12) adjungiert bezüglich des Skalarprodukts (4.15) sind.

Aufgabe 4.3. Zeigen Sie, dass die Matrix des Interpolationsoperators $\mathbf{I}_{2h}^h$ (4.7) den maximalen Rang $n/2 - 1$ besitzt, und dass ihr Nullraum nur aus dem Nullelement besteht.

Aufgabe 4.4. Zeigen Sie, dass die Matrizen der Restriktionsoperatoren (Injektion und Full-weighting) $\mathbf{I}_h^{2h}$ wie (4.10) und (4.12) auch den Rang $n/2 - 1$ haben, dass aber deshalb die Nullräume die Dimension $n/2$ haben.

Aufgabe 4.5. Ein reine Grobgitter-Korrektur ohne Vor- und Nach-Relaxation, also der Algorithmus (4.26) ohne den ersten und letzten Schritt, ist nicht konvergent. Zeigen Sie das, indem Sie ein Residuum $\mathbf{r}^h := \mathbf{f}^h - \mathbf{A}^h \mathbf{v}^h$ konstruieren, das im weiteren Verlauf des Algorithmus zu keiner Änderung von $\mathbf{v}^h$ führt.

Literatur

1. Briggs, W.L., Henson, V.E., McCormick, S.F.: A Multigrid Tutorial, 2nd ed. SIAM, Philadelphia (2000)
2. Wesseling, P.: An Introduction to Multigrid Methods, corr. reprint. R. T. Edwards, Philadelphia (2004)

Kapitel 5
Vollständige Mehrgitterzyklen

Zusammenfassung Wir wenden uns jetzt den verschiedenen Formen von Mehrgittermethoden zu. Mehrgittermethoden können auf der Grundlage der betrachteten Zweigittermethoden konstruiert werden, allerdings bieten sich für den Wechsel zwischen den Gittern und die dort auszuführenden Operationen mehrere Möglichkeiten an. Sie sollen in diesem Kapitel für den eindimensionalen Fall vorgestellt und ihre Unterschiede an Beispielen demonstriert werden. Dabei ist allerdings der allgemeine Aufbau einer Mehrgittermethode kaum von der Dimension des Grundproblems abhängig. Die generellen Schemata, auch Zyklen genannt, werden wir also auch bei mehrdimensionalen Problemen verwenden. Ein Zyklus entspricht dabei einem Schritt des zugehörigen Iterationsverfahrens.

5.1 Erste Beispiel-Methode

Um eine einfache Mehrgittermethode praktisch kennen zu lernen, werden wir zuerst die in Beispiel 4.1 vorgestellte Zweigittermethode zu einer Viergittermethode aufbohren und die Schritte erläutern.

Im Zweigitter-Korrektur-Schema des Algorithmus (4.26) wird jetzt der Lösungsschritt zweimal durch eine Zweigittermethode ersetzt. Das führt zum Algorithmus (5.1). Besonders zu beachten ist, dass auf allen Gittern außer dem feinsten die Residuumsgleichung behandelt wird (Nachiteration), die Bezeichnungen sich aber aus algorithmischen Gründen auf $\mathbf{v}$ und $\mathbf{f}$ beschränken. Das heißt, dass auf allen Gittern, die gröber sind als das feinste, $\mathbf{f}^{(\cdot)}$ ein Residuum und $\mathbf{v}^{(\cdot)}$ ein Korrekturterm ist, also eine Näherungslösung der entsprechenden Defektgleichung. Die Berechnung des Residuums und die anschließende Restriktion sind ebenso als ein Schritt dargestellt wie die Interpolation und die anschließende Korrektur. $(\mathrm{JOR}(2/3))^{\nu}(\mathbf{v}^{(\cdot)}, \mathbf{f}^{(\cdot)})$ bezeichnet die Anwendung von ν Schritten der gedämpften Jacobi-Iteration mit dem Dämpfungsfaktor $\omega = 2/3$ auf das Gleichungssystem $\mathbf{A}^{(\cdot)}\mathbf{v}^{(\cdot)} = \mathbf{f}^{(\cdot)}$. In Schritt (8) wird natürlich keine Inverse berechnet, sondern das Gleichungssystem $\mathbf{A}^{8h}\mathbf{v}^{8h} = \mathbf{f}^{8h}$ „exakt" mit einem direkten Verfahren (Cholesky-Verfahren Cholesky, Gauß) oder näherungsweise mit einem Relaxationsverfahren (Jacobi, Gauß-Seidel) gelöst. Auf dem Weg von einem Gitter auf das nächstgröbere muss jeweils

N. Köckler, *Mehrgittermethoden*, DOI 10.1007/978-3-8348-2081-5_5,
© Vieweg+Teubner Verlag | Springer Fachmedien Wiesbaden 2012

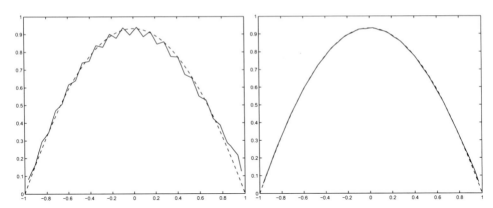

Abb. 5.1 Viergittermethode mit oszillierendem Anfangsvektor (vgl. Abb. 4.4); Näherungslösungen (–) nach ein und zwei Gesamtschritten

das Residuum neu berechnet werden, während umgekehrt auf dem Weg von einem Gitter auf das nächstfeinere die vorher auf dem entsprechenden Gitter berechneten Residuen $\mathbf{f}^{(\cdot)}$ zur Korrektur genommen werden.

$$\mathbf{v}^h \;\leftarrow\; \mathrm{MG}\,(\mathbf{v}^h, \mathbf{f}) \tag{5.1}$$

Schritt	Methode	Startwert	Aktion
(1)	**Startwert**		$\mathbf{v}^h$
(2)	**Relaxation**	$\mathbf{v}^h$	$\mathbf{v}^h := (\mathrm{JOR}(2/3))^{\nu_1}\left(\mathbf{v}^h, \mathbf{f}^h\right)$
(3)	**Restriktion**	$\mathbf{v}^h$	$\mathbf{f}^{2h} := \mathbf{I}_h^{2h}(\mathbf{f}^h - \mathbf{A}^h\mathbf{v}^h)$
(4)	**Relaxation**	$\mathbf{v}^{2h} := \mathbf{0}$	$\mathbf{v}^{2h} := (\mathrm{JOR}(2/3))^{\nu_1}\left(\mathbf{v}^{2h}, \mathbf{f}^{2h}\right)$
(5)	**Restriktion**	$\mathbf{v}^{2h}$	$\mathbf{f}^{4h} := \mathbf{I}_{2h}^{4h}(\mathbf{f}^{2h} - \mathbf{A}^{2h}\mathbf{v}^{2h})$
(6)	**Relaxation**	$\mathbf{v}^{4h} := \mathbf{0}$	$\mathbf{v}^{4h} := (\mathrm{JOR}(2/3))^{\nu_1}\left(\mathbf{v}^{4h}, \mathbf{f}^{4h}\right)$
(7)	**Restriktion**	$\mathbf{v}^{4h}$	$\mathbf{f}^{8h} := \mathbf{I}_{4h}^{8h}(\mathbf{f}^{4h} - \mathbf{A}^{4h}\mathbf{v}^{4h})$
(8)	**Lösung**	$\mathbf{f}^{8h}$	$\mathbf{v}^{8h} := \left(\mathbf{A}^{8h}\right)^{-1}\mathbf{f}^{8h}$
(9)	**Interp./Korr.**	$\mathbf{v}^{8h}$	$\mathbf{v}^{4h} := \mathbf{v}^{4h} + \mathbf{I}_{8h}^{4h}\mathbf{v}^{8h}$
(10)	**Relaxation**	$\mathbf{v}^{4h}$	$\mathbf{v}^{4h} := (\mathrm{JOR}(2/3))^{\nu_2}\left(\mathbf{v}^{4h}, \mathbf{f}^{4h}\right)$
(11)	**Interp./Korr.**	$\mathbf{v}^{4h}$	$\mathbf{v}^{2h} := \mathbf{v}^{2h} + \mathbf{I}_{4h}^{2h}\mathbf{v}^{4h}$
(12)	**Relaxation**	$\mathbf{v}^{2h}$	$\mathbf{v}^{2h} := (\mathrm{JOR}(2/3))^{\nu_2}\left(\mathbf{v}^{2h}, \mathbf{f}^{2h}\right)$
(13)	**Interp./Korr.**	$\mathbf{v}^{2h}$	$\mathbf{v}^h := \mathbf{v}^h + \mathbf{I}_{2h}^{h}\mathbf{v}^{2h}$
(14)	**Relaxation**	$\mathbf{v}^h$	$\mathbf{v}^h := (\mathrm{JOR}(2/3))^{\nu_2}\left(\mathbf{v}^h, \mathbf{f}^h\right)$

Beispiel 5.1. Wir greifen Beispiel 4.1 auf und behandeln jetzt das Balkenproblem (1.1) mit einem Viergitter-Algorithmus. Er benutzt die JOR-Methode mit $\omega = 2/3$ als Relaxation, $\nu_1 = \nu_2 = 3$ Vor- und Nach-Relaxationen. Es ist $n = 64$, also rechnen wir mit 63 inneren

Gitterpunkten und wieder mit dem besonders ungünstigen Startvektor

$$\mathbf{v}^h = \frac{x+1}{3} + 0.2 \left(\sin\left(\frac{n}{4}\pi x\right) + 1 \right) .$$

Auf dem feinsten Gitter gilt $\mathbf{A}^h := \mathbf{A}$ und $\mathbf{f}^h := \mathbf{f}$, auf den gröberen Gitter werden die Matrizen $\mathbf{A}^{2h}$ bis $\mathbf{A}^{8h}$ durch Diskretisierung mit der Differenzenmethode erzeugt. Die Konvergenz ist wieder sehr gut, exakt gelöst werden muss jetzt ein 8×8-Dreibandsystem statt eines 32×32-Dreibandsystems bei der Zweigittermethode. Die Konvergenzrate liegt wieder bei 0.05, die Abhängigkeit von n ist minimal. Die gute Konvergenz ist in Abb. 5.1 zu sehen.

Wir haben gesehen, dass sowohl die Zweigitter- als auch die Viergitter-Methode sehr gut konvergieren und das Balkenproblem mit wenigen Zyklen in guter Genauigkeit lösen. Da stellt sich die Frage, warum es nicht ausreicht, ein Zweigitter-Schema zu verwenden. Der Grund könnte im höheren Aufwand liegen, den wir im Abschn. 5.5 näher untersuchen werden. Die meisten Mehrgittermethoden wählen als gröbstes Gitter eins mit sehr wenigen Punkten, hier im eindimensionalen Fall ist das in der Regel ein Punkt im Mittelpunkt des Intervalls. Der Aufwand zur exakten Lösung des linearen Gleichungssystems auf dem gröbsten Gitter schrumpft dabei im Wesentlichen auf eine Division. Wendet man auf das 32×32-Dreibandsystem ein Band-Cholesky-Verfahren an, so liegt hingegen der Aufwand erheblich höher. Wird dieser Mehraufwand durch die Erhöhung der Stufenanzahl ausgeglichen? Dieser Frage werden wir im Abschn. 6.6 nachgehen. Eins können wir aber jetzt schon sagen: Da auch die Komplexität des Cholesky-Verfahrens für ein Dreibandsystem nur $O(n)$ beträgt, können die Unterschiede zwischen Zweigitter-, Viergitter- und Cholesky-Verfahren im eindimensionalen Fall nur marginal sein. Bei mehrdimensionalen Problemen wird sich das ändern, und es wird dann ein Zweigitterverfahren nur in den seltensten Fällen sinnvoll sein.

Die im Beispiel angewendete Viergittermethode kann schematisch dargestellt werden wie in Abb. 5.2 oben links. Der Wechsel zwischen Gittern verschiedener Stufen und die angewendeten Methoden (Relaxation, Interpolation, Restriktion) werden dabei durch folgende Symbole gekennzeichnet:

∘	Relaxation
□	Exakte Lösung der Defektgleichung
\	Restriktion
/	Interpolation
γ	Wiederholungszahl der Lösungs/Relaxations-Stufen
$\gamma = 1$	V-Zyklus
$\gamma = 2$	W-Zyklus

Die Wiederholungszahl γ stellt eine Besonderheit der Mehrgittermethoden mit mehr als zwei Gittern dar; bei einer Zweigittermethode ist sie bedeutungslos. Die Gitterwechsel und die zugehörigen Operationen werden auf den gröberen Gittern γ mal wiederholt. Am besten verstehen kann man das mit Hilfe der schematischen Darstellungen in Abb. 5.2. Beim einfachen „Aufbohren" der Zweigittermethode, also dem rekursiven Ersetzen des Lösungsschritts auf dem groben Gitter durch eine Zweigittermethode mit einem noch gröberen Gitter entsteht ein so genannter V-Zyklus, also $\gamma = 1$. Das ist bei der in Algorithmus (5.1) dargestellten Viergittermethode der Fall.

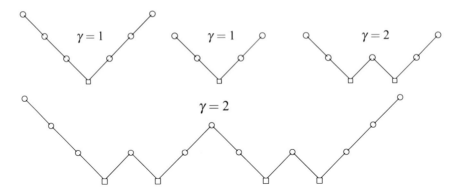

Abb. 5.2 Drei- und Viergitter-Methoden mit verschiedenen Wiederholungszahlen γ

5.2 Rekursive Formulierung der V- und W-Zyklen

Um den Algorithmus (5.1) allgemein zu formulieren, müssen die Operationen nicht mehr einzeln aufgeführt, sondern in Schleifen über die Anzahl der Gitter realisiert werden. Da in jedem Schritt von einem Gitter auf das nächst gröbere bzw. von einem Gitter auf das nächst feinere die gleichen Operationen ausgeführt werden (mit Ausnahme des gröbsten Gitters), schreit ein solcher Algorithmus nach einer rekursiven Formulierung[1].

5.2.1 Der rekursive V-Zyklus

$$\underline{\mathbf{v}^h := \mathrm{V}(\mathbf{v}^h, \mathbf{f}^h, \nu_1, \nu_2)} \tag{5.2}$$

if $h = h_g$ then
$\qquad \mathbf{v}^h := \left(\mathbf{A}^h\right)^{-1} \mathbf{f}^h$
$\qquad$ RETURN
else
$\qquad \mathbf{v}^h := \left(S^h(\mathbf{v}^h, \mathbf{f}^h)\right)^{\nu_1}$
$\qquad \mathbf{f}^{2h} := \mathbf{I}_h^{2h}\left(\mathbf{f}^h - \mathbf{A}^h \mathbf{v}^h\right)$
$\qquad \mathbf{v}^{2h} := \mathbf{0}$
$\qquad \mathbf{v}^{2h} := \mathrm{V}(\mathbf{v}^{2h}, \mathbf{f}^{2h}, \nu_1, \nu_2)$
$\qquad \mathbf{v}^h := \mathbf{v}^h + \mathbf{I}_{2h}^h \mathbf{v}^{2h}$
$\qquad \mathbf{v}^h := \left(S^h(\mathbf{v}^h, \mathbf{f}^h)\right)^{\nu_2}$
$\qquad$ RETURN
end

---

[1] Aber Vorsicht: Die Formulierung rekursiver Algorithmen ist nicht trivial. So sind m. E. nur zwei von sechs Algorithmen in der durchgesehenen Literatur korrekt. Hoffentlich sind es auch die folgenden.

Der V-Zyklus wird in (5.2) rekursiv dargestellt. Da dabei h und $2h$ durch den rekursiven Aufruf ihre Werte während der Rechnung ändern, muss noch die gröbste Gitterweite h_g definiert sein. Außerdem wird eine allgemeine ν-fache Glättungsiteration mit dem Operator $\left(S^h(\mathbf{v}^h, \mathbf{f}^h)\right)^\nu$ bezeichnet.

Um die Rekursion in diesem und den folgenden Algorithmen zu verstehen, beachten wir, dass jeder Aufruf der Routine V mit einem RETURN endet, von dem ein Rücksprung in den voran gegangenen Aufruf von V solange erfolgt, bis der Rücksprung in den ersten Aufruf erreicht ist.

5.2.2 Der rekursive W-Zyklus

Die Schleifen des W-Zyklus und damit seine schematische Form hängen jetzt von der Wiederholungszahl γ ab. Diese könnte noch von dem aktuellen Gitter abhängen. Hier soll nur der Fall „*festes γ*" beschrieben werden. Damit sieht die rekursive Form des W-Zyklus wie folgt aus:

$$\underline{\mathbf{v}^h := \mathrm{W}(\mathbf{v}^h, \mathbf{f}^h, \nu_1, \nu_2, \gamma)} \tag{5.3}$$

$$
\begin{aligned}
&\text{if } h = h_g \text{ then} \\
&\qquad \mathbf{v}^h := \left(\mathbf{A}^h\right)^{-1} \mathbf{f}^h \\
&\qquad \text{RETURN} \\
&\text{else} \\
&\qquad \mathbf{v}^h := \left(S^h(\mathbf{v}^h, \mathbf{f}^h)\right)^{\nu_1} \\
&\qquad \mathbf{f}^{2h} := \mathbf{I}_h^{2h}\left(\mathbf{f}^h - \mathbf{A}^h \mathbf{v}^h\right) \\
&\qquad \mathbf{v}^{2h} := \mathbf{0} \\
&\qquad \text{for } k = 1\,(1)\,\gamma \\
&\qquad\qquad \mathbf{v}^{2h} := \mathrm{W}(\mathbf{v}^{2h}, \mathbf{f}^{2h}, \nu_1, \nu_2, \gamma) \\
&\qquad \text{end} \\
&\qquad \mathbf{v}^h := \mathbf{v}^h + \mathbf{I}_{2h}^h \mathbf{v}^{2h} \\
&\qquad \mathbf{v}^h := \left(S^h(\mathbf{v}^h, \mathbf{f}^h)\right)^{\nu_2} \\
&\qquad \text{RETURN} \\
&\text{end}
\end{aligned}
$$

Für $\gamma = 1$ erhält man den schon vorgestellten V-Zyklus. Deshalb genügt eigentlich für die Definition aller von festem γ abhängigen Zyklen der Algorithmus (5.3)

V- und W-Zyklen bilden einen Schritt eines Iterationsverfahrens, das eine Startnäherung benötigt. Diese Startnäherung muss auf dem feinsten Gitter gegeben sein, weil die Iteration immer auf dem feinsten Gitter startet. Das ist ja auch das Gitter, auf dem eine Lösung gesucht wird.

5.3 Formulierung des V-Zyklus mit Stufenzahl ohne Rekursion

Für die folgenden Abschnitte ist es sinnvoll die Kennzeichung des Gitters nicht über die Gitterweite als oberen Index, sondern über einen ganzzahligen Index, der die Nummer der Stufe angibt, vorzunehmen. Das wollen wir hier für den V-Zyklus tun. Dabei soll außerdem dieser einfache Algorithmus einmal ohne Rekursion formuliert werden.

In (5.4) sind diese neuen Bezeichnungen angegeben, dabei steht rechts der Wert n unter der Voraussetzung, dass er eine Zweierpotenz ist, wie dies bisher immer der Fall war; $n - 1$ ist dann die Anzahl der inneren Gitterpunkte. Des weiteren wird angenommen, dass immer bis zum Ein-Punkt-Gitter herunter gerechnet wird. Eine Verallgemeinerung auf andere Situationen ist leicht umzusetzen.

m	Stufe des feinsten Gitters $V(G^h) \equiv V(G^m)$	$n = 2^m$
l	Stufe des Gitters $V(G^{2^{m-l}h}) \equiv V(G^l)$	$n = 2^l$
1	Stufe des gröbsten Gitters $V(G^{2^{m-1}h}) \equiv V(G^1)$	$n = 2$

$$(5.4)$$

In der Literatur wird oft dem gröbsten Gitter die 0-te Stufe zugeordnet, dann liegt für $m = 3$ ein Viergitterverfahren vor. Hier ist für ein Viergitterverfahren $m = 4$ zu setzen, wenn das gröbste Gitter nur einen Punkt haben soll; ansonsten sind die Bezeichnungen zu verallgemeinern.

Die Bezeichnung der Operatoren ändert sich ganz entsprechend:

S^l	Relaxation	$V(G^l) \to V(G^l)$
A^l	Koeffizientenmatrix	$V(G^l) \to V(G^l)$
I_{l-1}^l	Prolongation/Interpolation	$V(G^{l-1}) \to V(G^l)$
I_l^{l-1}	Restriktion	$V(G^l) \to V(G^{l-1})$

$$(5.5)$$

Mit diesen Bezeichnungen wird ein nicht rekursiver V-Zyklus in (5.6) dargestellt. Für die Relaxationen wird als Startwert $\mathbf{v}^k = \mathbf{0}$ genommen, außer auf dem feinsten Gitter.[2]

$$\mathbf{v}^m := \mathrm{V}(\mathbf{v}^m, \mathbf{f}^m, \nu_1, \nu_2) \qquad (5.6)$$

$$\text{for } k = m : -1 : 2$$
$$\mathbf{v}^k := \left(S^k(\mathbf{v}^k, \mathbf{f}^k)\right)^{\nu_1}$$
$$\mathbf{f}^{k-1} := \mathbf{I}_k^{k-1}\left(\mathbf{f}^k - \mathbf{A}^k \mathbf{v}^k\right)$$
$$\text{end}$$
$$\mathbf{v}^1 := \left(\mathbf{A}^1\right)^{-1} \mathbf{f}^1$$
$$\text{for } k = 2 : m$$
$$\mathbf{v}^k := \mathbf{v}^k + \mathbf{I}_{k-1}^k \mathbf{v}^{k-1}$$
$$\mathbf{v}^k := \left(S^k(\mathbf{v}^k, \mathbf{f}^k)\right)^{\nu_2}$$
$$\text{end}$$

---

[2] Die Formulierung `for k=m:-1:2` meint eine Schleife, deren Parameter k mit dem Wert k=m beginnt, den Wert k jeweils um 1 vermindert, bis der letzte Durchlauf mit dem Wert k=2 vollzogen ist.

Abb. 5.3 Der FMG-Zyklus

$v_0 = 1$

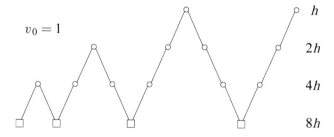

h

$2h$

$4h$

$8h$

5.4 Der FMG-Zyklus

Volle Mehrgitter-Zyklen *FMG = full multigrid V-cycle* fassen alle bisherigen Überlegungen zu den Elementen einer Mehrgittermethode in einem Zyklus zusammen. Sie gehören damit zu den effizientesten Mehrgitter-Algorithmen. Dieser Mehrgitterzyklus folgt einer anderen Philosophie. Er startet mit einer Startnäherung auf dem gröbsten Gitter, um dann mit Interpolationen und V-Zyklen, die immer mehr Gitter berücksichtigen, bis zum feinsten Gitter vorzustoßen. Schematisch ist das in Abb. 5.3 zu sehen.

Es wird also als erstes das lineare Gleichungssystem auf dem gröbsten Gitter exakt gelöst. Dazu wird dort eine rechte Seite benötigt. Die kann entweder durch Diskretisierung auf diesem Gitter gewonnen werden oder durch Restriktion der auf dem feinsten Gitter gegebenen rechten Seite f^h von Gitter zu Gitter bis auf das gröbste Gitter. Die Lösung des linearen Gleichungssystems wird auf das zweitgröbste Gitter prolongiert und dient dort als Startwert für einen v_0-fachen Zweigitter-V-Zyklus; auf die Wiederholungszahl v_0 kommen wir noch zurück. Die so verbesserte Lösung wird vom zweitgröbsten auf das drittgröbste Gitter interpoliert und dort wird mit ihr als Startnäherung ein Dreigitter-V-Zyklus gestartet. Diese Vorgehensweise wird fortgeführt, bis das feinste Gitter erreicht ist, auf dem der letzte V-Zyklus gestartet wird. Dabei werden die einzelnen V-Zyklen v_0 mal wiederholt. In Verbindung mit dem schon definierten V-Zyklus ergibt sich folgender Algorithmus:

$$\underline{\mathbf{v}^m := \text{FMG}(\mathbf{v}^m, \mathbf{f}^m, v_0)} \qquad (5.7)$$

$\mathbf{v}^1 := \left(\mathbf{A}^1\right)^{-1} \mathbf{f}^1$
for $k = 2 : m$
$\quad \mathbf{v}^k := \mathbf{I}_{k-1}^k \mathbf{v}^{k-1}$
$\quad \mathbf{v}^k := \left(\text{V}(\mathbf{v}^k, \mathbf{f}^k, v_1, v_2)\right)^{v_0}$
end

Dieser Algorithmus ist nicht rekursiv außer eventuell beim Aufruf von V. Auf die Angabe eines rekursiven Algorithmus wollen wir in diesem Fall verzichten.

Die FMG-Methode muss in den meisten Fällen nicht iteriert werden, weil sie die gewünschte Genauigkeit schon in einem Durchlauf erreicht. Iteriert werden innerhalb des Algorithmus allerdings die V-Zyklen, sie werden v_0 mal ausgeführt. Bei den meisten Beispielen genügt $v_0 = 1$ zum Erreichen einer Genauigkeit $O(h^2)$, vgl. dazu die Überlegungen im Abschn. 4.4.1. $v_0 = 2$ ist nur in Ausnahmefällen notwendig, ein größerer Wert kommt kaum in Betracht, weil das meistens zu überflüssiger algebraischer Genauigkeit führen würde. Es gibt aber keinen Grund, v_0 konstant zu wählen. Eine Abfrage $\|v_{\text{alt}}^h - v_{\text{neu}}^h\| < \varepsilon$ mit $\varepsilon = \beta h^2$ und $1/2 \le \beta \le 2$ kann ja leicht im V-Zyklus erfolgen; diese bestimmt dann die Wiederholungsrate v_0 des jeweiligen V-Zyklus.

Der FMG-Zyklus kann natürlich auch mit W-Zyklen anstelle der V-Zyklen durchgeführt werden. Nach den Überlegungen des letzten Absatzes und den entsprechenden Ergebnissen vieler Beispiel-Rechnungen ist das aber nicht notwendig. Der dafür notwendige Mehraufwand kann gespart werden.

5.5 Die Komplexität der Mehrgittermethoden

Wenn wir die einzelnen Module eines Mehrgitterzyklus betrachten, dann benötigt bei den hier behandelten eindimensionalen Problemen eine Relaxation auf dem feinsten Gitter ein kleines Vielfaches an n Operationen, z. B. $3n$. Auch Interpolation und Restriktion benötigen ein kleines Vielfaches von n, wobei der Gesamtaufwand für diese Anteile einer Mehrgittermethode deutlich unter dem der Relaxationen liegt, etwa bei 10 bis 30 %, abhängig vom behandelten Problem und der Anzahl $v = v_1 + v_2$ der iterierten Relaxationen. Dann ist also $C n$ der Rechenaufwand auf dem feinsten Gitter, wo C eine kleine natürliche Zahl ist.

Auf der nächst gröberen Stufe ist der Aufwand eines V-Zyklus um den Faktor 2 kleiner. Insgesamt bekommen wir deshalb für ein Mehrgitterverfahren mit m Stufen

$$C n (1 + 1/2 + 1/4 + \cdots + 1/2^{m-2}) + K$$

Rechenoperationen, wenn K der Aufwand für die exakte Lösung auf dem gröbsten Gitter ist. Dieser Aufwand ist im eindimensionalen Fall für unsere Modellprobleme auch linear in n und für eine Mehrgittermethode mit mehr als zwei Gittern ohnehin vernachlässigbar klein. Damit kommen wir wie folgt zu einer guten Schätzung des Rechenaufwands:

$$\boxed{Z_{\text{V-Zyklus}} = C n (1 + 1/2 + 1/4 + \cdots + 1/2^{m-1}) < C n \frac{1}{1 - 1/2} = 2 C n \, .} \quad (5.8)$$

Wenn der Aufwand für Interpolation und Restriktion vernachlässigt wird, kann die Zahl C im konkreten Fall angegeben werden als die Anzahl der Rechenoperationen pro Relaxation multipliziert mit $v_1 + v_2$.

Mit Hilfe von (5.8) lässt sich der Aufwand eines FMG-Zyklus leicht berechnen, wenn vorausgesetzt wird, dass $v_0 = 1$ gilt. Der FMG-Zyklus besteht dann aus seinem letzten V-Zyklus, der vom feinsten Gitter G^m ausgeht und nach (5.8) einen Aufwand von weniger als $2 C n$ Rechenoperationen hat. Der V-Zyklus, der vom nächst gröberen (dem zweitfeinsten) Gitter ausgeht, hat einen um den Faktor 2 geringeren Aufwand, usw. Das ergibt insgesamt einen Rechenaufwand für einen FMG-Zyklus von

$$Z_{\text{FMG-Zyklus}} = 2\,C\,n\,(1 + 2^{-1} + 2^{-2} + 2^{-3} + \cdots + 2^{-(m-1)}) < 2\,C\,n\,\frac{1}{(1 - 2^{-1})}\;.$$

(5.9)

Ein FMG-Zyklus kostet also höchstens $4Cn$ Rechenoperationen. Das sind etwa doppelt so viele wie ein Mehrgitterverfahren mit V-Zyklus und genau so vielen Stufen.

Die entscheidende Frage ist natürlich, wie gut die unterschiedlichen Mehrgitter-Schemata konvergieren, also wie viele Zyklen für eine bestimmte Genauigkeit durchlaufen werden müssen. Wenn z. B. ein einfacher V-Zyklus mit $\nu_1 = \nu_2 = 1$ drei Iterationsschritte zum Erreichen einer bestimmten Genauigkeit braucht, dann ist schon der FMG-Zyklus mit $\nu_0 = \nu_1 = \nu_2 = 1$ vorzuziehen. Diese Überlegungen werden beim Verfahrens-Vergleich im folgenden Abschnitt weitgehend bestätigt.

5.6 Ein Beispiel mit Neumann-Randbedingung

Das Randwertproblem (4.17) mit den Funktionen

$$g(x) = \frac{\pi^2}{4}\,\sin\left(\frac{\pi}{2}x\right) \quad \text{und}$$

(5.10)

$$u(x) = \sin\left(\frac{\pi}{2}x\right)$$

(5.11)

als rechter Seite und exakter Lösung soll mit V-Zyklen, dem Gauß-Seidel-Verfahren als Relaxation, der linearen Interpolation (4.22) und der FW-Restriktion (4.24) näherungsweise gelöst werden.

Da jetzt der Wert im rechten Randpunkt zu den Unbekannten gehört, besteht das gröbste Gitter immer aus den zwei Punkten (0.5, 1). Die erzielten Konvergenzraten sind sehr gut, sogar besser als bei dem Beispiel mit homogenen Randbedingungen, siehe Abschn. 5.7. Sie sind in Tabelle 5.1 wiedergegeben.

Tabelle 5.1 Konvergenzraten (KR) in der L^2-Norm (10.25) für das Randwertproblem (4.17) mit der rechten Seite (5.10) mit V-Zyklen, Gauß-Seidel, Interpolation (4.22) und Restriktion (4.24) für unterschiedliche feinste Gitter, immer mit $\nu_1 = \nu_2 = 2$

m	h	KR
3	0.25	0.018
4	0.125	0.019
5	0.0625	0.022
6	0.03125	0.022
7	0.0078125	0.022

Tabelle 5.2 Konvergenzraten für das Balkenbeispiel mit V-Zyklen und Gauß-Seidel bzw. JOR(2/3) als Glätter für unterschiedliche feinste Gitter mit $\nu_1 = \nu_2 = 2$

m	h	GS	JOR
3	0.25	0.11	0.385
4	0.125	0.10	0.375
5	0.0625	0.10	0.372
6	0.03125	0.10	0.371

Tabelle 5.3 Abhängigkeit der Konvergenzraten für das Balkenbeispiel mit V-Zyklen und Gauß-Seidel bzw. JOR(2/3) als Glätter mit $n = 63$ inneren Punkten von den Relaxationsparametern $\nu := \nu_1 = \nu_2$

m	ν	GS	JOR
6	1	0.26	0.51
6	2	0.10	0.37
6	3	0.04	0.27
6	4	0.015	0.20
6	5	0.0075	0.14
6	6	0.0045	0.11

5.7 Vergleich der Methoden

Wir kehren zu unserem Balkenbeispiel (1.1) zurück, das wir schon mit dem Zweigitterverfahren (4.26) in Beispiel 4.1 und mit dem Viergitterverfahren (5.1) in Beispiel 5.1 behandelt haben. Wenn wir es jetzt für $n = 64$ mit einem Sechsgitterverfahren ($m = 6$) und V-Zyklen behandeln, wird sich nichts Neues ergeben. Es sollen deshalb hier einige neue Aspekte einbezogen werden. Dazu gehören der Einsatz des Gauß-Seidel'schen Einzelschrittverfahrens als Glätter, die Abhängigkeit der Konvergenzrate von h und der Vergleich des Aufwands der verschiedenen Methoden.

Ein Ergebnis nehmen wir vorweg: Die Abhängigkeit der Konvergenzrate von der Startnäherung ist sehr gering, es gibt also keinen Grund, eine andere als die Startnäherung $\mathbf{v}^m = \mathbf{0}$ zu wählen. Das haben wir deshalb grundsätzlich getan.

Da die Mehrgittermethode jetzt immer bis zum gröbsten Gitter mit nur einem inneren Punkt herab steigt, fällt der Vorteil einer schon sehr genauen exakten Lösung dort weg; dadurch geben die erzielten Konvergenzraten ein realistischeres Abb. über die Eigenschaften der Verfahren.

Wir fassen unsere Ergebnisse in Tabellen zusammen, die wir dann im Einzelnen erläutern.

Tabelle 5.2 zeigt, dass das Einzelschrittverfahren (GS) dem Gesamtschrittverfahren (JOR) weit überlegen ist, und dass die h-unabhängige Konvergenz so gut wie erreicht ist.

Um die Zahlen in Tab. 5.3 zu interpretieren, muss der Aufwand für einen Zyklus abhängig von ν untersucht werden, siehe Abschn. 5.5. Wenn man wie dort davon ausgeht, dass die Relaxationsschritte den Hauptaufwand darstellen, also die restlichen Anteile des Algorithmus bei der Aufwandsabschätzung vernachlässigt werden können, dann zeigen diese Zahlen, dass $\nu = 1$ schon optimal ist, denn es ist sowohl $0.51^2 < 0.37$ als auch $0.26^2 < 0.1$, also sind unter dieser Annahme zwei Zyklen mit $\nu = 1$ für die Fehlerreduktion günstiger als ein Zyklus mit $\nu = 2$. Für größere Werte von ν ist das noch ausgeprägter.

Tabelle 5.4 Fehlerwerte für die Lösung des Balkenbeispiels mit der FMG-Methode mit $\nu_0 \equiv 1$ und mit V-Zyklen und Gauß-Seidel als Glätter mit den Relaxationsparametern $\nu := \nu_1 = \nu_2 = 2$

n	h^2	GS: $\|\cdot\|_{L^2}$	GS: $\|\cdot\|_\infty$	FMG: $\|\cdot\|_{L^2}$	FMG: $\|\cdot\|_\infty$
8	0.063	0.00087	0.00114	0.0051	0.0080
16	0.016	0.00069	0.00095	0.00063	0.0011
32	0.004	0.00064	0.00089	0.00014	0.00021
64	0.001	0.00063	0.00087	0.00006	0.00008

Diese Aussage bleibt korrekt, wenn man 30 % des Aufwand eines Relaxationsschrittes als Aufwand für die anderen Verfahrensanteile mit berücksichtigt.

In einer letzten Tabelle wollen wir noch Werte für den Fehler angeben, der zwar immer in die Größenordnung von $O(h^2)$ kommt, aber doch mit unterschiedlichem Aufwand und Ergebnis. So benötigt der V-Zyklus mit dem Gauß-Seidel-Verfahren für alle untersuchten Werte von $n = 2^m$ vier Zyklen zum Erreichen eines Fehlers unterhalb von h^2. Das Jacobi-Verfahren mit $\omega = 2/3$ benötigt mindestens zwei Zyklen mehr und soll deshalb hier nicht weiter betrachtet werden. Der FMG-Zyklus erreicht diese Genauigkeit für jedes n schon mit $\nu_0 \equiv 1$. Dabei ist das Verfahren so effizient, dass der Wert h^2 mit wachsendem n immer stärker unterschritten wird. Das bringt zwar wegen der Argumente in Abschn. 4.4.1 keine Verbesserung der Näherungslösung, zeigt aber die Qualität dieser Mehrgittermethode.

Aufgaben

Aufgabe 5.1. Eine asymptotisch optimale Mehrgittermethode, die ihre Konvergenzrate vom ersten Zyklus an erreicht, benötige p Zyklen zum Erreichen der Genauigkeit h^2 bei einem Startfehler $\|e\|_{L^2} = 1$. Wieviele Zyklen benötigt dasselbe Verfahren zum Erreichen einer Genauigkeit h^4?

Aufgabe 5.2. Der FMG-Zyklus soll jetzt mit einem inneren W-Zyklus mit $\gamma = 2$ verknüpft werden.

(a) Stellen Sie den symbolischen Ablauf entsprechend der Abb. 5.2 und 5.3 dar.
(b) Wieviele Relaxationsschritte (ungefähr) enthält ein solcher FMG-Zyklus, wenn $\nu_0 = \nu_1 = \nu_2 = 1$ ist?

Aufgabe 5.3. Um bei anspruchsvollen Problemen und für größere Werte von n eine bessere Genauigkeit zu erreichen, kann für den Interpolationsoperator kubische Interpolation gewählt werden.

Sei x_{2j+1} ein Punkt des feinen Gitters G^h, der nicht auf dem groben Gitter liegt, seien x_{j-1}, x_j, x_{j+1} und x_{j+2} die Punkte des groben Gitters G^{2h}, die auf dem feinen Gitter die Nummern $2j - 2$, $2j$, $2j + 2$ und $2j + 4$ haben, ganz entsprechend der Zeichnung in

Abschn. 4.2. Dann wird der Interpolationsoperator (teilweise, s. u.) definiert als

$$v_{2j}^h = v_j^{2h} \, ,$$

$$v_{2j+1}^h = -\frac{1}{16} \left(v_{j-1}^{2h} + v_{j+2}^{2h} \right) + \frac{9}{16} \left(v_j^{2h} + v_{j+1}^{2h} \right) \, . \tag{5.12}$$

Das geht natürlich nur an Punkten, die weit genug innen im Intervall liegen. Für die Punkte v_1, v_2, v_3, v_{n-3}, v_{n-2} und v_{n-1} in der Nähe der Randpunkte werden die Formeln (4.7) der linearen Interpolation übernommen.

(a) Beweisen Sie, dass die Formel (5.12) die eindeutige kubische Polynom-Interpolation der genannten Werte darstellt.

(b) Stellen Sie für $n = 16$ die Matrix $\mathbf{I}_{2h}^h$ zu dieser Interpolation auf.

(c) Nur, wenn Sie über entsprechende Software verfügen, sollten Sie die beiden letzten Teilaufgaben lösen.
Definieren Sie die Restriktionsmatrix $\mathbf{I}_h^{2h}$ als Adjungierte der Interpolationsmatrix entsprechend zu (4.14)

$$\mathbf{I}_h^{2h} := \frac{(\mathbf{I}_{2h}^h)^T}{c}$$

mit $c = 2$. Berechnen Sie dann für $n = 16$ die Grobgittermatrix $\bar{\mathbf{A}}^{2h}$ nach der Galerkin-Eigenschaft (4.16).

(d) Vergleichen Sie, wie sich die Matrizen $\mathbf{A}^{2h}$ und $\bar{\mathbf{A}}^{2h}$ unterscheiden. Am besten geht das, indem Sie eine diskretisierte Differenzialgleichung lösen, z. B. das Randwertproblem

$$-u'' = f \quad \text{mit} \quad f(x) = e^x \left(2 + x\right) \, ,$$

$$u(0) = u(1) = 0 \, .$$

Dessen exakte Lösung ist $u(x) = x \left(e^1 - e^x \right)$.

Kapitel 6
Mehrgittermethoden mit der Finite-Elemente-Methode

Zusammenfassung Dieses Kapitel führt in die wichtigen Module einer Mehrgittermethode mit finiten Elementen ein, auf die wir dann in Kap. 8 zurückkommen. Wie wir in Abschn. 1.1.2 gesehen haben, ist die Finite-Elemente-Methode (FEM) bei einem eindimensionalen Problem recht einfach zu verstehen. Dass das bei partiellen Differenzialgleichung im $\mathbb{R}^n$ etwas anders ist, haben wir in Abschn. 1.5 gesehen.

In einem ersten Abschnitt stellen wir die eindimensionale FEM noch einmal kurz vor, nachdem wir das zu lösende Problem definiert haben. Danach gehen wir auf die für die Anwendung der Mehrgittermethode wesentlichen Gesichtspunkte ein.

6.1 Diskretisierung

Wir wollen wieder das Randwertproblem (1.15) lösen, jetzt aber mit homogenen Randbedingungen, auf dem Einheitsintervall:

$$\begin{aligned}
-u''(x) + q(x)u(x) &= g(x) \quad \text{in} \quad (0,\,1)\,, \\
u(0) &= 0\,, \qquad u(1) = 0\,.
\end{aligned} \tag{6.1}$$

Zusätzlich sind im Inneren des Intervalls n Knotenpunkte

$$0 < x_1 < x_2 < \cdots < x_{n-1} < x_n < 1 \tag{6.2}$$

definiert. Die FEM löst dieses Problem in einem endlich-dimensionalen Funktionenraum, dessen Basis aus n Ansatzfunktionen besteht.

$$U_n = \text{span}\{w_1(x),\, w_2(x), \ldots,\, w_n(x)\} \tag{6.3}$$

Jede Basisfunktion soll (zunächst) in genau einem Knotenpunkt den Wert 1 annehmen und in allen anderen verschwinden, das ist die Kronecker-Eigenschaft

$$w_k(x_j) = \delta_{jk}\,. \tag{6.4}$$

N. Köckler, *Mehrgittermethoden*, DOI 10.1007/978-3-8348-2081-5_6,
© Vieweg+Teubner Verlag | Springer Fachmedien Wiesbaden 2012

Damit erfüllen die Basisfunktionen und Linearkombination mit ihnen die homogenen
Randbedingungen. Jede Funktion $u(x) \in U_n$ lässt sich eindeutig als eine solche Linearkombination darstellen:

$$u(x) = \sum_{j=1}^{n} \alpha_j w_j(x) . \tag{6.5}$$

Definieren wir jetzt entsprechend zu Abschn. 1.5 für zwei Funktionen $u, v \in U_n$ eine Bilinearform $B(u, v)$ und eine Linearform $l(u)$ durch die – hier eindimensionalen – Integrale

$$B(u, v) := \int_0^1 u'(x)v'(x)\,dx + q(x)u(x)v(x)\,dx \tag{6.6}$$

und

$$l(u) := \int_0^1 u(x)g(x)\,dx , \tag{6.7}$$

dann kann die Näherungslösung von (6.1) mit der FEM als Lösung des linearen Gleichungssystems $\mathbf{A}\alpha = \mathbf{b}$ dargestellt werden mit

$$\mathbf{A} := \{B(w_i, w_j)\} , \quad \mathbf{b} := \{l(w_i)\}\text{ß}; , \quad 1 \le i, j \le n . \tag{6.8}$$

Die Lösung diese Gleichungssystems liefert den Vektor α. Dieser bestimmt die Näherungslösung $u_n \in U_n$ eindeutig:

$$\boxed{u_n(x) = \sum_{j=1}^{n} \alpha_j w_j(x) .} \tag{6.9}$$

Damit sind die Funktion $u_n \in U_n$ und der Vektor $\alpha \in \mathbb{R}^n$ äquivalente Repräsentanten der
gesuchten Lösung, sie können bijektiv aufeinander abgebildet werden.

Die erste Arbeit besteht allerdings in der der Berechnung der Koeffizientenmatrix $\mathbf{A}$ und
der rechten Seite $\mathbf{b}$ nach (6.8). Wenn wir als Ansatzfunktionen wieder die Hutfunktionen
nehmen wie in Abschn. 1.1.2, dann sind die entsprechenden Integrale leicht zu berechnen.
Dies wird in der Regel durch numerische Integration geschehen, kann aber auch analytisch
erfolgen, wenn die Funktionen q und g dies ermöglichen. Ein Beispiel haben wir schon in
Abschn. 1.1.2 kennen gelernt.

6.2 Hierarchische Finite-Elemente-Räume

Für die Mehrgittermethode brauchen wir mehrere Räume U_n zu verschiedenen Dimensionen n. Wir wählen jetzt sinvollerweise die Stufenbezeichnung nach Abschn. 5.3. Der
Index l bei einem Raum U_l bezeichnet deshalb jetzt nicht mehr die Dimension des Raumes, sondern die Stufe innerhalb einer Mehrgittermethode. Die Räume sollen aber sinnvoll
aufeinander aufbauen. Das geschieht am besten, indem eine Hierarchie dieser Räume konstruiert wird. Unter hierarchischen Räumen verstehen wir Räume unterschiedlicher Di-

mension, die ineinander enthalten sind, also

$$U_0 \subset U_1 \subset \cdots \subset U_m \,.$$

(6.10)

Wenn also z. B. der Raum U_l zum Gitter G^l von den Funktionen $w_1^{(l)}(x)$, $w_2^{(l)}(x)$ bis $w_{n_l}^{(l)}(x)$ aufgespannt wird, dann sind diese auch in allen Räumen U_k mit $k > l$ und dementsprechend höherer Dimension enthalten. Da die Funktionen über die Knotenpunkte definiert sind, bedeutet das, dass die Knotenpunkte $x_1^{(l)}$, $x_2^{(l)}$ bis $x_{n_l}^{(l)}$ eine Teilmenge der Knotenpunkte zu allen Räumen mit höherer Nummer sind. Das wollen wir an einem Beispiel einsehen.

Beispiel 6.1. Im einfachsten Fall zweier Funktionenräume mit einer bzw. zwei Basisfunktionen sei

$$U_0 = \text{span}\{w_1^{(0)}\} \,,$$
$$U_1 = \text{span}\{w_1^{(1)}, w_2^{(1)}\} \,.$$

In der Abbildung rechts ist oben und in der Mitte eine hierarchische Situation zu sehen. Das Gitter $G^0 = \{x_1^{(0)}\}$ ist Teil des Gitters $G^1 = \{x_1^{(1)}, x_2^{(1)}\}$. Die Basisfunktion $w_1^{(0)} \in U_0$ ist im Raum U_1 enthalten, denn es gilt

$$w_1^{(0)}(x) = w_1^{(1)}(x)$$
$$+ w_1^{(0)}(x_2^{(1)})w_2^{(1)}(x) \,.$$

Der zweite Summand ist gestrichelt in der mittleren Zeichnung zu sehen. In der unteren Zeichnung sehen wir die nicht hierarchische Situation. $x_1^{(0)}$ ist nicht im Gitter G^1 enthalten, deswegen ist

$$w_1^{(0)}(x) \neq w_1^{(0)}(x_1^{(1)})w_1^{(1)}(x)$$
$$+ w_1^{(0)}(x_2^{(1)})w_2^{(1)}(x) \,.$$

Wegen des Anfangs- und Endstücks käme aber nur diese Linearkombination in Frage. Also ist $w_1^{(0)}$ nicht im Raum U_1 enthalten.

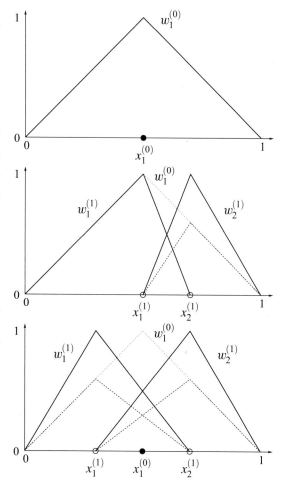

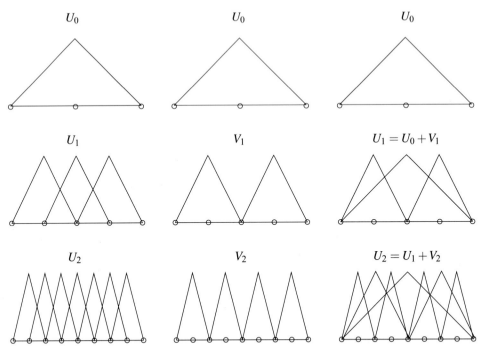

Abb. 6.1 Links Knotenbasen, rechts hierarchische Basen, in der Mitte die Ergänzungsmengen

Es gibt nun zwei Möglichkeiten, hierarchische FEM-Räume U_l für $l > 0$ zu definieren.

1. Die erste tut genau das, was wir oben gesehen haben. Beim Übergang von U_{l-1} zu U_l wird die Knotenpunktmenge zu U_{l-1} um neue Knotenpunkte erweitert und die Basisfunktionen für U_l werden mit Hilfe der so entstandenen Knotenpunktmenge definiert. Eine so erzeugte Basis heißt *Knotenbasis*[1].

2. Da die Basisfunktionen von U_{l-1} wegen der Hierarchie auch in U_l liegen, können sie auch dort als Basisfunktionen verwendet werden. Sie müssen dann durch zusätzliche Basisfunktionen so ergänzt werden, dass die Anzahl der Basisfunktionen mit der der Knotenpunkte für U_l übereinstimmt, und dass der durch diese Basisfunktionen aufgespannte Raum mit dem über die Knotenpunktmenge definierten Raum identisch ist. Eine so erzeugte Basis heißt *hierarchische Basis*.

Abbildung 6.1 macht diese Situation klar: Links sehen wir von oben nach unten die Funktionen der Knotenbasen der drei Räume U_0, U_1 und U_2. Sie haben die Dimensionen $n_0 = 1$, $n_1 = 3$ und $n_2 = 7$ und sind jeweils durch das Hinzufügen der Mittelpunkte der Knotenpunkt-Intervalle entstanden.

In der Mitte und rechts sehen wir von oben nach unten, wie die hierarchischen Basen dieser Räume entstehen, indem die Basis von U_0 mit einer Basisfunktion durch Hinzufügen zweier neuer Basisfunktionen, hier als Menge $V_1 = \{w_2^{(1)}, w_3^{(1)}\}$ dargestellt, zur

---

[1] Manchmal wird sie auch Knotenpunktbasis genannt.

Tabelle 6.1 Konditionszahlen der Diskretisierungsmatrizen bei hierarchischer und Knotenbasis

Anz. Knotenpunkte	Kondition von $A_{\text{hierarchisch}}$	Kondition von A_{Knoten}
3	1.9	5
7	3.7	23
15	7.4	94
31	14.8	376
63	29.6	1507

Basis von U_1 ergänzt wird. Entsprechend wird die Basis von U_2 zusammengesetzt aus den Basisfunktionen von U_1 und den vier ergänzenden Basisfunktionen der Menge V_2. Es ist offensichtlich, dass die unterschiedlich definierten Basisfunktionen dieselben Räume aufspannen.

Die hierarchische Basis hat einige Vorteile. So müssen immer nur zusätzliche Basisfunktionen neu definiert werden. Außerdem ist die Konditionszahl (10.23) der Matrix **A** in (6.8) bezüglich der Lösung des FEM-Gleichungssystems kleiner als bei der Knotenbasis; dies spielt naturgemäß eine wichtigere Rolle bei mehrdimensionalen Problemen. Als Nachteil muss in Kauf genommen werden, dass die Kronecker-Gleichung (6.4) für die hierarchische Basis nicht gilt.

Für das Randwertproblem (6.1) mit der Koeffizientenfunktion $q(x) = 1$ haben wir die Konditionszahlen der Diskretisierungsmatrizen bei hierarchischer und Knotenbasis verglichen, die Ergebnisse sind in Tabelle 6.1 zu sehen. Während die Konditionszahlen bei hierarchischer Basis offenbar linear mit der Knotenzahl n anwachsen, nimmt die Konditionszahl bei der Knotenbasis mit jeder Verdoppelung der Knotenzahl etwa um den Faktor 4 zu. Das ist für Probleme dieser Art eine bekannte Tatsache, siehe etwa in [9] Beispiel 11.16 oder in [6] Abschn. 5.5.2.

Bei der Diskretisierung mit Hutfunktionen entstehen schwach besetzte Matrizen, da das Integral (6.6) null wird, wenn sich die Hüte nicht überlappen. Das ist bei der Knotenbasis viel öfter der Fall als bei der hierarchischen Basis. Als „Preis" für die bessere Kondition muss also ein höherer Aufwand bei den Operationen mit dieser Matrix in Kauf genommen werden. Als Beispiel schauen wir uns die Besetzung der Matrizen zu demselben Problem an, für das wir gerade die Konditionszahlen gesehen haben, und zwar für $n = 63$ in Abb. 6.2. Bei der Knotenbasis entsteht, wie wir bereits wissen, eine Dreibandmatrix, das bedeutet, dass für $n = 63$ weniger als 5 % der Matrixelemente ungleich null sind, während es bei der hierarchischen Basis fast 15 % sind.

Allerdings ist es sehr leicht, Matrizen und Vektoren, die bezüglich einer der Basen definiert wurden, auf die andere zu transformieren. Sei dazu **A** die Matrix des linearen Gleichungssystems $\mathbf{A\alpha} = \mathbf{b}$ zur Knotenbasis, siehe (6.8). Sei weiter $\tilde{\mathbf{A}}\boldsymbol{\beta} = \tilde{\mathbf{b}}$ das entsprechende Gleichungssystem zur hierarchischen Basis. Die Lösungen dieser beiden Gleichungssysteme führen zu der Funktion

$$u_h(x) = \sum_{k=1}^{n} \alpha_k w_k(x) = \sum_{k=1}^{n} \beta_k \tilde{w}_k(x) \, ,$$

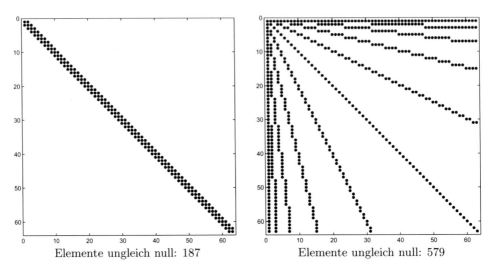

Elemente ungleich null: 187   Elemente ungleich null: 579

Abb. 6.2 Die Besetzung der Diskretisierungsmatrix zum Randwertproblem (6.6) bei der FEM mit Knoten- (*links*) und hierarchischer Basis (*rechts*) für $n = 63$

wenn $w_k(x)$ die Basisfunktionen der Knotenbasis und $\tilde{w}_k(x)$ die der hierarchischen Basis sind. Die Systeme können ineinander überführt werden mit der Transformationsmatrix $\mathbf{C}$, für die gelten muss

$$\boldsymbol{\alpha} = \mathbf{C}\boldsymbol{\beta}\,,\quad \tilde{\mathbf{b}} = \mathbf{C}^T\mathbf{b}\,,\quad \tilde{\mathbf{A}} = \mathbf{C}^T\mathbf{A}\mathbf{C}\,. \tag{6.11}$$

Wegen der Kronecker-Eigenschaft (6.4) sind die Elemente der Transformationsmatrix $\mathbf{C}$ sehr einfach definiert

$$C_{k,l} = \tilde{w}_l(x_k)\,, \tag{6.12}$$

wenn x_k die Knotenpunkte sind. Die Matrix $\mathbf{C}$ kann auch als Vorkonditionierungsmatrix für die Methode der konjugierten Gradienten dienen, siehe etwa [5]. Darauf wollen wir hier nicht weiter eingehen.

6.3 Fehlerschätzer

Um festzustellen, welche Qualität eine Näherungslösung hat, werden Fehlerabschätzungen entwickelt. Das sind obere Schranken für einen der folgenden Fehler:

1. $u - u_h$: Das ist der *Diskretisierungsfehler*, also die Differenz zwischen der exakten Lösung der Differenzialgleichung und der Lösung des diskretisierten Systems, berechnet meistens in einer passenden Norm als $\|u - u_h\|$. u_h ist die (exakte) FEM-Näherung der Lösung u.

2. $u_h - \tilde{u}_h$: Das ist die Differenz zwischen der exakten Lösung des diskretisierten Systems und der berechneten Näherungslösung. Sie heißt *algebraischer Fehler*. Wenn z. B. das diskretisierte System mit einem konvergenten Iterationsverfahren angenähert gelöst wird, dann ist das die Differenz zwischen der Lösung nach unendlich vielen Schritten und der nach einer endlichen Anzahl durchgeführter Schritte.

3. $u - \tilde{u}_h$: Das ist der *Approximationsfehler*. Er ist die Differenz zwischen der exakten Lösung der Differenzialgleichung und der berechneten Näherungslösung.

Für die beiden ersten Größen gibt es in der Regel theoretische Fehlerabschätzungen; beim Diskretisierungsfehler hat sie meistens die Form $\|u - u_h\| \leq c\,h^p$. Damit ist der Grad p des Diskretisierungsverfahrens bekannt, aber es kann deshalb noch nicht eine konkrete obere Schranke berechnet werden, weil die Konstante c unbekannt ist. Ähnliches gilt für den algebraischen Fehler und damit auch für den Approximationsfehler, der ja durch die beiden anderen mit Hilfe der Dreiecksungleichung abgeschätzt werden kann. Es ist noch zu beachten, dass bei der Definition der Fehler oben eine Differenz zwischen einer Funktion und einem Vektor stehen kann. Diese Diskrepanz lässt sich aber leicht auflösen, indem z. B. die Funktion durch einen Vektor von Funktionswerten auf einem Gitter ersetzt wird.

Aus unten genauer zu erläuternden Gründen ist es aber interessant und wichtig, die genannten Fehler nicht nur theoretisch nach oben abzuschätzen, sondern auch konkret für ein gegebenes Problem zu schätzen. Eine solche *Fehlerschätzung* muss nicht unbedingt eine Ungleichungs-Bedingung erfüllen. Bei der FEM ist es von großer Bedeutung solche Fehlerschätzer auch lokal zur Hand zu haben. Wenn der Fehler in jedem der geometrischen Elemente – hier Intervalle – geschätzt werden kann, dann können Strategien zu seiner lokalen Verkleinerung durch entsprechend gezielte Verfeinerung des Gitters entwickelt werden. Dies führt zu adaptiven Netz-Verfeinerungen, die die Näherungslösung auf einem inhomogenen Gitter berechnen, auf dem der Fehler im Idealfall überall ungefähr gleich groß ist.

Viele der heute auch in Software-Paketen angewendeten Fehlerschätzer gehen auf Arbeiten von Babuška u. a. zurück, etwa [1–4]. Ihre Herleitung ist nicht immer ganz einfach, auf sie soll deshalb hier verzichtet werden. Stattdessen wollen wir nur ein Ergebnis aus [4] angeben und ein Beispiel durchrechnen. Eine kurz gefasste Herleitung findet sich auch in [7]. Die Entwicklung von Fehlerschätzern für mehrdimensionale Probleme ist naturgemäß schwieriger, aber auch wichtiger. Wir werden darauf in Abschn. 8.1 kurz zurückkommen.

Für die knapp gehaltene Darstellung der Ergebnisse aus [4] gehen wir von der Randwertaufgabe (6.1) aus, die mit der FEM auf dem Gitter (6.2) mit n Knotenpunkten gelöst werden soll. Für die Näherungslösung u_h sollen ein globaler Fehlerschätzer $\eta \in \mathbb{R}$ oder mehrere lokale Fehlerschätzer η_k wie folgt bestimmt werden. Zunächst wird eine neue Knotenpunktmenge $\{y_k\}$ definiert durch

$$y_{2i} := x_i, \quad i = 1, \ldots, n, \quad y_{2i+1} := (x_i + x_{i+1})/2, \quad i = 0, \ldots n. \quad (6.13)$$

Dabei benutzen wir die Hilfspunkte $x_0 = 0$ und $x_{n+1} = 1$. Zu dieser neuen Knoten-punktmenge werden Basisfunktionen $v_k(x)$ genauso definiert wie zur Knotenpunktmenge $\{x_i\}$ die Basisfunktionen $w_i(x)$. Für den (noch zu bestimmenden) Fehlerschätzer η können dann folgende Bedingungen gezeigt werden:

1. Es gibt Konstanten D_1 und D_2, sodass

$$D_1 \eta \leq \|u - u_h\| \leq D_2 \eta \tag{6.14}$$

gilt, wenn $\| \cdot \|$ die Norm

$$\|u\| := \sqrt{\int_0^1 (u'(x))^2 \, dx} \tag{6.15}$$

ist.

2. η setzt sich mit Hilfe der neuen Basisfunktionen $v_k(x)$ lokal zusammen als

$$\eta = \sqrt{\sum_{k=1}^{2n} \eta_k^2} \, . \tag{6.16}$$

Konkret berechnet werden jetzt die lokalen Größen η_k. Sei dazu das Residuum $r := g + (\tilde{u}_h)'' - q \, \tilde{u}_h$, das stückweise berechnet und in jedem Intervall (y_k, y_{k+1}), $k = 1, \dots, 2n$, durch eine Konstante r_k ersetzt wird. Dann sind die η_k gegeben als

$$\eta_k = \sqrt{\int_{y_k}^{y_{k+1}} (\zeta_k')^2 dx} \, , \tag{6.17}$$

wenn $\zeta_k(x)$ die lokale Randwertaufgabe

$$-(\zeta_k)'' = r_k \, , \quad \zeta_k(y_k) = \zeta_k(y_{k+1}) = 0 \, , \tag{6.18}$$

löst. Daraus ergibt sich

$$\eta_k = \sqrt{\frac{r_k h_k^3}{12}} \, , \quad h_k := y_{k+1} - y_k \, , \quad k = 1, \dots, 2n \, . \tag{6.19}$$

Damit bekommen wir für jedes außer dem ersten und letzten Intervall (x_i, x_{i+1}) zwei Feh-lerindikatoren η_k, deren Mittelwert wir als lokalen Fehlerschätzer für die Berechnungsin-tervalle nehmen.

$$\tilde{\eta}_1 = \eta_1 \, , \quad \tilde{\eta}_{i+1} = (\eta_{2i} + \eta_{2i+1})/2 \, , \quad i = 1, \dots, n-1 \, , \quad \tilde{\eta}_{n+1} = \eta_{2n} \, . \tag{6.20}$$

So bekommen wir für jedes der $n + 1$ Knotenpunkt-Intervalle einen Schätzwert.

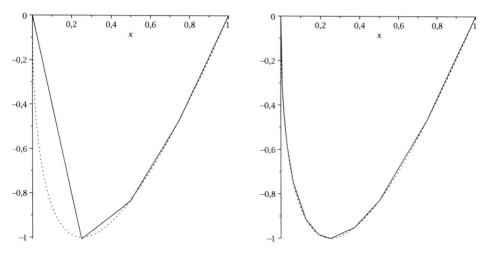

Abb. 6.3 Die Lösung $(\cdots)$ der Randwertaufgabe (6.21) und die FEM-Approximation mit drei und mit zehn durch adaptive Verfeinerung entstandenen Knotenpunkten

Beispiel 6.2. Es soll das die Arbeit [4] beschließende Beispiel in der folgenden leicht abgewandelten Form behandelt werden.

$$-u'' + u = -\sqrt{x^{-3}} - 4\sqrt{x} + 4x\,, \quad u(0) = u(1) = 0 \qquad (6.21)$$

Die exakte Lösung dieser Randwertaufgabe ist $u(x) = -4\sqrt{x} + 4x$, siehe Abb. 6.3. Als grobes Gitter nehmen wir $G^0 = \{1/4,\ 1/2,\ 3/4\}$. Die Berechnung der FEM-Lösung entspricht jetzt genau der Vorgehensweise in Abschn. 1.1.2, nur das Lösungsintervall ist hier $(0, 1)$ statt $(-1, 1)$ dort. Wir erhalten die Basisfunktionen

$$w_1(x) = \begin{cases} 4x, & \text{falls } x \in [0,\ 1/4]\,, \\ -4x + 2, & \text{falls } x \in [1/4,\ 1/2]\,, \end{cases}$$

$$w_2(x) = \begin{cases} 4x - 1, & \text{falls } x \in [1/4,\ 1/2]\,, \\ -4x + 3, & \text{falls } x \in [1/2,\ 3/4]\,, \end{cases}$$

$$w_3(x) = \begin{cases} 4x - 2, & \text{falls } x \in [1/2,\ 3/4]\,, \\ -4x + 4, & \text{falls } x \in [3/4,\ 1]\,. \end{cases}$$

Damit lautet das der Gleichung (1.7) entsprechende lineare Gleichungssystem hier

$$\sum_{j=1}^{3} \alpha_j \left\{ \int_0^1 w_j'(x)w_k'(x)\,dx + \int_0^1 w_j(x)w_k(x)\,dx \right\} = \int_0^1 w_k(x)g(x)\,dx\,, \quad k = 1, 2, 3\,.$$

$$(6.22)$$

Als Koeffizienten für die FEM-Lösung (6.9) ergeben sich aus der Lösung dieses Gleichungssystems die Werte

$$\alpha_1 = -1.0070\,, \quad \alpha_2 = -0.8337\,, \quad \alpha_3 = -0.4669\,.$$

Die damit entstehende stückweise lineare Näherungsfunktion ist auch in Abb. 6.3 links zu sehen. Rechts sehen wir die mit Hilfe der lokalen Fehlerschätzer η_k adaptiv verfeinerte Lösung. Auf deren Berechnung kommen wir im nächsten Abschnitt zurück.

6.4 Homogene und adaptive Netz-Verfeinerungen

Auf die homogene Netz-Verfeinerung müssen wir nicht lange eingehen. Sie besteht bei Randwertaufgaben im $\mathbb{R}^1$ einfach aus der Erweiterung der Knotenpunkte durch die Mittelpunkte der Knotenpunkt-Intervalle. Das haben wir schon in Abb. 6.1 gesehen. Die so entstandenen hierarchischen FEM-Basen können als Grundlage einer Mehrgittermethode gewählt werden.

Für eine adaptive Netz-Verfeinerung benötigen wir eine Verfeinerungs-Strategie. Eine Möglichkeit dazu geht von den Fehlerschätzern aus, die wir im Abschn. 6.3 kurz beschrieben haben. Abhängig von deren Werten wird ein Intervall mit zu großem Wert in zwei Intervalle halbiert, Intervalle mit kleinen Werten der Fehlerindikatoren $\tilde{\eta}_k$ werden unverändert in das nächst feinere Gitter übernommen. Ziel ist eine möglichst gleichmäßige Verteilung der lokalen Diskretisierungsfehler über die Knotenpunkt-Intervalle. Für dieses Ziel wird in [4] eine Strategie beschrieben, die auch sehr anschaulich im Abschnitt *lokale Fehlerextrapolation* des Abschnitts 6.2 in [6] beschrieben wird. Von ihr wollen wir hier nur das algorithmische Resultat wiedergeben. Es besteht darin, dass mit Hilfe der Fehlerschätzer zu zwei Gittern G^l und G^{l+1} ein Schwellenwert S berechnet wird[2], der die Menge der zu halbierenden Teilintervalle bestimmt. Das führt zu dem Algorithmus (6.23). Er wird abgebrochen, wenn eine Maximalzahl von Verfeinerungsstufen $l_{\max}$ erreicht ist, oder wenn die Menge T leer ist, also alle Elemente Fehlerindikatoren unterhalb des Schwellenwertes erreicht haben.

Algorithmus zur adaptiven Netz-Verfeinerung   (6.23)

(1) Setze $l := 0$.

(2) Berechne den Vektor $\eta^{(0)} := \{\tilde{\eta}_k\}$ für die Intervalle des gröbsten Gitters G^0 und definiere eine Elemente-Menge T, zu der alle Intervalle des Gitter G^0 gehören. Setze $\eta^{\mathrm{alt}} := \eta^{(0)}$.

(3) Halbiere jedes Intervall aus der Elemente-Menge T und berechne den Vektor $\eta^{(l+1)} := \{\tilde{\eta}_k\}$ für die Intervalle des so entstandenen Gitters G^{l+1}.

(4) Für jedes Intervall des Gitters G^{l+1} liegen jetzt zwei Fehlerindikatoren vor: $\tilde{\eta}_k$ und ein Wert von η^{alt}, den wir η_k^{alt} nennen wollen.

(5) Berechne den Schwellenwert für die Verfeinerung des Gitters G^{l+1} als

$$S_{l+1} := \max_k \left\{ \frac{(\tilde{\eta}_k)^2}{\eta_k^{\mathrm{alt}}} \right\}.$$

---

[2] Das entspricht einer lokalen Extrapolation.

Tabelle 6.2 Anzahl Knoten und Schwellenwerte für die sechs adaptiv verfeinerten Gitter

Stufe l	Anzahl Knoten	Schwellenwert S_l
0	1	–
1	3	0.0916
2	4	0.0457
3	6	0.0228
4	8	0.0123
5	9	0.0063
6	10	0.0055

(6) Bilde eine neue Elemente-Menge T aus allen Intervallen des Gitters G^{l+1}, für die

$$\tilde{\eta}_k \geq S_{l+1}$$

gilt. Setze $\eta_k^{\text{alt}} := \tilde{\eta}_k$ für alle Intervalle in G^{l+1}.

(7) Beende das Verfahren, wenn die Menge T leer ist, oder wenn $l = l_{\max}$ ist.

(8) Setze $l := l + 1$ und fahre mit (3) fort.

Beispiel 6.3. Den Algorithmus (6.23) wenden wir jetzt auf Beispiel 6.2 an, das wir damit wieder aufgreifen. Um die Rechnungen zu vereinfachen, haben wir für die Ermittlung der Fehlerindikatoren nicht die Werte $\tilde{\eta}_k$ berechnet, sondern Fehlernormen in den Intervallen, da wir ja in diesem Fall die wahre Lösung kennen. Das ändert an der grundsätzlichen Vorgehensweise und dem Algorithmus oben nichts.

Wir starten mit dem Gitter G^0, das nur aus dem inneren Knoten $x_1^{(0)} = 0.5$ und den Randknoten besteht, und das nach Schritt (2)/(3) des Algorithmus regulär verfeinert wird. Danach stehen die Fehlerindikatoren für die zwei Gitter G^0 und G^1 zur Verfügung. Damit kann der Einstieg in die Schleife des Algorithmus beginnen, die aus den Schritten (3) bis (8) besteht. In Tabelle 6.2 sind die Anzahl der durch die Adaptivität entstehenden Knoten und der in Schritt (5) des Algorithmus (6.23) berechnete Schwellenwert zur jeweiligen Stufe verzeichnet. In Abb. 6.4 haben wir die Fehlerindikatoren in ein Diagramm mit den Teilintervallen eingezeichnet. Oft wird das linke Intervall als einziges halbiert; das passt zu dem steilen Abstieg der Lösung am linken Rand. Nach sechs Verfeinerungen sind die maximalen Fehlerschätzungen (0.0057) etwa gleich dem Schwellenwert (0.0055); wir brechen deshalb das Verfahren ab. Die FEM-Lösung zu diesen zehn Knotenpunkten sehen wir in Abb. 6.3 rechts.

Um die gleiche Genauigkeit mit homogener Netz-Verfeinerung zu erreichen, hätten wir mit einer Gitterweite $h = 1/128$, also mit 127 inneren Knotenpunkten rechnen müssen. Eine solche Aufwandserhöhung verbietet sich besonders bei Differenzialgleichungen im $\mathbb{R}^n$ mit $n > 1$.

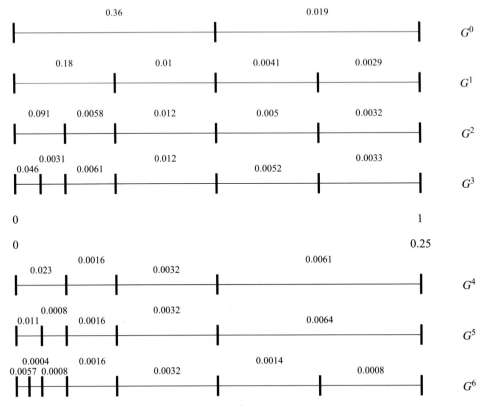

Abb. 6.4 Sechs verfeinerte Gitter zum Startgitter G^0 mit einem Knoten. Die Fehlerindikatoren sind oberhalb der Knoten-Intervalle angegeben. Die Gitter G^4 bis G^6 sind aus Darstellungsgründen auf das Teilintervall $[0, 0.25]$ beschränkt; rechts davon bleiben die Werte des Gitters G^3 bestehen

6.5 Elemente einer Mehrgittermethode

Nach den letzten Abschnitten wissen wir, wie sich mehrere Gitter durch homogene oder adaptive Netz-Verfeinerung ergeben. Dadurch stehen für die Konstruktion einer Mehrgittermethode die Basisfunktionen in hierarchischen Funktionenräumen $U_0 \subset U_1 \subset \cdots \subset U_m$ bereit. Der Raum U_l hat die Dimension n_l und wird aufgespannt von den Basisfunktionen $w_1^{(l)}(x)$ bis $w_{n_l}^{(l)}(x)$. Mit ihnen bekommen wir nach (6.6) bis (6.9) lineare Gleichungssysteme

$$\mathbf{A}^{(l)}\boldsymbol{\alpha}^{(l)} = \mathbf{b}^{(l)} \qquad (6.24)$$

zur Bestimmung der Koeffizienten $\alpha_k^{(l)}$ für die Funktionen

$$u_l(x) = \sum_{k=1}^{n_l} \alpha_k^{(l)} w_k^{(l)}(x) , \qquad (6.25)$$

die die Näherungslösungen der Randwertaufgabe (6.1) in U_l sind.

Um die in Kap. 5 definierten Mehrgitterzyklen anzuwenden, sollen jetzt die Elemente Relaxation, Interpolation und Restriktion definiert werden. Das soll geschehen, bevor wir mit einem Beispiel dieses Kapitel abschließen. Dabei werden die Glättungs- und Transfer-Operationen algebraisch, also als Matrizen definiert, auch wenn die Näherungslösungen Funktionen sind, denn schon bei der Diskretisierung in Abschn. 6.1 haben wir festgestellt, dass die Funktionen $u_l \in U_l$ und die Vektoren $\boldsymbol{\alpha}^{(l)} \in \mathbb{R}^{n_l}$ äquivalente Repräsentanten der gesuchten Lösung sind. Wir beschränken uns im Folgenden auf stückweise lineare Ansatz-, also auf Hutfunktionen, werden aber bei mehrdimensionalen FEM im Abschn. 8.1 auf andere Ansätze kurz eingehen, die insbesondere bei den Fehlerschätzern für die adaptive Netz-Verfeinerung eine Rolle spielen können, auch im eindimensionalen Fall.

6.5.1 Relaxation

Die bei der Diskretisierung mit der FEM entstehenden Matrizen haben ähnliche Eigenschaften bezüglich der Anwendung von Relaxationsverfahren wie die mit Differenzenverfahren erzeugten Matrizen, auch wenn das im Einzelfall etwas schwieriger nachzuweisen ist. Es können also als Glätter das gedämpfte Jacobi-Verfahren oder das Gauß-Seidel'sche Einzelschrittverfahren eingesetzt werden. Wir werden bei dem Beispiel in Abschn. 6.5.4 dieses letztere Verfahren anwenden. Dabei stellt sich heraus, dass die Konvergenz durch die Verwendung einer hierarchischen Basis noch beschleunigt wird. Im Beispielfall lässt sich das durch die Berechnung der Spektralradien der Iterationsmatrizen $\mathbf{T}$ nach (2.17) leicht nachrechnen.

6.5.2 Restriktion

Hier müssen wir einen Unterschied bezüglich der verwendeten Basisfunktionen machen. Wir erinnern noch einmal daran, dass die Unbekannten jetzt die Koeffizienten des Funktionenansatzes (6.9) sind. Sind die Funktionen $w_j(x)$ Elemente einer Knotenbasis, die die Kronecker-Eigenschaft (6.4) erfüllen, dann stimmen die Koeffizienten α_j in (6.9) mit den Werten der Näherungslösung an den Knotenpunkten überein:

$$\alpha_j = u_n(x_j), \quad j = 1, \dots, n . \tag{6.26}$$

Deshalb können dieselben Restriktionsoperatoren wie in Abschn. 4.2.3 gewählt werden.

Das ist nicht sinnvoll bei einer hierarchischen Basis, für die die Kronecker-Eigenschaft (6.4) und damit auch (6.26) *nicht* gelten. Um dieselben Restriktionen wie in Abschn. 4.2.3 verwenden zu können, gehen wir wie folgt vor (dabei bekommen die Koeffizienten einen oberen Index, der die Stufe im Mehrgitterverfahren kennzeichnet):

Zunächst müssen die Koeffizienten β_k^l der aktuellen Näherungslösung auf die Koeffizienten α_k^l der gleichen Funktion, aber bezogen auf eine Knotenbasis, transformiert werden. Das geht mit der in (6.12) definierten Transformationsmatrix $\mathbf{C}^{(l)}$, die jetzt auch einen Stufenindex bekommen hat. Dann werden mit der Restriktion Koeffizienten α_k^{l-1} berechnet,

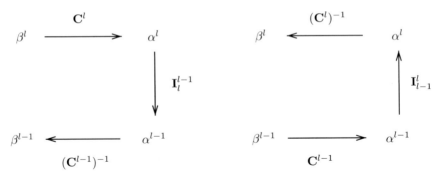

Abb. 6.5 Restriktion (links) und Interpolation (rechts) auf dem Umweg über die Knotenbasis-Räume mit Hilfe der Transformationsmatrizen $\mathbf{C}^{(\cdot)}$

die mit $(\mathbf{C}^{(l-1)})^{-1}$ auf die Koeffizienten β_k^{l-1} der hierarchischen Basis zurücktransformiert werden. Diese Vorgehensweise symbolisiert die linke Graphik von Abb. 6.5.

Es gibt aber bei der Verwendung hierarchischer Basisfunktionen eine natürliche Wahl für die Restriktion, die auch ihre Berechnung vereinfacht. Da alle Basisfunktionen des Raumes U_{l-1} auch Basisfunktionen von U_l sind, kann als Restriktion $\mathbf{I}_l^{l-1}$ die folgende Abbildung genommen werden:

$$\mathbf{I}_l^{l-1} u_l(x) = \mathbf{I}_l^{l-1} \sum_{k=1}^{n_l} \beta_k^l \tilde{w}_k(x) := \sum_{k=1}^{n_{l-1}} \beta_k^l \tilde{w}_k(x) \,. \tag{6.27}$$

Dies ist die einfachste und am meisten verwendete Restriktion, die wir auch bei dem dieses Kapitel abschließenden Beispiel verwenden werden.

6.5.3 Interpolation (Prolongation)

Die Restriktion nach (6.27) lässt sich nicht einfach umkehren, denn dann müssten zusätzliche Koeffizienten β_k^l, $l = n_{l-1} + 1, \dots, n_l$ definiert werden. Liegt die Abbildung $\mathbf{I}_l^{l-1}$ aus (6.27) als Matrix vor, dann kann die Prolongation $\mathbf{I}_{l-1}^l$ über die Variationseigenschaft

$$\mathbf{I}_{l-1}^l := c \, (\mathbf{I}_l^{l-1})^T \tag{6.28}$$

als Adjungierte bezüglich einer sinnvollen Norm definiert werden mit einer Konstanten c, die von der Norm abhängt, vgl. Abschn. 4.2.4. Bei homogener Verfeinerung ist $c = 1/2$, also das Verhältnis der Gitterweiten, eine sinnvolle Wahl. Bei adaptiver Verfeinerung gibt es keine eindeutige Gitterweite, trotzdem kann $c = 1/2$ gewählt werden. Der vielfach in der Literatur zu findende Vorschlag einfach $\mathbf{I}_{l-1}^l := (\mathbf{I}_l^{l-1})^T$ zu wählen, erscheint uns nicht sinnvoll. Wir werden darauf bei der mehrdimensionalen FEM zurückkommen.

Eine zweite Möglichkeit, die besonders bei adaptiver Verfeinerung der Definition (6.28) vorzuziehen ist, entspricht der Vorgehensweise bei der ersten Definition einer Restriktion im Abschn. 6.5.2; auch sie arbeitet mit der Transformation zwischen Knoten- und hierarchischer Basis. Dazu werden die Koeffizienten β_k^{l-1} der aktuellen Näherungslösung bezüglich der hierarchischen Basis auf die entsprechenden Koeffizienten α_k^{l-1} der gleichen Funktion bezüglich der Knotenbasis mit der Matrix $(\mathbf{C}^{(l-1)})^{-1}$ transformiert. Das geht mit der in (6.12) definierten Transformationsmatrix $\mathbf{C}^{(l)}$. Dann werden mit der Interpolation Koeffizienten α_k^l berechnet, die mit $(\mathbf{C}^{(l)})^{-1}$ auf die Koeffizienten β_k^l der hierarchischen Basis zurücktransformiert werden. Diese Möglichkeit haben wir in der rechten Graphik von Abb. 6.5 symbolisch dargestellt und im Beispiel des nächsten Abschnitts verwendet.

6.5.4 Ein Beispiel

Wir wollen das Balkenbeispiel (1.1)

$$-u''(x) - (1 + x^2)\, u(x) = 1 \;, \quad u(-1) = u(1) = 0 \;,$$

wie in Abschn. 1.1.2 mit der Methode der finiten Elemente behandeln, jetzt aber mit einer Mehrgittermethode mit homogener Verfeinerung. Das gröbste Gitter besteht nur aus einem inneren Punkt, der Raum U_0 hat also die Dimension $n_0 = 1$. Viermalige homogene Netz-Verfeinerung ergibt zusätzlich die Räume U_1 bis U_4 mit

$$\dim(U_1) = 3\;, \quad \dim(U_2) = 7\;, \quad \dim(U_3) = 15\;, \quad \dim(U_4) = 31\;.$$

Wir wählen eine minimale Relaxationskombination mit $\nu_1 = 0$ und $\nu_2 = 1$, also keine Vor-Relaxation und nur einen Nach-Relaxationsschritt mit dem Gauß-Seidel-Verfahren. Das genügt völlig, um bei diesem Randwertproblem mit sehr glatter Lösung schon nach einem V-Zyklus eine gute Näherung zu erzielen, die nach drei weiteren Schritten den algebraischen Fehler zum Verschwinden bringt, aber schon nach dem zweiten Zyklus das Niveau des Diskretisierungsfehlers erreicht, nach dem eine weitere Verbesserung der Lösung eigentlich keinen Sinn mehr macht. Auch als Restriktion haben wir die einfachste Möglichkeit (6.27) gewählt, allerdings als Prolongation die Transformationen mit den Matrizen $\mathbf{C}^{(l-1)}$ und $(\mathbf{C}^{(l-1)})^{-1}$ wie oben beschrieben.

In Abb. 6.6 wird der Ablauf von zwei V-Zyklen veranschaulicht. Links sind die Näherungen im ersten Zyklus mit Startvektor $\boldsymbol{\beta} = \mathbf{0}$ nach dem Korrekturschritt und vor der Nach-Relaxation dargestellt, rechts die Näherungen nach einem und zwei Zyklen. Die exakte Lösung des Randwertproblems ist jeweils gestrichelt eingezeichnet. In Tab. 6.3 sind die zugehörigen Zahlen zu sehen. Die Ergebnisse sind überzeugend gut, besonders wenn sie mit entsprechenden Rechnungen mit der Knotenbasis verglichen werden. Dann sind sowohl mehr Relaxationsschritte als auch mehr V-Zyklen erforderlich, um eine ähnliche Genauigkeit zu erreichen.

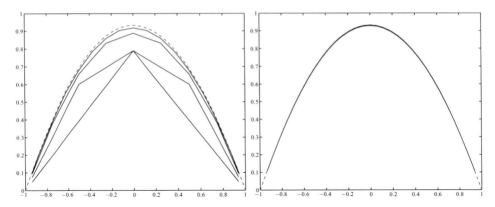

Abb. 6.6 Angenäherte Lösung des Balkenproblems (1.1) mit hierarchischen, linearen finiten Elementen. Links die Näherungen im ersten V-Zyklus vor der Nach-Relaxation für die Gitter mit 1, 3, 7, und 15 Punkten, rechts die Näherungslösungen nach einem und zwei V-Zyklen

Tabelle 6.3 V-Zyklus, Gauß-Seidel mit $\nu_1 = 0$ und $\nu_2 = 1$, $n = 31$ innere Knotenpunkte nach homogener Verfeinerung. Algebraischer Fehler in der diskreten L^2-Norm (10.25) und maximaler Diskretisierungsfehler und ihre Verhältnisse von Schritt zu Schritt

Zyklus Nr.	algebraischer Fehler		Diskretisierungsfehler	
	$\| \cdot \|_{L_2}$	Quotient	$\| \cdot \|_\infty$	Quotient
1	0.0006336558		0.0040398589	
2	0.0000012983	0.002049	0.0006629625	0.164105
3	0.0000000024	0.001876	0.0006559818	0.989471
4	0.0000000000	0.001904	0.0006559687	0.999980

6.6 Schlussbetrachtung zu Teil II oder: Wasser in den Wein

Der zweite Teil dieses Textes bestand darin möglichst viel über Mehrgittermethoden an Hand von eindimensionalen Beispielen zu lernen. Wenn wir allerdings darüber nachdenken, wie sinnvoll das Anwenden dieser Methoden auf eindimensionale Probleme ist, kommen wir zu einem ernüchternden Ergebnis. Wir haben gesehen, dass die Methoden asymptotisch optimal sind, d. h., dass sie unabhängig von der Gitterweite h konvergieren und eine Komplexität $O(n)$ haben. Das gilt allerdings auch für direkte Methoden zur Lösung der durch die Diskretisierung entstehenden linearen Gleichungssysteme. Bei der Drei-Punkte-Diskretisierung von Randwertaufgaben mit gewöhnlichen Differenzialgleichungen 2. Ordnung entstehen Dreibandgleichungssysteme. Sie sind in den meisten Fällen symmetrisch und positiv definit oder zumindest diagonal dominant. Sie können also entweder mit dem Cholesky-Verfahren oder mit der Gauß-Elimination ohne Vertauschung von Zeilen oder Spalten gelöst werden. Beide benötigen nur ein geringes Vielfaches von n Operationen. Diese Methoden besitzen also auch eine Komplexität $O(n)$, liegen in gut gepflegten Softwaresystemen vor und sind deshalb selbst programmierten Mehrgittermethoden überlegen.

Ziel dieses ersten Teils war aber, die Eigenschaften und den Aufbau von Mehrgittermethoden möglichst leicht verständlich einzuführen. Wenn das wenigstens zu einem guten Teil gelungen ist, hat sich das Studium der eindimensionalen Probleme gelohnt.

Aufgaben

Aufgabe 6.1. Zeigen Sie, dass die beiden Aussagen von Beispiel 6.1 korrekt sind, dass also im ersten Fall die Basisfunktion $w_1^{(0)}(x) \in U_0$ im Raum U_1 enthalten ist, im zweiten Fall jedoch nicht.

Aufgabe 6.2. Zeigen Sie, dass die wie in Abb. 6.1 unterschiedlich definierten Basisfunktionen dieselben Räume aufspannen, indem Sie die Darstellung einer Funktion bezüglich der Knotenbasis

$$u_l(x) = \sum_{k=1}^{n_l} \alpha_k w_k^{(l)}(x)$$

umrechnen auf die Darstellung bezüglich der hierarchischen Basis

$$u_l(x) = \sum_{k=1}^{n_l} \beta_k \tilde{w}_k^{(l)}(x) \ .$$

Aufgabe 6.3. Eine stückweise lineare Funktion soll im Raum U_3 von Abb. 6.1 liegen. Sie soll die Werte der folgenden Tabelle annehmen.

x	0.0	0.125	0.25	0.375	0.5	0.625	0.75	0.875	1.0
$u_3(x)$	0	1	3	2	4	3	1	1	0

Geben Sie die Koeffizienten α_k bezüglich der Knotenbasis und β_k bezüglich der hierarchischen Basis entsprechend Aufgabe 6.2 an.

Aufgabe 6.4. Bearbeiten Sie ein Beispiel von Rheinboldt [8]:

$$-u'' = \frac{3}{16} x^{-5/4} \ , \quad u(0) = u(1) = 0 \ . \tag{6.29}$$

Seine analytische Lösung ist

$$u(x) = x^{3/4} - x \ .$$

Im Fall der Hutfunktionen als Basisfunktionen der FEM sind die lokalen Residuen zur Berechnung der Fehlerindikatoren (6.17) gleich der rechten Seite, da die zweiten Ableitungen verschwinden (die Sprünge der Ableitungen in den Knotenpunkten spielen keine Rolle, da ja anschließend integriert wird):

$$r_k(x) = \frac{3}{16} x^{-5/4} \quad \text{in} \quad [y_k, y_{k+1}] \ , \quad i = 1, \dots, 2n \ .$$

(a) Zeigen Sie, dass die Lösungen der Randwertaufgaben (6.18) gegeben sind als

$$\zeta_k(x) = x^{3/4} - \frac{y_k^{3/4}\,(y_{k+1} - x) + y_{k+1}^{3/4}\,(x - y_k)}{y_{k+1} - y_k}.$$

(b) Sei $\delta_k := \dfrac{y_k}{y_{k+1} - y_k}$. Zeigen Sie, dass dann die Fehlerschätzer (6.17) durch

$$\eta_k^2 = \int\limits_{y_k}^{y_{k+1}} (\zeta_k')^2 dx = \frac{1}{8}\,\Phi(\delta_k)\,(y_{k+1} - y_k)^{1/2}$$

gegeben sind mit

$$\Phi(\delta_k) := 9\left[(1 + \delta_k)^{1/2} - \delta_k^{1/2}\right] - 8\left[(1 + \delta_k)^{3/4} - \delta_k^{3/4}\right]^2.$$

(c) Zeigen Sie (zur Not nur experimentell), dass die Funktion $\Phi(\delta)$ monoton fallend ist und dass deshalb

$$\eta_k \le \frac{1}{\sqrt{8}}\,(y_{k+1} - y_k)^{1/4}$$

gilt.

Diese Aufgabe ist sehr aufwändig, wenn Sie kein Computer-Algebra-System benutzen.

Literatur

1. Babuška, I.: Error bounds for the finite element method. Numer. Math. **16**, 322–333 (1971)
2. Babuška, I., Dorr, M.R.: Error estimates for the combined h and p versions of the finite element method. Numer. Math. **37**, 257–277 (1981)
3. Babuška, I., Miller, A.: A feedback finite element method with a posteriori error estimation: Part I. Comp. Meth. Appl. Mech. Eng. **61**, 1–40 (1987)
4. Babuška, I., Rheinboldt, W.C.: Error estimates for adaptive finite element computations. SIAM J, Num. Anal. **15**, 736–754 (1978)
5. Deuflhard, P., Leinen, P., Yserentant, H.: Concepts of an adaptive hierarchical finite element code. Impact Comput. Sci. Eng. **1**, 3–35 (1989)
6. Deuflhard, P., Weiser, M.: Numerische Mathematik 3. Adaptive Lösung partieller Differentialgleichungen. de Gruyter, Berlin (2011)
7. Großmann, C., Roos, H.G.: Numerik partieller Differentialgleichungen. 3. Aufl. Teubner, Wiesbaden (2005)
8. Rheinboldt, W.C.: Adaptive mesh refinement processes for finite element solutions. Int. J. Num. Meth. Eng. **17**, 649–662 (1981)
9. Schwarz, H.R., Köckler, N.: Numerische Mathematik. 8. Aufl. Vieweg+Teubner, Wiesbaden (2011)

Teil III
Mehrgittermethoden im $\mathbb{R}^n$

Es sollen jetzt die im letzten Teil entwickelten Ideen dort angewendet werden, wo die Beschleunigung der Konvergenz bzw. die asymptotische Optimalität erst richtig zur Geltung kommt: bei der Anwendung auf diskretisierte partielle Differenzialgleichungen im $\mathbb{R}^d$ mit $d > 1$; dabei werden wir uns auf den $\mathbb{R}^2$ konzentrieren. Es werden einige Tatsachen wiederholt werden, was hoffentlich dem besseren Verständnis dient. Tatsachen, die (fast) unabhängig von der Dimension des Ausgangsproblems sind, werden hingegen nur zitiert. Das größte Gewicht wird naturgemäß auf die Begriffe, Sätze und Experimente gelegt, die nach dem Wechsel zu höheren Dimensionen neu sind oder wesentliche neue Aspekte bekommen.

In ersten Kapitel dieses Teils werden wir uns mit Differenzenverfahren für elliptische partielle Differenzialgleichungen befassen, im zweiten dann mit Finite-Elemente-Methoden für dieselbe Problemklasse.

Kapitel 7
Differenzenverfahren

Zusammenfassung In diesem Kapitel werden wir uns mit Mehrgittermethoden befassen, bei denen Differenzenverfahren elliptische partielle Differenzialgleichungen numerisch lösen.

In einem ersten Abschnitt wird das Verhalten der einfachen Relaxationsverfahren in ihrer Funktion als Glätter untersucht. Danach werden unterschiedliche Restriktions- und Prolongations-Operatoren definiert. Mit diesen Operatoren können die Algorithmen für Zwei- und Mehrgittermethoden aus den Kap. 4 und 5 (dort für eindimensionale Probleme) übernommen werden. Beispiele werden die erlernten Methoden illustrieren.

Wie ändern sich die Methoden und das Verhalten der Algorithmen, wenn allgemeinere Probleme gelöst werden sollen? Dazu gehören Gebiete, die unregelmäßiger als das Quadrat sind, inhomogene Gitter, krumme Ränder oder komplexe Randbedingungen. Darauf wird abschließend eingegangen.

7.1 Glättende Relaxationsverfahren

Die glättenden Iterationsverfahren haben auf die Konvergenz der Mehrgittermethoden den größten Einfluss. Deswegen werden sie in diesem Abschnitt ausführlich behandelt.

Wir nehmen Bezug auf die im Abschn. 1.4 eingeführten Probleme und Methoden. Dabei werden die wichtigsten Aspekte der Mehrgittermethoden meistens an Hand des einfachsten Modellproblems aus Abschn. 1.4.3 erläutert, das ist die Poisson-Gleichung auf dem Einheitsquadrat mit Null-Randbedingung,

$$
\begin{aligned}
-\Delta u &= f \quad \text{in} \ \ \Omega = (0,1) \times (0,1) \,, \\
u &= 0 \ \ \text{auf} \ \Gamma = \partial\Omega \,.
\end{aligned}
\tag{7.1}
$$

In einem ersten Unterabschnitt werden wir das Verhalten der Gauß-Seidel-Relaxation für verschiedene Nummerierungen der Gitterpunkte beispielhaft ansehen, um dann zu definieren, was ein Glätter ist. Danach werden unterschiedliche Iterationsverfahren auf ihre

N. Köckler, *Mehrgittermethoden*, DOI 10.1007/978-3-8348-2081-5_7,
© Vieweg+Teubner Verlag | Springer Fachmedien Wiesbaden 2012

Eigenschaft als Glätter untersucht. Dabei spielt wieder die Fourier-Analyse eine wichtige Rolle.

7.1.1 Dividierte Differenzen und Gauß-Seidel: ein Beispiel

Für die Diskretisierung von (7.1) mit den dividierten Differenzen (1.33) müssen ein Gitter und eine Nummerierung der inneren Punkte dieses Gitters festgelegt werden. Wählen wir wie im Abschn. 1.4 die lexikographische Nummerierung, also zeilenweise von unten nach oben, dann entsteht die Matrix (1.44), hier noch einmal für $n = 9$ ausgeschrieben:

$$
A = \begin{pmatrix} B & -I & 0 \\ -I & B & -I \\ 0 & -I & B \end{pmatrix} = \begin{pmatrix} 4 & -1 & 0 & -1 & 0 & 0 & 0 & 0 & 0 \\ -1 & 4 & -1 & 0 & -1 & 0 & 0 & 0 & 0 \\ 0 & -1 & 4 & 0 & 0 & -1 & 0 & 0 & 0 \\ -1 & 0 & 0 & 4 & -1 & 0 & -1 & 0 & 0 \\ 0 & -1 & 0 & -1 & 4 & -1 & 0 & -1 & 0 \\ 0 & 0 & -1 & 0 & -1 & 4 & 0 & 0 & -1 \\ 0 & 0 & 0 & -1 & 0 & 0 & 4 & -1 & 0 \\ 0 & 0 & 0 & 0 & -1 & 0 & -1 & 4 & -1 \\ 0 & 0 & 0 & 0 & 0 & -1 & 0 & -1 & 4 \end{pmatrix}. \tag{7.2}
$$

Wählen wir hingegen die Schachbrett-Nummerierung (red-black-ordering), dann entsteht eine Matrix entsprechend Beispiel 2.6. Das für uns Interessante an dieser sehr unterschiedlichen Matrixstruktur für dasselbe Problem ist das unterschiedliche Verhalten des Gauß-Seidel'schen Einzelschrittverfahrens, insbesondere in seiner Funktion als Glätter. Wir wollen die entsprechenden Varianten des Verfahrens mit GS-LEX bzw. GS-RB bezeichnen.

Bevor wir dieses Verhalten näher untersuchen, rufen wir uns die Asymmetrie des Einzelschrittverfahrens ins Gedächtnis: Durch die Reihenfolge der Abarbeitung wird von den Komponenten mit kleinem Index früher der neu berechnete Wert berücksichtigt als von denen mit hohem Index. Das bedeutet: Wenn das Verfahren konvergiert, dann konvergieren die Komponenten mit kleinem Index schneller als die mit hohem Index. Bei der zweidimensionalen lexikographischen Nummerierung bedeutet das, dass die untere Hälfte des Einheitsquadrats bevorzugt behandelt wird im Vergleich zur oberen Hälfte. Das ist beim Schachbrett anders; hier sind ja kleine und große Indizes gleichmäßig über das Einheitsquadrat verteilt. Den Effekt wollen wir in einem ersten Beispiel beobachten.

Beispiel 7.1. Es soll jetzt das triviale Problem

$$
\begin{aligned}
-\Delta u &= 0 \text{ in } \Omega = (0, 1) \times (0, 1) , \\
u &= 0 \text{ auf } \Gamma = \partial\Omega ,
\end{aligned} \tag{7.3}
$$

mit der Lösung $u = 0$ behandelt werden. Ganz entsprechend zu Abschn. 3.1 können wir das Konvergenz- und Glättungsverhalten abhängig von einem Startvektor $\mathbf{u}^{(0)}$ experimentell untersuchen. Hier sollen für $N - 1 = 31$ innere Punkte pro Zeile, also für $n = 961$ innere Punkte im Einheitsquadrat einige Schritte GS-LEX mit GS-RB verglichen werden.

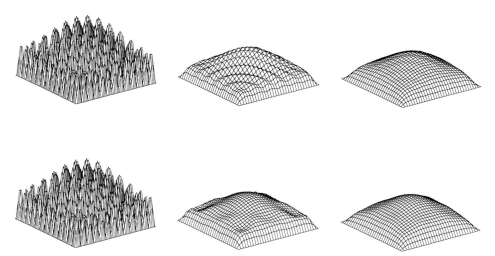

Abb. 7.1 Drei bzw. sechs Relaxationen zur Glättung der Funktion $f(x) = |0.5(\sin(x\pi)\sin(y\pi) + \sin(13x\pi)\sin(13y\pi))|$ mit dem lexikographischen (*oben*) und dem Schachbrett-Gauß-Seidel (*unten*)

Für $N - 1$ innere Punkte pro Zeile ist $h := 1/N$ die Gitterweite. Damit bekommen wir bei zunächst zweidimensionalen Indizes[1] die inneren Punkte

$$(x_i, y_j) := (i\,h,\, j\,h)\,, \quad i = 1, 2, \ldots, N - 1 \quad \text{und} \quad j = 1, 2, \ldots, N - 1\,. \quad (7.4)$$

Sei jetzt $\mathbf{u}^{(0)}$ ein Startvektor mit den Komponenten

$$u_{i,j}^{(0)} = \left| 0.5\left(\sin(x_i\pi)\sin(y_j\pi) + \sin(13x_i\pi)\sin(13y_j\pi)\right)\right|\,,$$

also ein Vektor mittleren Frequenzverhaltens. Diesen Startvektor sehen wir zusammen mit dem Ergebnis nach drei bzw. sechs GS-Relaxationen in Abb. 7.1 für beide Nummerierungs-Varianten. Die Folgen der Asymmetrie von GS-LEX sind gut zu erkennen; GS-RB konvergiert und glättet deutlich besser.

7.1.2 Was ist ein Glätter?

Wie in Abschn. 3.2 für den eindimensionalen Fall soll jetzt für den $\mathbb{R}^2$ definiert werden, was unter hohen (oszillierenden) und niedrigen Frequenzen eines diskretisierten Operators, also einer Matrix, zu verstehen ist. Wird das Problem (7.1) wie in Abschn. 1.4.3 mit dem Fünf-Punkte-Stern diskretisiert, dann entsteht die Matrix (1.44). Sie hat die Eigenwerte

$$\lambda_{k,l} = 4\left(\sin^2\left(\frac{k\pi}{2N}\right) + \sin^2\left(\frac{l\pi}{2N}\right)\right)\,, \quad 1 \le k, l \le N - 1\,, \quad (7.5)$$

---

[1] Bei diesen Indizes sind unterschiedliche Nummerierungen nicht zu erkennen. Sie kommen erst bei eindimensionalem Index ins Spiel, der ja bei der algorithmischen Realisierung verwendet werden muss.

Abb. 7.2 Die Bereiche für
niedrige und hohe Frequenzen
im Einheitsquadrat

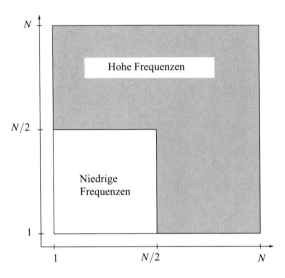

die wir des besseren Verständnisses wegen zweifach indiziert haben. Zu einem Eigenwert $\lambda_{k,l}$ gehört ein Eigenvektor $\mathbf{v}^{(k,l)}$ mit den Komponenten

$$v_{i,j}^{(k,l)} = \sin\left(\frac{ik\pi}{N}\right) \sin\left(\frac{jl\pi}{N}\right) , \quad 1 \le i , \quad j \le N - 1 . \tag{7.6}$$

Definition 7.1.

- *Die Eigenvektoren* $\mathbf{v}^{k,l}$ *in (7.6) heißen* niederfrequent *oder* glatt, *wenn* $1 \le k < N/2$ *und* $1 \le l < N/2$.
- *Die restlichen Eigenvektoren* $\mathbf{v}^{k,l}$ *in (7.6) mit* $N/2 \le k \le N - 1$ *oder* $N/2 \le l \le N - 1$ *heißen* hochfrequent *oder* oszillatorisch.

In Abb. 7.2 sind diese Frequenzbereiche für Probleme im Einheitsquadrat mit homogenem Gitter und $N - 1$ inneren Punkten pro Zeile bzw. Spalte zu sehen.

Wieder werden nur die hochfrequenten Anteile einer Lösung oder eines Fehlers berücksichtigt, wenn untersucht werden soll, ob eine Iterationsmatrix $\mathbf{T}$ ein guter Glätter ist. Auch hier bilden die Eigenvektoren eine Basis des $\mathbb{R}^n$ mit $n := (N - 1)^2$. Also kann jeder Fehler nach diesen Vektoren entwickelt werden, und deshalb kann die Wirkung von $\mathbf{T}$ auf einen Fehlervektor nach Frequenzen getrennt betrachtet werden. Wenn die Iterationsmatrix $\mathbf{T}$ die hochfrequenten Anteile in jedem Iterationsschritt mindestens um den Faktor μ vermindert, dann nennen wir μ den *Glättungsfaktor* (smoothing factor) von $\mathbf{T}$.

7.1.3 Was beeinflusst den Glätter?

Es ist bekannt, dass die einfachen Iterationsverfahren wie das Jacobi- und das Gauß-Seidel-Verfahren, gedämpft oder ungedämpft, Fehler- und Lösungsvektoren glätten. Wir wollen jetzt untersuchen, welche Eigenschaften und Unterschiede bei der Realisierung der Verfahren den Glättungsfaktor beeinflussen. An der Vielfalt der möglichen Einflussfaktoren ist schon zu erkennen, dass es zahlreiche Möglichkeiten der Konstruktion von Glättern geben muss, um in jedem einzelnen Fall eine möglichst hohe Effizienz der Mehrgittermethode zu erzielen.

7.1.3.1 Das Differenzialgleichungsproblem

Das Verhalten der Iterationsverfahren hängt natürlich von dem zu diskretisierenden Problem ab, also von der partiellen Differenzialgleichung und den Rand- und gegebenenfalls Anfangswerten. Wir beschränken uns in diesem Abschnitt auf das Poisson-Problem im Einheitsquadrat (7.1), sodass der Einfluss des Problems zunächst außen vor bleibt. Auf komplexere Problemstellungen werden wir aber noch zurückkommen. Deshalb soll hier ein Beispiel angegeben werden, das zeigt, dass das Differenzialgleichungsproblem bei der Wahl oder Konstruktion des glättenden Iterationsverfahrens berücksichtigt werden muss. *Anisotrop* werden Probleme genannt, deren Lösung sich in verschiedenen Richtungen unterschiedlich verhalten. Ein einfaches anisotropes Problem kann durch Einfügen eines Koeffizienten in das Poisson-Problem erzeugt werden:

$$-u_{xx} - \varepsilon u_{yy} = f \quad \text{in} \quad \Omega = (0,1) \times (0,1) \,,$$
$$u = 0 \quad \text{auf} \quad \Gamma = \partial\Omega \,. \tag{7.7}$$

Dabei sei ε eine positive Konstante, die sehr viel kleiner (bzw. größer) als 1 ist:

$$0 < \varepsilon \ll 1 \quad \text{oder} \quad \varepsilon \gg 1 \,. \tag{7.8}$$

Zwei einfache Beispiele für anisotrope Probleme sollen genannt werden:

* Die Diffusion eines Gases unter Umgebungseinflüssen wie dem Austritt aus einem Schornstein oder der Verteilung an einer Inversionsschicht.
* Wärmeleitung durch eine Wand, die aus einem Material besteht, das überwiegend in eine Richtung isoliert wie z. B. Fasermatten, deren Fasern orthogonal zu einer Koordinatenachse ausgerichtet sind.

7.1.3.2 Die Diskretisierung

Der nächste Einflussfaktor ist die Art der gewählten Diskretisierung. In diesem Kapitel handelt es sich um Differenzenverfahren; das einfache Problem (7.1) kann ja mit unterschiedlichen Differenzensternen diskretisiert werden. Wir werden uns auf den Fünf-Punkte-Sterne beschränken, wollen aber das Mehrstellenverfahren von Collatz [5] erwähnen, das

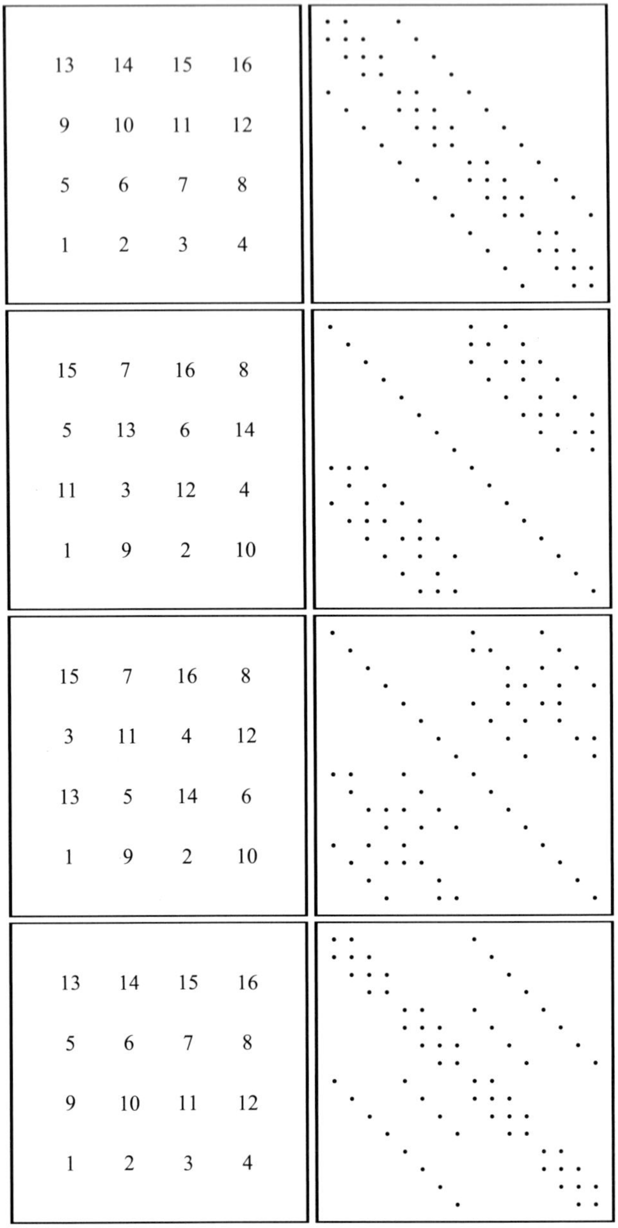

Abb. 7.3 Unterschiedliche Nummerierungen der inneren Punkte des Einheitsquadrates erzeugen verschiedene Diskretisierungsmatrizen und damit ein unterschiedliches Verhalten derselben Glättungsiteration. Hier sind es von oben nach unten:
• Lexikographisch,
• Schachbrett,
• Vierfarben,
• Zebra.
Für $N - 1 = 4$ innere Punkte pro Zeile sind links die Nummerierungen der inneren Punkte und rechts daneben die Matrix-Belegungen zu sehen, die Elemente ungleich Null sind durch Punkte gekennzeichnet. Die Ordnung der Matrix ist $n = (N - 1)^2 = 16$

einen Neun-Punkte-Stern für die linke Seite der Poisson-Gleichung verwendet, aber auch auf die rechte Seite für jeden inneren Punkt einen Fünf-Punkte-Stern anwendet:

$$\frac{1}{6\,h^2}(-u_{i-1,j-1} - u_{i-1,j+1} - u_{i+1,j-1} - u_{i+1,j+1}$$

$$- 4u_{i,j-1} - 4u_{i,j+1} - 4u_{i-1,j} - 4u_{i+1,j} + 20u_{i,j})$$

$$= \frac{1}{12}(f_{i,j-1} + f_{i,j+1} + f_{i-1,j} + f_{i+1,j} + 8f_{i,j})\,, \tag{7.9}$$

oder in symbolischer Sterne-Form

$$\frac{1}{6\,h^2}\begin{pmatrix} -1 & -4 & -1 \\ -4 & 20 & -4 \\ -1 & -4 & -1 \end{pmatrix}\mathbf{u} = \frac{1}{12}\begin{pmatrix} & 1 & \\ 1 & 8 & 1 \\ & 1 & \end{pmatrix}\mathbf{f}\,. \tag{7.10}$$

Dadurch, dass in die Diskretisierung der rechten Seite Nachbarpunkte einbezogen werden, kann die Konsistenzordnung dieses Differenzenverfahrens auf $p = 4$ gegenüber $p = 2$ beim Fünf-Punkte-Stern erhöht werden.

7.1.3.3 Die Nummerierung der Lösungspunkte

Einen wichtigen Einfluss auf das Konvergenz- und Glättungsverhalten der Iterationsverfahren hat auch die Nummerierung der inneren Punkte des Gebietes Ω. Neben der lexikographischen Nummerierung kommt besonders der Schachbrett-Nummerierung große Bedeutung zu, da sie mit dem Fünf-Punkte-Stern für rechteckige Gebiete eine T-Matrix erzeugt, siehe Beispiel 2.6. Die Vierfarben-Nummerierung verfeinert die Schachbrett-Nummerierung, indem sie eine vierfache Einfärbung der Punkte so vornimmt, dass Punkte einer Farbe niemals horizontal oder vertikal benachbart sind. Diese Nummerierung ist besonders für Neun-Punkte-Differenzensterne wie das Mehrstellenverfahren (7.10) von Bedeutung. Neben diesen Nummerierungsarten kommt auch noch die Zebra-Nummerierung in Betracht, die zeilen- oder spaltenweise nummeriert, aber zuerst die Zeilen oder Spalten mit ungeradem Index und dann die restlichen. Sie ist besonders geeignet für die parallele Realisierung einer Mehrgittermethode, wenn die Partitionierung des Gitters zeilenweise bzw. im Dreidimensionalen flächenweise erfolgt, siehe auch [13] oder [1]. Alle diese Nummerierungen werden in Abb. 7.3 für das Poisson-Problem im Einheitsquadrat verdeutlicht.

Wenn als Glätter ein Block-Relaxationsverfahren gewählt werden soll, dann können zur Verdeutlichung der entstehenden Blockstruktur die einem Block zugeordneten Punkte mit einer gemeinsamen Nummer versehen werden. Für die lexikographische Nummerierung führt das zur schon bekannten Block-Dreiband-Struktur. Die Zebra-Nummerierung führt zu einer komplizierteren Form, die aber – wie schon erwähnt – für die Parallelisierung der Methode günstig ist. In Abb. 7.4 werden beide Methoden veranschaulicht. Dabei wurde $N - 1 = 7$, also $n = (N - 1)^2 = 49$, gewählt, weil für größere Ordnungen die schwache Block-Besetzung der Matrix besser zu erkennen ist.

$$
\begin{array}{ccccccc}
7 & 7 & 7 & 7 & 7 & 7 & 7 \\
6 & 6 & 6 & 6 & 6 & 6 & 6 \\
5 & 5 & 5 & 5 & 5 & 5 & 5 \\
4 & 4 & 4 & 4 & 4 & 4 & 4 \\
3 & 3 & 3 & 3 & 3 & 3 & 3 \\
2 & 2 & 2 & 2 & 2 & 2 & 2 \\
1 & 1 & 1 & 1 & 1 & 1 & 1
\end{array}
\qquad
\begin{array}{ccccccc}
4 & 4 & 4 & 4 & 4 & 4 & 4 \\
7 & 7 & 7 & 7 & 7 & 7 & 7 \\
3 & 3 & 3 & 3 & 3 & 3 & 3 \\
6 & 6 & 6 & 6 & 6 & 6 & 6 \\
2 & 2 & 2 & 2 & 2 & 2 & 2 \\
5 & 5 & 5 & 5 & 5 & 5 & 5 \\
1 & 1 & 1 & 1 & 1 & 1 & 1
\end{array}
$$

$$
\begin{pmatrix}
A_{11} & A_{12} & & & & & \\
A_{21} & A_{22} & A_{23} & & & & \\
& A_{32} & A_{33} & A_{34} & & & \\
& & A_{43} & A_{44} & A_{45} & & \\
& & & A_{54} & A_{55} & A_{56} & \\
& & & & A_{65} & A_{66} & A_{67} \\
& & & & & A_{76} & A_{77}
\end{pmatrix}
\qquad
\begin{pmatrix}
A_{11} & & & & A_{15} & & \\
& A_{22} & & & A_{25} & A_{26} & \\
& & A_{33} & & & A_{36} & A_{37} \\
& & & A_{44} & & & A_{47} \\
A_{51} & A_{52} & & & A_{55} & & \\
& A_{62} & A_{63} & & & A_{66} & \\
& & A_{73} & A_{74} & & & A_{77}
\end{pmatrix}
$$

Abb. 7.4 Block-Relaxationsverfahren: Die einem Block zugeordneten Punkte bekommen dieselbe Nummer, die Nummerierung innerhalb des Blocks wird nicht gezeigt. Unterhalb dieser Block-Nummerierung finden wir die entstehende Matrixstruktur, links für die lexikographische, rechts für die Zebra-Nummerierung für $N - 1 = 7$, also für die Ordnung $n = (N - 1)^2 = 49$ der Matrix **A**

7.1.4 Das gedämpfte Jacobi-Verfahren

Das Modellproblem (7.1) soll mit dem Fünf-Punkte-Stern bei lexikographischer Nummerierung diskretisiert werden; dabei entsteht die oberste Matrixstruktur in Abb. 7.3. Der Dämpfungsfaktor ω soll jetzt so bestimmt werden, dass das Verfahren optimal glättet. Für den eindimensionalen Fall wurde dies in Abschn. 3.3 untersucht.

Mit der leichter verständlichen zweifachen Indizierung und den Bezeichnungen

$$
\begin{aligned}
&u_{i,j}^{(k)} \text{ für die } k\text{-te Iterierte der diskreten Lösung am Punkt } (x_i, y_j)\,, \\
&f_{i,j} \text{ für die rechte Seite } f(x_i, y_j)\,,
\end{aligned}
\tag{7.11}
$$

lautet das ungedämpfte Jacobi-Verfahren

$$
u_{i,j}^{(k+1)} = \frac{1}{4}\left(u_{i-1,j}^{(k)} + u_{i+1,j}^{(k)} + u_{i,j-1}^{(k)} + u_{i,j+1}^{(k)} + h^2 f_{i,j}\right)\,.
\tag{7.12}
$$

Wie in Abschn. 1.4.3 Werte auf dem Rand durch Null ersetzt, also weggelassen.

Nun kann das Jacobi-Verfahren (7.12) nach (2.12) bis (2.14) geschrieben werden als

$$\mathbf{u}^{(k+1)} = \mathbf{T}\mathbf{u}^{(k)} + \frac{h^2}{4}\mathbf{f} \tag{7.13}$$

mit dem Iterationsoperator

$$\mathbf{T} = \mathbf{I} - \frac{1}{4}\mathbf{A} . \tag{7.14}$$

Dabei ist $\mathbf{A}$ wieder die Matrix (1.44) bzw. (7.2). Für das gedämpfte Jacobi-Verfahren nach (2.19) ändert sich der Iterationsoperator zu

$$\mathbf{T}(\omega) = \mathbf{I} - \frac{\omega}{4}\mathbf{A} . \tag{7.15}$$

An dieser Darstellung sehen wir, dass die Matrizen $\mathbf{A}$ und $\mathbf{T}(\omega)$ dieselben Eigenvektoren haben. Aus (7.5) und (7.6) kennen wir die Eigenwerte und -vektoren der Matrix $\mathbf{A}$. Daraus ergeben sich die Eigenwerte des Iterationsoperators des gedämpften Jacobi-Verfahrens als

$$\nu_{k,l}(\omega) = 1 - \frac{\omega}{4}\lambda_{k,l}(\mathbf{A}) = 1 - \omega\left(\sin^2\left(\frac{k\pi}{2N}\right) + \sin^2\left(\frac{l\pi}{2N}\right)\right), \quad 1 \le k, \ l \le N-1.$$
$$\tag{7.16}$$

Ganz entsprechend zum eindimensionalen Fall ist die schlechte Konvergenz des Verfahrens leicht zu erkennen, denn für $k = l = 1$ und $\omega = 1$ ist $\nu_{1,1} = 1 - O(h^2)$. Dieses schlechte Konvergenzverhalten wird durch den Dämpfungsfaktor ω nicht wesentlich geändert.

Aber es geht ja um Glättung! In Definition 7.1 wurden als oszillierende Frequenzen diejenigen festgelegt, für die $N/2 \le k \le N-1$ oder $N/2 \le l \le N-1$ gilt. Der Glättungsfaktor ist daher wie folgt definiert.

Definition 7.2. *1. Der* Glättungsfaktor $\mu(\omega)$ *für das Modellproblem (7.1) und für einen Iterationsoperator* $\mathbf{T}(\omega)$ *ist der betragsgrößte Eigenwert von* $\mathbf{T}(\omega)$, *der zu einem hochfrequenten Eigenvektor nach Definition 7.1 gehört:*

$$\mu(\omega) := \max\left\{|\nu_{k,l}(\mathbf{T}(\omega))| \ \Big| \ N/2 \le \max(k,l) \le N-1\right\} . \tag{7.17}$$

2. Der optimale Dämpfungsfaktor *für das gedämpfte Jacobi-Verfahren ist der Wert* ω_{opt}, *der den Glättungsfaktor von* $\mathbf{T}(\omega)$ *bezüglich* ω *minimiert:*

$$\omega_{\text{opt}} := \arg\min_{\omega} \mu(\omega) . \tag{7.18}$$

Für den optimalen Dämpfungsfaktor ω_{opt} kommen bei der Bildung des Maximums in (7.17) nur die Wertekombinationen $(k, l) = (1, N/2)$ oder $(k, l) = (N-1, N-1)$ in Betracht, alle anderen Werte für $\nu_{k,l}(\omega)$ liegen zwischen diesen beiden Werten. Betrachten wir die Werte asymptotisch, also für $h \to 0$, so ergeben sich

$$\lim_{h\to 0}|\nu_{1,N/2}(\mathbf{T}(\omega))| = \lim_{h\to 0}\left|1 - \omega\left(\sin^2\left(\frac{\pi}{2}h\right) + \sin^2\left(\frac{\pi}{4}\right)\right)\right| = \left|1 - \frac{\omega}{2}\right| \tag{7.19}$$

$$\lim_{h \to 0} |v_{N-1,N-1}(\mathbf{T}(\omega))| = \lim_{h \to 0} \left| 1 - 2\omega \sin^2\left((1-h)\frac{\pi}{2}\right)\right| = |1 - 2\omega| \qquad (7.20)$$

Deshalb ist asymptotisch

$$\mu(\omega_{\text{opt}}) = \min_{\omega} \max\left(\left|1 - \frac{\omega}{2}\right|, |1 - 2\omega|\right) \qquad (7.21)$$

Dieses minimale Maximum wird am Schnittpunkt der beiden Ausdrücke angenommen, also sind

$$\boxed{\omega_{\text{opt}} = 4/5 \quad \text{und} \quad \mu(\omega_{\text{opt}}) = 3/5 \, .} \qquad (7.22)$$

Die asymptotische Betrachtung bedeutet, dass wir für endliches h eine Abweichung $O(h^2)$ akzeptieren. Für das größtmögliche sinnvolle $h = 1/4$ werden $\omega_{\text{opt}} \approx 0.85$ und $\mu(\omega_{\text{opt}}) \approx 0.45$, aber schon für $h = 1/16$ sind die Abweichungen vom asymptotischen Fall vernachlässigbar gering.

7.1.5 Lokale Fourier-Analyse für das Gauß-Seidel-Verfahren

7.1.5.1 Grundlagen

Um einen Glättungsfaktor für das Gauß-Seidel- und andere Verfahren bestimmen zu können, kommen wir auf die lokale Fourier-Analyse zurück, die wir schon im Eindimensionalen angewendet haben, siehe Abschn. 3.4.1. Sie soll hier wie in [13] allgemein eingeführt werden, bevor wir sie auf das Gauß-Seidel-Verfahren anwenden. Weitere Einzelheiten finden sich auch in [15].

Lokalität der lokalen Fourier-Analyse
Es werden nur lineare, diskrete Operatoren mit konstanten Koeffizienten auf unendlichen Gittern behandelt, denn nichtlineare Operatoren oder solche mit variablem Koeffizienten können *lokal* linearisiert werden, und an spezielle Randbedingungen müssen die Verfahren ohnehin sorgfältig angepasst werden, was bei einer allgemeinen Analyse kaum zu berücksichtigen ist.

Das unendliche Gitter erleichtert die Durchführung der Analyse, weil einerseits der Einfluss von Randbedingungen wegfällt und andererseits jeder Punkt regulär im Gebiet liegt, da ihm kein möglicher Nachbarpunkt fehlt. Diese Vorgehensweise entspricht der mit periodischen Randbedingungen, denen wir im Abschn. 3.4.1 den Vorzug gegeben haben.

Im $\mathbb{R}^2$ seien h_1 und h_2 die Gitterweiten in x- bzw. y-Richtung, und es sei $\mathbf{h} := (h_1, h_2)$. Wir beschränken uns im Folgenden auf ein quadratisches Gitter mit der Gitterweite $h := h_1 = h_2$. Das unendliche Gitter ist dann wie in Abb. 7.5 definiert als

$$G_h^{\infty} := \left\{(x, y) = \mathbf{k}h = (k_1 h, k_2 h), \, \mathbf{k} = (k_1, k_2) \in \mathbb{Z}^2\right\} \, . \qquad (7.23)$$

Abb. 7.5 Das unendliche
Gitter für die lokale Fourier-
Analyse

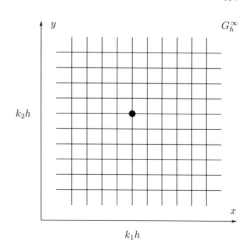

Auf diesem Gitter kann die Diskretisierung L_h eines partiellen Differenzialoperators L durch ihren Differenzenstern symbolisch dargestellt werden:

$$L_h \equiv [s_{\mathbf{k}}]_h \;, \quad \mathbf{k} = (k_1, k_2) \in \mathbb{Z}^2 \;. \tag{7.24}$$

Dabei variieren allerdings k_1 und k_2 nur über einen endlichen Index-Bereich, im Fall einer Fünf- oder Neun-Punkte-Formel kann die Anwendung von L_h auf eine Gitterfunktion $w(\mathbf{x})$ dargestellt werden als

$$L_h w(x, y) = \sum_{k_1=-1}^{1} \sum_{k_2=-1}^{1} s_{k_1, k_2} w(x + k_1 h, y + k_2 h) \;. \tag{7.25}$$

Beispiel 7.2. Die Diskretisierung des Laplace-Operators mit dem Standard-Fünf-Punkte-Stern hat in dieser Darstellung die Koeffizienten

$$s_{-1,0} = s_{1,0} = s_{0,-1} = s_{0,1} = -1/h^2 \;, \quad s_{0,0} = 4/h^2 \;. \tag{7.26}$$

Damit wird (7.25) zu

$$
\begin{aligned}
L_h w(x, y) = \frac{1}{h^2} \, \big(& 4\, w(x, y) - w(x - h, y) - w(x + h, y) \\
& - w(x, y - h) - w(x, y + h) \big) \;,
\end{aligned}
\tag{7.27}
$$

Das ist der bekannte Fünf-Punkte-Stern.

Jetzt werden auf dem Gitter G_h^∞ die trigonometrischen Funktionen als spezielle Gitterfunktionen untersucht, und zwar in Form komplexer Exponentialfunktionen

$$\varphi(x, y; \boldsymbol{\theta}) := e^{i\theta_1 x/h}\, e^{i\theta_2 y/h} \;, \quad (x, y) \in G_h^\infty \;. \tag{7.28}$$

Dabei soll $\theta = (\theta_1, \theta_2)$ kontinuierlich im $\mathbb{R}^2$ variieren. Da die Funktionen 2π-periodisch in den $\theta_i, i = 1, 2$, sind, genügt es

$$\varphi(x, y; \theta) \quad \text{für} \quad \theta \in [-\pi, \pi)^2 \tag{7.29}$$

zu betrachten.

Die trigonometrischen Funktionen sind für die Analyse der Verfahren so geeignet, weil mit ihnen einerseits die Aufteilung von Frequenzen in niedrige und höhere unmittelbar erfolgen kann, und weil sie andererseits linear unabhängig und *formale* Eigenfunktionen des diskreten Differenzialoperators L_h sind.

Lemma 7.3. *Die Funktionen $\varphi(x, y; \theta)$ erfüllen für alle $\theta \in [-\pi, \pi)^2$, alle $(x, y) \in G_h^\infty$ und für alle Differenzensterne, die wie in (7.24) dargestellt werden können, die Relation*

$$L_h \varphi(x, y; \theta) = E(\theta)\varphi(x, y; \theta) \tag{7.30}$$

mit den formalen *Eigenwerten (auch* Symbole *genannt)*

$$E(\theta) = \sum_{\mathbf{k}} s_{\mathbf{k}} e^{i\theta_1 k_1} e^{i\theta_2 k_2}, \quad \mathbf{k} = (k_1, k_2) \tag{7.31}$$

und den formalen *Eigenfunktionen $\varphi(x, y; \theta)$.*

Beweis. Der Beweis ist eine leichte Übung.   □

Beispiel 7.3. Wir greifen Beispiel 7.2 auf. Dort sind

$$E(\theta) = \frac{1}{h^2} \left(4 - e^{-i\theta_1} - e^{i\theta_1} - e^{-i\theta_2} - e^{i\theta_2} \right) = \frac{2}{h^2} (2 - \cos\theta_1 - \cos\theta_2) \tag{7.32}$$

die formalen Eigenwerte zu den Koeffizienten (7.26) des Fünf-Punkte-Sterns.

Für die Bestimmung eines Glättungsfaktors benötigen wir wieder die Aufteilung der Frequenzen auf dem Gitter G_h^∞, also die Zuordnung der formalen Eigenfunktionen $\varphi(x, y; \theta)$ zum hohen oder niedrigen Frequenzbereich. Sie hängt von der Strategie des Wechsels vom feinen zum groben Gitter ab. Bleiben wir bei der Standard-Strategie, dass das grobe Gitter G_H^∞ die Gitterweiten $\mathbf{H} := 2\mathbf{h} = (2h, 2h)$ hat, dann bedeutet das, dass auf G_H^∞ nur Frequenz-Komponenten

$$\varphi(x, y; \theta) \quad \text{mit} \quad \theta \in \left[-\frac{\pi}{2}, \frac{\pi}{2} \right)^2$$

unterscheidbar sind. Für jedes $\theta' \in [-\pi/2, \pi/2)^2$ gibt es drei andere Eigenfunktionen $\varphi(x, y; \theta)$ mit $\theta \in [-\pi, \pi)^2$, die auf G_H^∞ mit $\varphi(x, y; \theta')$ übereinstimmen. Zum niedrigen Frequenzbereich sollen deshalb die Werte $\theta \in [-\pi/2, \pi/2)^2$ gehören. Das ergibt die folgende Definition, siehe auch Abb. 7.6.

Definition 7.4.

- *Zum niedrigen Frequenzbereich gehören die Funktionen $\varphi(x, y; \theta)$ mit*

$$(\theta_1, \theta_2) \in F_{\text{niedrig}} := \left[-\frac{\pi}{2}, \frac{\pi}{2} \right)^2 .$$

Abb. 7.6 Die hochfrequenten Fourier-Terme gehören zu Wellenzahlen $\pi/2 \leq |\theta_i| < \pi$ mit $i = 1$ oder $i = 2$; das ist das Gebiet außerhalb des inneren Quadrats. Zu einer niedrigen Frequenz $\circ$ gehören drei hohe Frequenzen $\bullet$, die auf dem Gitter G_{2h}^{∞} mit doppelter Gitterweite zu identischen Gitterfunktionen φ führen

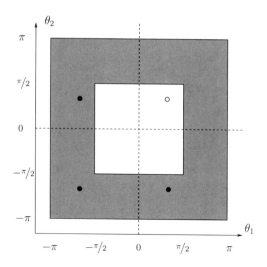

- *Zum hohen Frequenzbereich gehören die Funktionen $\varphi(x, y; \boldsymbol{\theta})$ mit dem Komplement dieses Bereichs im Quadrat $[-\pi, \pi)$:*

$$(\theta_1, \theta_2) \in F_{\text{hoch}} := [-\pi, \pi) \setminus \left[-\frac{\pi}{2}, \frac{\pi}{2} \right)^2 .$$

7.1.5.2 Bestimmung des lokalen Glättungsfaktors

Die wichtigste Grundlage für die Glättungsanalyse mit Hilfe der lokalen Fourier-Analyse ist sicher Lemma 7.3. Um es anwenden zu können, spalten wir zunächst den diskreten Differenzialoperator L_h so auf (engl. *splitting*), dass wir den Operator des betrachteten Iterationsverfahrens über die Teile des Differenzialoperators und deren formale Eigenwerte darstellen können. Sei also

$$\mathbf{A}\mathbf{u} = \mathbf{f} \tag{7.33}$$

das diskretisierte Gleichungssystem[2]. Die Matrix $\mathbf{A}$ wird jetzt so in

$$\mathbf{A} = \mathbf{A}^+ + \mathbf{A}^- \tag{7.34}$$

aufgeteilt, dass aus dem zu (7.33) äquivalenten Gleichungssystem

$$\mathbf{A}^+\mathbf{u}^+ + \mathbf{A}^-\mathbf{u}^- = \mathbf{f} \tag{7.35}$$

das Iterationsverfahren wird, wenn $\mathbf{u}^+$ die neuen und $\mathbf{u}^-$ die alten Komponenten der iterierten Näherungslösung repräsentiert, d. h. wenn das Iterationsverfahren dargestellt wer-

---

[2] $\mathbf{A}$ ist die Matrix-Darstellung der linearen Abbildung L_h bezüglich einer Basis des Raums der Gitterfunktionen auf G_h^{∞}. $\mathbf{A}$ und L_h stehen dadurch in einer eineindeutigen Beziehung.

den kann als

$$\mathbf{A}^+\mathbf{u}^{(k+1)} + \mathbf{A}^-\mathbf{u}^{(k)} = \mathbf{f}, \ k = 0, 1, \ldots \tag{7.36}$$

Diese Aufteilung entspricht etwa der aus den Gleichungen (2.12), (2.16), (2.17). Ziehen wir jetzt (7.35) von (7.33) ab, so erhalten wir

$$\mathbf{A}^+\mathbf{v}^+ + \mathbf{A}^-\mathbf{v}^- = \mathbf{0} \tag{7.37}$$

für die Fehlervektoren $\mathbf{v}^+ = \mathbf{u} - \mathbf{u}^+$ und $\mathbf{v}^- = \mathbf{u} - \mathbf{u}^-$. Wegen (7.36) gilt für diese Fehlervektoren

$$\mathbf{v}^+ = \mathbf{T}\mathbf{v}^- , \tag{7.38}$$

wenn $\mathbf{T}$ der Iterationsoperator ist.

Wenn der diskretisierte Differenzialoperator L_h aufgeteilt ist in L_h^+ und L_h^-, entsprechend $\mathbf{A} = \mathbf{A}^+ + \mathbf{A}^-$, dann sind wegen der Linearität auch die Teile L_h^+ und L_h^- in der Form (7.24) und deshalb gilt für sie ebenso Lemma 7.3 wie für L_h:

$$L_h^+\varphi(x, y; \boldsymbol{\theta}) = E^+(\boldsymbol{\theta})\varphi(x, y; \boldsymbol{\theta}) \tag{7.39}$$

$$L_h^-\varphi(x, y; \boldsymbol{\theta}) = E^-(\boldsymbol{\theta})\varphi(x, y; \boldsymbol{\theta}) \tag{7.40}$$

mit den formalen Eigenwerten E^+ und E^- von L_h^+ und L_h^-. Für diese gilt:

Lemma 7.5. *Die Gitterfunktionen* $\varphi(x, y; \boldsymbol{\theta})$ *mit* $E^+(\boldsymbol{\theta}) \neq 0$ *sind formale Eigenfunktionen von* $\mathbf{T}$ *und es gilt*

$$\mathbf{T}\varphi(x, y; \boldsymbol{\theta}) = \Lambda(\boldsymbol{\theta})\varphi(x, y; \boldsymbol{\theta}) , \quad -\pi \leq (\theta_1, \theta_2) < \pi , \tag{7.41}$$

mit dem so genannten Verstärkungsfaktor

$$\Lambda(\boldsymbol{\theta}) := -\frac{E^-(\boldsymbol{\theta})}{E^+(\boldsymbol{\theta})} . \tag{7.42}$$

Die Werte von $\Lambda(\boldsymbol{\theta})$ mit $\boldsymbol{\theta} \in F_{\text{hoch}}$ bestimmen das Glättungsverhalten des Iterationsoperators $\mathbf{T}$.

Definition 7.6. *Als* lokalen Glättungsfaktor $\mu_{\text{lok}}(\mathbf{T})$ *bezeichnen wir das Betrags-Supremum des Verstärkungsfaktors (7.42) bei Beschränkung der Frequenzen* $\boldsymbol{\theta}$ *auf den hohen Frequenzbereich:*

$$\mu_{\text{lok}}(\mathbf{T}) := \sup\{|\Lambda(\boldsymbol{\theta})| : (\theta_1, \theta_2) \in F_{\text{hoch}}\} . \tag{7.43}$$

Beispiel 7.4. Diese Analyse wollen wir jetzt auf das Gauß-Seidel'sche Einzelschrittverfahren bei Anwendung auf das Modellproblem (7.1) mit lexikographischer Nummerierung anwenden. Die formalen Eigenwerte $E(\boldsymbol{\theta})$ des diskreten Operators L_h wurden schon in Beispiel 7.3 bestimmt. Diese müssen jetzt nur aufgeteilt werden auf das Splitting von L_h. Damit (7.36) das Gauß-Seidel-Verfahren repräsentiert, muss der Fünf-Punkte-Differenzenstern

$$L_h = \frac{1}{h^2} \begin{pmatrix} & -1 & \\ -1 & 4 & -1 \\ & -1 & \end{pmatrix} \tag{7.44}$$

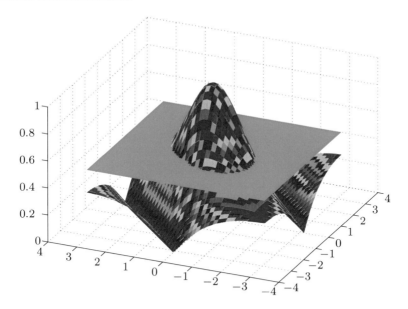

Abb. 7.7 Der Verstärkungsfaktor $\Lambda(\boldsymbol{\theta})$ für das Gauß-Seidel-Verfahren als Fläche über dem Quadrat $[-\pi, \pi)^2$, die eingezeichnete Ebene $E \equiv 1/2$ zeigt anschaulich, dass dies etwa der Glättungsfaktor ist, da die höheren Werte sich auf den Bereich des inneren Quadrats niedriger Frequenzen beschränken

in die folgenden Teiloperatoren aufgeteilt werden:

$$L_h^+ = \frac{1}{h^2} \begin{pmatrix} & 0 & \\ -1 & 4 & 0 \\ & -1 & \end{pmatrix}, \quad L_h^- = \frac{1}{h^2} \begin{pmatrix} & -1 & \\ 0 & 0 & -1 \\ & 0 & \end{pmatrix}. \tag{7.45}$$

Damit ergeben sich die formalen Eigenwerte $E^+(\boldsymbol{\theta}_2)$ und $E^-(\boldsymbol{\theta}_2)$ der Teil-Operatoren direkt aus denen des Operators L_h (7.32) durch entsprechende Aufteilung. Das ergibt dann den Verstärkungsfaktor (7.42) und mit ihm den lokalen Glättungsfaktor

$$\mu_{\text{GS-LEX}} = \sup \left\{ \left| \frac{e^{i\theta_1} + e^{i\theta_2}}{e^{-i\theta_1} + e^{-i\theta_2} - 4} \right| : (\theta_1, \theta_2) \in F_{\text{hoch}} \right\} = 0.5 \tag{7.46}$$

Der Wert $\mu_{\text{GS-LEX}} = 0.5$ ergibt sich, weil das Supremum für $(\theta_1, \theta_2) = (\pi/2, \arccos(4/5))$ angenommen wird. Eine Herleitung dieser Tatsache findet sich in [15]. Abbildung 7.7 zeigt den Verstärkungsfaktors über dem Bereich $[-\pi, \pi)^2$. Diese Berechnung geht auf [2] zurück.

Beispiel 7.5. Eine Glättungsanalyse für dasselbe Problem und Verfahren, aber mit Schachbrett-Nummerierung, also GS-RB, muss mit etwas anderen Methoden durchgeführt werden. Sie ergibt den lokalen Glättungsfaktor

$$\mu_{\text{GS-RB}} = 0.25 \tag{7.47}$$

und damit eine deutlich bessere Glättung.

Abb. 7.8 Full-weighting-
Restriktion

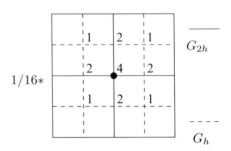

Zuerst wurde dies in dem grundlegenden Beitrag [12] in [7] gezeigt, ausführlicher und mit etwas anderer Vorgehensweise in [10]. In [16] wird es auf beliebige Raumdimensionen erweitert.

Wesseling gibt in [14] einen kurz gefassten Überblick über mit der Fourier-Analyse erzielte Resultate für eine anisotropische und für die Konvektions-Diffusions-Gleichung.

7.2 Transfer-Operatoren

Es sollen jetzt Transfer-Operatoren für den zweidimensionalen Fall definiert werden. Dabei gehen wir wieder vom Modellproblem (7.1) aus. Auf dem Quadrat sei die Gitterweite in beide Achsenrichtungen h auf dem feinen Gitter und $H = 2h$ auf dem groben Gitter. Eine Verallgemeinerung auf rechteckige Grundgebiete mit Gittern unterschiedlicher Gitterweiten (h_1, h_2) ist leicht durchführbar, siehe Abschn. 7.4.2 Bei nicht rechteckigen Gebieten sind zusätzliche Überlegungen notwendig. Darauf gehen wir im Abschn. 7.4 ein. Die Transfer-Operatoren I_h^{2h} und I_{2h}^h können wie der diskrete Differenzialoperator L_h durch ihre Sterne symbolisiert werden.

7.2.1 Restriktionsoperatoren für das zweidimensionale Modellproblem

7.2.1.1 Full weighting Restriktion

Der am häufigsten verwendete Restriktionsoperator ist der *Full-weighting*- oder kurz *FW-Operator*: Er wird durch den Stern

$$I_h^{2h} \mathrel{\hat{=}} \frac{1}{16} \begin{bmatrix} 1 & 2 & 1 \\ 2 & 4 & 2 \\ 1 & 2 & 1 \end{bmatrix}_h^{2h} \tag{7.48}$$

symbolisiert und in Abb. 7.8 dargestellt.

Es wird ein gewichtetes Mittel unter allen Nachbarn des Grobgitterpunktes auf dem feinen Gitter gebildet. Bei zweidimensionalen Indizes ergibt sich die Gleichung

$$
\begin{aligned}
v_{i,j}^{2h} = \frac{1}{16} [\, & v_{2i-1,2j-1}^{h} + v_{2i-1,2j+1}^{h} + v_{2i+1,2j-1}^{h} + v_{2i+1,2j+1}^{h} \\
& +2\,(v_{2i,2j-1}^{h} + v_{2i,2j+1}^{h} + v_{2i-1,2j}^{h} + v_{2i+1,2j}^{h}) \\
& +4\,v_{2i,2j}^{h}\,], \quad 1 \le i\,, \quad j \le \frac{N}{2} - 1\,.
\end{aligned}
\tag{7.49}
$$

7.2.1.2 Half weighting Restriktion

Ein zweiter Restriktionsoperator verwendet nur die parallel zu den Koordinatenachsen liegenden Nachbarpunkte. Er wird *Half-weighting-* oder kurz *HW-Operator* genannt:

$$
I_h^{2h} \mathrel{\hat{=}} \frac{1}{8}
\begin{bmatrix}
0 & 1 & 0 \\
1 & 4 & 1 \\
0 & 1 & 0
\end{bmatrix}_h^{2h}
\tag{7.50}
$$

Bei zweidimensionalen Indizes ergibt sich für ihn die Gleichung

$$
v_{i,j}^{2h} = \frac{1}{8} [\, 4\,v_{2i,2j}^{h} + v_{2i,2j-1}^{h} + v_{2i,2j+1}^{h} + v_{2i-1,2j}^{h} + v_{2i+1,2j}^{h} \,],
$$
$$
1 \le i\,, \quad j \le \frac{N}{2} - 1\,.
\tag{7.51}
$$

7.2.1.3 Sieben-Punkte-Restriktion

In speziellen Situation wie z. B. bei randnahen Punkten, siehe Abschn. 7.4.3, kann ein unsymmetrischer Restriktionsoperator sinnvoll sein, für den wir hier ein Beispiel mit sieben Punkten geben.

$$
I_h^{2h} \mathrel{\hat{=}} \frac{1}{8}
\begin{bmatrix}
0 & 1 & 1 \\
1 & 2 & 1 \\
1 & 1 & 0
\end{bmatrix}_h^{2h}.
\tag{7.52}
$$

Bei zweidimensionalen Indizes ergibt sich für ihn die Gleichung

$$
\begin{aligned}
v_{i,j}^{2h} = \frac{1}{8} [\, & 2\,v_{2i,2j}^{h} + v_{2i,2j-1}^{h} + v_{2i,2j+1}^{h} + v_{2i-1,2j}^{h} \\
& + v_{2i+1,2j}^{h} + v_{2i-1,2j-1}^{h} + v_{2i+1,2j+1}^{h} \,], \\
& 1 \le i\,, \quad j \le \frac{N}{2} - 1\,.
\end{aligned}
\tag{7.53}
$$

Eine Alternative ist die um 90 Grad verdrehte Form

$$I_h^{2h} \triangleq \frac{1}{8} \begin{bmatrix} 1 & 1 & 0 \\ 1 & 2 & 1 \\ 0 & 1 & 1 \end{bmatrix}_h^{2h} . \tag{7.54}$$

7.2.1.4 Injektion

Die einfachste Art der Restriktion ist die so genannte *Injektion*, die nur den mit dem Grobgitterpunkt identischen Feingitterpunkt verwendet:

$$\boxed{v_{i,j}^{2h} = v_{2i,2j}^{h} , \quad 1 \le i , \quad j \le \frac{N}{2} - 1 .} \tag{7.55}$$

Dieser Transfer-Operator nimmt keine Information von den nicht auf dem groben Gitter liegenden Feingitterpunkten vom feinen Gitter mit auf das grobe Gitter. Er schwächt deshalb die Konvergenz einer Mehrgittermethode und ist nur in begründeten Ausnahmefällen sinnvoll.

7.2.2 *Interpolationsoperatoren für das zweidimensionale Modellproblem*

Wir wollen jetzt verschiedene Interpolationsoperatoren für die Transformation einer Gitterfunktion von einem groben auf ein feines Gitter einführen. Wegen der unterschiedlichen Gitterweiten ist bei der Interpolation eine Fallunterscheidung notwendig: Ist der Zielpunkt auf dem feinen Gitter auch ein Grobgitterpunkt? Hat er andernfalls einen Grobgitterpunkt als Nachbarn parallel zu einer Koordinatenachse oder nur einen im „schrägen" Winkel von 45 Grad?

Wir definieren die Interpolationsoperatoren wie die Restriktions- und die Diskretisierungsoperatoren symbolisch über Sterne, die aber hier wegen der gerade gestellten Fragen etwas anders interpretiert werden müssen. Am einfachsten ist vielleicht folgende praktische Vorstellung: Wir legen den Stern als transparente Folie mittig auf den Punkt des feinen Gitters, dessen Interpolationswert wir berechnen wollen. Dann entsteht der zu bildende Mittelwert als Summe aller Faktoren, die über einem Punkt des groben Gitters liegen, multipliziert mit den zugehörigen Grobgitterwerten.

Interpolations-Vorschriften müssen auch nach ihrem Grad unterschieden werden. Dieser ist m_P, wenn Polynome bis zum Grad $m_P - 1$ exakt interpoliert werden. Weitere Einzelheiten zu diesem Begriff im Zusammenhang mit mehrdimensionaler Prolongation und Restriktion finden wir in [3] (dort heißt es *order*).

7.2.2.1 Interpolation und h-unabhängige Konvergenz

Damit die Konvergenzrate der Mehrgittermethode unabhängig von der Gitterweite h ist, müssen die Restriktions- und Prolongationsoperatoren eine Bedingung erfüllen. Dazu sei der Interpolationsgrad der Prolongation gleich m_P, der Interpolationsgrad der Adjungierten der Restriktion sei m_R. Dann muss für einen linearen Differenzialoperator der Ordnung $2m$

$$m_P + m_R > 2m \tag{7.56}$$

sein. Darauf haben schon die ersten Arbeiten von Brandt und Hackbusch, [2, 6], hingewiesen. Dass die Bedingung (7.56) notwendig ist, hat Hemker gezeigt, [9]. Wesseling, [15] Abschnitt 6.6, demonstriert diese Tatsache an einem Beispiel.

Für das Modellproblem (7.1) mit der FW-Restriktion und der dazu adjungierten bilinearen Interpolation ist die Bedingung (7.56) deutlich erfüllt, wie auch für einige andere Kombinationen. Aber die genannten sind wohl die am häufigsten verwendeten Transfer-Operatoren.

7.2.2.2 Bilineare Interpolation

Der zum FW-Operator adjungierte Interpolationsoperator wird durch den Stern

$$I_{2h}^h \mathrel{\hat=} \frac{1}{4} \begin{bmatrix} 1 & 2 & 1 \\ 2 & 4 & 2 \\ 1 & 2 & 1 \end{bmatrix}_{2h}^h \tag{7.57}$$

repräsentiert. Da bei der Interpolation die Nachbarschaftsverhältnisse zwischen Grob- und Feingitterpunkten komplizierter sind, wird folgende Fallunterscheidung vorgenommen:

- **Fall (a):**
  $x \in G_h$ und $x \in G_{2h}$, d. h. kein Nachbarpunkt von x im feinen Gitter liegt auf dem groben Gitter. Dann wird der Wert in x übernommen.
- **Fall (b):**
  $x \notin G_{2h}$, 4 Nachbarn $\in G_{2h}$.
  Dann werden diese mit dem Faktor $1/4$ gewichtet und addiert.
- **Fall (c):**
  $x \notin G_{2h}$, 2 Nachbarn $\in G_{2h}$.
  Dann werden diese mit dem Faktor $1/2$ übernommen.

Die Vorstellung der transparenten Folie aus der Einleitung dieses Abschnitts wird mit dieser Fallunterscheidung in Abb. 7.9 in eine Graphik gegossen.

Abb. 7.9 Bilineare Interpolation mit drei Fallunterscheidungen

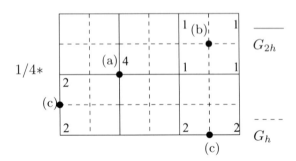

In zweidimensionalen Indizes lautet sie[3]:

$$
\begin{aligned}
v^{h}_{2i,2j} &= v^{2h}_{ij}, \\
v^{h}_{2i\pm1,2j} &= \tfrac{1}{2}(v^{2h}_{ij} + v^{2h}_{i\pm1,j}), \\
v^{h}_{2i,2j\pm1} &= \tfrac{1}{2}(v^{2h}_{ij} + v^{2h}_{i,j\pm1}), \\
v^{h}_{2i\pm1,2j-1} &= \tfrac{1}{4}(v^{2h}_{ij} + v^{2h}_{i\pm1,j} + v^{2h}_{i,j-1} + v^{2h}_{i\pm1,j-1}), \\
v^{h}_{2i\pm1,2j+1} &= \tfrac{1}{4}(v^{2h}_{ij} + v^{2h}_{i\pm1,j} + v^{2h}_{i,j+1} + v^{2h}_{i\pm1,j+1}).
\end{aligned}
\tag{7.58}
$$

Diese Interpolation ist bilinear und lässt sich – wie auch andere Interpolationsformeln – leicht rekursiv aus den entsprechenden eindimensionalen Interpolationsformeln zusammensetzen, auch für höhere Raumdimensionen. Bilineare Interpolation lässt Werte einer bilinearen Funktion

$$
v(x, y) = \alpha + \beta x + \gamma y + \delta xy, \quad \alpha, \beta, \gamma, \delta \in \mathbb{R},
$$

unverändert, ihr Interpolationsgrad ist 2.

7.2.2.3 Lineare Interpolation

Eine Alternative ist die lineare Interpolation, deren Interpolationspunkte allerdings nicht auf einem Viereck, sondern auf einem Dreieck angeordnet sind. Daraus ergibt sich eine Wahlfreiheit. Wir nehmen hier den Stern

$$
I^{h}_{2h} \triangleq \frac{1}{4}\begin{bmatrix} 0 & 2 & 2 \\ 2 & 4 & 2 \\ 2 & 2 & 0 \end{bmatrix}^{h}_{2h}, \tag{7.59}
$$

d. h. die Diagonale des Interpolationsdreiecks verläuft von links unten nach rechts oben. In der Zeichnung zur bilinearen Interpolation ändert sich dadurch nur der Fall „2". Die entsprechend geänderte Zeichnung ist in Abb. 7.10 zu sehen, dabei ist die Diagonale des zugehörigen Dreiecks als gepunktete Linie eingezeichnet.

---

[3] Dabei bedeutet das $\pm$-Zeichen, dass auf beiden Seiten der Gleichung entweder $+$ oder $-$ genommen wird.

Abb. 7.10 Lineare Interpolation

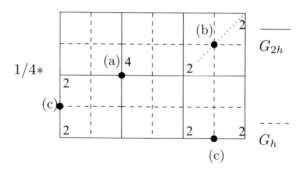

Lineare Interpolation lässt Werte einer linearen Funktion

$$v(x, y) = \alpha + \beta x + \gamma y \,, \quad \alpha, \beta, \gamma \in \mathbb{R} \,,$$

unverändert, ihr Interpolationsgrad ist auch 2. Diese Art der Interpolation kennen wir schon, sie ist die Grundlage der Finite-Elemente-Methode mit linearem Ansatz auf Dreiecken, siehe Abschn. 1.5.2. Die freie Wahl der Diagonale für das Interpolations-Dreieck hat den Nachteil, dass keine symmetrische Formel entsteht. Wenn die Lösung der Differenzialgleichung symmetrisch ist, kann diese Eigenschaft für die diskrete Näherungslösung verloren gehen, [15].

7.2.2.4 Bikubische Interpolation

Die bikubische Interpolation bezieht Punkte mit einem Abstand bis zu $3h$ in die Interpolationsformel ein. Sie wird damit mit den notwendigen Fallunterscheidungen ziemlich komplex. Wir wollen deshalb zunächst eine kubische Interpolation in x-Richtung angeben für einen Punkt (x_{2i+1}, y_{2j}) auf dem feinen Gitter mit der Gitterweite h, wenn (x_i, y_j) ein Punkt auf dem groben Gitter ist, siehe auch Abb. 7.11:

$$w^h_{2i+1,2j} = \frac{1}{16} \left(-w^{2h}_{i-1,j} + 9w^{2h}_{i,j} + 9w^{2h}_{i,j} - w^{2h}_{i+1,j} \right) \tag{7.60}$$

Alle möglichen Fälle sind in dem Stern

$$I^h_{2h} \mathrel{\hat=} \frac{1}{256} \begin{bmatrix} 1 & 0 & -9 & -16 & -9 & 0 & 1 \\ 0 & 0 & 0 & 0 & 0 & 0 & 0 \\ -9 & 0 & 81 & 144 & 81 & 0 & -9 \\ -16 & 0 & 144 & 256 & 144 & 0 & -16 \\ -9 & 0 & 81 & 144 & 81 & 0 & -9 \\ 0 & 0 & 0 & 0 & 0 & 0 & 0 \\ 1 & 0 & -9 & -16 & -9 & 0 & 1 \end{bmatrix}^h_{2h} \tag{7.61}$$

enthalten. Bei dieser viele Punkte umfassenden Interpolation ist es zu ihrer praktischen Durchführung besonders hilfreich, statt der Fallunterscheidungen die Vorstellung, die am

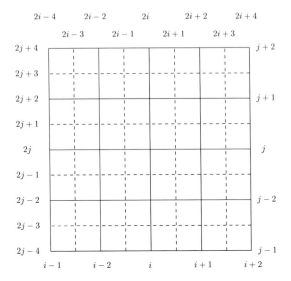

Abb. 7.11 Grobes (—) und feines Gitter (- - -) und die Nummerierungen auf ihnen; links und oben die des feinen, rechts und unten die des groben Gitters

Anfang dieses Abschnitts beschrieben wurde, zu wählen, also den Stern als transparente Folie mittig auf den Punkt des feinen Gitters zu legen, dessen Interpolationswert wir berechnen wollen.

Die bikubische Interpolation interpoliert alle Funktionen

$$v(x, y) = \sum_{k=0}^{3} \sum_{l=0}^{3} \alpha_{k,l} \, x^k y^l \, , \quad \alpha_{k,l} \in \mathbb{R} \, ,$$

exakt, ihr Interpolationsgrad ist 4. Sie ist deshalb für unser Modellproblem überflüssig genau, kommt aber für Differenzialoperatoren höherer Ordnung wie etwa die biharmonische Gleichung $\Delta^2 u = f$ in Betracht. Durch das weite Interpolationsintervall sind besondere Vorkehrungen in Randnähe notwendig. Das ist etwas aufwändig, aber in den meisten Fällen ohne Genauigkeitsverlust möglich. Auch ein quadratisches Interpolationsverfahren kommt für solche Probleme in Frage, aber die kubische Interpolation wird oft vorgezogen. Für das Problem der Interpolation in Randnähe kann aber die quadratische Interpolation als zusätzliche Formel eingesetzt werden, siehe [6].

7.2.2.5 Variationseigenschaften und Galerkin-Eigenschaft

Wie im Abschn. 4.2.4 für den eindimensionalen Fall sollen hier die Beziehungen zwischen den Gitter-Transfer-Operatoren untersucht werden. Wir betrachten nur die schon häufig erwähnten Standard-Operatoren. Für ein quadratisches Gitter im Einheitsquadrat mit lexikographischer Nummerierung soll der FW-Restriktionsoperator blockweise definiert werden. Sei $N - 1$ die Anzahl innerer Punkte pro Richtung für das grobe Gitter mit Gitterweite $2h$, also $(N - 1)^2$ die Gesamtzahl innerer Punkte. Dann ist $m := 2N - 1$

die Anzahl innerer Punkte pro Richtung für das feine Gitter mit Gitterweite h. Zunächst definieren wir einen $(N-1) \times m$-Block

$$\mathbf{E} := \begin{pmatrix} 1 & 2 & 1 & 0 & 0 & 0 & 0 & \cdots & 0 \\ 0 & 0 & 1 & 2 & 1 & 0 & 0 & \cdots & 0 \\ & & & \cdots & & & \\ 0 & \cdots & 0 & 0 & 1 & 2 & 1 & 0 & 0 \\ 0 & \cdots & 0 & 0 & 0 & 0 & 1 & 2 & 1 \end{pmatrix} .$$

Sei weiter $\mathbf{O}$ ein $(N-1) \times m$-Block aus Nullen. Die Restriktionsmatrix ist dann eine $(N-1)^2 \times m^2$-Matrix, die definiert ist als

$$\mathbf{I}_h^{2h} = \frac{1}{16} \begin{pmatrix} \mathbf{E} & 2\mathbf{E} & \mathbf{E} & \mathbf{O} & & \cdots & & \mathbf{O} \\ \mathbf{O} & \mathbf{O} & \mathbf{E} & 2\mathbf{E} & \mathbf{E} & \mathbf{O} & \cdots & \mathbf{O} \\ & & & \cdots & & & \\ \mathbf{O} & \mathbf{O} & \cdots & \mathbf{O} & \mathbf{E} & 2\mathbf{E} & \mathbf{E} & \mathbf{O} & \mathbf{O} \\ \mathbf{O} & \mathbf{O} & \cdots & \mathbf{O} & \mathbf{O} & \mathbf{O} & \mathbf{E} & 2\mathbf{E} & \mathbf{E} \end{pmatrix} . \tag{7.62}$$

Die Matrix zur bilinearen Interpolation erfüllt die erste Variationseigenschaft (4.14), denn sie entsteht aus $\mathbf{I}_h^{2h}$ durch

$$\boxed{\mathbf{I}_{2h}^h = c \, (\mathbf{I}_h^{2h})^T \quad \text{mit } c = 4 .} \tag{7.63}$$

Die Matrizen $\mathbf{I}_{2h}^h$ und $\mathbf{I}_h^{2h}$ sind adjungiert bezüglich des Skalarproduktes

$$(\mathbf{v}, \mathbf{w}) = h^2 \sum_{k=1}^{n} v_k w_k, \quad \mathbf{u}, \mathbf{v} \in \mathbb{R}^n . \tag{7.64}$$

Mit Hilfe der zweiten Variationseigenschaft, der Galerkin-Eigenschaft, kann eine Grobgittermatrix algebraisch definiert werden

$$\boxed{\bar{\mathbf{A}}^{2h} := \mathbf{I}_h^{2h} \mathbf{A}^h \mathbf{I}_{2h}^h .} \tag{7.65}$$

Sie ist nicht identisch mit der Matrix zum Fünf-Punkte-Differenzenstern auf dem groben Gitter, könnte aber in einer algebraischen Mehrgittermethode als Grobgittermatrix verwendet werden.

7.3 Vollständige Mehrgitterzyklen

In den letzten Abschnitten wurden dividierte Differenzen, Glättungsiterationen und Transfer-Operatoren definiert. Mit diesen Vorbereitungen können jetzt Mehrgittermethoden modular genauso zusammengestellt werden wie in Kap. 5 für den eindimensionalen Fall.

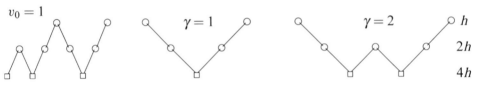

Abb. 7.12 FMG-, V- und W-Zyklus als Dreigitter-Methoden

Abb. 7.13 Drei Gitter auf dem Einheitsquadrat, das gröbste mit einem Punkt und $4h = 1/2$, das zweitgröbste mit 3×3 Punkten und $2h = 1/4$ und das feinste mit 7×7 Punkten und $h = 1/8$

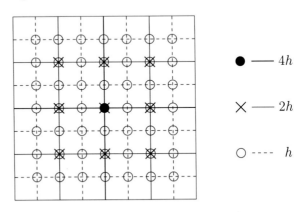

Abbildung 7.12 zeigt die drei wichtigsten Zyklen noch einmal als Dreigittermethoden. Die Module des FMG-Zyklus sollen an Hand eines Beispiels Schritt für Schritt dargestellt werden. Dabei werden die Standard-Methoden verwendet, also der Fünf-Punkte-Stern für die Diskretisierung des Laplace-Operators, der FW-Operator (7.48) für die Restriktion und die dazu adjungierte bilineare Interpolation (7.58).

Das Beispiel wird sehr ausführlich die einzelnen Schritte und Module einer vollständigen Mehrgittermethode wiederholen. Wer glaubt, dies schon gut verstanden zu haben, kann das Beispiel „quer" lesen und vielleicht nur die Ergebnisse studieren. Für alle anderen sollte es eine gute Chance sein, die Verfahrensweise einer Mehrgittermethode exemplarisch zu verstehen.

Beispiel 7.6. Es soll das Poisson-Problem (nach [4])

$$-\Delta u = -u_{xx} - u_{yy} = f \quad \text{in } \Omega = (0, 1)^2$$
$$\text{mit} \quad f(x, y) = 200[(1 - 6x^2)y^2(1 - y^2) + (1 - 6y^2)x^2(1 - x^2)],$$
$$u = 0 \quad \text{auf} \quad \Gamma, \tag{7.66}$$

auf drei Gittern mit einem, neun und neunundvierzig Punkten, also mit den Gitterweiten $4h = 1/2$, $2h = 1/4$ und $h = 1/8$ (siehe Abb. 7.13) näherungsweise gelöst werden. Für dieses Problem ist die exakte Lösung bekannt:

$$u(x, y) = 100 (x^2 - x^4)(y^4 - y^2). \tag{7.67}$$

Den FMG-Algorithmus (5.7) und den darin vorkommenden V-Zyklus in der rekursiven (5.2) oder der nicht rekursiven Form (5.6) werden wir jetzt für drei Gitter in ihre einzelnen

Schritte auflösen. Dabei werden die Stufen-Indizes in (5.7) auf die Schrittweiten-Indizes wie in (5.2) umgeschrieben. Für drei Gitter ergibt sich die grobe algorithmische Abfolge

$$
\begin{aligned}
&(1) \quad \mathbf{v}^{4h} = \left(\mathbf{A}^{4h}\right)^{-1} \mathbf{f}^{4h} &&(7.68)\\
&(2) \quad \mathbf{v}^{2h} = \mathbf{I}_{4h}^{2h} \mathbf{v}^{4h}\\
&(3) \quad \mathbf{v}^{2h} = V(\mathbf{v}^{2h}, \mathbf{f}^{2h}, \nu_1, \nu_2)\\
&(4) \quad \mathbf{v}^{h} = \mathbf{I}_{2h}^{h} \mathbf{v}^{2h}\\
&(5) \quad \mathbf{v}^{h} = V(\mathbf{v}^{h}, \mathbf{f}^{h}, \nu_1, \nu_2)
\end{aligned}
$$

Die beiden darin vorkommenden V-Zyklen (3) und (5) werden jetzt noch in ihre Einzelschritte zerlegt:

$$
\begin{aligned}
&(3.1) \quad \mathbf{v}^{2h} = \left[S^{2h}(\mathbf{v}^{2h}, \mathbf{f}^{2h})\right]^{\nu_1} \\
&(3.2) \quad \mathbf{f}^{4h} = \mathbf{I}_{2h}^{4h}\left(\mathbf{f}^{2h} - \mathbf{A}^{2h}\mathbf{v}^{2h}\right) \\
&(3.3) \quad \mathbf{v}^{4h} = \left(\mathbf{A}^{4h}\right)^{-1} \mathbf{f}^{4h} \\
&(3.4) \quad \mathbf{v}^{2h} = \mathbf{v}^{2h} + \mathbf{I}_{4h}^{2h} \mathbf{v}^{4h} \\
&(3.4) \quad \mathbf{v}^{2h} = \left[S^{2h}(\mathbf{v}^{2h}, \mathbf{f}^{2h})\right]^{\nu_2} \\
&(3.5) \quad \mathbf{v}^{h} = \mathbf{v}^{h} + \mathbf{I}_{2h}^{h} \mathbf{v}^{2h}
\end{aligned}
$$

$$
\begin{aligned}
&(5.1) \quad \mathbf{v}^{h} = \left[S^{h}(\mathbf{v}^{h}, \mathbf{f}^{h})\right]^{\nu_1} \\
&(5.2) \quad \mathbf{f}^{2h} = \mathbf{I}_{h}^{2h}\left(\mathbf{f}^{h} - \mathbf{A}^{h}\mathbf{v}^{h}\right) \\
&(5.3) \quad \mathbf{v}^{2h} = \left[S^{2h}(\mathbf{0}^{2h}, \mathbf{f}^{2h})\right]^{\nu_1} \\
&(5.4) \quad \mathbf{f}^{4h} = \mathbf{I}_{2h}^{4h}\left(\mathbf{f}^{2h} - \mathbf{A}^{2h}\mathbf{v}^{2h}\right) \\
&(5.5) \quad \mathbf{v}^{4h} = \left(\mathbf{A}^{4h}\right)^{-1} \mathbf{f}^{4h} \\
&(5.6) \quad \mathbf{v}^{2h} = \mathbf{v}^{2h} + \mathbf{I}_{4h}^{2h} \mathbf{v}^{4h} \\
&(5.7) \quad \mathbf{v}^{2h} = \left[S^{2h}(\mathbf{v}^{2h}, \mathbf{f}^{2h})\right]^{\nu_2} \\
&(5.8) \quad \mathbf{v}^{h} = \mathbf{v}^{h} + \mathbf{I}_{2h}^{h} \mathbf{v}^{2h} \\
&(5.9) \quad \mathbf{v}^{h} = \left[S^{h}(\mathbf{v}^{h}, \mathbf{f}^{h})\right]^{\nu_2}
\end{aligned}
$$

$\mathbf{0}^{2h}$ ist der Nullvektor als Startvektor im Schritt (5.3) auf dem Gitter mit der Gitterweite $2h$. Erklärt werden sollen noch die unterschiedlichen Bedeutungen der rechten Seiten $\mathbf{f}^{(\cdot)}$ und der Näherungen $\mathbf{v}^{(\cdot)}$. Die Vektoren $\mathbf{f}^{(\cdot)}$ sind Diskretisierungen der rechte-Seite-Funktion, solange sie nicht im Algorithmus anders definiert werden. Dann können sie Residuum 1. oder 2. Stufe sein. Die Näherungen $\mathbf{v}^{(\cdot)}$ sind entweder solche der Lösung oder des Defekts 1. oder 2. Stufe. Das geht jeweils aus dem Aufruf des V-Zyklus hervor und entspricht der Vorgehensweise der Nachiteration bei der Lösung eines linearen Gleichungssystems. Wir wollen versuchen, das im folgenden Einschub noch einmal klar zu machen.

Lineares Gleichungssystem und Nachiteration.
Sei $\mathbf{A}$ eine reguläre Matrix der Ordnung n, $\mathbf{b} \in \mathbb{R}^n$.
$\mathbf{A}\mathbf{x} = \mathbf{b} \quad \rightarrow \quad$ Näherungslösung $\tilde{\mathbf{x}}$.
Residuum $\quad \mathbf{r} = \mathbf{b} - \mathbf{A}\tilde{\mathbf{x}}$.

Defektgleichung $\mathbf{A}\mathbf{z} = \mathbf{r}$ $\rightarrow$ Näherungslösung $\tilde{\mathbf{z}}$.
Residuum 2. Stufe $\mathbf{s} = \mathbf{r} - \mathbf{A}\tilde{\mathbf{z}}$.
Defektgleichung 2. Stufe
$\mathbf{A}\mathbf{w} = \mathbf{s}$ $\rightarrow$ Näherungslösung $\tilde{\mathbf{w}}$.
Zweimal nachiterierte Näherungslösung: $\tilde{\tilde{\mathbf{x}}} = \tilde{\mathbf{x}} + \tilde{\mathbf{z}} + \tilde{\mathbf{w}}$.

Auf dieser Grundlage wollen wir jetzt für jeden Schritt des obigen Algorithmus die Funktion der Vektoren $\mathbf{f}^{(\cdot)}$ und $\mathbf{v}^{(\cdot)}$ erklären. Dabei verwenden wir folgende Abkürzungen:

(L): Lösungsnäherung	(R): Rechte-Seite-Diskretisierung
(D1): Defektnäherung 1. Stufe	(R1): Residuum 1. Stufe
(D2): Defektnäherung 2. Stufe	(R2): Residuum 2. Stufe

Zum Verständnis wird es genügen, die Funktion der neu berechneten Vektoren zu benennen.

Schritt Nr.	Linke Seite	Funktion	Schritt Nr.	Linke Seite	Funktion
(1)	$\mathbf{v}^{4h}$	(L)	(10)	$\mathbf{f}^{2h}$	(R1)
(2)	$\mathbf{v}^{2h}$	(L)	(11)	$\mathbf{v}^{2h}$	(D1)
(3)	$\mathbf{v}^{2h}$	(L)	(12)	$\mathbf{v}^{2h}$	(D1)
(4)	$\mathbf{f}^{4h}$	(R1)	(13)	$\mathbf{f}^{4h}$	(R2)
(5)	$\mathbf{v}^{4h}$	(D1)	(14)	$\mathbf{v}^{4h}$	(D2)
(6)	$\mathbf{v}^{2h}$	(L)	(15)	$\mathbf{v}^{2h}$	(D1)
(7)	$\mathbf{v}^{2h}$	(L)	(16)	$\mathbf{v}^{2h}$	(D1)
(8)	$\mathbf{v}^{h}$	(L)	(17)	$\mathbf{v}^{h}$	(L)
(9)	$\mathbf{v}^{h}$	(L)	(18)	$\mathbf{v}^{h}$	(L)

Der Algorithmus wird jetzt ausführlich in seinen Einzelschritten vorgestellt. Dabei wird bei der Angabe von Fehlern wieder die diskrete L^2-Norm in der Form (10.28) verwendet. Die Fehler werden immer als Differenz der berechneten Näherungswerte zur Lösung des linearen Gleichungssystems der entsprechenden Ordnung angegeben, denn das ist die Lösung, die durch die Mehrgittermethode approximiert wird.
(1) Der FMG-Zyklus beginnt auf dem gröbsten Gitter mit nur einem Punkt, bei dem die eine Gleichung des Gleichungssystems direkt gelöst wird. Außer dem Punkt $(1/2, 1/2)$ liegen alle Punkte des Fünf-Punkte-Sterns zur Gitterweite $4h = 1/2$ auf dem Rand, verschwinden also wegen der Randwerte null aus der Gleichung. Das ergibt

$$\frac{4\mathbf{v}_{1,1}^{4h}}{0.5^2} = f(1/2, 1/2) \implies \mathbf{v}_{1,1}^{4h} = \frac{1}{16}\, f(1/2, 1/2) \implies \mathbf{v}_{1,1}^{4h} = -2.3438 \,. \qquad (7.69)$$

(2) Diese Lösung wird jetzt auf das 3×3-Gitter interpoliert mit dem Interpolationsstern (7.57). Da es nur einen Wert ungleich null gibt, entspricht die Interpolation einer Division

durch 1, 2 oder 4. Das ergibt die Werte, geometrisch wie im Innern des Einheitsquadrats angeordnet

$$\mathbf{v}^{2h} = \begin{matrix} -0.5859 & -1.1719 & -0.5859 \\ -1.1719 & -2.3438 & -1.1719 \\ -0.5859 & -1.1719 & -0.5859 \end{matrix} \qquad \text{Fehler: } \|e^{2h}\|_{L^2} = 1.7628\,,$$

die rechnerisch als Vektor übernommen werden müssen.

Der erste V-Zyklus beginnt.

(3) Auf den Vektor $\mathbf{v}^{2h}$ werden ν_1 Schritte eines Relaxationsverfahrens angewendet, wir nehmen hier zwei Schritte des Einzelschrittverfahrens GS-LEX. Das ergibt

$$\mathbf{v}^{2h} = \begin{matrix} -0.0446 & -0.1938 & -0.5977 \\ -0.1938 & -1.8728 & -3.6045 \\ -0.5977 & -3.6045 & -5.4552 \end{matrix} \qquad \text{Fehler: } \|e^{2h}\|_{L^2} = 0.5586\,.$$

(4) Von diesem Vektor wird das Residuum berechnet und auf das grobe Ein-Punkt-Gitter zurück restringiert.

(5) Auf diesem groben Gitter wird die Defektgleichung 1. Stufe exakt gelöst. Die Lösung $\mathbf{v}^{4h} = -0.1221$ ist damit eine Korrektur zur ersten Lösung $\mathbf{v}^{4h}$, die aber nicht ausgeführt wird.

(6) Stattdessen wird $\mathbf{v}^{4h}$ auf das mittlere Gitter prolongiert. Dort wird die Korrektur rechnerisch ausgeführt, d. h. die Lösungswerte aus Schritt (3) und die Defektwerte aus diesem Schritt werden addiert; das ergibt

$$\mathbf{v}^{2h} = \begin{matrix} -0.6165 & -1.2329 & -0.6165 \\ -1.2329 & -2.4659 & -1.2329 \\ -0.6165 & -1.2329 & -0.6165 \end{matrix} \qquad \text{Fehler: } \|e^{2h}\|_{L^2} = 1.6022\,.$$

Der Fehler ist hier größer geworden, weil die Interpolation vom Ein-Punkt- auf das Neun-Punkte-Gitter eine Symmetrie erzeugt, die die exakte Lösung nicht aufweist. Das korrigiert der folgende Schritt.

(7) Auf diesen Vektor werden wieder $\nu_2 = 2$ Relaxationsschritte angewendet; das ergibt

$$\mathbf{v}^{2h} = \begin{matrix} -0.0675 & -0.2196 & -0.6110 \\ -0.2196 & -1.8995 & -3.6180 \\ -0.6110 & -3.6180 & -5.4619 \end{matrix} \qquad \text{Fehler: } \|e^{2h}\|_{L^2} = 0.4507\,.$$

Damit ist der erste V-Zyklus beendet. Die Lösung ist noch weit von der exakten Lösung des linearen Gleichungssystems $\mathbf{A}^{2h}\mathbf{v}^{2h} = \mathbf{f}^{2h}$ entfernt. Der Fehler liegt bei 10 bis 30 %.

(8) Dieser Vektor wird auf das feinste Gitter prolongiert. Das ist der Schritt des FMG-Zyklus, nach dem der zweite V-Zyklus beginnt.

(9) Dort werden $\nu_1 = 2$ Relaxationsschritte angewendet; das ergibt

$$\mathbf{v}^{h} = \begin{matrix} 0.0211 & -0.3752 & -0.7931 \\ -0.3752 & -2.2902 & -3.4719 \\ -0.7931 & -3.4719 & -4.8771 \end{matrix} \qquad \text{Fehler: } \|e^{h}\|_{L^2} = 0.5729\,.$$

Dabei haben wir nur die Werte zu den Punkten des mittleren Gitters wiedergegeben, damit ein optischer Vergleich leichter fällt.

(10) Zu dieser Näherungslösung wird das zugehörige Residuum berechnet und auf das mittlere Gitter restringiert.

(11)/(12) Dieses Residuum dient als rechte Seite, wenn die Defektgleichung mit $\nu_1 = 2$ Schritten des Einzelschrittverfahrens behandelt wird. Als Startwert wird bei den Defektgleichungen immer $\mathbf{v}^{(\cdot)} = \mathbf{0}$ genommen.

(13) Zu dem so errechneten Vektor $\mathbf{v}^{2h}$ wird das Residuum 2. Stufe berechnet, denn $\mathbf{f}^{2h}$ wurde ja in Schritt (10) als Residuum 1. Stufe berechnet. Dieses Residuum 2. Stufe wird auf das gröbste Gitter restringiert.

(14) Dort wird die Defektgleichung 2. Stufe exakt gelöst.

(15) Die Lösung wird auf das mittlere Gitter prolongiert und zu der dort zuletzt berechneten Lösung $\mathbf{v}^{2h}$ addiert. Damit ist $\mathbf{v}^{2h}$ wieder ein Defekt 1. Stufe.

(16) Dieser wird $\nu_2 = 2$ Relaxationsschritten unterworfen mit dem Residuum 1. Stufe $\mathbf{f}^{2h}$ aus Schritt (10) als rechter Seite.

(17) Das Ergebnis $\mathbf{v}^{2h}$ wird auf das feinste Gitter prolongiert und dort zur bisherigen Näherungslösung $\mathbf{v}^h$ aus Schritt (9) addiert. Das ergibt

$$\mathbf{v}^h = \begin{matrix} -0.2751 & -0.9929 & -1.3733 \\ -0.9929 & -3.3661 & -4.4938 \\ -1.3733 & -4.4938 & -5.8966 \end{matrix}, \qquad \text{Fehler: } \|e^h\|_{L^2} = 0.0873 \,.$$

(18) Eine letzte Anwendung von $\nu_2 = 2$ Relaxationsschritten beendet den zweiten V- und den gesamten FMG-Zyklus,

$$\mathbf{v}^h = \begin{matrix} -0.2763 & -0.9873 & -1.3345 \\ -0.9873 & -3.3461 & -4.4386 \\ -1.3345 & -4.4386 & -5.9159 \end{matrix}, \qquad \text{Fehler: } \|e^h\|_{L^2} = 0.0589 \,. \qquad (7.70)$$

Dieser Fehler nach einem FMG-Zyklus ist im Vergleich mit dem Diskretisierungsfehler hinreichend klein. Seien $\mathbf{v}^h_{\text{exakt}}$ die exakte Lösung des linearen Gleichungssystems zum feinsten Gitter und $\mathbf{u}^h$ die Diskretisierung der Lösungsfunktion auf demselben Gitter, dann ist

$$\|\mathbf{v}^h_{\text{exakt}} - \mathbf{u}^h\|_{L^2} = 0.0412 \qquad (7.71)$$

Die beiden Fehler (7.70) und (7.71) haben also dieselbe Größenordnung, und da der Diskretisierungsfehler unvermeidlich ist, lohnt sich kein zusätzlicher Aufwand zur Berechnung einer genaueren Näherungslösung für das diskretisierte lineare Gleichungssystem. Es zeigt sich daher auch hier, dass ein Schritt eines FMG-Zyklus zum Erreichen hinreichender Genauigkeit ausreicht. Um dies auch optisch zu verdeutlichen, werden hier die drei beteiligten Vektoren in der üblichen geometrischen Form gezeigt:

$$\begin{matrix} -0.2763 & -0.9873 & -1.3345 \\ -0.9873 & -3.3461 & -4.4386 \\ -1.3345 & -4.4386 & -5.9159 \end{matrix} \quad \left| \quad \begin{matrix} -0.3121 & -1.0485 & -1.3984 \\ -1.0485 & -3.4398 & -4.5497 \\ -1.3984 & -4.5497 & -6.0005 \end{matrix} \quad \right| \quad \begin{matrix} -0.3433 & -1.0986 & -1.4420 \\ -1.0986 & -3.5156 & -4.6143 \\ -1.4420 & -4.6143 & -6.0562 \end{matrix}$$

Dies sind von links nach rechts die FMG-Näherungslösung, die exakte Lösung des linearen Gleichungssystems und die diskretisierte Lösungsfunktion, alle nur auf den Punkten des inneren 3×3-Gitters zur Schrittweite $2h = 1/4$ angegeben.

Um etwa die gleiche Genauigkeit nur mit V-Zyklen und der Startnäherung $\mathbf{v}^h = \mathbf{0}$ auf drei Gittern zu erreichen, hätten zwei Schritte ausgereicht. Der Aufwand wäre dabei geringfügig höher als bei einem FMG-Zyklus gewesen.

In [4] wird das Problem (7.66) sehr ausführlich mit unterschiedlichen Methoden und sehr feinen Gittern mit bis zu 2048×2048 Punkten behandelt. Aus den in mehreren Tabellen dokumentierten Ergebnissen sollen hier einige Schlussfolgerungen gezogen werden, die streng genommen natürlich nur für dieses Beispiel Gültigkeit besitzen.

1. Das Gauß-Seidel-Verfahren ist der gewichteten Jacobi-Methode als Glätter überlegen. Dabei führt es bei der Schachbrett-Nummerierung zu schnellerer Konvergenz als bei lexikographischer Nummerierung.
2. Bei Anwendung der vollen Mehrgittermethode mit FMG-Zyklen reicht ein Zyklus zum Erreichen der Diskretisierungsgenauigkeit, wenn jeweils mindestens eine Vor- und eine Nach-Relaxation, also z. B. $\nu_1 = \nu_2 = 1$, angewendet wird.
3. Die Erhöhung der Anzahl der Relaxationen z. B. auf $\nu_1 = 2$ und $\nu_2 = 1$ bei den FMG-Zyklen bringt höheren Aufwand ohne wesentliche Verbesserung der Lösung.
4. Reine V-Zyklen mit $\nu_1 = 2$ und $\nu_2 = 1$ konvergieren sehr gut mit einem Konvergenzfaktor von etwa 0.07.
5. Der Aufwand zum Erreichen der Diskretisierungsgenauigkeit ist trotzdem bei den V-Zyklen wesentlich höher als bei einem FMG-Zyklus. Der Faktor zwischen diesen beiden Methoden steigt mit wachsender Problemgröße.

Zusammenfassend kann also festgehalten werden dass die Mehrgittermethode FMG(1,1) die Methode der Wahl ist.

7.4 Modifikationen des Modellproblems: Inhomogene Gitter, krumme Ränder, komplexe Randbedingungen

In diesem Abschnitt sollen Probleme behandelt werden, die durch verschiedene Abweichungen vom Standard-Fall des Modellproblems entstehen. Dazu gehört hauptsächlich die Form des Grundgebiets, das zunächst nicht mehr quadratisch, sondern rechteckig ist, dann auch das nicht mehr. Und dazu gehören unterschiedliche Randbedingungen, die nicht mehr nur den Wert null auf den Randpunkten vorgeben, sondern Werte ungleich null oder sogar Ableitungswerte.

7.4.1 Randwerte ungleich null

Das Poisson-Problem (7.1) liege jetzt mit inhomogenen Randbedingungen vor:

$$
\begin{aligned}
-\Delta u &= f \quad \text{in } \Omega = (0,1)^2 , \\
u &= g(x,y) \quad \text{auf } \Gamma = \partial\Omega .
\end{aligned}
$$

Durch diese Modifizierung des Modellproblems ändert sich rechnerisch wenig, da jetzt in
den diskretisierten Gleichungen einfach die bekannten Randwerte auf der rechten Seite
mitgeführt werden. Dies soll nur an einem einfachen Beispiel gezeigt werden. Dazu liege
in der diskreten Gleichung (1.35) der Punkt $u_W = u(x - h, y)$ auf dem Rand mit dem
Wert $u_W = g(x - h, y)$. Dann wird aus

$$4u_P - u_N - u_W - u_S - u_E = h^2 f_P$$

die neue Gleichung

$$4u_P - u_N - u_S - u_E = h^2 f_P + u_W \; . \tag{7.72}$$

Analoge Modifizierungen ergeben sich für die anderen Fälle, wenn also u_N, u_S oder u_E
gegebene Randwerte sind. Diese Art der Berücksichtigung von Dirichlet'schen Randbedingungen kann in alle folgenden Modifikationen leicht eingearbeitet werden.

Bei Interpolation und Restriktion müssen die entsprechenden Sterne jetzt unter Einbeziehung der Randpunkte angewendet werden.

7.4.2 Rechteckige Gebiete

Ist die Ausbreitung eines rechteckigen Gebietes in den Koordinatenrichtungen stark unterschiedlich, dann wird es nicht mehr sinnvoll sein, eine Gitterweite h für alle Richtungen
vorzugeben. Entsprechendes gilt für anisotrope Probleme selbst, wenn Sie auf dem Einheitsquadrat zu lösen sind, da die Koeffizienten in den verschiedenen Koordinatenrichtungen unterschiedlich stark variieren, siehe etwa (7.7).

Hier soll nur eine Modifikation des Poisson-Problems (7.1) vorgenommen werden.

$$-\Delta u = f \; \text{ in } \; \Omega = (a, b) \times (c, d) \; ,$$
$$u = 0 \; \text{ auf } \; \Gamma = \partial \Omega \; . \tag{7.73}$$

7.4.2.1 Diskretisierung

Sei $H_1 = \frac{b-a}{N}$ die Gitterweite in x-Richtung und $H_2 = \frac{d-c}{M}$ die in y-Richtung, siehe Abb. 7.14. Die Diskretisierung des Laplace-Operators mit den dividierten Differenzen
(1.33) muss jetzt für die Richtungen unterschiedliche Gitterweiten nehmen, das führt offensichtlich zu

$$u_{xx}(x_i, y_j) \approx \frac{u_{i+1,j} - 2u_{i,j} + u_{i-1,j}}{H_1^2} \; ,$$

$$u_{yy}(x_i, y_j) \approx \frac{u_{i,j+1} - 2u_{i,j} + u_{i,j-1}}{H_2^2} \; , \tag{7.74}$$

Abb. 7.14 Rechteckiges Gebiet mit inhomogenem Gitter

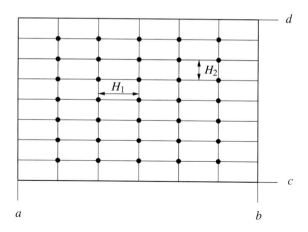

Die Diskretisierung von (7.73) mit diesen Ausdrücken ergibt die linearen Gleichungen

$$\frac{-u_{i+1,j} + 2u_{i,j} - u_{i-1,j}}{H_1^2} + \frac{-u_{i,j+1} + 2u_{i,j} - u_{i,j-1}}{H_2^2} = f_{i,j} \,,$$

$$i = 1, \ldots, N-1 \,, \quad j = 1, \ldots, M-1 \tag{7.75}$$

mit der üblichen Bedeutung der Indizes (i, j). Dadurch entsteht ein lineares Gleichungssystem der Ordnung $n = (N-1)(M-1)$.

7.4.2.2 Interpolation und Restriktion

Die Interpolation auf ein Gitter mit den Gitterweiten $(h_1, h_2) = (H_1/2, H_2/2)$ kann jetzt linear, bilinear oder kubisch erfolgen. Dabei ändert sich nicht sehr viel. Bei der bilinearen Interpolation bleibt der Stern (7.57) gültig.

Die Restriktion kann einfach als Adjungierte der Interpolation definiert werden. Wenn (H_1, H_2) die Gitterweiten auf dem groben Gitter und (h_1, h_2) die auf dem feinen Gitter sind, ist dies

$$\mathbf{I}_h^{2h} = \frac{H_1}{h_1} \frac{H_2}{h_2} \left(\mathbf{I}_{2h}^h \right)^T \tag{7.76}$$

Dabei werden die beiden Quotienten der Gitterweiten im Normalfall der Gitterweitenverdoppelung zum Faktor 4.

7.4.3 Krumme Ränder, randnahe Gitterpunkte

Wir modifizieren das Modellproblem so, dass zwar das Poisson-Problem (7.1) mit homogenen Randbedingungen vorliegt, das Gebiet aber nicht mehr das Einheitsquadrat, sondern

Abb. 7.15 Randnaher Gitterpunkt P

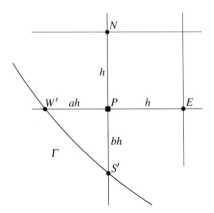

ein allgemeines nichtleeres offenes Gebiet im $\mathbb{R}^2$ ist.[4] Das Gitter sei homogen mit der Gitterweite h. Bei gekrümmten Rändern gibt es in der Regel randnahe Gitterpunkte, deren
Abstand zum Rand also kleiner ist als h. Solche Gitterpunkte werden auch *unregelmäßig*
genannt, während Gitterpunkte, deren Differenzenstern mit Abstand h ganz im Inneren
des Gebietes liegt, *regelmäßig* heißen. Die systematische Behandlung solcher Situationen
soll an typischen Beispielen erläutert werden, aber so, dass die Übertragung auf andere
Fälle möglich ist. Dabei geht es zunächst um das Problem, zu einem gegebenen Differen-
zialausdruck, in unserem momentan betrachteten Fall $-\Delta u$, eine geeignete Differenzenapproximation zu konstruieren, dann um das der Interpolation und Restriktion.

7.4.3.1 Diskretisierung

Wir betrachten einen unregelmäßigen inneren Gitterpunkt P, der in der Nähe des Randes
Γ so liegen möge, wie dies in Abb. 7.15 dargestellt ist. Die Randkurve Γ schneide die
Netzgeraden in den Punkten W' und S', welche von P die Abstände ah und bh mit $0 <
a, b \leq 1$ besitzen.
    Unser Ziel besteht darin, für die zweiten partiellen Ableitungen u_{xx} und u_{yy} im Punkt
$P(x, y)$ eine Approximation herzuleiten, die sich als Linearkombination der Werte u_P, u_E
und $u_{W'}$ beziehungsweise von u_P, u_N und $u_{S'}$ darstellen lassen. Wir setzen $u(x, y)$ als
genügend oft stetig differenzierbar voraus. Mit Hilfe der Taylor-Entwicklungen mit Restglied erhalten wir die folgenden Darstellungen für die Funktionswerte $u(x, y)$ in den betreffenden Punkten. Auf die Angabe des Restgliedes wird verzichtet.

$$u(x + h, y) = u(x, y) + h u_x(x, y) + \frac{1}{2}h^2 u_{xx}(x, y) + \frac{1}{6}h^3 u_{xxx}(x, y) + \ldots$$

$$u(x - ah, y) = u(x, y) - ah u_x(x, y) + \frac{1}{2}a^2 h^2 u_{xx}(x, y) - \frac{1}{6}a^3 h^3 u_{xxx}(x, y) + \ldots$$

$$u(x, y) = u(x, y) \tag{7.77}$$

---

[4] Siehe auch [11]; im entsprechenden Abschnitt dort finden sich weitere Einzelheiten und Beispiele.

Mit Koeffizienten c_1, c_2, c_3 bilden wir die Linearkombination der drei Darstellungen

$$c_1 u(x + h, y) + c_2 u(x - ah, y) + c_3 u(x, y)$$
$$= (c_1 + c_2 + c_3)u(x, y) + (c_1 - ac_2)hu_x(x, y) + (c_1 + a^2c_2)\frac{h^2}{2} u_{xx}(x, y) + \ldots$$

Aus unserer Forderung, dass die Linearkombination die zweite partielle Ableitung u_{xx} im Punkt $P(x, y)$ approximieren soll, ergeben sich notwendigerweise die drei Bedingungsgleichungen

$$c_1 + c_2 + c_3 = 0, \quad (c_1 - ac_2)h = 0, \quad \frac{h^2}{2}(c_1 + a^2c_2) = 1.$$

Daraus folgen die Werte

$$c_1 = \frac{2}{h^2(1 + a)}, \quad c_2 = \frac{2}{h^2 a(1 + a)}, \quad c_3 = -\frac{2}{h^2 a}.$$

Zur Approximation der zweiten Ableitung $u_{xx}(P)$ verwenden wir dividierte Differenzen mit den Näherungen u_E, u_P und $u_{W'}$:

$$u_{xx}(P) \approx \frac{1}{(h + ah)/2} \left\{ \frac{u_E - u_P}{h} + \frac{u_P - u_{W'}}{ah} \right\}$$

$$= \frac{2}{h^2} \left\{ \frac{u_E}{1 + a} + \frac{u_{W'}}{a(1 + a)} - \frac{u_P}{a} \right\}. \tag{7.78}$$

Analog ergibt sich mit u_N, u_P und $u_{S'}$ für $u_{yy}(P)$:

$$u_{yy}(P) \approx \frac{2}{h^2} \left\{ \frac{u_N}{1 + b} + \frac{u_{S'}}{b(1 + b)} - \frac{u_P}{b} \right\}. \tag{7.79}$$

Aus (7.78) und (7.79) erhalten wir so für die Poisson-Gleichung (7.1) im unregelmäßigen Gitterpunkt P der Abb. 7.15 nach Multiplikation mit h^2 die Differenzengleichung

$$\boxed{\left(\frac{2}{a} + \frac{2}{b}\right) u_P - \frac{2}{1 + b} u_N - \frac{2}{a(1 + a)} u_{W'} - \frac{2}{b(1 + b)} u_{S'} - \frac{2}{1 + a} u_E = h^2 f_P.}$$

$$\tag{7.80}$$

Falls $a \neq b$ ist, sind die Koeffizienten von u_N und u_E in (7.80) verschieden. Dies wird im Allgemeinen zur Folge haben, dass die Matrix $\mathbf{A}$ des Systems von Differenzengleichungen *unsymmetrisch* sein wird. Im Spezialfall $a = b$ wird die Symmetrie von $\mathbf{A}$ dadurch erreicht, das (7.80) mit dem Faktor $(1 + a)/2$ multipliziert wird, so dass u_N und u_E die Koeffizienten -1 erhalten. In diesem Fall geht die Differenzengleichung (7.80) über in

$$\boxed{a = b \implies \frac{2(1 + a)}{a} u_P - u_N - \frac{1}{a} u_{W'} - \frac{1}{a} u_{S'} - u_E = \frac{1}{2}(1 + a)h^2 f_P.}$$

$$\tag{7.81}$$

Dirichlet'sche Randwerte ungleich null werden wie in Abschn. 7.4.1 beschrieben auf die rechte Seite gebracht.

Abb. 7.16 Randnahe Interpolation

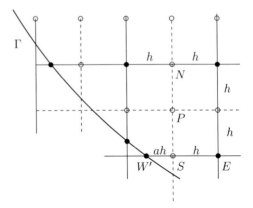

Da die Differenzensterne für (7.80) und (7.81) nicht mehr symmetrisch sind, heben sich in den Taylor-Entwicklungen (7.77) die Terme mit den dritten Ableitungen nicht mehr gegenseitig auf. Deshalb hat diese Diskretisierung in der Nähe des Randes einen Fehler in der Größenordnung $O(h)$ statt $O(h^2)$.

7.4.3.2 Interpolation

Die bilineare Interpolation mit dem Stern (7.57) muss jetzt an die unterschiedlichen Abstände angepasst werden. Wir wollen die möglichen Fälle beispielhaft an Hand einer Situation beschreiben. Sie entspricht der im Abb. 7.15 und ist in Abb. 7.16 dargestellt. Jetzt ist h die Gitterweite des feinen Gitters. Zur Berechnung der durch bilineare Interpolation entstehenden Werte genügt die lineare Interpolation in eine Koordinatenrichtung. Wir unterscheiden wieder drei Fälle:

1. Der Feingitterpunkt ist auch ein Grobgitterpunkt; dann wird dessen Wert übernommen.
2. Liegt der Feingitterpunkt zwischen zwei Grobgitterpunkten auf einer Gitterlinie, dann wird in der entsprechenden Koordinatenrichtung linear interpoliert. Als randnahe Situation ist das z. B. der Punkt S in Abb. 7.16. Dessen Wert wird berechnet als

$$u(S) = \frac{1}{1+a} u(W') + \frac{a}{1+a} u(E) . \tag{7.82}$$

Sind die Randwerte null, so entfällt der erste Summand. Bei Situationen auf einer Gitterlinie in y-Richtung ergibt sich die entsprechende Formel.
3. Bei einem Feingitterpunkt ohne direkte Grobgitter-Nachbarn werden zunächst die Werte in den benachbarten Feingitterpunkten nach (2) berechnet. Dann kann aus diesen Werten durch eindimensionale lineare Interpolation der Wert in der „Mitte" der Grobgitterpunkte berechnet werden. Auf Punkt P in Abb. 7.16 bezogen heißt das: Nachdem der Wert im Punkt N durch Mittelung der Werte in den direkt benachbarten Grobgitterpunkten berechnet wurde, entsteht der Wert im Punkt P durch Mittelung der Werte $u(N)$ und $u(S)$.

Abb. 7.17 Randnahe Restriktion

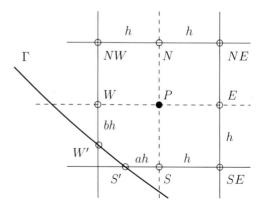

Eine Alternative zu dieser Vorgehensweise ist die Wahl eines anderen Interpolationsoperators, der nur reguläre Punkte einbezieht. Für die Berechnung des Wertes $u(P)$ in Abb. 7.16 käme dazu die lineare Interpolation mit sieben Punkten in Frage wie in (7.59), allerdings hier mit den Diagonalwerten ungleich null von links oben nach rechts unten, also

$$I_{2h}^{h} \;\widehat{=}\; \frac{1}{4} \begin{bmatrix} 2 & 2 & 0 \\ 2 & 4 & 2 \\ 0 & 2 & 2 \end{bmatrix}_{2h}^{h} .$$

7.4.3.3 Restriktion

Die Restriktion kann wieder als Adjungierte der Interpolation definiert werden, also nach Gleichung (7.76). Dazu muss aber die Interpolation als Matrix vorliegen, was oft nicht der Fall ist, wenn z. B. die Interpolation als punktweise Operation ausgeführt wird.

Alternativ kann deshalb die Restriktion der Randsituation angepasst werden, indem ein Stern gewählt wird, der nur reguläre Punkte im Feingitter-Abstand h zum Grobgitterpunkt P benutzt, dazu stehen ja mehrere Möglichkeiten nach Abschn. 7.2.1 zur Verfügung

Dazu betrachten wir wieder nur eine typische Situation, siehe Abb. 7.17. Hier wäre der Sieben-Punkte-Stern (7.52) mit den Punkten W, NW, N, E, SE, S und P eine sinnvolle Wahl, weil er adjungiert zum entsprechenden Stern der linearen Interpolation ist.

7.4.3.4 Mehrgitterzyklen

Wir wollen hier nur auf die Besonderheiten bei einem gekrümmten Rand eingehen und einige Ergebnisse aus der Literatur zitieren. Die Zusammensetzung der Mehrgitterzyklen aus den beschriebenen Elementen geschieht wie schon mehrfach dargestellt.

Grobe Gitter entstehen aus feinen durch Verdoppelung der homogenen Gitterweite h. Bei Gebieten mit gekrümmtem Rand muss aber überlegt werden, aus wievielen Punkten das gröbste Gitter bestehen muss.

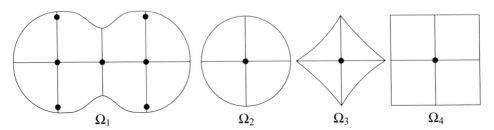

Ω_1 Ω_2 Ω_3 Ω_4

Abb. 7.18 Gebiete mit gröbstem Gitter

Tabelle 7.1 Experimentell bestimmte Konvergenzfaktoren für das Modellproblem (7.1) auf verschiedenen Gebieten; GS-RB mit $\nu_1 = \nu_2 = 1$, HW-Restriktion und lineare Interpolation; $h = 1/128$

Gebiet	V-Zyklus	W-Zyklus
Ω_1	0.058	0.033
Ω_2	0.059	0.033
Ω_3	0.063	0.032
Ω_4	0.059	0.033

Schon in der wegweisenden frühen Arbeit zu Mehrgittermethoden [12] wurden gröbste Gitter und Konvergenzfaktoren für nicht rechteckige Gebiete angegeben. Dort finden sich auch Experimente mit anisotropen Problemen in solchen Gebieten und Konvergenzfaktoren für Gebiete mit singulären Punkten wie dem eingeschnittenen Kreis. Danach verlangsamen Gebiete mit singulären Punkten die Konvergenz, während in einem Gebiet mit gekrümmtem, aber glattem Rand die Konvergenz nicht schlechter ist als beim Einheitsquadrat. In Abb. 7.18 geben wir vier Gebiets-Formen mit den zugehörigen gröbsten Gittern und in Tab. 7.1 die experimentell bestimmten Konvergenzfaktoren aus [12] an.

7.4.4 Ableitungen in den Randbedingungen

Es soll an eine exemplarische Situation mit Neumann-Randbedingungen aus Kap. 1 und an Beispiel 1.2 erinnert werden. Wenn in einem Randpunkt P die Ableitung in Richtung des Normalenvektors, der senkrecht vom Rand weg nach außen zeigt, vorgeschrieben ist, spricht man von Neumann'scher Randbedingung, siehe (1.30) und Abb. 1.3. Der Wert der Lösungsfunktion $u(P)$ in einem solchen Randpunkt muss in den Vektor der Unbekannten eingebunden werden, da er ja jetzt nicht vorgegeben ist. Um die Ableitungsbedingung am Rand zu erfüllen, wird ein Hilfspunkt außerhalb des Gebietes eingeführt, der später wieder eliminiert wird. Diese Vorgehensweise wurde in Abschn. 1.4 bereits an einem einfachen Fall erläutert, siehe (1.36) und Abb. 1.6, um dann in dem etwas allgemeineren Beispiel 1.2 genauer dargestellt zu werden, siehe auch (1.41).

Hier müssen also nur noch die Transfer-Operatoren am Rand in solchen Fällen betrachtet werden. Auch das soll wieder beispielhaft geschehen, nachvollziehbar und leicht zu verallgemeinern. Dazu diskutieren wir zwei Situationen. In Abb. 7.19 sehen wir oben

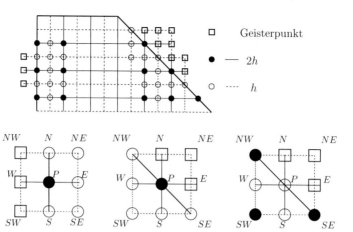

Abb. 7.19 Neumann-Randbedingungen bei einem Gebiet mit einem senkrechtem und einem 45-Grad-Rand. Oben ein Ausschnitt des Gebietes, unten die relevanten Randsituationen vergrößert: links und zweimal rechts

den Ausschnitt eines Gebietes Ω, das links einen senkrechten und rechts einen Rand im 45-Grad-Winkel hat; an diesen beiden Rändern soll die Neumann-Randbedingung

$$\frac{\partial u}{\partial \mathbf{n}} = 0 \qquad (7.83)$$

vorgeschrieben sein. Diese Bedingung wird auch Isolations-Randbedingung genannt, weil sie im Fall der Wärmeleitung einer isolierten Wand entspricht. Sie dient aber auch zur Anstückelung von Teilgebieten beim Vorliegen einer symmetrischen Lösung; denn die Lösung geht senkrecht durch solche Randteile. Auf Abb. 7.19 bezogen heißt das, dass links ein Wert direkt links von der Wand in einem Geisterpunkt gleich dem Wert direkt rechts vom Rand ist, also z. B. $u(W) = u(E)$ in der Figur unten links. Beim 45-Grad-Rand rechts bedeutet diese Symmetrie, dass ein Wert in einem Geisterpunkt rechts oben gleich dem Wert in einem inneren Punkt links unten ist, also z. B. $u(SW) = u(NE)$ in der Figur unten Mitte und rechts. Es soll noch erwähnt werden, dass ein Gebiet dieser Form so diskretisiert werden muss, dass auch beim gröbsten Gitter Gitterpunkte auf beiden hier betrachteten Teilrändern liegen müssen. Für Beispiel 1.2 bedeutet das, dass das gröbste Gitter eine Gitterweite $h = 1/2$ haben muss; das ist das Doppelte der Gitterweite in Abb. 1.8 und ergibt sechs Punkte mit unbekannten Lösungswerten.

7.4.4.1 Interpolation

Senkrechter Rand links

Hier kann die bilineare Interpolation ohne Berücksichtigung von Werten in Geisterpunkten ausgeführt werden. Die Formeln (7.58) lassen sich anwenden, weil zu jedem Wert auf einem Feingitterpunkt die benötigten Werte auf Grobgitterpunkten innerhalb des Gebietes oder auf dem Rand liegen.

Rand im 45-Grad-Winkel rechts

An diesem Rand müssen Geisterpunkte in die bilineare Interpolation einbezogen werden. Wir betrachten die Figur unten rechts in Abb. 7.19. Der interpolierte Wert im Punkt P berechnet sich nach (7.58) bzw. dem Stern (7.57) aus dem Mittelwert der Werte in den Punkten SW, NW, NE und SE. Es ist aber $v^{2h}(NE) = v^{2h}(SW)$. Also lautet die Interpolationsformel ohne Geisterpunkte

$$v^h(P) = \frac{1}{4}(2v^{2h}(SW) + v^{2h}(NW) + v^{2h}(SE)) .$$

Hat der Punkt SW im groben Gitter den Doppelindex (i, j), und somit der Punkt P im feinen Gitter den Doppelindex $(2i + 1, 2j + 1)$, dann liefert das die Formel

$$v^h_{2i+1,2j+1} = \frac{1}{4}(2v^{2h}_{i,j} + v^{2h}_{i,j+1} + v^{2h}_{i+1,j}) . \tag{7.84}$$

7.4.4.2 Restriktion

Senkrechter Rand links

Für die Berechnung des Grobgitterwertes im Punkt P in der Figur unten links in Abb. 7.19 mittels FW-Restriktion wird das gewichtete Mittel

$$\begin{aligned} v^{2h}(P) = \frac{1}{16}(4v^h(P) &+ 2v^h(S) + 2v^h(N) + 2v^h(E) + 2v^h(W) \\ &+ v^h(SW) + v^h(NW) + v^h(NE) + v^h(SE)) \end{aligned}$$

gebildet. Berücksichtigen wir die Symmetrie der Werte $v^h(NW) = v^h(NE)$, $v^h(SW) = v^h(SE)$ und $v^h(W) = v^h(E)$ und geben dem Punkt P den Doppelindex (i, j), so führt das zu der Formel

$$v^{2h}_{i,j} = \frac{1}{16}(4v^h_{2i,2j} + 2v^h_{2i,2j+1} + 2v^h_{2i+1,2j} + 4v^h_{2i,2j-1} + 2v^h_{2i+1,2j+1} + 2v^h_{2i-1,2j-1}) . \tag{7.85}$$

Das kann natürlich auch als Restriktionsstern dargestellt werden:

$$I^{2h}_h \,\hat{=}\, \frac{1}{16} \begin{bmatrix} 2 & 2 \\ 4 & 4 \\ 2 & 2 \end{bmatrix}^{2h}_h . \tag{7.86}$$

Rand im 45-Grad-Winkel rechts

Hier nehmen wir die Figur unten Mitte in Abb. 7.19 zu Hilfe. Für die Anwendung des Neun-Punkte-Sterns der FW-Restriktion müssen hier die Werte in den drei Geisterpunkten

$v^h(N) = v^h(W)$, $v^h(NE) = v^h(SW)$ und $v^h(E) = v^h(S)$ eingesetzt werden. Hat der Punkte P wieder den Doppelindex (i, j), so bekommen wir die Formel

$$v^{2h}_{i,j} = \frac{1}{16}(4v^h_{2i,2j} + 4v^h_{2i-1,2j} + +4v^h_{2i,2j-1} + v^h_{2i-1,2j+1} + 2v^h_{2i-1,2j-1} + v^h_{2i+1,2j+1}) \,.$$

(7.87)

Auch das kann als Restriktionsstern dargestellt werden:

$$I^{2h}_h \,\hat{=}\, \frac{1}{16}\begin{bmatrix} 1 & 0 & 0 \\ 4 & 4 & 0 \\ 2 & 4 & 1 \end{bmatrix}^{2h}_h \,.$$

(7.88)

Aufgaben

Aufgabe 7.1. Zeigen Sie, dass sich der Iterationsoperator des gedämpften Jacobi-Verfahrens wie in (7.14) schreiben lässt als

$$\mathbf{T} = \mathbf{I} - \frac{1}{4}\mathbf{A} \,.$$

Aufgabe 7.2. Beweisen Sie Lemma 7.3.

Aufgabe 7.3. Gehen Sie aus von einem unendlichen Gitter wie in Abb. 7.5, hier mit der konkreten Gitterweite $h = 1/8$. Wählen Sie wie in Abb. 7.6 einen bestimmten Punkt (θ_1, θ_2) aus dem Bereich niedriger Frequenzen F_{niedrig}.

Nennen Sie dann vier Frequenzen, die auf dem Gitter mit der doppelten Gitterweite $H = 1/4$ zu identischen Gitterfunktionen φ führen, und zeigen Sie diese Eigenschaft.

Aufgabe 7.4. (a) Stellen Sie die Matrizen des Gleichungssystems zur Diskretisierung des Modellproblems (7.1) auf für den Differenzenstern des Mehrstellenverfahrens (7.10)

* bei lexikographischer Nummerierung für allgemeines n,
* bei Schachbrett-Nummerierung für $N = 4$, also $n = 16$,
* bei einer Vierfarben-Nummerierung für $N = 4$, also $n = 16$.

Hier führt die Schachbrett-Nummerierung offenbar nicht zu einer T-Matrix der Form

$$\mathbf{A} = \begin{pmatrix} \mathbf{D}_1 & \mathbf{H}_1 \\ \mathbf{K}_1 & \mathbf{D}_2 \end{pmatrix} \quad \text{mit Diagonalmatrizen } \mathbf{D}_1 \text{ und } \mathbf{D}_1 \,.$$

Diese Form hat sie nur bei einem Fünf-Punkte-Stern. Aber wie sieht es bei der Vierfarben-Nummerierung aus?

(b) Programmieraufgabe

Untersuchen Sie das Glättungsverhalten des Gauß-Seidel-Verfahrens für den Neun-Punkte-Stern experimentell für den Fall der lexikographischen Nummerierung, indem Sie für verschiedene Werte von n Beispiel 7.1 aus Abschn. 7.1.1 mit dieser Matrix wiederholen.

Aufgabe 7.5. Zeigen Sie:
Wenn $\mathbf{A}_1^h$ und $\mathbf{A}_2^h$ die durch den Fünf-Punkte-Stern beim Modellproblem (7.1) mit der Schachbrett- bzw. der Vierfarben-Nummerierung entstandenen Matrizen sind, dann liefert das Gauß-Seidel-Verfahren mit einem beliebigen Startvektor $\mathbf{v}_0 \in \mathbb{R}^n$ für beide Iterationsverfahren dieselbe Folge von Näherungsvektoren.

Hinweis: Wenn Sie mit Hilfe von Abb. 7.3 geschickt argumentieren, dann ist ein mathematisch formaler Beweis überflüssig.

Aufgabe 7.6. Entwickeln Sie aus dem Stern (7.61) die kubische Interpolationsformel für den Feingitterpunkt (x_{2i+1}, y_{2j+1}).

Aufgabe 7.7. Beweisen Sie Gleichung (7.62). Wenn Ihnen der allgemeine Beweis schwer erscheint, dann rechnen Sie die Gleichung für $N = 4$, also $m = 7$ nach.

Aufgabe 7.8. Berechnen Sie $\bar{\mathbf{A}}^{2h}$ nach (7.65) für $N = 4$, also $m = 7$. Leiten Sie daraus durch offensichtliche Verallgemeinerung einen Differenzenstern für $\bar{\mathbf{A}}^{2h}$ her.
   Programmieren Sie zwei Dreigittermethoden mit V-Zyklen, einmal mit den Standard-Operatoren, zum anderen mit dem Operator $\bar{\mathbf{A}}^{2h}$ auf dem mittleren Gitter, den Sie aus der Fünf-Punkte-Diskretisierung $\mathbf{A}^h$ nach (7.65) berechnen. Die drei Gitter sollen aus einem, neun und 49 Punkten bestehen.

Aufgabe 7.9. Überprüfen Sie die Aussagen zur Nachiteration auf Seite 151, indem Sie das folgende Lemma beweisen:
   Sei $\mathbf{A}$ eine reguläre Matrix der Ordnung n, $\mathbf{b} \in \mathbb{R}^n$. $\mathbf{x} \in \mathbb{R}^n$ sei die exakte Lösung von $\mathbf{A}\mathbf{x} = \mathbf{b}$.
   $\tilde{\mathbf{x}} \in \mathbb{R}^n$ sei ein beliebiger Vektor, $\mathbf{r} := \mathbf{b} - \mathbf{A}\tilde{\mathbf{x}}$ sei das Residuum zu $\tilde{\mathbf{x}}$.
   Auch $\tilde{\mathbf{z}} \in \mathbb{R}^n$ sei ein beliebiger Vektor, $\mathbf{s} := \mathbf{r} - \mathbf{A}\tilde{\mathbf{z}}$ sei das Residuum zu $\tilde{\mathbf{z}}$.
   $\mathbf{w}$ sei die exakte Lösung von $\mathbf{A}\mathbf{w} = \mathbf{s}$.
   Dann ist $\mathbf{x} = \tilde{\mathbf{x}} + \tilde{\mathbf{z}} + \mathbf{w}$.

Aufgabe 7.10. Die Situation eines schmalen, langen rechteckigen Gebietes mit inhomogenen Gitterweiten ist der einer anisotropen partiellen Differenzialgleichung in einem quadratischen Gebiet mit homogenen Gitterweiten sehr ähnlich.
   Zeigen Sie das an folgendem einfachen Beispiel:
Stellen Sie zuerst eine diskretisierte Gleichung der anisotropen Gleichung

$$-u_{xx} - \varepsilon u_{yy} = 0 \quad \text{in} \quad (0, 1)^2$$

in einem randfernen inneren Punkt bei homogener Gitterweite h auf.
   Diskretisieren Sie jetzt die Laplace-Gleichung in einem Rechteck der halben Höhe

$$-u_{xx} - u_{yy} = 0 \quad \text{in} \quad (0, 1) \times (0, 0.5) \, ,$$

aber mit den Gitterweiten $H_1 = h$ und $H_2 = h/2$.
   Welcher Wert von ε führt zu einer identischen diskretisierten Gleichung?

Aufgabe 7.11. Zeichnen Sie in die hier abgebildeten Gebiete jeweils das gröbste sinnvolle Gitter mit homogener Gitterweite h ein und geben Sie h an.

Abb. 7.20 Erweiterung des Randteils mit Neumann-Randbedingungen gegenüber Abb. 7.19

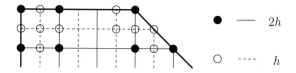

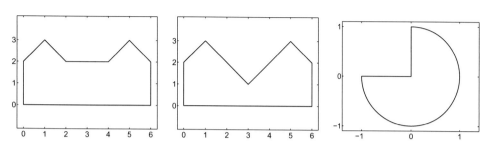

Aufgabe 7.12. Statt der Isolations-Randbedingung (7.83) sei jetzt der Wert der Ableitung in Richtung der äußeren Normalen vorgegeben:

$$\frac{\partial u}{\partial \mathbf{n}}(x, y) = \beta(x, y) \, .$$

Passen Sie die Gleichungen (7.84), (7.85) und (7.87) an diese geänderte Randbedingung an.

Aufgabe 7.13. Die Neumann-Randbedingung (7.83) sei jetzt auf dem gesamten linken, oberen und rechten Rand des in Abb. 7.20 gezeigten Teilgebietes vorgegeben. Geben Sie die (7.84) bis (7.88) entsprechenden Gleichungen für die beiden Eckpunkte oben an.

Literatur

1. Bastian, P.: Parallele adaptive Mehrgitterverfahren. Teubner, Stuttgart (1996)
2. Brandt, A.: Multi-level adaptive solutions to boundary value problems. Math. Comp. **31**, 333–390 (1977)
3. Brandt, A.: 1984 multigrid guide (lightly revised 2011). SIAM, Philadelphia (2011)
4. Briggs, W.L., Henson, V.E., McCormick, S.F.: A Multigrid Tutorial, 2nd ed. SIAM, Philadelphia (2000)
5. Collatz, L.: The numerical treatment of differential equations, 3nd ed. Springer, Berlin (1982)
6. Hackbusch, W.: Multigrid methods and applications. Springer, Berlin (1985)
7. Hackbusch, W., Trottenberg, U. (eds.): Multigrid Methods. Springer, Lecture Notes in Mathematics 960, Berlin (1982)
8. Hackbusch, W., Trottenberg, U. (eds.): Multigrid Methods III. Birkhäuser, Basel (1991)
9. Hemker, P.W.: On the order of prolongations and restrictions in multigrid procedures. J. Comp. and Appl. Math. **32**, 423–429 (1990)
10. Kuo, C.C.J., Levy, B.: Two-color Fourier analysis of the multigrid method with red-black Gauss-Seidel smoothing. Appl. Math and Comp. **29**, 69–87 (1989)
11. Schwarz, H.R., Köckler, N.: Numerische Mathematik. 8. Aufl. Vieweg+Teubner, Wiesbaden (2011)
12. Stueben, A., Trottenberg, U.: Multigrid methods: fundamental algorithms, model problem analysis and application. In: Hackbusch, W.: Multigrid methods and applications, pp. 1–176. Springer, Berlin (1982)

13. Trottenberg, U., Oosterlee, C., Schüller, A.: Multigrid. Academic Press, San Diego (2001)
14. Wesseling, P.: A survey of Fourier smoothing analysis results. In: Hackbusch, W., Trottenberg, U. (eds.) Multigrid Methods III, pp. 105–127. Birkhäuser, Basel (1991)
15. Wesseling, P.: An Introduction to Multigrid Methods, corr. reprint. R. T. Edwards, Philadelphia (2004)
16. Yavneh, I.: Multigrid smoothing factors of red-black Gauss-Seidel applied to a class of elliptic operators. SIAM J. Numer. Anal. **32**, 1126–1138 (1995)

Kapitel 8
Finite-Elemente-Methoden

Zusammenfassung Finite-Elemente-Methoden (FEM) erfordern einen wesentlich anderen Zugang zu den Modulen der Mehrgittermethoden als Differenzenverfahren. Die Gitter zu einer FEM nennt man unstrukturiert im Gegensatz zu den strukturierten Gittern von Differenzenmethoden. Mit diesen unstrukturierten Gittern, z. B. Dreiecksgittern, ist es leichter ein unregelmäßiges Gebiet zu approximieren. Auch adaptive Verfeinerungen eines gegebenen Gitters sind leichter zu definieren. Erfüllen diese Gitter für verschiedene Stufen einer Mehrgittermethode gewisse Voraussetzungen, so ist die Formulierung einer adaptiven Mehrgittermethode nahezu identisch mit der für homogen (uniform) verfeinerte Gitter.

Grundlagen und Eigenschaften dieser Methoden ebenso wie Konvergenzbeweise und verschiedene Anwendungen sind ausführlich in [24] zu finden. Eine kompaktere Version mit Konvergenzbeweisen und interessanten Beispielen stellen für linear elliptische Probleme die Kap. 5 bis 7 in [22] dar.

Wir wollen wieder weitgehend auf Beweise verzichten und die grundlegenden Voraussetzungen und Eigenschaften an konkreten Beispielen verdeutlichen. Die Beispiele rechnen wir mit drei verschiedenen Softwaresystemen, mit dem Werkzeugkasten `pdetool` von MATLAB und mit den Programmpaketen PLTMG und KASKADE.

8.1 Funktionen- und Vektorräume für die Finite-Elemente-Methode

Einem Randwertproblem mit einer partiellen Differenzialgleichung wird ein Variationsproblem in einem Funktionenraum zugeordnet. Um eine numerische Näherungslösung für dieses Problem zu berechnen, muss es diskretisiert werden. Bei der FEM geschieht dies durch die Lösung des Variationsproblems in einem endlich-dimensionalen Unterraum. Dieser wird definiert mit Hilfe eines Netzes aus geometrischen Elementen, das bestimmte Bedingungen erfüllen muss. Wir wollen uns im Folgenden auf Netze aus Simplices beschränken, das sind Dreiecke im $\mathbb{R}^2$ und Tetraeder im $\mathbb{R}^3$. Sie sollen das Gebiet Ω vollständig überdecken; im $\mathbb{R}^2$ dürfen sich zwei Dreiecke einer konformen Triangulierung nur in einem Punkt, einer Kante oder gar nicht schneiden. Für die Tetraeder im $\mathbb{R}^3$

N. Köckler, *Mehrgittermethoden*, DOI 10.1007/978-3-8348-2081-5_8,
© Vieweg+Teubner Verlag | Springer Fachmedien Wiesbaden 2012

kommt als zulässige Schnittmenge ein Dreieck als gemeinsame Seitenfläche hinzu. Durch die Triangulierung und die Festlegung der Ansatzfunktionen (linear, quadratisch, kubisch) sind Knotenpunkte definiert; das können z. B. die Eckpunkte der Dreiecke sein. Die zu berechnende Näherungslösung ist dann über ihre Werte in den Knotenpunkten eindeutig bestimmt. Einzelheiten dieser Vorgehensweise haben wir in Abschn. 1.5 kennen gelernt. Die Konstruktion einer Mehrgittermethode für mit der FEM diskretisierte Randwertprobleme wurden in Kap. 6 für eindimensionale Probleme, also Randwertprobleme mit einer gewöhnlichen Differenzialgleichung, ausführlich dargestellt. Der dort eingeschlagene Weg soll hier für elliptische Probleme im $\mathbb{R}^n$ erneut gegangen werden.

In Abschn. 1.5 haben wir in (1.52) den Funktionenraum $\mathfrak{N}$ definiert, auf dem die Lösung des Variationsproblems (1.50) definiert ist, das dem Differenzialgleichungsproblem (1.45)

$$-\Delta u + \varrho(x, y)\, u = f(x, y) \text{ in } \Omega\,, \quad u = 0 \quad \text{auf} \quad \Gamma = \partial\Omega\,,$$

zugeordnet wurde. Der Funktionenraum $\mathfrak{N}$ ist unendlich-dimensional. Eine FEM-Lösung wird auf einem endlich-dimensionalen Unterraum dieses Raums konstruiert, den die globalen Basisfunktionen $w_1(x)$ bis $w_n(x)$ nach Abschn. 1.5.3 oder wie im eindimensionalen Fall in Gleichung (6.3) aufspannen. Eine Funktion $u \in U_n$ wird durch den ihr zugeordneten Koeffizientenvektor $\alpha = (\alpha_1, \ldots, \alpha_n)^T \in \mathbb{R}^n$ bezüglich dieser Basis $\{w_k,\ k = 1, \ldots, n\}$ eineindeutig repräsentiert:

$$u(x, y) = \sum_{k=1}^{n} \alpha_k\, w_k(x, y)\,. \tag{8.1}$$

Für linear elliptische Differenzialgleichungen mit homogenen Dirichlet-Randbedingungen

$$Lu = f \quad \text{in} \quad \Omega\,, \quad u = 0 \quad \text{auf } \Gamma\,, \tag{8.2}$$

ist die Dimension dieses Unterraumes für die hier in Frage kommenden Ansätze gleich der Anzahl der Knotenpunkte im Inneren von Ω, siehe etwa Abb. 1.9 oder Abb. 1.12. Die Darstellung (8.1) der Lösung u im Unterraum U_n zeigt, dass der Funktionenraum U_n und der Raum $\mathbb{R}^n$ der Koeffizientenvektoren α bijektiv miteinander verbunden sind.

Für eine Mehrgittermethode werden natürlich mehrere Unterräume resp. Triangulierungen mit sehr unterschiedlichen Anzahlen von Knotenpunkten benötigt. Die Formulierung dieser Methoden wird dabei sehr erleichtert, wenn die Triangulierungen eine Bedingung erfüllen:

Definition 8.1. *Wenn jedes geometrische Element einer feinen Triangulierung Teilmenge je eines der Elemente der gröberen Triangulierungen ist, dann heißen die zugeordneten Unterräume* hierarchisch, *denn dann gilt*

$$U_0 \subset U_1 \subset \cdots \subset U_m \subset \mathfrak{N}\,. \tag{8.3}$$

Abb. 8.1 Hierarchische (*oben*) und nicht hierarchische Verfeinerung

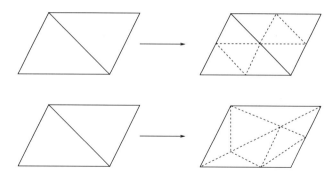

In Abb. 8.1 sehen wir oben eine Triangulierung, die hierarchisch verfeinert wurde, unten wurde gegen die in Definition 8.1 genannte Bedingung bei der Verfeinerung verstoßen. Auf hierarchische Finite-Elemente-Räume werden wir in Abschn. 8.4 zurückkommen.

8.2 Homogene und adaptive Netz-Verfeinerungen

Ein gegebenes Dreiecksnetz kann nach verschiedenen Kriterien verfeinert werden. Im Fall einfacher Probleme ohne erschwerende Besonderheiten wie einspringende Ecken oder unterschiedlich variierende Koeffizientenfunktionen dient die Verfeinerung nur der Definition unterschiedlicher Netze (Gitter) für die anzuwendende Mehrgittermethode. Es gibt ein gröbstes sinnvolles Netz, alle feineren Netze entstehen durch eine gleichmäßige, also homogene Verfeinerung des Netzes. Jedes Dreieck wird in Teildreiecke zerlegt; das sind z. B. vier kongruente Dreiecke, die durch das Einfügen der Seitenmittelpunkte als neue Knotenpunkte entstehen, siehe Abb. 8.3 oben. Bei anspruchsvolleren Problemen, z. B. komplexen Geometrien, singulären Punkten oder anisotropen Differenzialgleichungen, wird viel Rechenzeit verschenkt, wenn das Netz in unproblematischen Teilgebieten ebenso verfeinert wird, wie es z. B. in der Nähe eines singulären Punktes notwendig ist. In solchen Fällen wird wie folgt vorgegangen:

Adaptive Netz-Verfeinerung

1. Die Lösung wird auf einem groben Dreiecksnetz berechnet.
2. Zu jedem Dreieck wird eine Fehlerschätzung berechnet.
3. Liegt diese Schätzung in einem Dreieck oberhalb einer vorgegebenen Fehlerschranke, dann wird das Dreieck markiert.[1]
4. Alle markierten Dreiecke werden verfeinert.
5. Das verfeinerte Dreiecksnetz wird konform gemacht durch die Einfügung zusätzlicher Kanten.

---

[1] Wir werden auch andere Markierungs-Strategien kennen lernen.

Abb. 8.2 Homogene (*oben*)
und adaptive (*unten*) Netz-
Verfeinerung

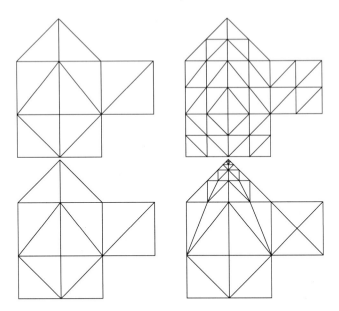

Für diese Vorgehensweise sehen wir ein Beispiel in Abb. 8.2 unten. Für die adaptive
Netz-Verfeinerung sind also Fehlerschätzer wichtig. Hier gibt es verschiedene Möglichkeiten, auf die wir im Abschn. 8.5 eingehen werden.

8.3 Algorithmen zur Netz-Verfeinerung

8.3.1 Reguläre Verfeinerung

In Abb. 8.3 sehen wir oben die so genannte *reguläre Verfeinerung*, die aus einem Dreieck
des groben Gitters vier kongruente Dreiecke des feinen Gitters macht, indem sie die Seitenmittelpunkte als neue Knotenpunkte hinzufügt und diese verbindet. Sie bewirkt damit,
dass sich kein Winkel des groben Gitters durch Verfeinerung verkleinert. Dafür wird in
Kauf genommen, dass sich die Anzahl der Dreiecke im so verfeinerten Gitter vervierfacht.
Da in einem FEM-Netz stumpfe Winkel ebenso unerwünscht sind wie sehr kleine Winkel,
kann auf Dreiecke mit stumpfen Winkeln die in Abb. 8.3 unten dargestellte Verfeinerung
angewendet werden. Sie teilt den stumpfen Winkel und liefert so zwei kongruente Dreiecke sowie zwei mit günstigeren Winkeln.

Nach Schritt (4) einer adaptiven Verfeinerung entstehen in der Regel nicht konforme
Triangulierungen, wenn nicht alle Dreiecke verfeinert werden. Denn es entstehen neue
Dreiecksecken, die nicht Ecken eines benachbarten Dreiecks sind. Solche Knotenpunkte
werden *hängend* genannt. Deshalb ist ein zusätzlicher Schritt notwendig, der eine konforme Triangulierung erzeugt.

Die reguläre Verfeinerung wurde von Bank für das Softwarepaket PLTMG, siehe [6, 7],
entwickelt, wird dort in der neuesten Version aber nur noch für homogene Netz-Verfeine-

Abb. 8.3 Reguläre Verfeine-rung (*oben*) und Verfeinerung von Dreiecken mit stumpfem Winkel (*unten*)

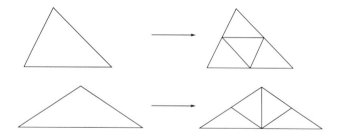

rung verwendet. Ansonsten können hängenden Knoten entstehen, die mit der gegenüber liegenden Ecke verbunden werden, siehe Abb. 8.4. Das bewirkt aber eine unerwünschte Verkleinerung der Winkel. Deshalb wird diese neue Kante als temporär (bei Bank „grün") gekennzeichnet. Sollte eines der beiden Dreiecke, die sie enthalten, in einem späteren Schritt verfeinert werden müssen, dann wird diese grüne Kante entfernt und die Verei-nigungsmenge dieser beiden Dreiecke, die ja auch ein Dreieck ist, wird regulär verfeinert. Dieser Schritt verstößt gegen das Hierarchie-Prinzip der Definition 8.1, stellt aber prak-tisch keine wesentliche Einschränkung dar.

8.3.2 Bisektion über die längste Kante

Dieser Algorithmus von Rivara [29] teilt immer die längste Kante des zu verfeinernden Elements. Der Mittelpunkt der längsten Kante wird als neuer Punkt eingefügt und mit dem gegenüberliegenden Knoten verbunden. Die durch die Unterteilung erzeugten nicht konformen Elemente werden ebenfalls verfeinert, bis wieder ein konformes Netz entstan-den ist.

Der Vorteil dieser Verfeinerung liegt in der Beschränkung der Verkleinerung der gege-benen Winkel. Es wird grundsätzlich der größte Winkel eines Elementes unterteilt, wobei

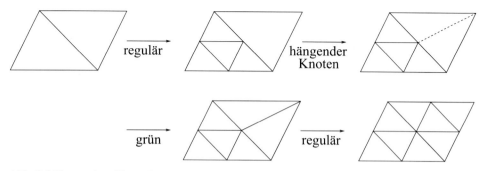

Abb. 8.4 Vom groben Gitter *oben links* wird in einem ersten Verfeinerungsschritt nur das *linke Dreieck* regulär verfeinert. Dadurch entsteht ein hängender Knoten. Das feine Gitter wird durch eine grüne Kante konform gemacht. In einem späteren Verfeinerungsschritt wird die grüne Kante entfernt und das betroffene Dreieck regulär verfeinert

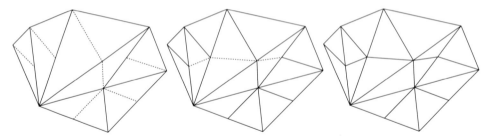

Abb. 8.5 Homogene Verfeinerung durch Bisektion über die längste Kante. Zuerst werden links alle sieben Dreiecke geteilt, dabei entstehen hängende Knoten, die durch drei weitere Bisektionen über die längste Kante beseitigt werden. Dadurch sind 17 Dreiecke entstanden bei Wahrung der Hierarchie

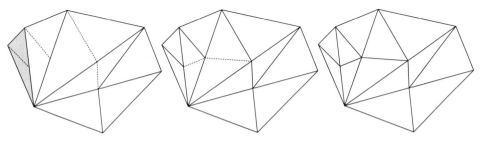

Abb. 8.6 Adaptive Verfeinerung durch Bisektion über die längste Kante. Ein Dreieck ist markiert. Es wird geteilt und erzeugt einen hängenden Knoten. Der führt zu drei Bisektionen und einem zusätzlichen hängenden Knoten. Zwei weitere Bisektion erzeugen schließlich das konforme Netz *rechts*. So sind aus sieben Dreiecken mit einer Markierung 13 Dreiecke entstanden, die wieder hierarchisch zum Ausgangsnetz sind

hier nicht unbedingt eine Halbierung des Winkels vorgenommen wird. Eine mehrfache Verfeinerung eines Elementes erzeugt dabei fast immer eine Folge von vier verschiedenen kongruenten Dreiecksformen. Eine Folge von adaptiv mit der Bisektion verfeinerten Dreiecksnetzen erzeugt hierarchische FEM-Räume. Diese Methode wird im Softwarepaket PLTMG für die adaptive Verfeinerung eingesetzt, [8]. In Abb. 8.5 wird die homogene Verfeinerung, in Abb. 8.6 die adaptive Verfeinerung bei einem markierten Dreieck veranschaulicht.

Wird die Bisektion auf alle Dreiecke einer Triangulierung angewendet, dann entstehen nicht viermal so viele Dreiecke wie bei der regulären Verfeinerung, sondern etwas mehr als doppelt so viele. Wird sie nur auf die markierten Dreiecke einer adaptiven Verfeinerung angewendet, dann kann es allerdings notwendig sein, zur Herstellung der Konformität viele weitere Dreiecke zu verfeinern, im schlechtesten Fall $O(n)$ Dreiecke, wenn das Ausgangs-Netz aus n Dreiecken besteht.

Rivara hat selbst Varianten dieser Methode entwickelt, etwa die *Bisektion über die längste Kante mit Abschlusskante*, die der grünen Kante bei der regulären Verfeinerung entspricht, oder die *Bisektion über die längste Kante mit Rückverfolgung*, [30]. Wir wollen aber hier auf weitere Einzelheiten verzichten.

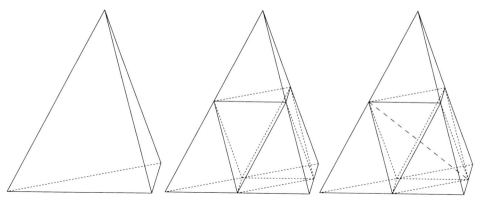

Abb. 8.7 Reguläre Verfeinerung eines Tetraeders

8.3.3 Geometrische Elemente im $\mathbb{R}^3$ und ihre Verfeinerung

Ein Dreieck ist ein zweidimensionaler Simplex. Das Pendant zum Dreieck im $\mathbb{R}^3$ ist dementsprechend ein Tetraeder, das ist ein dreidimensionaler Simplex, dessen Oberfläche aus vier Dreiecken mit vier Eckpunkten besteht, siehe Abb. 8.7 links.

Die reguläre Verfeinerung eines Tetraedernetzes geschieht ganz analog zum zweidimensionalen Fall. Wir betrachten hier nur einen einzelnen Tetraeder. Auf jeder seiner Kanten wird der Mittelpunkt als neuer Knotenpunkt erzeugt. Mit diesen wird jedes Oberflächendreieck in vier kongruente Dreiecke eingeteilt. Dadurch entstehen in den Ecken des alten vier neue kongruente Tetraeder, siehe Abb. 8.7 Mitte. In der Mitte bleibt allerdings ein Oktaeder übrig, der durch eine Diagonale in vier weitere Tetraeder aufgeteilt werden kann, siehe Abb. 8.7 rechts. Diese Aufteilung ist aber nicht eindeutig, und es entstehen auch keine kongruenten (ähnlichen) Tetraeder. Die Wahl der Diagonale kann großen Einfluss auf die Qualität des Tetraedernetzes haben. Meistens wird die kürzeste Diagonale gewählt.

Auch die Bisektion über die längste Kante ist leicht auf drei Dimensionen zu übertragen. Aus einem werden zwei Tetraeder, wie in Abb. 8.8 zu sehen ist.

Abb. 8.8 Verfeinerung eines
Tetraeders durch Bisektion

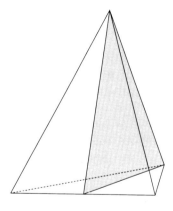

Hängende Knoten und grüne Verfeinerungen wollen wir nicht betrachten.

Bei der Aufteilung eines dreidimensionalen Gebietes $\Omega \in \mathbb{R}^3$ in konforme Tetraeder gibt es einige kritische Situationen, die nur schwer durch automatische Programme gut gelöst werden können. Viele schöne Beispiele dazu sind bei Shewchuk zu finden, [33]. Wir werden in Aufgabe 8.7 eine der möglichen problematischen Situationen kennen lernen.

8.4 Hierarchische Finite-Elemente-Räume

Die Darstellung (8.1) einer Funktion $u \in U_n$ hängt von der gewählten Basis $\{w_1, \ldots, w_n\}$ ab. Wie in Abschn. 6.2 gibt es zwei wichtige Möglichkeiten:

- Die *Knotenbasis*, die jedem Knotenpunkt eine Basisfunktion zuordnet und die Kronecker-Eigenschaft (6.4) besitzt:
  Sei für eine Gebiet $\Omega \subset \mathbb{R}^d$

  $$U_n = \text{span}\{w_1(x_1, x_2, \ldots, x_d), \ w_2(x_1, x_2, \ldots, x_d), \ldots, \ w_n(x_1, x_2, \ldots, x_d)\} \tag{8.4}$$

  und seien

  $$P_j = (x_1^{(j)}, x_2^{(j)}, \ldots, x_d^{(j)}), \quad j = 1, 2, \ldots, n, \tag{8.5}$$

  die Knotenpunkte. Es gilt

  $$w_k(P_j) = \delta_{jk} . \tag{8.6}$$

- Die *hierarchische Basis*, die für einen Raum U_n mit $n > 0$ die Basisfunktionen des Raumes U_{n-1} übernimmt und nur für neu hinzu gekommene Knotenpunkte die entsprechenden Basisfunktionen hinzufügt. Für eine hierarchische Basis gilt die Kronecker-Eigenschaft i. A. nicht.

Der Unterschied dieser beiden Basis-Konstruktionen ist auch für den mehrdimensionalen Fall in den eindimensionalen Zeichnungen von Abb. 6.1 gut zu sehen. In dem entsprechenden Abschn. 6.2 sind auch die Vor- und Nachteile der beiden Basen im Vergleich dargestellt worden. Wir wollen hier noch einmal auf die Unterschiede in den Konditionszahlen (10.23) bei der Diskretisierung mittels Knoten- oder hierarchischer Basis eingehen. Sie sollen zunächst an einem Beispiel verdeutlicht werden.

Beispiel 8.1. Für stückweise lineare Ansatzfunktionen auf Dreieckselementen sind die Eckpunkte der Dreiecke die Knotenpunkte. Im Einheitsquadrat sollen Basisfunktionen zu homogen verfeinerten Netzen konstruiert werden. Dabei setzen wir homogene Dirichlet-Randbedingungen voraus, sodass die Anzahl der Basisfunktionen mit der Anzahl der Knotenpunkte im Inneren des Einheitsquadrats übereinstimmt. Hier wollen wir dabei nur einen Aspekt betrachten und zwar den Aufbau und die Besetzung der zugehörigen Matrix. In Abb. 8.9 sehen wir drei Netze, eines mit vier Dreiecken, einem inneren Knotenpunkt und dementsprechend einer Basisfunktion. Wird jedes der vier Dreiecke in vier kongruente Dreiecke zerlegt, bekommen wir ein Netz mit 16 Dreiecken und fünf inneren Knoten-

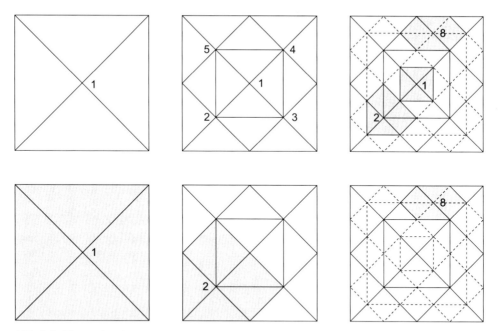

Abb. 8.9 *Oben rechts* die Träger dreier Basisfunktionen der Knotenbasis, *unten von links nach rechts* die der entsprechenden Basisfunktionen der hierarchischen Basis

punkten und Basisfunktionen. Verfeinern wir ein zweites Mal regulär, so erhalten wir 64 Dreiecke mit 25 inneren Knotenpunkten und Basisfunktionen.

Ein Element $a_{j,k}$ in der Matrix $\mathbf{A} = \{B(w_j, w_k)\}_{j,k=1}^n$, siehe (1.59), ist ungleich null, wenn die Schnittmenge der Träger[2] der Basisfunktionen nicht leer ist.

Bei der Knotenbasis wird eine Funktion nur in den Dreiecken ungleich null, die den entsprechenden Knotenpunkt als Eckpunkt haben. Beim groben Ein-Punkt-Netz ist das natürlich das ganze Einheitsquadrat, beim mittleren Fünf-Punkt-Netz ist das eine Fläche, wie sie etwa in der Zeichnung unten Mitte in Abb. 8.9 für den Punkt mit der Nummer „2" zu sehen ist, beim feinen 25-Punkte-Netz sind die Flächen entsprechend kleiner, in Abb. 8.9 oben rechts sind dafür drei Beispiele zu sehen. Die Matrix $\mathbf{A}$ ist dementsprechend schwach besetzt.

Bei der hierarchischen Basis bleibt die Basisfunktion $w_1(x, y)$ des groben Netzes auch Basisfunktion in allen feineren Netzen, ihr Träger hat also nichtleere Schnittmengen mit allen Basisfunktionen in diesen Netzen. Die Basisfunktion $w_2(x, y)$ des mittelfeinen Netzes bleibt Basisfunktion im feinen 25-Punkte-Netz. Deshalb ergeben sich wesentlich mehr nichtleere Schnittmengen ihres Trägers mit denen der Basisfunktionen des feinen Netzes als bei der Knotenbasis. Die hierarchische Basis erzeugt also eine weniger schwach besetzte Matrix $\mathbf{A}$ als die Knotenbasis. In diesem Beispiel erzeugt die Knotenbasis 145

---

[2] Als Träger einer Funktion $f : A \to \mathbb{R}^n$ bezeichnet man die abgeschlossene Hülle der „Nichtnullstellenmenge" von f: $\mathrm{supp}(f) := \overline{\{x \in A \mid f(x) \neq 0\}}$.

Tabelle 8.1 Wachstum der Konditionszahlen der Matrizen $\mathbf{A}$ zur Knotenbasis und $\tilde{\mathbf{A}}$ zur hierarchischen Basis mit der Verfeinerungsstufe j. Dabei ist n_j die Anzahl der inneren Knotenpunkte bei homogener Verfeinerung im Einheitsquadrat

Stufe j	0	1	2	3	4	5	6	7
$\kappa(\mathbf{A})$	1	4	16	64	256	1024	4096	16 384
$\kappa(\tilde{\mathbf{A}})$	1	4	9	16	25	36	49	64
n_j	1	9	49	225	961	3969	16 129	65 025

Elemente ungleich null in der 25×25-Matrix $\mathbf{A}$, das sind 23 %, die hierarchische Basis erzeugt 233 Elemente ungleich null, das sind 37 %. Diese Prozentzahlen werden kleiner bei wachsender Knotenzahl, der Unterschied bleibt bestehen.

Dass die Matrix $\mathbf{A}$ bei einer hierarchischen Basis mehr Elemente ungleich null enthält als bei einer Knotenbasis, ist zwar ein Nachteil, dem steht aber der große Vorteil einer kleineren Konditionszahl (10.23) entgegen. Yserentant [37] hat gezeigt, dass sich die Konditionszahlen wie folgt verhalten, siehe auch [9].

Lemma 8.2. *Seien* $\mathbf{A_j}$ *die FEM-Matrizen zu einer linear elliptischen Randwertaufgabe mit stückweise linearen Ansatzfunktionen auf Dreiecksnetzen, die durch homogene Verfeinerung entstanden sind wie in Beispiel 8.1, bezüglich der zugehörigen Knotenbasen. Seien* $\tilde{\mathbf{A}}_j$ *die entsprechenden Matrizen bei hierarchischen Basen. Dann gilt für die Konditionszahlen (10.23) dieser Matrizen in der Spektralnorm* $\|\cdot\|_2$

$$\kappa(\mathbf{A}_j) \leq C_1 \, 4^j \qquad (8.7)$$

$$\kappa(\tilde{\mathbf{A}}_j) \leq C_2 \, (j+1)^2 \qquad (8.8)$$

Dabei hängen die Konstanten C_1 *und* C_2 *von Eigenschaften des Randwertproblems und der Diskretisierung ab, sind aber unabhängig vom Stufenindex* j.

Wie stark die Unterschiede sind, kann an der Tabelle 8.1 abgelesen werden, in der die Konstanten $C_1 = C_2 := 1$ gesetzt wurden.

Der Nachteil, dass in den Diskretisierungsmatrizen zu hierarchischen Basen wesentlich mehr Elemente ungleich null sind als in denen zur Knotenbasis, wiegt weniger schwer, wenn wir uns vergewissern, wie mit diesen Matrizen gerechnet wird. Ein direktes Lösungsverfahren wie das nach Cholesky oder Gauß wird nur auf der gröbsten Stufe, also auf Matrizen kleiner Ordnung angewendet; da spielt die schwache Besetzung keine Rolle. Die meisten Iterationsverfahren, die auf die feineren Stufen und damit auf Matrizen höherer Ordnung angewendet werden, können rechnerisch als Matrix-Vektor-Multiplikationen dargestellt werden. Der Aufwand für diese Operationen steigt also nur linear mit der Anzahl der Nicht-Null-Elemente in der Matrix. Dieser Mehraufwand wird durch die bessere Konvergenz bzw. Glättung der Iterationsverfahren in den meisten Fällen wettgemacht.

Es kann aber auch wie am Ende von Abschn. 6.2 von den Transformationen zwischen den Basen Gebrauch gemacht werden. Wir wollen das hier nach [21] darstellen. Dazu setzen wir zunächst voraus, dass wir $m + 1$ Funktionenräume $U_0 \subset U_1 \subset \cdots \subset U_m$ mit hierarchischen Basen haben. Die Ansatzfunktionen seien so gewählt, dass jedem Knotenpunkt genau eine Ansatzfunktion zugeordnet wird. Ansatzfunktionen und Knotenpunkte seien aufsteigend nummeriert, das wird die natürliche Ordnung der Basisfunktionen genannt. Das bedeutet, dass die Basisfunktionen zu U_0 die Nummern 1 bis n_0 erhalten und in allen Räumen U_l, $l = 1, \ldots, m$, behalten. Anschließend bekommen die zusätzlichen Basisfunktionen in U_1 die Nummern $n_0 + 1$ bis n_1, usw. Knotenbasen sind in den Räumen natürlich auch eindeutig definiert. Im Raum U_l sei jetzt $\mathbf{A}_l \mathbf{u}_l = \mathbf{b}_l$ das lineare Gleichungssystem zur Knotenbasis und $\tilde{\mathbf{A}}_l \tilde{\mathbf{u}}_l = \tilde{\mathbf{b}}_l$ das entsprechende Gleichungssystem zur hierarchischen Basis. Wegen der natürlichen Ordnung der Basisfunktionen lassen sich die Matrizen $\tilde{\mathbf{A}}_l$ darstellen als

$$\tilde{\mathbf{A}}_l := \begin{pmatrix} \tilde{\mathbf{A}}_0 & \tilde{\mathbf{A}}_{0,l} \\ \tilde{\mathbf{A}}_{l,0} & \tilde{\mathbf{A}}_{l,l} \end{pmatrix} . \tag{8.9}$$

Für die Transformation der Systeme sei $\mathbf{S}_l$ die Transformationsmatrix, für die gilt

$$\boxed{\mathbf{u}_l = \mathbf{S}_l \tilde{\mathbf{u}}_l , \quad \tilde{\mathbf{b}}_l = \mathbf{S}_l^T \mathbf{b}_l , \quad \tilde{\mathbf{A}}_l = \mathbf{S}_l^T \mathbf{A}_l \mathbf{S}_l .} \tag{8.10}$$

Zur Vorbereitung der Konstruktion eines effizienten iterativen Lösers, der im Mehrgitterverfahren als Glätter eingesetzt werden kann, definieren wir jetzt in jedem Raum U_l ein weiteres Gleichungssystem wie folgt. Sei dazu $\mathbf{D}_l$ eine Diagonalmatrix, die diejenigen Diagonalelemente von $\tilde{\mathbf{A}}_l$ enthält, die nicht in $\tilde{\mathbf{A}}_0$ enthalten sind; das sind nach (8.9) die Diagonalelemente von $\tilde{\mathbf{A}}_{l,l}$. Damit definieren wie eine Matrix $\tilde{\mathbf{D}}_l$ und ihre Cholesky-Zerlegung $\mathbf{L}_l \mathbf{L}_l^T$.

$$\tilde{\mathbf{D}}_l := \begin{pmatrix} \tilde{\mathbf{A}}_0 & \mathbf{0} \\ \mathbf{0} & \mathbf{D}_l \end{pmatrix} =: \mathbf{L}_l \mathbf{L}_l^T . \tag{8.11}$$

Diese Cholesky-Zerlegung ist sehr einfach zu berechnen, handelt es sich doch bei $\tilde{\mathbf{A}}_0$ um eine Matrix sehr kleiner Ordnung, oft mit $n_0 = 1$, $n_0 = 4$ oder $n_0 = 9$, und bei $\mathbf{D}_l$ um eine Diagonalmatrix. Deshalb lässt sich auch die Dreiecksmatrix $\mathbf{L}_l$ ohne großen Aufwand invertieren. Wir definieren jetzt eine neue Matrix

$$\bar{\mathbf{A}}_l := \mathbf{L}_l^{-1} \tilde{\mathbf{A}}_l \mathbf{L}_l^{-T} = \mathbf{L}_l^{-1} \mathbf{S}_l^T \mathbf{A}_l \mathbf{S}_l \mathbf{L}_l^{-T} \tag{8.12}$$

Yserentant [38] hat gezeigt, dass auch die Konditionszahlen der Matrizen $\bar{\mathbf{A}}_l$ nur wie $(l + 1)^2$ wachsen. Das heißt, dass die Matrix

$$\mathbf{M}_l := \mathbf{S}_l^{-T} \tilde{\mathbf{D}}_l \mathbf{S}_l^{-1} \tag{8.13}$$

eine geeignete Vorkonditionierungsmatrix für die Methode der konjugierten Gradienten ist, siehe Abschn. 2.3.2. Und das bedeutet, dass die Anwendung des CG-Verfahrens auf das Gleichungssystem

$$\bar{\mathbf{A}}_l \bar{\mathbf{u}}_l = \bar{\mathbf{b}}_l \quad \text{mit} \quad \bar{\mathbf{b}}_l := \mathbf{L}_l^{-1} \mathbf{S}_l^T \mathbf{b}_l \tag{8.14}$$

schnelle Konvergenz erwarten lässt. Die Lösung bezüglich der Knotenbasis ist aus $\bar{\mathbf{u}}_l$ leicht zu berechnen:

$$\boxed{\mathbf{u}_l = \mathbf{S}_l \mathbf{L}_l^{-T} \bar{\mathbf{u}}_l .} \tag{8.15}$$

Yserentant gibt in [36] für lineare finite Elemente auf Triangulierungen Algorithmen zur Berechnung des Matrixproduktes $\tilde{\mathbf{A}}_l\mathbf{u}$ mit $\mathbf{u} \in \mathbb{R}^{n_l}$ an und zeigt, dass der zusätzliche Aufwand aus $4\,n_l$ Additionen und $2\,n_l$ Divisionen besteht.

8.5 Fehlerschätzer

Für die Schätzung des Fehlers in einem Dreieck nach berechneter Näherungslösung (deshalb A-posteriori-Schätzer) gibt es sehr unterschiedliche Ansätze. Die historisch meist zitierten Schätzer gehen auf Babuška zurück, [1, 3–5]. Für das Softwarepaket PLTMG [7] haben Bank und Weiser einen sehr effizienten Schätzer entwickelt, [10], der für spätere Versionen des Programmpaketes [8] von Bank und Xu verbessert wurde, [11, 12]. Die Programme des Zuse-Instituts in Berlin verwenden einen kantenorientierten hierarchischen Fehlerschätzer, [20]. MATLAB verwendet noch einen anderen Schätzer nach [26, 27]. Eine gute Zusammenfassung der Möglichkeiten findet sich in [22] oder in [23]. Hier soll nur die Idee zur Konstruktion eines kantenorientierten Fehlerschätzers etwas genauer untersucht werden.

8.5.1 Grundlagen

Zunächst einige grundsätzliche Überlegungen. In Abschn. 6.3 haben wir schon drei Fehlerarten vorgestellt. Die zu betrachtenden Fehlerschätzer sollen den *Diskretisierungsfehler*

$$\varepsilon_h := u - u_h \tag{8.16}$$

schätzen, wo u die Lösung des Variationsproblems (1.50) ist, das der partiellen Differenzialgleichung (1.45) oder (8.2) zugeordnet wurde, und u_h die FEM-Näherung.

Wir bezeichnen den Fehlerschätzer mit η_h oder $\tilde{\eta}_h$. Er soll *zuverlässig* und *effizient* sein. Diese Begriffe gehen auf Ergebnisse von Babuška und Aziz in [2] zurück, gemeint sind folgende Ungleichungen, siehe auch [22]:

$$\frac{1}{C_2}\,\eta_h \leq \varepsilon_h \leq C_1\,\eta_h\;. \tag{8.17}$$

Das Produkt $C_1\,C_2$ wird *Effizienzspanne* genannt. Wenn der Fehlerschätzer eine realistische Schätzung des Fehlers liefert, dann sollte diese für kleiner werdenden Größenparameter[3] h immer näher an den eigentlichen Diskretisierungsfehler herankommen. Diese Eigenschaft wird *asymptotisch exakt* genannt und bedeutet

$$C_1, C_2 \to 1\;, \quad \text{wenn} \quad h \to 0\;. \tag{8.18}$$

---

[3] Bei der FEM ist eigentlich keine Gitterweite h definiert. h kann aber ein Maß für die Element-Größe sein wie die kleinste Höhe oder der größte Inkreis-Durchmesser einer Triangulierung. Auch das ist aber kaum sinnvoll bei adaptiven Netzen. Trotzdem wird allgemein h als Bezeichnung benutzt. Und ein asymptotisch gegen null gehendes h ist allemal sinnvoll.

Darüberhinaus sollte der Aufwand zur Berechnung der Fehlerschätzung nicht zu groß sein, d. h. er sollte deutlich kleiner sein als der zur Berechnung der FEM-Lösung u_h; mit anderen Worten: der Fehlerschätzer sollte *billig* sein.

Der Fehler kann *global* oder *lokal* geschätzt werden. Da er zur adaptiven Netz-Verfeinerung dienen soll, ist nur eine lokale Schätzung sinnvoll, also eine, die für jedes Element (z. B. Dreieck im $\mathbb{R}^2$ oder Tetraeder im $\mathbb{R}^3$) einen Schätzwert liefert, auf Grund dessen entschieden werden kann, ob das Element zur Verfeinerung markiert wird oder nicht. Es gibt unterschiedliche Wege zur lokalen Schätzung des Fehlers. Es können kleine lokale Dirichlet- oder Neumann-Probleme gelöst werden, es kann ein lokales Residuum berechnet werden, oder es kann der Sprung der Ableitungen in den Kanten der Triangulierung als Fehlerindikator verwendet werden. Wir wollen nur einen A-posteriori-Fehlerschätzer für Dreieckselemente im $\mathbb{R}^2$ etwas näher beschreiben.

8.5.2 *Fehlerschätzung durch lokal quadratische Ansatzfunktionen*

Diese Methode geht auf Bank und Weiser [10] zurück. Sie wurde in den frühen Version des Programmpaketes PLTMG eingesetzt und wird in allgemeinerem Zusammenhang in [6] beschrieben. Wir schildern sie hier knapp für den Fall stückweise linearer Ansatzfunktionen auf einem Dreiecksnetz im $\mathbb{R}^2$. Den Raum der Ansatzfunktionen haben wir U_n genannt; die Lösung des Variationsproblems (1.50) in U_n sei die FEM-Näherung

$$u_h(x, y) = \sum_{k=1}^{n} \alpha_k w_k(x, y) \; . \tag{8.19}$$

mit den linearen Basisfunktionen w_k. Der Raum U_n wird erweitert durch stückweise quadratische Ansatzfunktionen, aber nur durch die, die den Seitenmittelpunkten der Dreiecke als Knotenpunkte zugeordnet werden. Solche Funktionen werden wegen ihrer Form auch *Bubble-Funktionen* genannt. Für eine und zwei Dimensionen ist je ein Beispiel für sie in Abb. 8.10 zu sehen.

Das führt zu einem neuen Raum approximierender Funktionen

$$V = U_n + W \; . \tag{8.20}$$

In W liegen also die zusätzlichen quadratischen Ansatzfunktionen. Die Lösung des Variationsproblems (1.50) in diesem erweiterten Raum bezeichnen wir entsprechend mit v_h:

$$B(v_h, \varphi) = l(\varphi) \quad \forall \varphi \in V \; . \tag{8.21}$$

Das diesem Problem zugeordnete lineare Gleichungssystem lautet

$$\begin{pmatrix} \mathbf{A}_{11} & \mathbf{A}_{12} \\ \mathbf{A}_{21} & \mathbf{A}_{22} \end{pmatrix} \begin{pmatrix} \mathbf{V}_1 \\ \mathbf{V}_2 \end{pmatrix} = \begin{pmatrix} \mathbf{F}_1 \\ \mathbf{F}_2 \end{pmatrix} \; . \tag{8.22}$$

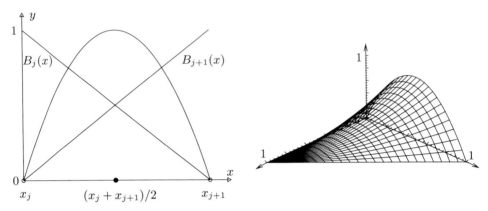

Abb. 8.10 *Links*: Im Intervall $[x_j, x_{j+1}]$ sind nur die linearen Basisfunktionen $w_j(x)$ und $w_{j+1}(x)$ ungleich null; die Basis wird dort lokal erweitert durch die quadratische „Bubble"-Funktion, die den Wert 1 im Mittelpunkt des Intervalls annimmt und an den Rändern verschwindet. *Rechts*: Im Dreieck gibt es drei den Eckpunkten zugeordnete lokale lineare Formfunktionen, die hier nicht zu sehen sind. Sie werden lokal erweitert durch drei quadratische „Bubble"-Funktionen, die den Wert 1 jeweils in einem Seitenmittelpunkt annehmen und in den Eckpunkten und auf den anderen beiden Dreiecksseiten verschwinden; ein solcher Bubble ist hier abgebildet

In ihm ist die Koeffizientenmatrix in Blöcke aufgeteilt, die den Anteilen der Lösung in U_n und in W entsprechen. $\mathbf{V}_1$ ist der Vektor der Koeffizienten der linearen Basisfunktionen, $\mathbf{V}_2$ ist der Vektor der Koeffizienten der zusätzlichen quadratischen Basisfunktionen. $\mathbf{V} = (\mathbf{V}_1^T, \mathbf{V}_2^T)^T$ bzw. $v_h(x, y)$ wird aber nicht explizit berechnet, sondern dient nur als Ausgangspunkt für die Berechnung einer A-posteriori-Fehlerschätzung. Da der Raum V den unendlich-dimensionalen Lösungsraum $\mathfrak{M}$ (1.47) besser approximiert als U_n, muss gelten

$$\|u - v_h\|_E \leq \beta \|u - u_h\|_E \tag{8.23}$$

mit $\beta < 1$ und unabhängig von h. Dabei ist $\|u\|_E$ die so genannte Energienorm

$$\|u\|_E := B(u, u) , \tag{8.24}$$

deren Vektorraum-Äquivalent (10.24) wir schon kennen gelernt haben.

Die weiterführende, gut begründete Annahme ist jetzt, dass

$$\|u - u_h\|_E \approx \|v_h - u_h\|_E .$$

Deswegen wäre $\eta_h := v_h - u_h$ ein guter Schätzer für den Fehler $\varepsilon_h = u - u_h$. η_h lässt sich darstellen als Lösung des Variationsproblems

$$B(\eta_h, \varphi) = l(\varphi) - B(u_h, \varphi) \quad \forall \varphi \in W . \tag{8.25}$$

Das können wir als lineares Gleichungssystem schreiben, bei dem wir ausnutzen, dass die Koeffizienten der FEM-Näherung u_h zuerst berechnet werden als Lösung des Gleichungssystems $\mathbf{A}_{11}\boldsymbol{\alpha} = \mathbf{F}_1$. Damit ergibt sich für die Koeffizienten $\mathbf{E}$ der Fehlerschätzung

$\eta_h \in \mathbf{W}$ nach (8.25) und (8.22) das System

$$\mathbf{A}_{22}\mathbf{E} = \mathbf{F}_2 - \mathbf{A}_{21}\boldsymbol{\alpha} \tag{8.26}$$

Die Lösung dieses Gleichungssystems ist allerdings viel zu aufwändig. Deshalb wird die Matrix $\mathbf{A}_{22}$ durch ihre Diagonale $\mathbf{D}_{22}$ ersetzt. Das ergibt eine gute Näherung $\tilde{\eta}_h$ für η_h unter Voraussetzungen, die nicht stark einschränkend sind, siehe [6]. Wir fassen die Vorgehensweise in zwei Schritten zusammen:

1. Löse

$$\mathbf{A}_{11}\boldsymbol{\alpha} = \mathbf{F}_1 \ .$$

Die Lösung $\boldsymbol{\alpha}$ ergibt die FEM-Näherung (8.19) $u_h(x, y) = \sum_{k=1}^{n} \alpha_k w_k(x, y)$.

2. Löse

$$\mathbf{D}_{22}\tilde{\mathbf{E}} = \mathbf{F}_2 - \mathbf{A}_{21}\boldsymbol{\alpha} \ .$$

Da $\mathbf{D}_{22}$ eine Diagonalmatrix ist, zerfällt dieses Gleichungssystem in Einzelgleichungen. Deren Lösung ergibt einen Wert pro Kante als Koeffizienten der quadratischen Ansatzfunktion dort. Dieser Wert kann als Fehlerschätzung für die Kante genommen werden.

Sei $p_l(x, y)$ die quadratische Bubble-Funktion zum Koeffizienten $\tilde{E}_l$. Sie wird nur auf zwei Dreiecken, sagen wir t_1 und t_2, ungleich null, siehe Abb. 8.10 rechts. Deshalb kann die Lösung dieser einen Gleichung explizit dargestellt werden als

$$\tilde{E}_l = \frac{F_{2,l} - B(u_h, p_l)}{(D_{22})_{l,l}} = \frac{(f, p_l)_{t_1} - B(u_h, p_l)_{t_1} + (f, p_l)_{t_2} - B(u_h, p_l)_{t_2}}{B(p_l, p_l)_{t_1} + B(p_l, p_l)_{t_2}} \ . \tag{8.27}$$

Es sind also nur Integrale über die beiden Dreiecke t_1 und t_2 (numerisch) zu berechnen.

8.5.3 Weitere Fehlerschätzer – kurz erwähnt

In [20] wird der kantenorientierte Schätzer für das Programmpaket KASKADE etwas anders, aber ähnlich zu Abschn. 8.5.2 berechnet.

Bank berechnet in [6] einen weiteren Fehlerschätzer, der statt der zusätzlichen quadratischen Basisfunktionen zusätzliche unstetige lineare Ansatzfunktionen verwendet. Das ergibt einen dreiecksorientierten Fehlerschätzer, bei dem für jedes Dreieck ein 3×3-Gleichungssystem gelöst werden muss.

Ein solches ergibt sich auch, wenn lokale Fehlerschätzer mit Hilfe regulärer Verfeinerung der Dreiecke berechnet werden, durch die sich ja drei zusätzliche lokale Ansatzfunktionen ergeben.

Da die ersten Ableitungen der Lösung $u(x, y)$ im Innern des Gebietes stetig sind, die der diskreten Lösungsfunktion aber Sprünge an den Kanten der Dreiecke aufweist, ist die Größe dieser Sprünge ein guter Indikator für die Qualität der Lösung. Das Programmpaket PLTMG schätzt seit der Version 8.0 den Fehler durch eine Gradienten-Projektion, die diese

Überlegung ausnutzt. Einzelheiten sind im Dokument guide.pdf zu finden, das mit dem Paket geliefert wird, oder auch im Abschnitt 6.1.3 von [22].

8.6 Strategien zur Netz-Verfeinerung

8.6.1 Steuerung über die Knotenzahl

Eine erste Möglichkeit zur Steuerung der adaptiven Netz-Verfeinerung ist die Kontrolle der Knotenzahl. Bei PLTMG gibt es einen Parameter, über den die Zielzahl der Knoten einer Stufe festgelegt wird. Alle vor der Verfeinerung existierenden Elemente werden in einer Datenstruktur, einem so genannten *heap* (Halde), abgelegt. Das ist eine spezielle Baumstruktur, deren Anordnung über einen Parameter gesteuert wird. Das ist hier der Wert des Fehlerschätzers für das Element. Die Wurzel des Baums wird von dem Element mit dem größten Wert besetzt, darunter werden die Elemente nach diesen Werten in absteigender Reihenfolge angeordnet. Das Wurzelelement wird mit der Bisektion über die längste Kante geteilt, das Nachbarelement, das neben der längsten Kante liegt, ebenfalls. Entsteht dadurch eine konforme Triangulierung (keine hängenden Knoten), dann ist dieser erste Schritt beendet, ansonsten werden die Elemente mit hängenden Knoten so lange geteilt, bis die Triangulierung konform ist. Jetzt werden die Anzahl Knoten und die Halde nachgebessert. Diese Methode wird fortgesetzt, bis ungefähr die Zielzahl von Knoten erreicht ist.

PLTMG setzt anschließend an die neue Triangulierung noch Methoden zur Verbesserung der Netz-Qualität ein, das Glätten des Netzes und das Vorsehen von Kantentausch (*mesh smoothing* und *edge swapping*).

8.6.2 Steuerung über einen Schwellenwert

KASKADE berechnet für jede Kante κ eine Fehlerschätzung e_κ. Aus diesen Werten wird ein Mittelwert $\bar{m}$ gebildet, der noch mit einem Benutzer-Faktor σ multipliziert wird. Dieses Produkt bildet die Fehlerschwelle (*threshold*)

$$\Theta := \sigma \, \bar{m} \, . \tag{8.28}$$

Jedes Element mit einer Kante κ, deren Fehlerschätzung e_κ größer als der Schwellenwert Θ ist, wird regulär oder nach der Methode für stumpfwinklige Dreiecke, siehe Abb. 8.3, verfeinert. Hängende Knoten werden durch reguläre Verfeinerung oder durch „grüne" Kanten beseitigt. Grüne Kanten werden – wie üblich – bei einer weiteren Verfeinerung eines der beteiligten Dreiecke wieder entfernt und die Vereinigung der beiden Dreiecke wird dann regulär verfeinert.

KASKADE kontrolliert zusätzlich die Knotenzahl. Ist diese nach der Verfeinerung über den Schwellenwert Θ noch zu klein, dann wird erst noch einmal die Fehlerschätzung und

Netz-Verfeinerung ausgeführt, bevor die neue Triangulierung festliegt. Dadurch wird verhindert, dass sehr viele Stufen von hierarchischen Triangulierungen entstehen, in denen die Knotenzahl nur langsam wächst.

8.7 Mehrgittermethoden mit finiten Elementen

Wir gehen jetzt von $m + 1$ endlich-dimensionalen Funktionenräumen aus, die hierarchisch im Sinne der Definition 8.1 sind. Dementsprechend gibt es $m + 1$ Netze G^0 bis G^m, die mit wachsendem Index immer feiner werden; wir beschränken uns auf Dreiecksnetze. Um auf diesen Netzen eine Mehrgittermethode anwenden zu können, müssen die Transfer-Operatoren zwischen Netzen benachbarter Stufen, also die Interpolation von $V(G^{l-1})$ auf $V(G^l)$ und die Restriktion von $V(G^l)$ auf $V(G^{l-1})$ definiert werden. Außerdem muss auf jedem Gitter ein Relaxationsverfahren definiert sein. Dazu muss das entsprechende Gleichungssystem aufgestellt werden können.

8.7.1 Relaxationsverfahren

Finite-Elemente-Methoden auf homogenen Netzen erzeugen mit einer Knotenbasis ganz ähnliche Matrizen wie ein Differenzenverfahren. Deshalb kann in den Fällen davon ausgegangen werden, dass sich Konvergenz- und Glättungseigenschaften der in Abschn. 7.1 untersuchten iterativen Verfahren nicht wesentlich ändern. Zu adaptiven Netzen mit stark unterschiedlicher Knotenpunkt-Verteilung gibt es keine so eindeutige Parallele. Wegen der unterschiedlichen Feinheit der Gitter bzw. Netze in Teilgebieten ist eine Frequenz-Aufteilung in hohe und niedrige Frequenzen nicht oder nur regional eingeschränkt möglich. Deswegen fangen wir mit einem Experiment an.

Beispiel 8.2. Wir wollen die unterschiedliche Wirkung eines Glätters auf ein homogenes und auf ein adaptives Netz experimentell untersuchen. Dazu erzeugen wir mit MATLABS Werkzeugkiste `pdetool` ein homogenes Netz mit 485 Knotenpunkten und ein adaptives Netz mit 3485 Knotenpunkten bei 6934 Dreiecken. Das sind Dreiecksnetze, die bei der Behandlung des Peak-Problems aus Beispiel 8.6 entstehen, auf das wir zurückkommen und ausführlicher eingehen werden. Hier wird wieder wie schon des Öfteren die Wirkung des Glätters bei einem Problem geprüft, dessen Lösung identisch null ist, weil sowohl die rechte Seite des Poisson-Problems als auch die Dirichlet'schen Randbedingungen null sind. Als Gebiet wird dabei auch wieder das Einheitsquadrat gewählt. Mit den zugehörigen Koeffizientenmatrizen definieren wir die Iterationsvorschrift des Gauß-Seidel-Verfahrens und wenden es auf die Startvektoren

$$u_0 = \frac{1}{2} |\sin(11\,x)\,\sin(13\,y)| + \frac{1}{2} r(x, y) \quad \text{homogen/485 Knotenpunkte} \qquad (8.29)$$

$$u_0 = \frac{1}{2} |\sin(173\,x)\,\sin(150\,y)| + \frac{1}{2} r(x, y) \quad \text{adaptiv/3485 Knotenpunkte} \qquad (8.30)$$

an. Dabei ist r eine Pseudo-Zufallsfunktion, die auf dem Intervall $[0, 1]$ gleichverteilte Daten erzeugt. Das Ergebnis sehen wir in Abb. 8.11. Im eindimensionalen Fall haben wir wie auch in Abschn. 7.1 darauf hingewiesen, dass eine oszillierende Funktionen auf einem groben Gitter hochfrequent, aber auf einem feinen Gitter niederfrequent sein kann. Bei einem adaptiven Gitter mit stark unterschiedlichen Element-Größen kann diese Aussage so interpretiert werden, dass eine oszillierende Funktion wie (8.30) auf einem Teil des Gebiets hochfrequent, aber auf einem anderen Teil niederfrequent sein kann. Das führt dann dazu, dass das Glättungsverhalten eines Iterationsverfahrens sich innerhalb des Gebietes sehr unterschiedlich verhält, wie in Abb. 8.11 rechts gut zu sehen ist.

Ein weiterer Unterschied beim Verhalten der iterativen Glättung könnte durch die Verwendung hierarchischer Basen anstelle von Knotenbasen entstehen. Hier haben wir aber schon im eindimensionalen Fall gesehen, siehe Abschn. 6.5.4, dass die hierarchische Basis nicht nur eine wesentlich kleinere Konditionszahl für die Matrix des Gleichungssystems erzeugt, sondern auch das Glättungsverhalten positiv beeinflusst. Diese Eigenschaft überträgt sich auf zwei- und dreidimensionale Probleme. Deshalb kann hier auf ein Beispiel verzichtet werden.

Der Unterschied zwischen einer hierarchischen und einer Knotenbasis lässt sich noch für ein anderes Iterationsverfahren ausnutzen. Die Methode der konjugierten Gradienten kann auch als Glätter eingesetzt werden, besonders dann, wenn ein guter Vorkonditionierer zur Verfügung steht. Dieses Verfahren mit der Vorkonditionierungsmatrix $\mathbf{M}_l$ aus (8.13) haben wir schon in Abschn. 8.4 beschrieben, es soll hier nur noch einmal erwähnt werden.

8.7.2 Transfer-Operatoren

8.7.2.1 Interpolation

Bei der Methode der finiten Elemente gibt es eine sehr nahe liegende Interpolationsmethode, die unabhängig von der geometrischen Form der Elemente (Dreiecke, Vierecke, Hexaeder, Tetraeder) und der Raumdimension einfach beschrieben werden kann.

Zum besseren Verständnis soll diese Methode zunächst global als Abbildung von Funktionen in Unterräumen geschildert werden, dann lokal mit kleinen konkreten Beispielen, um die einfache praktische Umsetzung zu verdeutlichen.

Ist $u_k(x)$ eine Funktion im Unterraum U_k, und ist U_k einer von $m + 1$ hierarchischen Unterräumen $U_0 \subset U_1 \subset \cdots \subset U_m$ mit $k < m$, dann liegt $u_k(x)$ auch in U_{k+1}, und die Interpolation besteht einfach in der Identität

$$\mathbf{I}_k^{k+1} u_k =: u_k , \quad \mathbf{I}_k^{k+1} : U_k \to U_{k+1} . \tag{8.31}$$

Da diese Unterräume über n_k bzw. n_{k+1} Knotenpunkte und ebenso viele Basisfunktionen definiert sind, besteht diese Abbildung in der Übernahme der Koeffizienten der Basisfunktionen w_j^k, $j = 1, \ldots, n_k$, die Basisfunktionen sowohl in U_k als auch in U_{k+1} sind, und dem Nullsetzen der Koeffizienten der neu hinzugekommenen Basisfunktionen w_j^{k+1},

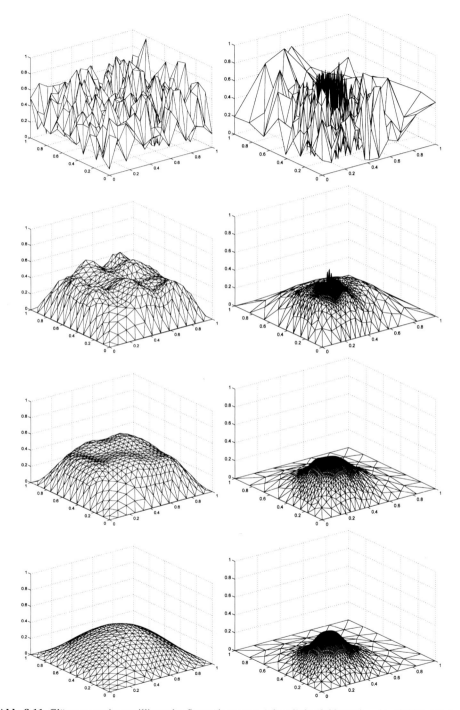

Abb. 8.11 Glättung zweier oszillierender Startnäherungen (*oben links* (8.29) und *rechts* (8.30)) mit dem Gauß-Seidel-Verfahren, *links* auf einem homogenen FEM-Netz mit 3, 6 und 30 Iterationsschritten, *rechts* auf einem adaptiven FEM-Netz mit 6, 30 und 100 Iterationsschritten

$j = n_k + 1, \ldots, n_{k+1}$:

$$u_k = \sum_{j=1}^{n_k} c_j w_j^k = \mathbf{I}_k^{k+1} u_k = \sum_{j=1}^{n_k} c_j w_j^{k+1} + \sum_{n_k+1}^{n_{k+1}} 0 \cdot w_j^{k+1} . \tag{8.32}$$

Für die der Prolongation $\mathbf{I}_k^{k+1}$ zugeordnete Matrix bedeutet das

$$\left(\mathbf{I}_k^{k+1} \right)_{i,j} = w_j^k(x_i) , \quad i = 1, \ldots, n_{k+1} , \quad j = 1, \ldots, n_k . \tag{8.33}$$

Dabei sind x_i die dem Unterraum U_{k+1} zugeordneten Knotenpunkte. $\mathbf{I}_k^{k+1}$ ist die Matrix, die den Koeffizientenvektor $\mathbf{c}^{(k)}$ der Basisfunktionen $w_j^k \in U_k$ auf $\mathbf{c}^{(k+1)}$, den Koeffizientenvektor der Basisfunktionen $w_j^{k+1} \in U_{k+1}$, abbildet.

Diese Situation soll jetzt noch lokal und etwas algorithmischer betrachtet werden, wobei die praktische Vorgehensweise auch auf nicht hierarchische Räume und Basisfunktionen übertragbar ist. Wir schildern wieder den allgemeinen Fall, wobei jeweils in Klammern der Fall des linearen Ansatzes auf Dreiecken im $\mathbb{R}^2$ beschrieben wird.

Auf dem geometrischen Element (Dreieck) e sei ein Ansatz mit p Freiheitsgraden und p Knotenpunkten gegeben ($p = 3$, lineare Polynome mit Interpolationspunkten in den Dreiecksecken).[4] Dann gibt es p lokale Formfunktionen, und jede Funktion des entsprechenden approximierenden Funktionenraumes (lokal auf dem Element) kann durch diese dargestellt werden als (vgl. Abschn. 1.5.2, siehe Abb. 1.11 links)

$$u^e(x) = \sum_{k=1}^{p} c_k w_k^e(x) , \quad x \in e \subset \mathbb{R}^n .$$
$$(u^e(x, y) = c_1 w_1^e(x) + c_2 w_2^e(x) + c_3 w_3^e(x).) \tag{8.34}$$

Dabei besitzen die lokalen Ansatzfunktionen die Kronecker-Eigenschaft (1.3)

$$w_k^e(x_j) = \delta_{kj} , \quad k, j = 1, \ldots, p ,$$

wenn x_j die Knotenpunkte des betreffenden Elementes sind. Durch die Netz-Verfeinerung werden in einem Element oder auf seinem Rand neue Knotenpunkte hinzugefügt. Die Werte in diesen Knotenpunkten werden mit denselben lokalen Ansatzfunktionen (8.34) ermittelt, indem für x die Koordinaten des neuen Knotenpunktes eingesetzt werden. Gehört ein Knotenpunkt zu mehreren Elementen, dann muss der Wert in ihm nur einmal ermittelt werden, wenn der Ansatz stetig ist. Bei unstetigen, also nicht konformen Ansätzen sollte der Mittelwert genommen werden. Das Prinzip soll an zwei kleinen Beispielen erläutert werden.

Beispiel 8.3. In Abb. 8.12 sehen wir einen Teil einer Triangulierung, der aus vier Punkten besteht und dann einmal regulär verfeinert wurde. Das Gitter G_0 bestehe aus den vier Punkten P_1 bis P_4, die auch Teil des Gitters G_1 sind, das zusätzlich die Punkte P_5 bis P_{10}

---

[4] Wir verzichten auf die Berücksichtigung von Ansätzen mit mehr als einer Knotenvariablen pro Knotenpunkt, die z. B. bei der Interpolation von Funktions- und Ableitungswerten auftreten.

Abb. 8.12 Ein grobes Vier-Punkte-Netz, regulär verfeinert zu einem Zehn-Punkte-Netz

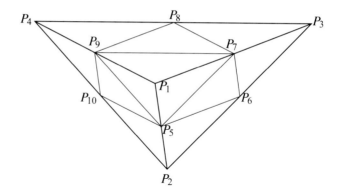

enthält. Auf dem Gitter G_0 seien die Funktionswerte

$$v^0(P_1) = 10 \,, \quad v^0(P_2) = 6 \,, \quad v^0(P_3) = 4 \,, \quad v^0(P_4) = 8 \,,$$

vorgegeben.

Bei linearen Ansatzfunktionen, die die Werte in den Ecken der Dreiecke interpolieren sollen, werden die gegebenen Wert auf das feine Gitter G_1 linear interpoliert. Dabei bleiben die Werte in den gemeinsamen Punkten erhalten und für die restlichen Punkte ergeben sich die Werte

$$v^1(P_5) = 8 \,, \quad v^1(P_6) = 5 \,, \quad v^1(P_7) = 7 \,,$$
$$v^1(P_8) = 6 \,, \quad v^1(P_9) = 9 \,, \quad v^1(P_{10}) = 7 \,.$$

Diese Interpolation entspricht der Matrix-Vektor-Multiplikation

$$\mathbf{v}^1 = \mathbf{I}_0^1 \mathbf{v}^0 \,, \quad \text{mit} \quad \mathbf{I}_0^1 = \begin{pmatrix} 1 & 0 & 0 & 0 \\ 0 & 1 & 0 & 0 \\ 0 & 0 & 1 & 0 \\ 0 & 0 & 0 & 1 \\ 0.5 & 0.5 & 0 & 0 \\ 0 & 0.5 & 0.5 & 0 \\ 0.5 & 0 & 0.5 & 0 \\ 0 & 0 & 0.5 & 0.5 \\ 0.5 & 0 & 0 & 0.5 \\ 0 & 0.5 & 0 & 0.5 \end{pmatrix} ,$$

wo hier $\mathbf{v}^0$ und $\mathbf{v}^1$ Koeffizientenvektoren sind. Die Matrix $\mathbf{I}_0^1$ ist genau die in (8.33) definierte. Dass diese Berechnung dem Einsetzen der Knotenpunkte in die Gleichung (8.34) entspricht, ist leicht einzusehen. Nehmen wir z. B. den Punkt P_6 im Dreieck (P_1, P_2, P_3). Für die lokalen Formfunktionen in diesem Dreieck gilt offensichtlich $w_1^e(P_6) = 0$ und $w_2^e(P_6) = w_3^e(P_6) = 1/2$, das ergibt die Werte-Mittelung, die oben vorgenommen wurde.

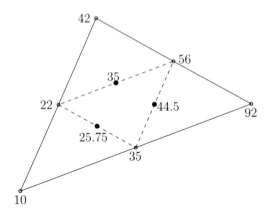

Abb. 8.13 Ein regulär verfeinertes Dreieck mit quadratisch interpolierten Funktionswerten

Beispiel 8.4. In Abb. 8.13 sehen wir ein Dreieck (—), das regulär verfeinert wurde (– –). Auf dem großen Dreieck (—) sind zu den Eckpunkten und den Seitenmittelpunkten Funktionswerte angegeben. Durch diese wird ein quadratisches Polynom eindeutig definiert. Dessen Werte in den Seitenmittelpunkten des inneren kleinen Dreiecks (– –) sind Ergebnis der Interpolation, die einfach in der Auswertung des quadratischen Polynoms in diesen Punkten besteht. Der Unterschied zu linear interpolierten Werten ist deutlich zu sehen.

8.7.2.2 Restriktion

Mitchell schlägt in [28] vor, für die Restriktion bei regulärer Verfeinerung den Sieben-Punkte-Operator nach [34] zu verwenden. In Verallgemeinerung dieses Vorschlags, der uns auch für andere Verfeinerungen und adaptiv verfeinerte Netze sinnvoll erscheint, sollten alle Werte in direkten Feingitter-Nachbarn des betroffenen Grobgitterpunktes mit dem Faktor 1, der Wert im Punkte selbst mit dem Faktor 2 versehen und diese Werte arithmetisch gemittelt werden. Bei den meisten Datenstrukturen für finite Elemente sind zu jedem Gitterpunkt seine Nachbarn gespeichert, sodass die Ermittlung dieser Werte keinen großen Aufwand bedeutet.

Am häufigsten findet sich in der Literatur der Vorschlag, die Transponierte der Interpolationsmatrix als Restriktionsmatrix zu nehmen, also z. B. bei zwei Gittern $\mathbf{I}_1^0 = \left(\mathbf{I}_0^1\right)^T$. Das entspricht allerdings keiner Durchschnittsbildung, was z. B. bedeutet, dass der Wert eines konstanten Vektors durch die Restriktion vergrößert wird. Dies spielt keine Rolle, wenn die linke und rechte Seite einer Gleichung restringiert werden; das wiederum ist der Fall, wenn die Restriktion auf das Residuum angewendet wird, wie es in den meisten Mehrgitter-Algorithmen geschieht.

Beispiel 8.5. Das in Beispiel 8.3 zur Interpolation benutzte Netz, siehe Abb. 8.12, soll jetzt wieder restringiert werden. Die Werte aus Beispiel 8.3 werden mit den drei erwähnten Restriktions-Methoden zurück auf das grobe Gitter G_0 transferiert. Alle erwähnten Methoden liefern bis auf konstante Faktoren das gleiche Ergebnis. Bei der Methode der Nachbarschafts-Mittelwerte wird der maximale Wert etwas kleiner, der minimale etwas größer, die Grobgitterfunktion wird also leicht abgeflacht bzw. geglättet.

$$\begin{array}{lcccc} \text{Vor der Interpolation:} & 10 & 6 & 4 & 8, \\ \text{nach der Restriktion:} & 8.8 & 6.4 & 5.2 & 7.6. \end{array}$$

Die Nachbarschafts-Mittelwerte entsprechen der Matrix-Vektor-Multiplikation mit der Restriktionsmatrix

$$\mathbf{I}_1^0 = \frac{1}{5} \begin{pmatrix} 2\ 0\ 0\ 0\ 1\ 0\ 1\ 0\ 1\ 0 \\ 0\ 2\ 0\ 0\ 1\ 1\ 0\ 0\ 0\ 1 \\ 0\ 0\ 2\ 0\ 0\ 1\ 1\ 1\ 0\ 0 \\ 0\ 0\ 0\ 2\ 0\ 0\ 0\ 1\ 1\ 1 \end{pmatrix}.$$

Diese Restriktionsmatrix erfüllt die Variationseigenschaft

$$\mathbf{I}_1^0 = c\,(\mathbf{I}_0^1)^T$$

mit $c = 2/5$ und $\mathbf{I}_0^1$ aus Beispiel 8.3. Alle Zeilensummen haben den Wert 1, sodass wir es mit einer echten Mittelwertbildung zu tun haben.

8.7.3 Vollständige Mehrgitterzyklen

Die im letzten Abschnitt entwickelten Module *Relaxation*, *Prolongation* und *Restriktion* können jetzt wie in Kap. 5 oder in Abschn. 7.3 zu Mehrgitterzyklen zusammengebaut werden. Das müssen wir hier nicht wiederholen. Da bei effizienten Finite-Elemente-Methoden die Adaptivität eine große Rolle spielt, ja in komplexen Anwendungen wegen des hohen Aufwandes zwingend erforderlich ist, sollen aber einige Eigenschaften erwähnt werden, die für Konvergenz und Effizienz adaptiver Mehrgittermethoden von Bedeutung sind.

Anschließend wollen wir die für diesen Text neue kaskadische Mehrgittermethode beschreiben, die die Grundlage des Programmpaketes KASKADE des ZIB in Berlin bildet, [35].

Doch zunächst zu den Voraussetzungen an eine Mehrgittermethode, die bei homogenen Gittern im Normalfall erfüllt sind, bei adaptiven Gittern aber nicht als selbstverständlich vorausgesetzt werden können. In [22] sind diese Bedingungen im theoretischen Zusammenhang mit Konvergenzbeweisen über entsprechende Gleichungen definiert; hier sollen sie überwiegend als praktische Handlungsanweisungen in verbaler Form aufgestellt werden.

- Das Relaxationsverfahren muss auch auf den hierarchisch erstellten adaptiven Gittern konvergent sein und eine Glättungseigenschaft erfüllen, wie wir sie etwa in Abschn. 7.1.5 bei Differenzmethoden für das Gauß-Seidel-Verfahren hergeleitet haben.
- Die Gitter G^j müssen von Stufe zu Stufe hinreichend stark verfeinert werden, das Verhältnis der Knotenpunktzahlen n_j soll folgende Bedingung erfüllen:

$$1 < \frac{n_j}{n_{j-1}} \le 2^d \quad \text{für} \quad j = 1, \ldots, m, \tag{8.35}$$

wenn d die Raumdimension und $m + 1$ die Anzahl der Stufen ist mit G^0 als gröbstem Gitter.

Abb. 8.14 Der FMG-Zyklus
(*links*) und die Kaskade
(*rechts*)

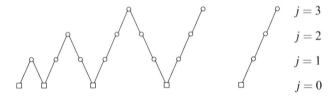

$j = 3$

$j = 2$

$j = 1$

$j = 0$

Die erste Bedingung wird in der Regel vom (gedämpften) Jacobi-, dem Gauß-Seidel-Verfahren und von der Methode der konjugierten Gradienten erfüllt. Zum Erfüllen der zweiten Bedingung muss eine kleinschrittige Verfeinerung vermieden werden.

8.7.4 Kaskadische Mehrgittermethoden

Diese Methode geht u. a. auf [19–21] zurück und wird in [22] anschaulich beschrieben. An ihrer Entwicklung sind viele Personen beteiligt. Die theoretische Grundlage bilden Konvergenzbeweise für zunächst nur homogene, dann adaptive Netze, erst im $\mathbb{R}^2$, dann auch im $\mathbb{R}^3$, [14, 16, 31]. Als Relaxationsverfahren wird überwiegend das Verfahren der konjugierten Gradienten mit oder ohne Vorkonditionierer genommen, [18, 37]. In [15] wird die Aufwands-Optimalität der Methode für allgemeine Glätter und das CG-Verfahren ohne Vorkonditionierer bewiesen und in ihre hier zu schildernde Form gebracht, die dann auch als Softwarepaket KASKADE realisiert wurde, [35].

8.7.4.1 Grundkonstruktion

Die Kaskade startet wie der FMG-Zyklus, siehe Abschn. 5.4, auf dem gröbsten Gitter G^0 mit der direkten („exakten") Lösung des Gleichungssystems $\mathbf{A}^0\mathbf{v}^0 = \mathbf{f}^0$. Sie geht dann mit der in Abschn. 8.7.2.1 geschilderten Interpolation auf das nächst feinere Gitter G^1, um dort v_1 Relaxationsschritte auszuführen. Dieser Vorgang wird wiederholt, bis wir auf dem feinsten Gitter G^m angelangt sind und dort v_m Relaxationsschritte ausgeführt haben. Wie beim FMG-Zyklus wird die Kaskade nur einmal durchlaufen. Aber sie kommt ohne Grobgitter-Korrektur aus. Dafür müssen sowohl die Anzahl der Relaxationsschritte pro Gitter v_j als auch die Gesamtzahl $m + 1$ der Gitter variabel sein. Es werden auf einem gröberen Gitter mehr Schritte vorgesehen als auf einem feineren; Näheres dazu im nächsten Abschnitt. Die Schemata beider Methoden sehen wir in Abb. 8.14.

Mit der noch zu schildernden Strategie wird eine optimale Reduktion des Fehlers in der Energienorm (10.24) erreicht. Da der Aufwand auf dem Gitter G^j linear in der Anzahl der Knotenpunkte ist, kann für den Gesamtaufwand in diesem Zusammenhang die Größe

$$W = \sum_{j=1}^{m} v_j\, n_j \tag{8.36}$$

genommen werden. Der Aufwand für die direkte Lösung auf dem Gitter G^0 ist einerseits vergleichsweise gering, andererseits von keinem Iterationsparameter abhängig, muss also für die Fehler-Steuerung nicht berücksichtigt werden.

8.7.4.2 Steuerung der Iterationen

Da die Näherungslösung $\mathbf{v}^j$ auf dem Gitter G^j mit $j < m$ Startnäherung (nach Interpolation) für die auf G^{j+1} zu berechnende Näherungslösung $\mathbf{v}^{j+1}$ ist, spielt ihre Genauigkeit für die Konvergenz und den Aufwand des Verfahrens eine entscheidende Rolle. Die Anzahl Verfeinerungen m und die Anzahl der Relaxationsschritte auf dem j-ten Gitter v_j werden durch Vorgabe einer Toleranz τ für den Gesamtfehler gesteuert, es soll

$$\|\mathbf{u} - \tilde{\mathbf{v}}^m\|_E \leq \tau \tag{8.37}$$

sein; dabei ist $\mathbf{u}$ die diskretisierte exakte Lösung des Variationsproblems (1.50), $\tilde{\mathbf{v}}^m$ ist die Näherungslösung auf dem feinsten Gitter G^m. Als Norm muss die Energienorm (8.24) genommen werden. Jetzt wird der Gesamtfehler aufgeteilt in den Diskretisierungsfehler und den algebraischen Fehler, vgl. Abschn. 6.3,

$$\|\mathbf{u} - \tilde{\mathbf{v}}^m\|_E^2 = \|\mathbf{u} - \mathbf{v}^m\|_E^2 + \|\mathbf{v}^m - \tilde{\mathbf{v}}^m\|_E^2 . \tag{8.38}$$

Diese beiden Fehler sollen für das Verfahren der konjugierten Gradienten[5] im $\mathbb{R}^2$

$$\|\mathbf{v}^m - \tilde{\mathbf{v}}^m\|_E \leq \frac{\tau}{\sqrt{2}} \quad \text{und} \quad \|\mathbf{u} - \mathbf{v}^m\|_E \leq \frac{\tau}{\sqrt{2}} < \|\mathbf{u} - \mathbf{v}^{m-1}\|_E \tag{8.39}$$

erfüllen. Aus diesen Forderungen werden für jede Stufe $j = 1, \ldots, m-1$ Toleranzen so bestimmt, dass der Gesamtaufwand zum Erfüllen der Forderung (8.37) minimal wird. Für den Diskretisierungsfehler liegt die A-posteriori-Schätzung η_j vor. Eine Darstellung des algebraischen Fehlers

$$\delta_j := \|\mathbf{v}^j - \tilde{\mathbf{v}}^j\|_E \tag{8.40}$$

gelingt mit den vorausgesetzten Glättungs- und Approximations-Eigenschaften, auf die wir nicht eingehen wollen. In [22] wird gezeigt, dass sich damit

$$\delta_j = \frac{\tau}{\sqrt{2}} \frac{\sum_{i=1}^{j} n_i^{1/4}}{\sum_{i=1}^{m} n_i^{1/4}} \tag{8.41}$$

ergibt. Mit den Bezeichnungen

$$y_j := \sum_{i=1}^{j} n_i^{1/4} \quad \text{und} \quad z_j := \sum_{i=j+1}^{m} n_i^{1/4} \tag{8.42}$$

---

[5] Für andere Relaxationsverfahren und im $\mathbb{R}^3$ ergeben sich andere Faktoren, siehe [15] und [22].

errechnet sich δ_j als

$$\delta_j = \frac{\tau}{\sqrt{2}} \frac{y_j}{y_j + z_j} \, . \tag{8.43}$$

Nun ist aber z_j unbekannt, weil ja erst im Laufe des Algorithmus die Verfeinerung und die Anzahl Stufen m festgelegt werden. Deshalb wird z_j geschätzt unter der Voraussetzung, dass die Gitterverfeinerung mit derselben Rate geometrisch fortschreitet, die sie im letzten bekannten Schritt hatte. Das führt zu der folgenden Näherungsformel für z_j

$$\tilde{z}_j = n_j^{1/4} \frac{\sqrt{\sqrt{2}\eta_{j-1}/\tau - q_j}}{q_j - 1} \quad \text{mit} \quad q_j := \left(\frac{n_j}{n_{j-1}}\right)^{1/4} . \tag{8.44}$$

Damit ergeben sich pro Stufe zwei unterschiedliche Fehlerschätzer, einmal die A-posteriori-Schätzung η_j (hier mit dem Stufenindex j statt des Gitterweitenindexes h) für den Diskretisierungsfehler nach Abschn. 8.5, zum anderen die Schätzung δ_j nach (8.43) mit $\tilde{z}_j$ nach (8.44) statt z_j.

Zusammen bekommen wir den folgenden Algorithmus für die *kaskadische Mehrgittermethode*; CG ist die Methode der konjugierten Gradienten.

$$\mathbf{v}^m := \mathrm{CMG}(\mathbf{f}^m, \tau) \tag{8.45}$$

$\mathbf{v}^0 = \left(\mathbf{A}^0\right)^{-1} \mathbf{f}^0$
for $j = 1, \ldots$
    Berechne einen Fehlerschätzer η_{j-1}
    if $\sqrt{2}\,|\eta_{j-1}| \leq \tau$
        $m := j - 1$
        $\mathbf{v}^m := \mathbf{v}^{j-1}$
        STOP!
    end
    Verfeinere G^{j-1} zu G^j mittels η_{j-1}
    $\mathbf{v}^j := \mathbf{I}_{j-1}^j \mathbf{v}^{j-1}$
    $\mathbf{v}^j := \mathrm{CG}(\mathbf{A}^j, \mathbf{v}^j, \mathbf{f}^j, \delta_j)$
end

Die anzuwendenden Formeln sehen komplex aus, sind aber arithmetisch leicht auszuwerten. Die Frage, ob sie zu jedem Problem eine vernünftige Lösung mit optimalem Aufwand liefern, kann hier nur mit einem Beispiel beantwortet werden. Wenn wir für eine typische Verfeinerungsfolge die Formel (8.41) oder (8.43) ansehen, wird deutlich, dass die Fehlerschranke für den Abbruch des CG-Verfahrens von Stufe zu Stufe größer wird. Dass damit die Anzahl der notwendigen CG-Schritte kleiner wird, zeigen eindrucksvoll die Beispiele in [15] oder [22]. So liegt die Anzahl ν_j der CG-Schritte bis zu einer Knotenzahl von etwa 100 zwischen 5 und 10, um danach rasch auf 2 und etwa ab 1000 Knotenpunkten auf 1 zu fallen. Das Ziel der asymptotischen Optimalität ist damit ganz offensichtlich erreicht. Dass der Aufwand beweisbar optimal ist, lässt sich allerdings nur für die Reduktion der Energienorm (10.24) zeigen. Für die L^2-Norm kann sogar gezeigt werden, dass die Kaskaden-Strategie nicht zu optimalem Aufwand führen kann, [17].

8.8 Anwendungslösungen verschiedener Softwaresysteme

Die Lösung von partiellen Differenzialgleichungen mit Mehrgittermethoden, die die Finite-Elemente-Methode verwenden, und die Anwendung von Fehlerschätzern zur Netz-Verfeinerung soll an drei Beispielen ausführlich präsentiert werden. Dabei wollen wir drei Softwaresysteme vorstellen, benutzen und ihre Möglichkeiten ein wenig demonstrieren. Die Softwaresysteme sind

- MATLAB mit seinem Werkzeug `pdetool`,
- PLTMG,
- KASKADE.

8.8.1 Die Werkzeugkiste `pdetool` von MATLAB

MATLABS *Partial Differential Equation Toolbox* ist der Vorläufer der eigenständigen kommerziellen Software FEMLAB, die auch als MATLAB-Werkzeug betrachtet werden kann, baut sie doch auf der MATLAB-Sprache und -Funktionalität auf. Allerdings gehen die Möglichkeiten von FEMLAB weit über die des Werkzeugs `pdetool` hinaus. `pdetool` benutzt keine Mehrgittermethoden zur Lösung, seine Verfeinerungs-Strategien passen aber gut zu solchen in den beiden anderen betrachteten Softwaresystemen, die Mehrgittermethoden verwenden. Deshalb soll es hier auch vorgestellt werden. `pdetool` arbeitet bei der adaptiven Netz-Verfeinerung mit einem Fehlerschätzer, der die Sprünge der Ableitung in Normalenrichtung auf den Kanten eines Dreiecks berücksichtigt, siehe [27] oder für eine knappe Beschreibung die MATLAB-Dokumentation der *Partial Differential Equation Toolbox* unter *Adaptive Mesh Refinement*.

Beispiel 8.6. Wir lösen mit diesem Werkzeugkasten das Poisson-Problem

$$ - \Delta u = f \ \text{in} \ \Omega = (0, 1)^2 , \quad u = 0 \ \text{auf} \ \Gamma = \partial \Omega . \tag{8.46} $$

mit einer Peak-Funktion $f(x, y)$ als rechte Seite, die die Lösung

$$ u(x, y) = \frac{256 \, x \, (1 - x) \, y \, (1 - y)}{9000 \, ((x - 0.25)^2 + (y - 0.25)^2 + 0.001)} $$

erzeugt. Die Lösung steigt in der Nähe des Punktes $(x, y) = (1/4, 1/4)$ steil zu ihrem Maximum mit dem Wert $u_{max} = 1$ in diesem Punkt an, siehe Abb. 8.15.

Wir wollen den Lösungsvorgang mit der MATLAB-Toolbox wiedergeben. Vor der ersten Aktion werden Gitter- und Achsen-Parameter festgelegt und dann das Einheitsquadrat als Gebiet erzeugt. Für die Gittererzeugung wird bei den Gitterparametern die maximale Kantenlänge auf 0.4 hochgesetzt, um ein grobes erstes Gitter zu bekommen; außerdem wird als Methode die Bisektion über die längste Kante gewählt. Dann wird das erste Gitter erzeugt; es hat nur fünf innere Knotenpunkte bei 20 Dreiecken. Die Lösung auf diesem Gitter ist entsprechend schlecht, das Lösungsmaximum liegt bei 0.3 statt bei 1. Das Gitter wird jetzt mit einer Folge von Bisektionen auf 141 Dreiecke verfeinert, gesteuert von dem

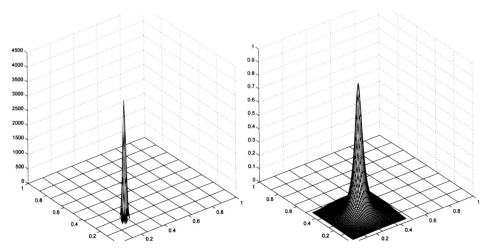

Abb. 8.15 Rechte Seite (*links*) und Lösung (*rechts*) zu Beispiel 8.6

adaptiven Verfeinerungsalgorithmus aus [27]. Die neue Näherungslösung erreicht mit ihrem Peak den Wert 1, allerdings mit einer schlechten Auflösung um die Spitze herum. Eine weitere Verfeinerung erzeugt 1087 Dreiecke und eine graphisch zufriedenstellende Näherungslösung. Die adaptiv verfeinerten Gitter sind in Abb. 8.16 oben und zwei der drei Näherungslösungen unten wiedergegeben. Zwei weitere Verfeinerungen führen zu 6934 und zu 33 322 Dreiecken Auf ihre Wiedergabe haben wir verzichtet, obwohl eine noch bessere Glättung der runden Spitze erreicht wird, die allerdings graphisch kaum zu sehen ist.

8.8.2 Das Programmpaket PLTMG

Die Benutzung dieses mit vielen Möglichkeiten der Steuerung ausgestatteten Programmpakets, das auch auf eine breite Klasse von zweidimensionalen Problemen angewendet werden kann, wird dem Benutzer beim ersten Mal nicht leicht gemacht. Er muss sich an eine Vielzahl von Parametern – meistens ohne mnemotechnische Bezeichnung – und ihre korrekte Verwendung gewöhnen und er muss FORTRAN-Unterprogramme anpassen. Ist ihm dies gelungen, wird er u. a. mit vielen Ergebnis-Darstellungen belohnt, die wieder über mehrere Parameter gesteuert werden können. So bietet PLTMG neben den stückweise linearen auch quadratische und kubische Polynom-Ansätze auf Dreiecken als Basisfunktionen und erlaubt die Lösung nichtlinearer Probleme und von solchen mit Parametern in der Problemformulierung; damit wird auch die Lösung von Eigenwert- und Fortsetzungs-Problemen ermöglicht. Hier soll nur ein kleiner Teil dieser Möglichkeiten benutzt und erklärt werden, siehe [7] oder [8].

Beispiel 8.7. Wir wollen das Problem (8.46) jetzt mit PLTMG lösen. Wir beginnen die Rechnungen mit einer groben Triangulierung, siehe Abb. 8.17 oben links, in die wir die

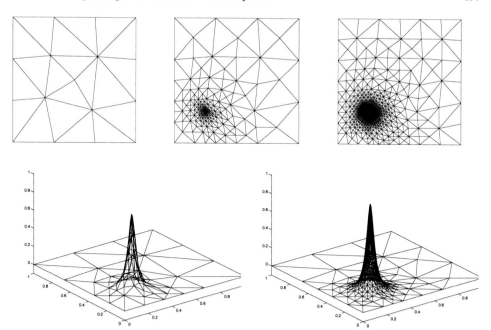

Abb. 8.16 *Oben*: Drei adaptiv verfeinerte Gitter mit 20, 141 und 1087 Dreiecken. *Unten*: Zwei Näherungslösungen von (8.46) mit 141 und 1087 Dreiecken

Tabelle 8.2 PLTMG-Beispiel-Parameter

Stufe	NVTGT	HMAX	Anz. Dreiecke
0	—	—	10
1	14	0.2	18
2	20	0.1	26
3	150	0.1	176
4	1000	0.05	814
5	30 000	0.01	3366

Koordinaten der Lösungsspitze hinein genommen haben. Wir hätten auch mit einem so genannten Skelett beginnen können, das ist eine grobe Zerlegung des Gebietes in Teilgebiete, die dann von PLTMG selbst trianguliert werden. Jetzt steuern wir eine Verfeinerung über die Parameter NVTGT, das ist die Zielzahl an Knoten der nächsten Verfeinerung, HMAX, das ist eine Schranke für die Element-Größe (alle Kanten sollen kürzer als HMAX multipliziert mit dem Durchmesser des Gebietes Ω sein), und GRADE, das ist das maximal erlaubte Verhältnis der Größe zweier benachbarter Elemente. Wir setzen GRADE auf den Maximalwert 2.5, weil mit wachsender Entfernung zum Peak die Elemente rasch größer werden können. Für die erste Verfeinerung beginnen wir mit einem großen Wert für HMAX, um nur wenige innere Knoten zu bekommen. Danach verfeinern wir weitere vier Mal mit den Werten der Tab. 8.2. Als graphische Ergebnisse erzeugen wir Gitter-, Lösungs- und Fehlerschätzungs-Bilder. Die Lösung und der A-posteriori-Fehler kann sowohl in Form flächig eingefärbter Kontur- (Niveau-)linien als auch als 3D-Funktion dargestellt werden. In Abb. 8.17 sind die erzeugten Gitter zu sehen von oben links, dem eingegeben Startgitter

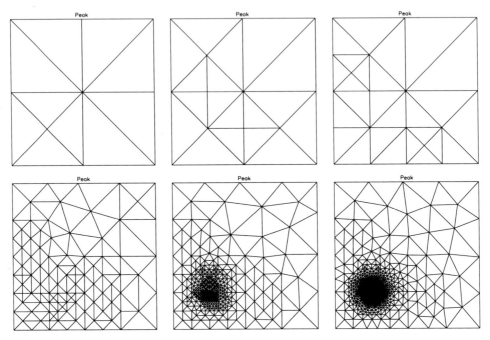

Abb. 8.17 Adaptive Verfeinerung der eingegebenen Triangulierung mit PLTMG, siehe Tab. 8.2

G^0, bis unten rechts, dem fünfmal adaptiv verfeinerten Gitter G^5 mit 3366 Dreiecken. In Abb. 8.18 sind Lösungsergebnisse unterschiedlicher Art abgebildet. Es beginnt oben links mit Konturflächen der Lösung auf dem Gitter G^1, die Werte sind teilweise negativ, die Lösung ist also völlig falsch, auch wenn sie die Peak-Struktur wiedergibt. Das zweite Bild (oben Mitte) zeigt das entsprechende Niveauflächen-Bild mit besserer Lokalisierung des Peaks, aber mit einem Maximalwert von 0.55 statt 1. Die nächsten beiden Bilder zeigen Konturflächen auf den Gittern G^3 und G^4, die jetzt die Lösung schon recht gut wiedergeben ebenso wie das letzte Bild mit der dreidimensionalen Darstellung der Lösung auf Gitter G^5. Die Fehlerverteilung zu dieser Lösung ist in der Mitte unten zu sehen. Die A-posteriori-Fehlerschätzung liegt zwischen 10^{-7} und 10^{-5}.

Die Lösungen mit den beiden Programmpaketen MATLAB/pdetool und PLTMG sind nicht leicht zu vergleichen. Mit dem MATLAB-Werkzeug kann der Benutzer nach kurzer Einarbeitung ohne Programmierkenntnisse ein Gebiet graphisch definieren, ein Gitter darauf erzeugen, eine partielle Differenzialgleichung und die Randbedingungen definieren, eine erste Lösung darstellen lassen, das Gitter homogen oder adaptiv verfeinern, um dann intuitiv auf der graphischen Benutzer-Oberfläche mehrere mögliche Ergebnisdarstellungen durchzuspielen. MATLABs `pdetool` arbeitet effizient, aber nicht mit Mehrgittermethoden wie PLTMG.

Intuitives Arbeiten mit der Unterstützung einer graphischen Benutzer-Oberfläche bietet PLTMG nicht, alles ist komplizierter als bei MATLABs `pdetool`. Dafür bietet PLTMG weit mehr Möglichkeiten von der Problem-Definition bis zur Lösungs-Steuerung. Für den

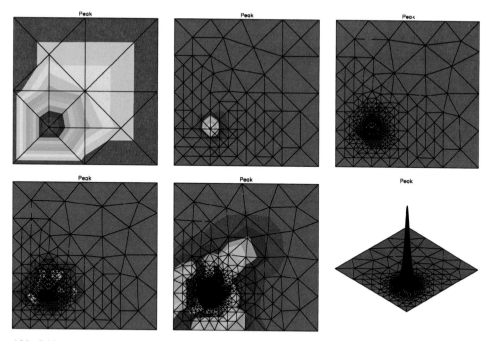

Abb. 8.18 Ausgewählte PLTMG-Ergebnisse von (8.46), von oben links nach unten rechts: Näherungslösung zu Gitter 1, 2, 3 und 4, Fehlerschätzung und Näherungslösung zum feinsten Gitter 5

Benutzer, der häufiger partielle Differenzialgleichungen lösen will und die Lösung im Detail steuern möchte, ist das ein Vorteil und der höhere Arbeitsaufwand lohnt sich.

8.8.3 Das Programmpaket KASKADE

Zum Schluss wollen wir noch das Programmpaket KASKADE kurz beschreiben und ein Beispiel mit ihm rechnen; wir benutzen aus Bequemlichkeit eine ältere Version, das macht keinen wesentlichen Unterschied. KASKADE ist ein akademisches Paket; eine seiner Stärken liegt in der Vielzahl der Möglichkeiten den rechnerischen Lösungsweg durch Parameter zu steuern, die weit über das hinaus gehen, was wir bisher zu diesem Verfahren und im Algorithmus (8.45) geschildert haben. Das ermöglicht den Vergleich verschiedener Methoden der Netz-Verfeinerung, verschiedener Vorkonditionierer für das Verfahren der konjugierten Gradienten und vieles andere mehr. Wir wollen an Hand eines selbst konstruierten Beispiels nur auf wenige Aspekte eingehen. KASKADE kann lineare statische Probleme, die mit elliptischen partiellen Differenzialgleichungen modelliert werden, im $\mathbb{R}^1$, $\mathbb{R}^2$ und im $\mathbb{R}^3$ ebenso lösen wir zeitabhängige parabolische Probleme und nichtlineare Probleme. Für alle Problemklassen gibt es Beispiele, die die Möglichkeiten des Programms und die Eigenschaften verschiedener Probleme schon sehr gut widerspiegeln, siehe etwa [13]. Die Dateien dieser vorgegebenen Beispiele können vom Benutzer bearbeitet werden, um eigene Beispiele zu definieren und zu lösen.

Tabelle 8.3 Die Knotenzahlen bei adaptiver Netz-Verfeinerung mit KASKADE. Die Toleranz $\tau = 10^{-2}$ wird nach acht Verfeinerungsstufen erreicht (*erste Doppelzeile*), $\tau = 10^{-3}$ nach fünfzehn (*zweite Doppelzeile*) und $\tau = 10^{-4}$ nach dreiundzwanzig Verfeinerungsstufen (*dritte Doppelzeile*)

j	0	1	2	3	4	5	6	7	8
n_j	5	15	37	91	179	324	538	688	1134

j	9	10	11	12	13	14	15
n_j	1858	3098	4058	5882	7477	9553	12 396

j	16	17	18	19	20	21	22	23
n_j	17 880	26 104	32 206	40 216	55 599	87 532	106 929	128 797

Tabelle 8.4 Die Knotenzahlen n_m und Rechenzeiten t für verschiedene Toleranz-Werte und vier Verfeinerungs-Strategien: (a) homogen, (b) zufällig, (c) adaptiv mit Extrapolation, (d) adaptiv über die maximale Abweichung

	$\tau = 10^{-2}$		$\tau = 10^{-3}$		$\tau = 10^{-4}$	
	n_m	t	n_m	t	n_m	t
(a)	$n_6 = 14\,165$	0.21	$n_7 = 57\,793$	0.83	$n_9 > 1\,000\,000$	Abbruch
(b)	$n_{15} = 10\,921$	0.31	$n_{19} = 111\,454$	4.29	$n_{24} = 2\,035\,444$	122.5
(c)	$n_8 = 1\,134$	0.04	$n_{15} = 12\,396$	0.57	$n_{23} = 128\,797$	7.83
(d)	$n_8 = 1\,305$	0.04	$n_{13} = 11\,139$	0.35	$n_{18} = 117\,949$	5.24

Beispiel 8.8. Wir benutzen eines der in KASKADE enthaltenen Beispiele, um eine Doppelspitzen-Lösung (`multipeak`) in einem polygonalen Gebiet mit einem stumpfen Innenwinkel zu berechnen. Dazu erstellen wir in einer so genannten `geo`-Datei ein Startgitter mit sieben Dreiecken und acht Knoten, von denen nur einer ein innerer Knoten ist, siehe Abb. 8.19 links oben. Die Datei `multipeak-2d.geo` enthält in einem leicht verständlichen Format die beiden Tabellen (1.72) und (1.73) sowie eine zusätzliche Tabelle für die Randbedingungen. Die zu lösende elliptische Differenzialgleichung ist

$$- \Delta u = f \quad \text{in} \quad \Omega, \quad u = 0 \quad \text{auf} \quad \partial\Omega \,. \tag{8.47}$$

Die rechte Seite f hat zwei steil ansteigende Spitzen (peaks):

$$f = e^{-100(x-0.5)^2 - 100(y-0.5)^2} + e^{-150(x-0.2)^2 - 150(y-0.5)^2} \,, \tag{8.48}$$

die eine entsprechende Lösung bewirken. Für die Verfeinerung können vier Modi gewählt werden, zwei für die adaptive Verfeinerung mit verschiedenen A-posteriori-Fehlerschätzern, dann die homogene (uniforme) und eine zufallsgesteuerte Verfeinerung. In Tab. 8.3 finden wir die Entwicklung der Knotenzahlen von Stufe zu Stufe bei adaptiver Verfeinerung mit Extrapolation zu den Toleranzen $\tau = 10^{-2}$, $\tau = 10^{-3}$ und $\tau = 10^{-4}$.

In Tab. 8.4 vergleichen wir die vier Verfeinerungsmöglichkeiten für die drei Toleranzen mit Angabe der benötigten Stufenzahlen, Knotenpunktzahlen und Rechenzeiten auf einem

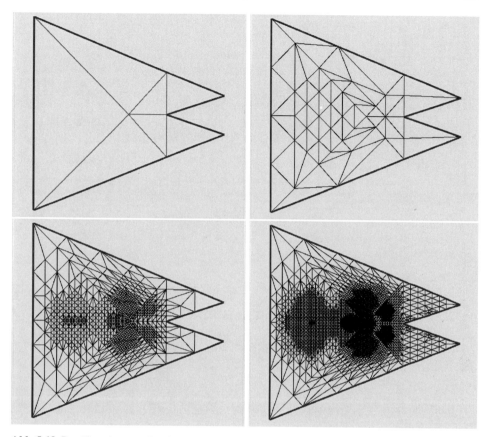

Abb. 8.19 Das über eine `geo`-Datei definierte Startgitter (*oben links*) und die Gitter nach drei, sieben und zehn Verfeinerungen

Einzelrechner mit einem Vier-Kern-Prozessor mit 3.2 GHz. Gerade bei einer rechten Seite bzw. Lösung mit stark unterschiedlicher Werte-Variation ist eine adaptive Verfeinerung unvermeidlich. Um die Genauigkeit $\tau = 10^{-3}$ mit homogener Verfeinerung zu erfüllen, sind zwar nur sieben Stufen notwendig, in denen aber eine fast fünffache Knotenpunktzahl erreicht wird. Die Möglichkeit der zufallsgesteuerten Verfeinerung ist nicht ganz ernst zu nehmen. Warum die homogene Verfeinerung bei etwa 1 Millionen Knoten abbricht, während die zufällige Verfeinerung noch mit mehr als 2 Millionen Knoten rechnet, ist unklar.

In Abb. 8.19 sind das Startgitter sowie die Gitter nach drei, sieben und zehn Verfeinerungen zu sehen, die Adaptivität ist gut zu erkennen. Die nächsten Verfeinerungen erzeugen so viele Dreiecke um die Spitzen herum und an der einspringenden Ecke, dass sie graphisch als schwarze Flächen erscheinen würden.

In Abb. 8.20 sehen wir für drei Stufen der Mehrgittermethode links jeweils 15 Isolinien zu äquidistanten Lösungswerten und rechts die Lösung in dreidimensionaler Darstellung. Dass die Lösung zwei spitze lokale Maxima hat, ist erst nach drei Verfeinerungen zu erkennen, vorher sind die groben Näherungslösungen weit von der gesuchten Lösung

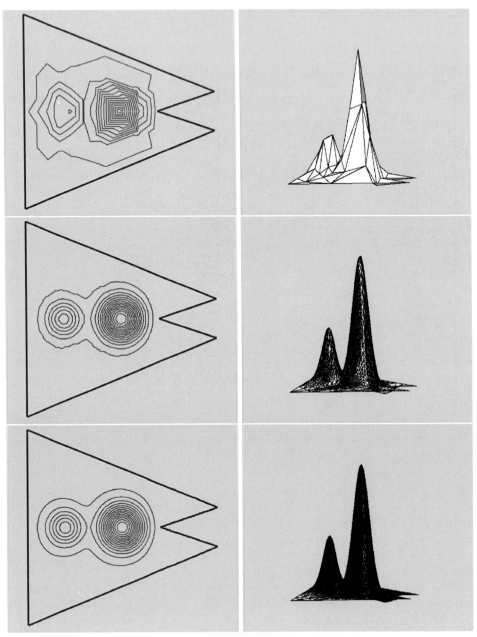

Abb. 8.20 Isolinien und Lösungen des Doppelspitzen-Problems (8.47) nach drei, sieben und dreizehn Verfeinerungen

entfernt, haben teilweise große negative Werte, spielen aber trotzdem ihre Rolle in der Mehrgitter-Kette. An den Isolinien ist der Effekt der adaptiven Verfeinerungen noch besser zu erkennen; sie werden immer glatter.

Aufgaben

Aufgabe 8.1. Unterräume des Funktionenraums $\mathfrak{N}$, siehe (1.52), in dem wir die Lösung des Variationsproblems (1.50) bzw. des Differenzialgleichungsproblems (1.45) suchen, können auch anders als mit Hilfe finiter Elemente konstruiert werden, z. B. mit trigonometrischen Funktionen, die über das ganze Gebiet Ω definiert sind. Dabei entsteht aber das Problem, dass die Ansatzfunktionen die Randbedingungen erfüllen müssen, damit sie im Raum $\mathfrak{N}$ liegen. Leicht ist das für die Randbedingung $u = 0$ auf $\Gamma = \partial\Omega$, wenn das Gebiet Ω das Einheitsquadrat $(0, 1)^2 \subset \mathbb{R}^2$ ist. Schlagen Sie für diesen Spezialfall eine Folge von Unterräumen vor, indem sie entsprechende Basisfunktionen angeben. Sind Ihre Unterräume hierarchisch?

Aufgabe 8.2. Mit Quadraten als geometrischen Elementen und mit bilinearen Funktionen

$$u(x, y) = c_1 + c_2\,x + c_3\,y + c_4\,xy \tag{8.49}$$

auf diesen Elementen kann eine FEM mit eindeutigem Interpolations-Ansatz definiert werden, wenn die Eckpunkte der Quadrate als Knotenpunkte gewählt werden.

Wir wollen in dieser Aufgabe hierarchische FEM-Räume auf dem Einheitsquadrat entwerfen. Dabei können wir überwiegend lokal argumentieren, also die Rechnungen nur für Elemente durchführen, die im Innern des Einheitsquadrats liegen, ohne den Rand zu erreichen. Das entspricht homogenen Dirichlet-Randbedingungen und erleichtert die Rechnungen.

(a) Die bilinearen Basisfunktionen für den $\mathbb{R}^2$ können definiert werden als so genannte Tensorprodukt-Splines der eindimensionalen Hutfunktionen. Sei auf dem Einheitsintervall $[0, 1]$ ein äquidistantes Gitter

$$x_i := i\,h\,, \quad h = 1/n + 1\,, \quad i = 0, 1, \ldots, n + 1\,, \tag{8.50}$$

gegeben. Dann sind die n Hutfunktionen für die inneren Knotenpunkte des Gitters definiert als

$$B_{i,h}(x) := \begin{cases} x/h - i + 1 & \text{falls } x \in [(i - 1)h, ih] \\ -x/h + i + 1 & \text{falls } x \in [ih, (i + 1)h] \\ 0 & \text{sonst} \end{cases} \tag{8.51}$$

Zeigen Sie, dass die Funktion

$$B_{i,j,h}(x, y) := B_{i,h}(x)\,B_{j,h}(y) \tag{8.52}$$

eine bilineare Funktion auf einem $2h \times 2h$-Gitter ist, die im Mittelpunkt des Quadrats $[(i - 1)h, (i + 1)h] \times [(j - 1)h, (j + 1)h]$ den Wert 1 annimmt und auf den Rändern dieses Quadrats sowie außerhalb verschwindet.

Damit ist sie eine geeignete Basisfunktion für die FEM auf dem Einheitsquadrat mit Gitterweite $(2h)$.

(b) Zeigen Sie, dass eine eindimensionale Hutfunktion $B_{i,h}(x)$ (8.51) dargestellt werden kann als eine Linearkombination von Hutfunktionen $B_{k,h/2}(x)$ wie folgt:

$$B_{i,h}(x) = \frac{1}{2} B_{2i-1,h/2}(x) + B_{2i,h/2}(x) + \frac{1}{2} B_{2i+1,h/2}(x) . \tag{8.53}$$

Das ist die Grundlage für eine hierarchische FEM, denn jetzt kann auf dem zweidimensionalen Gitter mit der Gitterweite h statt $2h$ eine bilineare Basisfunktion als Tensorprodukt-Spline wie in (8.52) dargestellt werden als

$$B_{i,j,h/2}(x,y) := B_{i,h/2}(x) B_{j,h/2}(y) . \tag{8.54}$$

(c) Fassen Sie diese Aufgabe zusammen, indem Sie für $2h = 1/8$ die zum Einheitsquadrat gehörenden hierarchisch definierten Basisfunktionen zur Gitterweite $2h$ aufschreiben.

Aufgabe 8.3. Zeigen Sie, dass aus der mit der transformierten Gleichung (8.14) berechneten Lösung $\bar{u}_l$ die Lösung u_l des Gleichungssystems zur Knotenbasis $A_l u_l = b_l$ mit (8.15) berechnet werden kann.

Aufgabe 8.4. Zeigen Sie, dass die Cholesky-Zerlegung einer zerfallenden $n \times n$-Matrix

$$A = \begin{pmatrix} A_{11} & 0 \\ 0 & A_{22} \end{pmatrix} = L^T L$$

berechnet werden kann als

$$L := \begin{pmatrix} L_{11} & 0 \\ 0 & L_{22} \end{pmatrix} , \quad \text{wenn} \quad A_{11} = L_{11}^T L_{11} , \quad A_{22} = L_{22}^T L_{22} .$$

Dabei sind $A_{11}, L_{11} \in \mathbb{R}^{q,q}$ und $A_{22}, L_{22} \in \mathbb{R}^{p,p}$ mit $p + q = n$ und die Nullmatrizen sind passende Rechteck-Matrizen. Diese weit weniger aufwändigen Zerlegungen können damit auch bei (8.9) benutzt werden, dort mit dem zusätzlichen Vorteil, dass $A_{22} = D_l$ eine Diagonalmatrix ist.

Aufgabe 8.5. Konstruieren Sie ein Gebiet und darauf eine Start-Triangulierung mit mindestens acht Dreiecken, sodass Folgendes gilt:

Wenn die Triangulierung auf Grund eines einzigen markierten Dreiecks verfeinert wird, dann wird die Anzahl der Dreiecke der Start-Triangulierung durch die Bisektion über die längste Kante mindestens verdoppelt.

Geben Sie eine charakteristische Eigenschaft dieses Extremfalles an.

Aufgabe 8.6. Zerlegen Sie den Einheitswürfel $[0, 1]^3 \subset \mathbb{R}^3$ zweimal konform in Tetraeder, einmal mit sechs und einmal mit fünf Tetraedern. Beschreiben und zeichnen Sie die beiden Fälle.

Aufgabe 8.7. Das Hexaeder $\Omega \in \mathbb{R}^3$ in Abb. 8.21 soll in konforme Tetraeder aufgeteilt werden. Unser Beispiel stellt eine problematische Situation dar, bei der ein so genannter *sliver* entstehen kann, das ist eine extrem flacher Tetraeder. Das Hexaeder besteht aus den

Abb. 8.21 Ein Hexaeder soll tetraedisiert werden. Vorsicht, sliver-Gefahr!

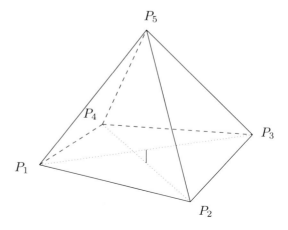

Punkten

$$P_1 = (-10,\, 0,\, 0)\,, \quad P_2 = (0,\, -8,\, 0)\,, \quad P_3 = (10,\, 0,\, 3)\,,$$
$$P_4 = (0,\, 8,\, 0)\,, \quad P_5 = (0,\, 0,\, 30)\,.$$

Als Hilfslinien sind die Diagonalen $\overline{P_1 P_3}$ und $\overline{P_2 P_4}$ eingezeichnet und ein „Steg", der ihre unterschiedliche Höhe kennzeichnen soll.

Geben Sie unterschiedliche Möglichkeiten der Aufteilung des Gebietes Ω in konforme Tetraeder an und interpretieren Sie Ihre Vorschläge.

Literatur

1. Babuška, I.: Error bounds for the finite element method. Numer. Math. **16**, 322–333 (1971)
2. Babuška, I., Aziz, A.K.: Survey lectures on the mathematical foundation of the finite element method. In: A.K. Aziz (ed.) Mathematical foundations of the finite element method with Applications to Partial Differential Equations, pp. 1–359. Academic Press, New York (1972)
3. Babuška, I., Dorr, M.R.: Error estimates for the combined h and p versions of the finite element method. Numer. Math. **37**, 257–277 (1981)
4. Babuška, I., Miller, A.: A feedback finite element method with a posteriori error estimation: Part I. Comp. Meth. Appl. Mech. Eng. **61**, 1–40 (1987)
5. Babuška, I., Rheinboldt, W.C.: Error estimates for adaptive finite element computations. SIAM J, Num. Anal. **15**, 736–754 (1978)
6. Bank, R.E.: Hierarchical bases and the fem. Acta Numerica **5**, 1–47 (1996)
7. Bank, R.E.: PLTMG: A software package for solving elliptic partial differential Equations: Users' Guide 8.0. SIAM, Philadelphia (1998)
8. Bank, R.E.: PLTMG: A software package for solving elliptic partial differential Equations: Users' Guide 10.0. The author, San Diego (2007)
9. Bank, R.E., Dupont, T., Yserentant, H.: The hierarchical basis multigrid method. Numerische Mathematik **52**, 427–458 (1981)
10. Bank, R.E. and Weiser, A.: Some a posteriori error estimators for elliptic partial differential equations. Math. Comp. **44**, 283–301 (1985)
11. Bank, R. E. and Xu, J.: Asymptotically exact a posteriori error estimators, I: Grids with superconvergence. SIAM J. Numer. Anal. **41**, 2294–2312 (2003)

12. Bank, R. E. and Xu, J.: Asymptotically exact a posteriori error estimators, II: General unstructured grids. SIAM J. Numer. Anal. **41**, 2313–2332 (2003)
13. Beck, R. and Erdmann, B. and Roitzsch, R.: KASKADE User's Guide Version 3.x. Tech. rep., Konrad-Zuse-Zentrum für Informationstechnik Berlin (1995). TR-95-11.
14. Bornemann, F.A., Deuflhard, P.: The cascadic multigrid method for elliptic problems. Numer. Math. **75**, 135–152 (1996)
15. Bornemann, F.A., Deuflhard, P.: The cascadic multigrid method for elliptic problems. Numerische Mathematik **75**, 135–152 (1996)
16. Bornemann, F.A., Erdmann, B., Kornhuber, R.: A posteriori error estimates for elliptic problems in two and three space dimensions. SIAM J. Numer. Anal. **33**, 1188–1204 (1996)
17. Bornemann, F.A., Krause, R.: Classical and cascadic multigrid – a methodical comparison. In: P. Bjôrstad, M. Espedal, D. Keyes (eds.) Proc. 9th Int. Conf. on Domain Decomposition Methods, pp. 64–71. Domain Decomposition Press, Ullenswang, Norway (1996)
18. Bramble, J.H., Pasciak, J.E., Xu, J.: Parallel multilevel preconditioners. Math. Comp. **55**, 1–22 (1990)
19. Deuflhard, P.: Cascadic conjugate gradient methods for elliptic partial differential equation: Algorithm and numerical results. Contemporary Mathematica **180**, 29–42 (1994)
20. Deuflhard, P., Leinen, P., Yserentant, H.: Concepts of an adaptive hierarchical finite element code. Impact of Computing in Science and Engineering **1**, 3–35 (1989)
21. Deuflhard, P., P., L., Yserentant, H.: Concepts of an adaptive hierarchical finite element code. Impact Comput. Sci. Eng. **1**, 3–35 (1989)
22. Deuflhard, P., Weiser, M.: Numerische Mathematik 3. Adaptive Lösung partieller Differentialgleichungen. de Gruyter, Berlin (2011)
23. Großmann, C., Roos, H.G.: Numerik partieller Differentialgleichungen. 3.Aufl. Teubner, Wiesbaden (2005)
24. Hackbusch, W.: Multigrid methods and applications. Springer, Berlin (1985)
25. Hackbusch, W., Trottenberg, U. (eds.): Multigrid Methods. Springer, Lecture Notes in Mathematics 960, Berlin (1982)
26. Johnson, C.: Numerical Solution of Partial Differential Equations by the Finite Element Method. Studentlitteratur, Lund, Schweden (1987)
27. Johnson, C., Eriksson, K.: Adaptive finite element methods for parabolic problems I: A linear model problem. SIAM J. Numer. Anal, 28 **28**, 43–77 (1991)
28. Mitchell, W.F.: Unified multilevel adaptive finite element methods for elliptic problems. Ph.D. thesis, University of Illinois at Urbana-Champaign (1988)
29. Rivara, M. C.: Mesh refinement processes based on the generalized bisection of simplices. SIAM J Numer. Anal. **21**(3), 604–613 (1984)
30. Rivara, M. C.: New mathematical tools and techniques for the refinement and/or improvement of unstructured triangulations. In: Proc. 5th Int. Meshing Roundtable. Pittsburgh, PA (1996)
31. Shaidurov, V.: Multigrid Methods for Finite Elements. Kluwer Academic Publishers, Boston (1995)
32. Shaidurov, V.: Some estimates of the rate of convergence for the cascadic conjugate gradient method. Computers Math. Applic. **31**(4/5), 161–171 (1996)
33. Shewchuk, J.R.: Lecture notes on delaunay mesh generation. Tech. rep., Dep. EE and CS, University of California at Berkeley (1999). Überhaupt alles von Shewchuk, siehe auch http://www.cs.cmu.edu/~jrs/
34. Stueben, A., Trottenberg, U.: Multigrid methods: fundamental algorithms, model problem analysis and application. In: Hackbusch, W., Trottenberg, U. (eds.): Multigrid Methods, pp. 1–176. Lecture Notes in Mathematics 960. Springer, Berlin (1982)
35. Weiser M. and Schiela A.: (2006). http://www.zib.de/de/numerik/software/kaskade-7.html
36. Yserentant, H.: Hierachical basis give conjugate gradient type methods a multigrid speed of convergence. Applied Math. Comp. **19**, 347–358 (1986)
37. Yserentant, H.: On the multilevel splitting of finite element spaces. Numer. Math. **49**, 379–412 (1986)
38. Yserentant, H.: Preconditioning indefinite discretization matrices. Numer. Math. **54**, 719–734 (1989)

Teil IV
Anhang

Kapitel 9
Ergänzungen und Erweiterungen

Zusammenfassung Dieses kleine Lehrbuch müsste viel dicker sein, wenn wir alle wichtigen Aspekte von Mehrgittermethoden ausführlich betrachten wollten. Das soll nicht geschehen. Diese Aspekte sollen aber nicht verschwiegen werden. Deswegen gehen wir in diesem Kapitel kurz auf sie ein. Dazu gehören in erster Linie Erweiterungen der behandelten Problemklassen, also die numerische Behandlung nichtlinearer Probleme, instationärer (zeitabhängiger) Probleme und die einiger wichtiger spezieller Differenzialgleichungen, die eine gesonderte Betrachtung wert sind.

Algebraische Mehrgittermethoden haben wir hier und da erwähnt; auch auf sie hätte ausführlicher eingegangen werden können.

Adaptivität haben wir nur im Zusammenhang mit finiten Elementen genutzt, sie kann aber auch bei Differenzenverfahren angewendet werden. Darauf werden wir in einem Abschnitt beispielhaft eingehen.

Da Mehrgittermethoden in der Praxis oft auf anspruchsvolle Probleme angewendet werden, die einen Rechenaufwand erzeugen, der die Kapazität normaler Rechner überfordert, ist die Lösung partieller Differenzialgleichungen mit Mehrgittermethoden auf Parallelrechnern ein wichtiges Thema.

Einige dieser Erweiterungen sollen in diesem ergänzenden Kapitel angerissen werden. Dabei werden wir uns auf eine knappe Darstellung oder sogar auf Beispiele beschränken.

9.1 Nichtlineare Probleme

Die reale Welt ist nichtlinear. Deshalb sollte die Modellierung realistischer Situationen oft nichtlineare partielle Differenzialgleichungen ergeben. Da die Lösung linearer Probleme wesentlich einfacher ist und Näherungslösungen auch schneller zu berechnen sind, werden bei der Modellierung nichtlineare Effekte gern unterschlagen, wenn ihr Einfluss auf die Lösung vernachlässigbar ist. Ist dies nicht der Fall, entstehen nichtlineare Probleme, deren nichtlineare Anteile aber auch sehr unterschiedlich sein können. Deshalb werden nichtlineare partielle Differenzialgleichungen noch weiter klassifiziert; es gibt *quasilineare* und *halblineare* Probleme. Wir wollen uns auf Letztere beschränken, das sind partielle

N. Köckler, *Mehrgittermethoden*, DOI 10.1007/978-3-8348-2081-5_9,
© Vieweg+Teubner Verlag | Springer Fachmedien Wiesbaden 2012

Differenzialgleichungen, die in den Ableitungen höchster Ordnung linear sind, also z. B.

$$- \Delta u(x, y) + g(x, y, u) = f(x, y) \quad \text{oder} \tag{9.1}$$

$$- \Delta u(x, y) + g(x, y, u, u_x, u_y) = f(x, y) \,. \tag{9.2}$$

Die Diskretisierung solcher Probleme geschieht wie in Kap. 1 oder in den letzten beiden Kapiteln mit dividierten Differenzen oder mit finiten Elementen. Dadurch entstehen algebraische Gleichungen. Im linearen Fall bildeten diese ein lineares Gleichungssystem. Jetzt ist es nichtlinear und wir schreiben statt $\mathbf{Au} = \mathbf{f}$

$$\mathbf{A}(\mathbf{u}) = \mathbf{f} \,. \tag{9.3}$$

Oft werden noch die linearen und nichtlinearen Anteile getrennt dargestellt:

$$\mathbf{A}(\mathbf{u}) = \mathbf{Bu} + \mathbf{C}(\mathbf{u}) \,. \tag{9.4}$$

Dabei ist $\mathbf{Bu}$ der lineare Anteil (Matrix mal Vektor) und $\mathbf{C}(\mathbf{u})$ eine in $\mathbf{u}$ nichtlineare Funktion. Die Nichtlinearität erzwingt grundsätzlich ein zusätzliches Iterationsverfahren. Zusätzlich insofern, da ja auch das lineare Gleichungssystem oft iterativ gelöst wird, z. B. mit einer Mehrgittermethode. Diese Iteration heißt jetzt innere Iteration, weil zur Auflösung der nichtlinearen Anteile die zusätzliche Iteration wie eine äußere Klammer um die innere herum angeordnet wird. Für die äußere Iteration benötigen wir eine Startnäherung $\mathbf{u}^{(0)}$. Das einfachste Iterationsverfahren besteht dann in der schlichten Relaxation

$$\boxed{\mathbf{Bu}^{(k+1)} = \mathbf{f} - \mathbf{C}(\mathbf{u}^{(k)}) \,, \quad k = 0, 1, \dots} \tag{9.5}$$

Hier wird also in jedem Schritt ein lineares Gleichungssystem gelöst, weil der Term $\mathbf{C}(\mathbf{u}^{(k)})$ ein berechenbarer algebraischer Anteil der Gleichung ist, da $\mathbf{u}^{(k)}$ im letzten Schritt berechnet wurde. Die Konvergenz dieser schlichten Methode ist natürlich nicht garantiert. Sie muss in jedem einzelnen Fall nachgewiesen werden und hängt wesentlich von dem Einfluss des nichtlinearen Anteils auf die Lösung ab. Die Lösung des linearen Gleichungssystems in jedem Schritt kann mit einem Iterationsverfahren, z. B. einer Mehrgittermethode geschehen, das ist die schon erwähnte innere Iteration.

Bessere Konvergenz kann mit dem Newton-Verfahren erzielt werden. Aber auch dazu bedarf es einer guten Startnäherung, da das Newton-Verfahren keine Konvergenz garantiert. Für das Newton-Verfahren benötigen wir die Jacobi-Matrix, das ist die Matrix der Ableitungen von $\mathbf{A}(\mathbf{u})$ nach $\mathbf{u}$, symbolisch

$$\mathbf{J}(\mathbf{u}) := \frac{\partial \mathbf{A}(\mathbf{u})}{\partial \mathbf{u}} \,. \tag{9.6}$$

Das Newton-Verfahren geht von der Taylor-Entwicklung

$$\mathbf{A}(\mathbf{u}) = \mathbf{A}(\mathbf{u}^{(k)}) + \mathbf{J}(\mathbf{u}^{(k)})(\mathbf{u} - \mathbf{u}^{(k)}) + O(\mathbf{u} - \mathbf{u}^{(k)})^2 \,. \tag{9.7}$$

aus, ersetzt links $\mathbf{f} = \mathbf{A}(\mathbf{u})$ und rechts $\mathbf{u}$ durch $\mathbf{u}^{(k+1)}$. Wir vernachlässigen den quadratischen Anteil und definieren den Zuwachs $\mathbf{d}^{(k)} := \mathbf{u}^{(k+1)} - \mathbf{u}^{(k)}$. Damit erhalten wir das Verfahren

$$\boxed{\begin{aligned} \mathbf{J}(\mathbf{u}^{(k)})\, \mathbf{d}^{(k)} &= \mathbf{f} - \mathbf{A}(\mathbf{u}^{(k)}) \\ \mathbf{u}^{(k+1)} &= \mathbf{u}^{(k)} + \mathbf{d}^{(k)}\,, \quad k = 0, 1, \ldots, \end{aligned}} \tag{9.8}$$

das im Wesentlichen aus der Lösung des linearen Gleichungssystems in der ersten Zeile von (9.8) besteht. Hier ist deshalb k der Laufindex der äußeren Iteration, zu der eine innere kommt, wenn das lineare Gleichungssystem (9.8) in jedem Schritt iterativ gelöst wird.

Soll mit dem Newton-Verfahren ein Problem der Form (9.4) gelöst werden, dann ist der lineare Anteil $\mathbf{Bu}$ im Gleichungssystem (9.8) unverändert enthalten, es kommt die Jacobi-Matrix des nichtlinearen Anteils $\partial \mathbf{C}(\mathbf{u})/\partial \mathbf{u}$ hinzu. Am Einfachsten lässt sich das an einem Beispiel verstehen.

Beispiel 9.1. Wir wollen das oft zitierte Bratu-Problem in folgender spezieller Form lösen:

$$-\Delta u + e^u = f \quad \text{in} \quad \Omega = (0, 1)^2 \quad \text{mit} \tag{9.9}$$
$$f(x, y) = 2\,x\,(1 - x) + 2\,y\,(1 - y) + \exp(x\,(1 - x)\,y\,(1 - y))$$
$$u = 0 \quad \text{auf} \quad \partial\Omega\,. \tag{9.10}$$

Die analytische Lösung ist dann

$$u(x, y) = x\,(1 - x)\,y\,(1 - y)\,. \tag{9.11}$$

Die schlichte Relaxation (9.5) hat als Matrix $\mathbf{B}$ die durch den Fünf-Punkte-Stern entstehende Matrix (1.44), die dort $\mathbf{A}$ heißt. $\mathbf{f}$ ist die Diskretisierung der Funktion (9.10) auf dem inneren $(N - 1) \times (N - 1)$-Gitter. $\mathbf{C}(\mathbf{u}^{(k)})$ entsteht durch die Auswertung der Exponentialfunktion auf diesem Gitter mit den Werten $\mathbf{u}^{(k)}$ des jeweils vorherigen Schrittes der äußeren Iteration. Wir wählen als Gitter 32^2 Punkte und rechnen mit der Startnäherung $\mathbf{u}^{(0)} = \mathbf{0}$ und einem FMG-Schritt als innere Mehrgitter-Iteration mit den Werten $\nu_0 = 1$ und bei den V-Zyklen dieser Methode mit Gauß-Seidel als Glätter und den Relaxationsparametern $\nu_1 = \nu_2 = 2$. Die Konvergenz ist sehr gut, siehe Tab. 9.1.

Beim Newton-Verfahren ergibt sich für das lineare Defekt-Gleichungssystem (9.8) als Koeffizientenmatrix die Summe aus der Fünf-Punkte-Stern-Matrix $\mathbf{B}$ wie oben und der Diagonalmatrix, die aus den Ableitungen des nichtlinearen Anteils auf den Gitterpunkten besteht, das ist hier die triviale Ableitung der Exponentialfunktion nach $\mathbf{u}$. Um das zu verdeutlichen, greifen wir eine einzelne diskretisierte Gleichung für einen inneren Gitterpunkt heraus, der nicht randnah liegt, also vier Nachbarn hat, die auch im Innern des Gebietes liegen. Dann bekommen wir mit Doppelindizes nach Multiplikation mit h^2

$$4u_{i,j} - u_{i-1,j} - u_{i+1,j} - u_{i,j-1} - u_{i,j+1} + h^2 \exp(u_{i,j}) - h^2 f_{i,j} = 0\,. \tag{9.12}$$

In der Jacobi-Matrix erzeugt die Ableitung dieser Gleichung eine Zeile mit vier Elementen mit dem Wert -1 und auf der Diagonalen das Element $4 + h^2 \exp(u_{i,j})$.

Tabelle 9.1 Konvergenzraten
für das schlichte Verfah-
ren (9.5) und die Newton-
Iteration (9.8) bei Anwendung auf das Bratu-Problem
(9.9) bei einer Diskretisierung mit 32^2 Punkten eines
homogenen Gitters

It. schritt k	Relaxation $\|\mathbf{u}^{(k)} - \mathbf{u}^{(k-1)}\|_{L^2}$	Newton-Verfahren $\|\mathbf{u}^{(k)} - \mathbf{u}^{(k-1)}\|_{L^2}$
1	1.157	1.1012
2	0.060	0.0013
3	0.0032	$1.8 \cdot 10^{-9}$
4	$1.7 \cdot 10^{-4}$	$3.0 \cdot 10^{-16}$
5	$9.0 \cdot 10^{-6}$	

Die Konvergenz des Newton-Verfahrens ist erwartungsgemäß schnell, bei derselben
Vorgehensweise für die innere Iteration wie oben ergeben sich die in Tab. 9.1 wiedergege-
benen Werte.

Wir haben hier nur die aus einem Numerik-Kurs bekannten Verfahren vorgestellt, um
die wesentliche Idee und den prinzipiellen Mehraufwand bei der numerischen Lösung
eines nichtlinearen Problems kennen zu lernen. Beide Methoden erfordern den Einsatz einer Mehrgittermethode nicht, die entstehenden Gleichungssysteme können mit irgendeiner
passenden Methode gelöst werden.

Deshalb gibt es im Zusammenhang mit Mehrgittermethoden interessantere Verfahren.
Da wäre einmal das volle nichtlineare Mehrgitter-Schema FAS (full approximation scheme), das die nichtlinearen Gleichungen direkt mit einer Mehrgittermethode behandelt und
einen nichtlinearen Glätter erlaubt. Die nichtlinearen Gleichungen werden lokal linearisiert, das Verfahren konvergiert meistens etwas langsamer als das global linearisierende
Newton-Verfahren, ist dafür aber nicht so abhängig von einer guten Startnäherung. Diese
Methode ist knapp und verständlich in [20] und ausführlich in [13] beschrieben, aber auch
in [4, 5].

Eine Methode, die die beiden Eigenschaften „schnelle Konvergenz" und „geringe Abhängigkeit von einer guten Startnäherung" kombiniert, ist MNM (Multilevel Nonlinear
Method), [21].

9.2 Instationäre Probleme, parabolische Differenzialgleichungen

Beschreibt eine partielle Differenzialgleichung einen zeitabhängigen Vorgang, dann heißt
sie instationär. Klassisches Beispiel ist die zeitabhängige Wärmeleitungsgleichung, die wir
hier in ihrer einfachsten eindimensionalen Form angeben:

$$
\begin{aligned}
\frac{\partial u(x,t)}{\partial t} &= u_{xx}(x,t) \quad \text{für } x \in (a,b) \subset \mathbb{R}^1, \quad t \in (0,T) \subset \mathbb{R}^1, \\
u(x,t) &= f(x,t) \quad \text{für } x = a, \, x = b \quad \text{(Randbedingung)}, \\
u(x,t) &= u_0(x) \quad \text{für } t = 0 \quad \text{(Anfangsbedingung)}.
\end{aligned}
\tag{9.13}
$$

Die Lösung u wird auf einem räumlichen Gebiet und für ein begrenztes oder unbegrenztes Zeitintervall gesucht. Damit das Problem eindeutig lösbar ist, muss neben der Randbedingung eine Anfangsbedingung gegeben sein, sie stellt den Zustand des Systems zum Anfangszeitpunkt $t = 0$ dar. Bei der Klassifizierung linearer partieller Differenzialgleichungen gehört (9.13) zu den parabolischen Differenzialgleichungen. Im $\mathbb{R}^1$ ist das Raumgebiet ein Intervall, im $\mathbb{R}^2$ eine offene, zusammenhängende Menge $\Omega \subset \mathbb{R}^2$ ganz entsprechend zu den elliptischen Differenzialgleichungen, und aus dem Term u_{xx} wird $\Delta u(x, y, t)$, entsprechend im $\mathbb{R}^3$.

Die numerische Behandlung einer parabolischen Differenzialgleichung zerfällt in zwei Verfahrensteile. Die Zeit-Ableitung wird durch eines der Verfahren diskretisiert, die in einer Numerik-Vorlesung für die Lösung von Anfangswertproblemen bei gewöhnlichen Differenzialgleichungen vorgestellt werden. Das einfachste und bekannteste ist sicher das Euler- oder Polygonzug-Verfahren. Wenn das Zeitintervall in äquidistante Zeitschritte

$$t_k := k\tau \, , \quad k = 0, 1, 2, \ldots$$

mit der Zeit-Schrittweite τ zerlegt wird und wir es auf (9.13) anwenden, entsteht das halbdiskrete System

$$u(x, t_{k+1}) = u(x, t_k) + \tau \, u_{xx}(x, t_k) + O(\tau^2) \, , \tag{9.14}$$

das noch bezüglich der Raumvariablen diskretisiert werden muss. Diese räumliche Diskretisierung auf dem Intervall (a, b) kann mit einem Differenzenverfahren oder mit der Methode der finiten Elemente vorgenommen werden. Diskretisieren wir jetzt die zweite Ableitung u_{xx} mit der zweiten dividierten Differenz, siehe (1.14), dann wird (9.14) zu

$$u(x_i, t_{k+1}) = u(x_i, t_k) + \tau \, \frac{u(x_i + h, t_k) + u(x_i - h, t_k) - 2u(x_i, y_j, t_k)}{h^2} + O(\tau + h^2) \, . \tag{9.15}$$

Jetzt steht $O(\tau + h^2)$ für den Diskretisierungsfehler, der bei den Standard-Verfahren linear in τ wie beim Euler-Verfahren und quadratisch in h bei der zweiten dividierten Differenz ist. Wenn der Fehlerterm weggelassen wird, muss $u(x_i, t_k)$ durch seine Näherung u_i^k ersetzt werden, das ergibt

$$\boxed{u_i^{k+1} = u_i^k + \tau \, \frac{u_{i-1}^k + u_{i+1}^k - 4u_i^k}{h^2} \, .} \tag{9.16}$$

Dabei läuft der Zeitindex k so lange, bis $k\tau = T$ erreicht ist und der Raumindex i läuft über alle inneren Punkte des Intervalls (a, b). Da alle Werte in den Punkten des Gitters zum Anfangszeitpunkt $t = 0$, $k = 0$, bekannt sind, können alle Werte zum Zeitpunkt $t = \tau$, $k = 1$ direkt berechnet werden, dann für $t = 2\tau$, $k = 2$ usw. Deshalb heißt dieses Verfahren *explizit*. Eine Mehrgittermethode ist hier überflüssig. Explizite Verfahren haben also den Vorteil schneller Berechenbarkeit, allerdings den Nachteil mangelnder Stabilität, deswegen werden besonders für anspruchsvollere Probleme *implizite* Methoden vorgezogen. Auch bei diesen wollen wir uns auf den einfachsten Fall des Rückwärts-Euler-Verfahrens beschränken. Es entsteht im hier geschilderten Fall einfach durch Austausch des Zeitindex

Tabelle 9.2 Fehler beim expliziten und beim impliziten Euler-Verfahren für die Raum-Gitterweite $h = 1/20$ und zwei Zeit-Schrittweiten

t	Exakte Lösung	Fehlerbetrag im Mittelpunkt $x = \pi/2$			
		Euler explizit		Euler implizit	
		$\tau = h^2/2$	$\tau = h^2$	$\tau = h^2/2$	$\tau = h^2$
1/400	0.9944979	$5.1 \cdot 10^{-5}$	0.00025	$9.9 \cdot 10^{-5}$	0.00034
1/10	0.6431468	0.0015	236.2	0.0030	0.0052
1	0.0121088	$2.1 \cdot 10^{-6}$	$7 \cdot 10^{172}$	$4.3 \cdot 10^{-6}$	$7.7 \cdot 10^{-6}$

k mit $k + 1$ und Vertauschung des Vorzeichens in (9.15).

$$u_i^k = u_i^{k+1} - \tau \frac{u_{i-1}^{k+1} + u_{i+1}^{k+1} - 2u_i^{k+1}}{h^2} \ . \tag{9.17}$$

Das bedeutet, dass jetzt in jedem Zeitschritt ein lineares Gleichungssystem mit den Gleichungen

$$\boxed{-u_{i-1}^{k+1} - u_{i+1}^{k+1} + \left(2 + \frac{h^2}{\tau}\right) u_i^{k+1} = \frac{h^2}{\tau} u_i^k} \tag{9.18}$$

gelöst werden muss, um die Lösung der $(k + 1)$-ten Zeitschicht zu berechnen. Dabei entsteht eine Gleichung pro innerem Punkt x_i. Die Randbedingungen werden wie üblich berücksichtigt, indem ihre bekannten Werte auf die rechte Seite der entsprechenden Gleichungen gebracht werden. Dieses Gleichungssystem kann unter anderem mit einer Mehrgittermethode gelöst werden. Ein solches effizientes Verfahren ist natürlich besonders wichtig, wenn die Raumdimension größer als 1 ist.

Beispiel 9.2. Wir wollen ein einfaches Beispiel durchrechnen, das uns den Unterschied zwischen explizitem und implizitem Euler-Verfahren anschaulich vor Augen führt.

$$
\begin{aligned}
u_t &= u_{xx} & &\text{in } (0, \pi) \times (0, T] \\
u(x, 0) &= \sin x & &x \in [0, \pi] \\
u(0, t) &= u(\pi, t) = 0 & &t \in [0, T]
\end{aligned}
\tag{9.19}
$$

Die exakte Lösung ist $u(x, t) = e^{-t} \sin x$, siehe Abb. 9.19. Wir rechnen mit einer räumlichen Gitterweite $h = \pi/20$ und mit zwei Zeit-Schrittweiten τ. Für den Mittelpunkt $x = \pi/2, t = j\,\tau$ ergibt das die Fehlerwerte in Tab. 9.2.

An den Fehlerwerten erkennen wir zweierlei:

1. Wenn sie konvergieren, sind explizites und implizites Euler-Verfahren etwa gleich genau. Das ist nicht erstaunlich, weil beide die Fehlerordnung $O(\tau + h^2)$ haben.
2. Wenn die Zeit-Schrittweite τ relativ zur Gitterweite h etwas zu groß gewählt wird, bricht beim expliziten Euler-Verfahren die Konvergenz völlig zusammen, während sich beim impliziten Verfahren keine großen Änderungen ergeben. Das ist der Stabilitätsvorteil der meisten impliziten Methoden.

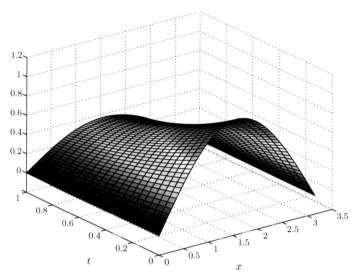

Abb. 9.1 Die Lösung des Anfangsrandwertproblems (9.19)

9.3 Parallelisierung

Ein Parallelrechner ist ein Verbund mehrerer Prozessoren. Jeder von ihnen kann Rechenoperationen unabhängig von den anderen durchführen. Dazu müssen Datentransport und Kommunikation zwischen den Prozessoren möglich sein und organisiert werden. Das wichtigste Ziel paralleler Programme ist die Verminderung der Rechenzeit eines Algorithmus zur Lösung eines Problems gegenüber einem sequentiellen Algorithmus auf einem einzelnen Rechner zur Lösung desselben Problems. Die Prozessoren können durch einzelne Rechner ersetzt werden, die dann in einem so genannten Cluster miteinander verbunden sind.

Die diskretisierte Lösung partieller Differenzialgleichungen führt letztlich immer auf ein großes System algebraischer Gleichungen. Wie wir gesehen haben, gilt das für lineare, nichtlineare, stationäre und instationäre Problemstellungen. Bei anspruchsvollen Anwendungen wie der Strömungsdynamik in zerklüfteten Gebieten erreichen diese Gleichungssysteme eine Größe, die eine Lösung auf einem einzelnen Rechner praktisch verbietet. Gleichungssysteme mit mehreren Millionen Unbekannten werden in der Regel auf Parallelrechnern gelöst. Dazu muss diese Aufgabe so formuliert werden, dass sie effizient auf die Prozessoren des Rechners verteilt werden kann. Zusätzlich liegt es nahe, schon die Diskretisierung der Differenzialgleichung so zu formulieren, dass sie entsprechend auf die Prozessoren des Rechners verteilt wird. Bei der Parallelisierung sind eine Vielzahl von praktischen Fragen ebenso zu beachten wie algorithmische Aspekte und Problemeigenschaften. Wir wollen einige dieser Fragen skizzieren.

Abb. 9.2 Nicht überlappende
Gebietszerlegung

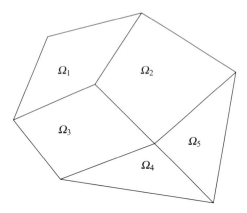

1. Welche Rechnerarchitektur steht mir zur Verfügung?
2. Welche Speicher-, Leistungs- und Kommunikationsfähigkeit haben die Prozessoren meines Parallelrechners?
3. Kann ich die zu leistende Arbeit gleichmäßig auf die vorhandenen Prozessoren verteilen, sodass die Zeit zur Lösung meines Problems wesentlich kleiner ist als auf einem sequentiell arbeitenden Rechner?
4. Muss ich unter Umständen einen neuen Algorithmus zur Lösung meines Problems ausarbeiten, um die gleichmäßige Lastverteilung, das *load balancing*, zu erreichen?
5. Nehme ich sogar überflüssige (redundante) Rechenschritte in Kauf, um insgesamt doch eine hohe Effizienz zu erreichen?
6. Sind die effizienten adaptiven Mehrgittermethoden auch auf einem Parallelrechner die geeigneten Lösungsverfahren?

Wir wollen in diesem knappen Rahmen nur einige Ideen vorstellen, die den Hintergrund möglicher Antworten auf diese Fragen bilden.

Mehr zur parallelen Lösung elliptischer partieller Differenzialgleichungen finden wir in [7], mit Betonung auf Mehrgittermethoden in [1, 8, 20] und stärker algorithmisch orientiert in [1, 10, 11, 22]. Ausführliche Monographien über parallele Programme und Rechner sind [9, 12, 16].

9.3.1 Parallelisierung durch Gebietszerlegung

Die wichtigste Methode zur Parallelisierung partieller Differenzialgleichungen ist die Zerlegung des Grundgebietes Ω in Teilgebiete, die wir zunächst als Prinzip und dann an einem einfachen Modellproblem als Beispiel kennen lernen wollen. Die Parallelisierung kann durch überlappende und durch nicht überlappende Gebietszerlegung erfolgen. Bei der überlappenden Gebietszerlegung kommt man zu redundanten Algorithmen. Hier soll nur die nicht überlappende Gebietszerlegung betrachtet werden. In Abb. 9.2 sehen wir die disjunkte Zerlegung eines Gebietes Ω in fünf Teilgebiete. Die Kanten, die zwei Teilgebiete trennen, bezeichnen wir auch als Schnittkanten (*interfaces*). Für die Parallelisierung wird jedem Teilgebiet Ω_i und seinen Knoten ein Prozessor P_i zugeordnet. Dazu werden die Indizes der Knoten des Teilgebietes Ω_i mitsamt seinen Kanten zur Indexmenge ω_i zusammengefasst; ω sei die Menge der Indizes aller (inneren) Knoten, es ist also $|\omega| = n$. Wenn p die Anzahl der Teilgebiete und dementsprechend der Prozessoren ist, gilt

$$\bigcup_{i=1}^{p} \omega_i = \omega \,, \quad \text{aber } |\omega| \leq \sum_{i=1}^{p} |\omega_i| \,, \tag{9.20}$$

weil die Knoten auf den Schnittkanten als mehrfache Kopien in mehr als einem Teilgebiet vorkommen können, was auch Einfluss auf die parallelen Algorithmen hat. Dementsprechend werden die Elemente von Matrizen und Vektoren auf die Prozessoren P_i verteilt. Was dazu im Einzelnen zu tun ist, wollen wir nur an einem Modellproblem studieren.

9.3.1.1 Ein Modellproblem

Die Dirichlet'sche Randwertaufgabe mit der Poisson-Gleichung und homogenen Randwerten soll wieder als Modellproblem dienen. Dazu seien das Gebiet $\Omega = (0, 2) \times (0, 1)$ mit dem Rand $\Gamma = \partial\Omega$ und die Funktion $f(x, y)$ in Ω gegeben. Gesucht ist die Funktion $u(x, y)$, so dass

$$-\Delta u = f \quad \text{in } \Omega = (0, 2) \times (0, 1) \,,$$
$$u = 0 \quad \text{auf } \Gamma = \partial\Omega \,. \tag{9.21}$$

Aus Abschn. 1.4.3 wissen wir, dass dieses Problem zu einem linearen Gleichungssystem mit einer gleichmäßig strukturierten Matrix führt. Hier diskretisieren wir es grob mit 3×7 inneren Punkten, siehe Abb. 9.3. Dann entsteht bei lexikographischer Nummerierung der inneren Punkte die Dreiband-Blockmatrix (1.44) mit sieben 3×3-Blöcken auf der Diagonalen. Ihre Struktur ändert sich allerdings, wenn wir eine andere Nummerierung wählen.

Für dieses Modellproblem wird jetzt das Gebiet $\bar{\Omega}$ in zwei Einheitsquadrate $\bar{\Omega}_1 = [0, 1] \times [0, 1]$ und $\bar{\Omega}_2 = [1, 2] \times [0, 1]$ zerlegt. Die Schnittkante zwischen den beiden Teilgebieten sei Γ_c. Es ergeben sich zwei Familien von inneren Knotenpunkten. Die Knoten auf der Schnittkante bekommen den Index C, die inneren Knoten den Index 1 bzw. 2. Wegen der geplanten Parallelisierung nummerieren wir jetzt spaltenweise beginnend mit den Knoten auf der Schnittkante, denen die Knoten in den Teilgebieten Ω_1 und Ω_2 folgen, jeweils von innen nach außen. siehe Abb. 9.4.

Damit bekommt das Gleichungssystem die folgende Blockstruktur mit offensichtlicher Dimensionierung der Matrizen und Vektoren:

$$\begin{pmatrix} \mathbf{A}_C & \mathbf{A}_{C,1} & \mathbf{A}_{C,2} \\ \mathbf{A}_{1,C} & \mathbf{A}_{1,1} & 0 \\ \mathbf{A}_{2,C} & 0 & \mathbf{A}_{2,2} \end{pmatrix} \begin{pmatrix} \mathbf{u}_C \\ \mathbf{u}_1 \\ \mathbf{u}_2 \end{pmatrix} = \begin{pmatrix} \mathbf{f}_C \\ \mathbf{f}_1 \\ \mathbf{f}_2 \end{pmatrix} \,. \tag{9.22}$$

Dabei ist $\mathbf{A}_{C,s} = \mathbf{A}_{s,C}^T$ für $s = 1, 2$. Sei für das Folgende noch

$$\mathbf{A}_I = \text{blockdiag}\{\mathbf{A}_{1,1}, \mathbf{A}_{2,2}\} \quad \text{und} \quad \mathbf{A}_{IC} = \begin{pmatrix} \mathbf{A}_{1,C} \\ \mathbf{A}_{2,C} \end{pmatrix} \,, \quad \mathbf{u}_I, \mathbf{f}_I \quad \text{entsprechend} \,,$$

Abb. 9.3 Rechteckgebiet mit homogenem Gitter

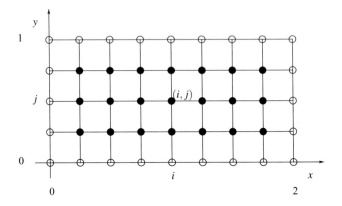

sodass (9.22) zu

$$\begin{pmatrix} \mathbf{A}_C & \mathbf{A}_{IC}^T \\ \mathbf{A}_{IC} & \mathbf{A}_I \end{pmatrix} \begin{pmatrix} \mathbf{u}_C \\ \mathbf{u}_I \end{pmatrix} = \begin{pmatrix} \mathbf{f}_C \\ \mathbf{f}_I \end{pmatrix} \tag{9.23}$$

wird. Weil wir den Fünf-Punkte-Stern zur Diskretisierung gewählt haben, ergeben sich keine Matrixelemente ungleich null zwischen inneren Punkten des linken und rechten Teilgebiets. Für das 3×7-Beispiel ergibt sich die Matrix

$$\mathbf{A} = \frac{1}{h^2}$$

$$\left(\begin{array}{ccc|cccccccc|cccccc}
4 & -1 & & -1 & & & & & & & & -1 & & & & & \\
-1 & 4 & -1 & & -1 & & & & & & & & -1 & & & & \\
& -1 & 4 & & & -1 & & & & & & & & -1 & & & \\
\hline
-1 & & & 4 & -1 & & -1 & & & & & & & & & & \\
& -1 & & -1 & 4 & -1 & & -1 & & & & & & & & & \\
& & -1 & & -1 & 4 & & & -1 & & & & & & & & \\
& & & -1 & & & 4 & -1 & & -1 & & & & & & & \\
& & & & -1 & & -1 & 4 & -1 & & -1 & & & & & & \\
& & & & & -1 & & -1 & 4 & & & -1 & & & & & \\
& & & & & & -1 & & & 4 & -1 & & & & & & \\
& & & & & & & -1 & & -1 & 4 & -1 & & & & & \\
& & & & & & & & -1 & & -1 & 4 & & & & & \\
\hline
-1 & & & & & & & & & & & & 4 & -1 & & -1 & \\
& -1 & & & & & & & & & & & -1 & 4 & -1 & & -1 \\
& & -1 & & & & & & & & & & & -1 & 4 & & & -1 \\
& & & & & & & & & & & & -1 & & & 4 & -1 & & -1 \\
& & & & & & & & & & & & & -1 & & -1 & 4 & -1 & & -1 \\
& & & & & & & & & & & & & & -1 & & -1 & 4 & & & -1 \\
& & & & & & & & & & & & & & & -1 & & & 4 & -1 \\
& & & & & & & & & & & & & & & & -1 & & -1 & 4 & -1 \\
& & & & & & & & & & & & & & & & & -1 & & -1 & 4
\end{array}\right)$$

Die Matrizen $\mathbf{A}_{1,1}$ und $\mathbf{A}_{2,2}$ können wegen

$$\mathbf{A}_I \mathbf{A}_I^{-1} = \begin{pmatrix} \mathbf{A}_{1,1} & 0 \\ 0 & \mathbf{A}_{2,2} \end{pmatrix} \begin{pmatrix} \mathbf{A}_{1,1}^{-1} & 0 \\ 0 & \mathbf{A}_{2,2}^{-1} \end{pmatrix} = \begin{pmatrix} \mathbf{I}_1 & 0 \\ 0 & \mathbf{I}_2 \end{pmatrix}$$

Abb. 9.4 Zerlegung des Rechteckgebiets in zwei Teilgebiete

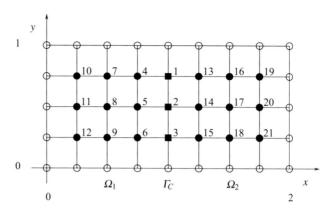

getrennt und parallel invertiert werden; das geschieht z. B. mit Hilfe zweier Cholesky-Zerlegungen

$$\begin{pmatrix} \mathbf{A}_{1,1} & \\ & \mathbf{A}_{2,2} \end{pmatrix} = \begin{pmatrix} \mathbf{L}_1\mathbf{L}_1^T & \\ & \mathbf{L}_2\mathbf{L}_2^T \end{pmatrix} \Longrightarrow \mathbf{A}_I^{-1} = \begin{pmatrix} \mathbf{L}_1^{-T}\mathbf{L}_1^{-1} & \\ & \mathbf{L}_2^{-T}\mathbf{L}_2^{-1} \end{pmatrix}$$

Damit kann (9.23) zu dem Block-Dreiecks-System

$$\begin{pmatrix} \mathbf{S}_C & 0 \\ \mathbf{A}_{IC} & \mathbf{A}_I \end{pmatrix} \begin{pmatrix} \mathbf{u}_C \\ \mathbf{u}_I \end{pmatrix} = \begin{pmatrix} \mathbf{g}_C \\ \mathbf{f}_I \end{pmatrix} \tag{9.24}$$

umgeformt werden mit

$$\begin{aligned} \mathbf{S}_C &= \mathbf{A}_C - \mathbf{A}_{CI}\mathbf{A}_I^{-1}\mathbf{A}_{IC} \\ &= (\mathbf{A}_C^{(1)} - \mathbf{A}_{1,C}^T\mathbf{A}_{1,1}^{-1}\mathbf{A}_{1,C}) + (\mathbf{A}_C^{(2)} - \mathbf{A}_{2,C}^T\mathbf{A}_{2,2}^{-1}\mathbf{A}_{2,C}) . \end{aligned} \tag{9.25}$$

und

$$\begin{aligned} \mathbf{g}_C &= \mathbf{f}_C - \mathbf{A}_{CI}\mathbf{A}_I^{-1}\mathbf{f}_I \\ &= (\mathbf{f}_C^{(1)} - \mathbf{A}_{1,C}^T\mathbf{A}_{1,1}^{-1}\mathbf{f}_1) + (\mathbf{f}_C^{(2)} - \mathbf{A}_{2,C}^T\mathbf{A}_{2,2}^{-1}\mathbf{f}_2) . \end{aligned}$$

Dabei sind

$$\mathbf{A}_C = \mathbf{A}_C^{(1)} + \mathbf{A}_C^{(2)} , \quad \mathbf{f}_C = \mathbf{f}_C^{(1)} + \mathbf{f}_C^{(2)}$$

frei wählbare Aufteilungen der Matrix- und Vektoranteile der Schnittkanten auf die Prozessoren P_1 und P_2. Die sogenannten lokalen Schur-Komplemente

$$\mathbf{A}_{C,s} - \mathbf{A}_{C,s}\mathbf{A}_{s,s}^{-1}\mathbf{A}_{s,C} , \quad s = 1, 2 ,$$

sind im Allgemeinen voll besetzte Matrizen.

Nach diesen Vorbereitungen können wir folgenden parallelen Algorithmus formulieren:

(1) Zerlege parallel für $s = 1, 2$

$$\mathbf{A}_{s,s} = \mathbf{L}_s \mathbf{L}_s^T$$

(2) Berechne parallel für $s = 1, 2$

$$\mathbf{A}_{s,s}^{-1} = \mathbf{L}_s^{-T} \mathbf{L}_s^{-1}$$

(3) Berechne parallel für $s = 1, 2$

$$\mathbf{g}_{C,s} := \mathbf{f}_C^{(s)} - \mathbf{A}_{C,s} \mathbf{A}_{s,s}^{-1} \mathbf{f}_s$$

(4) Sammle die Anteile von $\mathbf{g}_C$ ein und summiere

$$\mathbf{g}_C := \mathbf{g}_{C,1} + \mathbf{g}_{C,2}$$

(5) Berechne die Matrix

$$\mathbf{S}_C = \mathbf{A}_C - \mathbf{A}_{CI} \mathbf{A}_I^{-1} \mathbf{A}_{IC}$$

(6) Löse

$$\mathbf{S}_C \mathbf{u}_C = \mathbf{g}_C$$

(7) Berechne parallel für $s = 1, 2$

$$\mathbf{u}_s := \mathbf{A}_{s,s}^{-1} (\mathbf{f}_s - \mathbf{A}_{s,C} \mathbf{u}_C)$$

Diese Methode, die Unbekannten zu den inneren Punkten zu eliminieren, kann offensichtlich auf allgemeinere Fälle von Gebietszerlegungen in p Teilgebiete ausgeweitet werden. Die Berechnung der Matrix $\mathbf{S}_C$ mit den Schur-Komplemente in Schritt (5) und die Lösung des Gleichungssystems in Schritt (6) sind der aufwändige Teil des Algorithmus. Deshalb wird man bei allgemeineren und größeren Problemen diese Gleichungen iterativ lösen, so dass im Algorithmus Matrix-Vektor-Multiplikationen überwiegen, die möglichst auch parallel durchgeführt werden. Außerdem wird hier oft mit Vorkonditionierung gearbeitet.

9.3.1.2 Gebietszerlegung im $\mathbb{R}^3$

Dynamische Strömungsprobleme im $\mathbb{R}^3$ werden durch die Navier-Stokes-Gleichungen modelliert, auf die wir im Abschn. 9.5 ausführlicher zurückkommen. Für den Vergleich von Verfahren zu ihrer numerischen Lösung im $\mathbb{R}^3$ gibt es so genannte Benchmark-Probleme[1]. Diese wollen wir hier nur in Bezug auf eine Parallelisierung durch Gebietszerlegung betrachten. Zwei Benchmark-Konfigurationen von Schäfer und Turek, [19], bestehen aus Quadern mit den Abmessungen $41 \times 41 \times 250 \, \text{cm}^3$, durch die ein Fluid (Flüssigkeit oder Gas) strömt. Dabei muss es ein Hindernis umströmen, das ist bei diesen Konfigurationen ein senkrecht zur Strömung eingebrachtes Rohr mit kreisförmigem bzw. quadra-

---

[1] Ein Benchmark ist ein normiertes Test- oder Mess-System; in diesem Fall sind das einheitliche Beispiele zum Testen der Programme zur Lösung von Navier-Stokes-Gleichungen.

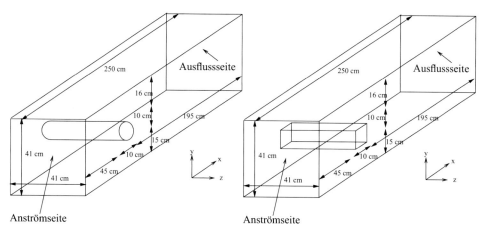

Abb. 9.5 Zwei Benchmark-Konfigurationen, aus [18]

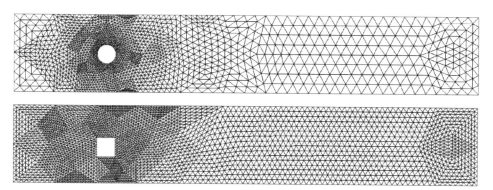

Abb. 9.6 Je ein triangulierter Schnitt durch die Benchmark-Gebiete

tischem Querschnitt, siehe Abb. 9.5. Je einen Schnitt durch diese Quader haben wir mit dem Werkzeug `pdetool` von MATLAB trianguliert, siehe Abb. 9.6. Das entspricht nicht ganz der Realität, kann aber als Ausgangspunkt für die folgenden Überlegungen dienen. Eine realistischere Triangulierung für das vorliegende Problem mit 116 166 Knoten und 231 484 Dreiecken ist in [2] zu sehen. Links fließt die Flüssigkeit mit einer vorgegebenen Geschwindigkeit hinein, an den Wänden und am Hindernis ist die Geschwindigkeit null, am rechten Ende des Quaders fließt die Flüssigkeit ungehindert heraus.

Um dieses Problem auf einem Parallelrechner mit Gebietszerlegung zu lösen, wird zunächst der Quader in Scheiben zerlegt wie in Abb. 9.7. Alle Schnitte werden zweidimensional identisch trianguliert. Jetzt werden mit Hilfe dieser Triangulierungen dreidimensionale geometrische Elemente in Form dreiseitiger, gerader Prismen gebildet. Knotenpunkte für einen Finite-Elemente-Ansatz sind die sechs Eckpunkte eines solchen Prismas, in Abb. 9.7 ist rechts ein solches Element zu sehen. Zur dreidimensionalen Gebietszerlegung muss jetzt das zweidimensionale Gitter so zerlegt werden, dass in jedem Teilgebiet etwa gleich viele Dreiecke enthalten sind.

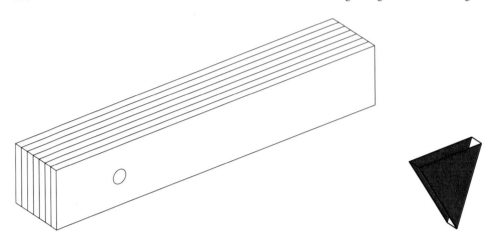

Abb. 9.7 Aufteilung des durchströmten Quaders in Schichten. Ein dreidimensionales Element besteht aus der parallelen Verbindung zweier Dreiecke auf zwei benachbarten Schichten. Dadurch entsteht ein dreiseitiges, gerades Prisma mit sechs Knotenpunkten

Wegen der identischen Triangulierung auf jedem Quader-Schnitt entsteht dadurch auch eine dreidimensionale Lastverteilung, wenn diese Zerlegung durch den Quader senkrecht zur Strömungsrichtung durchgezogen wird.

In jedem Knoten sind jetzt vier unbekannte Werte zu berechnen, das sind die drei Geschwindigkeitkomponenten der Strömung in die Koordinatenrichtungen und der Druck. In [2] wird ausgeführt, dass damit bei sechs lokalen Knoten pro Element der Speicherplatzbedarf für das dreidimensionale Problem zu

$$S = 576\, n_{el} \tag{9.26}$$

wird. Dabei ist n_{el} die Anzahl der geometrischen Elemente. Dadurch wird der Speicherbedarf gigantisch. Probleme dieser Größenordnung können deshalb nur auf Parallel- bzw. Vektorrechnern (oder Kombinationen von beidem) gelöst werden. Behara und Mittal rechnen auf einem Cluster von maximal 32 Linux-Rechnern, von denen jeder über zwei 3.06 GHz-Prozessoren verfügt und 2 GB RAM und 512 kB Cache hat. Wenn alle 32 Prozessoren eingesetzt werden, können Probleme mit bis zu 90 Millionen Elementen gelöst werden mit fast 200 Millionen nichtlinearen Gleichungen.

9.3.2 Rechnerarchitektur und Kommunikation

Die Prozessoren eines Parallelrechners können sehr unterschiedliche Eigenschaften haben. Am wichtigsten ist wohl der Unterschied zwischen Prozessoren mit eigenem Daten- und Programm-Speicherplatz und solchen, die zum Rechnen auf den zentralen Speicher zugreifen müssen. Für unsere Anwendungen wollen wir vom ersten Fall ausgehen. Neben einer guten Rechenleistung ist die Möglichkeit und die Geschwindigkeit der Kommunikation der Prozessoren untereinander ein Ausschlag gebendes Kriterium, besonders wenn stark miteinander verknüpfte Probleme gelöst werden müssen.

Abb. 9.8 Lineares Feld/Ring

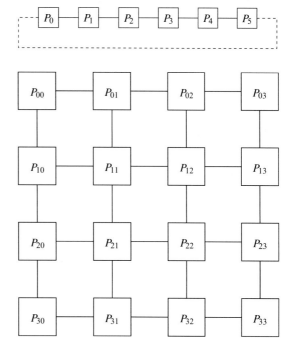

Abb. 9.9 Zweidimensionales
Gitter

Die Geschwindigkeit der Kommunikation hängt einerseits von der dementsprechenden Prozessorleistung ab, andererseits aber ganz entscheidend von der Architektur des Rechners, die bestimmt, wie „weit" der Weg von einem Prozessor zu einem anderen ist. Deshalb stellen wir hier einige Architekturen vor und geben den längsten Weg an, den eine Information von einem Prozessor zu einem anderen zurücklegen muss.

Der einfachste Fall ist eine *lineares Feld*, danach kommt ein *Ring*, siehe Abb. 9.8. Jeder Prozessor kann nur mit seinem unmittelbaren Nachbarn kommunizieren. Beim Ring sind zusätzlich der erste und letzte Prozessor miteinander verbunden. Der längste Weg bei P Prozessoren ist $P - 1$ beim linearen Feld und $P/2$ beim Ring.

Das *zweidimensionale Gitter*, auch *systolisches Feld* genannt, besteht aus $P = m \times m$ Prozessoren, die wie eine Matrix angeordnet sind, siehe Abb. 9.9. Auch hier gibt es die Variante, dass in jeder Zeile und/oder Spalte der letzte mit dem ersten Prozessor verbunden ist. Der längste Weg bei $P = m^2$ Prozessoren ist $2\sqrt{P} - 2$. Allerdings wird dieser Fall sicher selten eintreten, weil systolische Felder eingesetzt werden, wenn die Kommunikation überwiegend die direkten Nachbarn innerhalb der Matrixstruktur betrifft.

Beim *binären Baum*, siehe Abb. 9.10 ist der längste Weg keine so interessante Größe, weil diese Architektur nur geeignet ist für Probleme, bei denen Kommunikation überwiegend von unten nach oben oder umgekehrt vorkommt, aber kaum in einer Ebene von links nach rechts. Die Anzahl der Prozessoren ist $P = 2^k - 1$ bei k Ebenen und $k > 1$.

Neben diesen Architekturen sind noch die *Shuffle-Verbindung*, das *de-Bruijn-Netz* und der *Hypercube* von Interesse; darauf wollen wir aber nicht weiter eingehen, siehe [9, 12, 16].

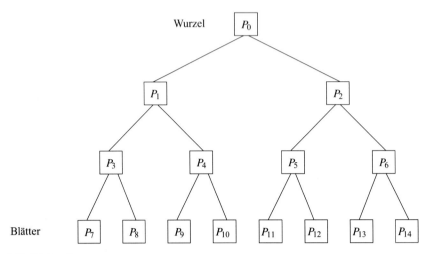

Abb. 9.10 Binärer Baum

9.3.3 Parallele Mehrgitter-Algorithmen

Die Methode der Gebietszerlegung zur Parallelisierung hat noch nichts mit Mehrgitter-methoden zu tun, solange diese nicht für die Lösung der Gleichungssysteme verwendet werden. Wir wollen hier kurz auf die speziellen Aspekte der Parallelisierung von Mehr-gittermethoden eingehen, ohne zu sehr ins Detail zu gehen. Für die Parallelisierung muss unterschieden werden zwischen der Grobstruktur einer Mehrgittermethode und den Mög-lichkeiten der Parallelisierung der einzelnen Mehrgitter-Module.

Die Grobstruktur einer Mehrgittermethode ist prinzipiell schwer zu parallelisieren,

1. da ihre Stufen sequentiell durchlaufen werden müssen, und
2. da der Grad der möglichen Parallelisierung auf den Gittern verschiedener Stufen un-terschiedlich ist. Selbst, wenn ein Mehrgitter-Modul gut parallelisierbar ist, wächst der Anteil der Kommunikation auf groben Gittern mit entsprechend wenigen Knotenpunk-ten.

Hinzu kommt, dass bei adaptiven Mehrgittermethoden und Gebietszerlegungen eine gleich-mäßige Auslastung der Prozessoren nur möglich ist, wenn die Gebietszerlegung dyna-misch geschieht, sich also von Stufe zu Stufe ändert, damit die Anzahl der Knotenpunkte pro Prozessor etwa gleich bleibt, obwohl in einem Teilgebiet keine Verfeinerung mehr stattfindet, in einem anderen aber weiter verfeinert wird. Wir wollen das an einem kleinen „handgestrickten" Beispiel erläutern.

Beispiel 9.3. In den Abb. 9.11 und 9.12 links sehen wir vier Stufen eines adaptiv verfei-nerten Gitters auf dem Gebiet der Abb. 9.2, das in fünf Teilgebiete zerlegt wurde. Die Verfeinerung geschieht an Hand einer Fehlerschätzung, die zur Markierung eines Teils der Dreiecke führt, siehe Abschn. 8.5. Dynamische Lastverteilung würde nach jeder Ver-feinerung die Teilgebiete so ändern, dass sich in jedem etwa die gleiche Anzahl innerer

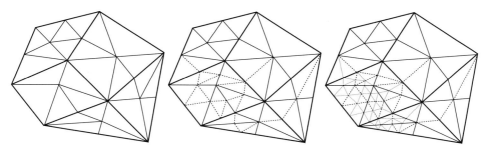

Abb. 9.11 Drei Gitter in den fünf Teilgebieten der Abb. 9.2. In Stufe 1 hat jedes Teilgebiet genau einen inneren Punkt, das bleibt in den Teilgebieten Ω_1 bis Ω_3 so. In Stufe 2 sind es zwei bzw. fünf Punkte in Ω_4 bzw. Ω_5. In Stufe 3 sind es sieben bzw. zwanzig Punkte in Ω_4 bzw. Ω_5

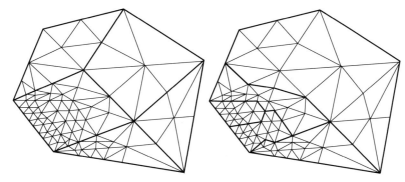

Abb. 9.12 Das Gitter zur Stufe 4 ohne und mit dynamischer Lastverteilung. Es hat sieben bzw. 34 innere Knotenpunkte in Ω_4 bzw. Ω_5. Für die dynamische Lastverteilung werden die Teilgebiete neu eingeteilt. Dadurch hat dann jedes ungefähr acht innere Knotenpunkte

Knotenpunkte befindet. Das ist eine anspruchsvolle Programmieraufgabe, da es automatisch geschehen soll, siehe etwa Kap. 3 in [9]. Wir beschränken uns diesbezüglich auf die vierte Stufe. Ohne dynamische Lastverteilung sind in den fünf Teilgebieten zwischen einem und 34 inneren Knotenpunkten entstanden, siehe Tab. 9.3. Die dynamische Lastverteilung (hier von Hand simuliert) erzeugt fünf neue Teilgebiete mit zwischen sechs und acht inneren Knotenpunkten, muss dafür aber mehr Knotenpunkte auf den Schnittkanten in Kauf nehmen, siehe Tab. 9.3.

Kommen wir nun zur Parallelisierung der Mehrgitter-Module, die wir knapp im Einzelnen diskutieren wollen.

- *Relaxation*
  Da das (gedämpfte) *Jacobi-Verfahren* nur auf Werte der letzten Iteration zurückgreift, ist es nahezu vollständig parallelisierbar. Das gilt für das Gauß-Seidel-Verfahren nicht, deshalb steigt der Anteil an Kommunikation, der die Effizienz der Parallelisierung senkt. Die Parallelisierbarkeit hängt natürlich noch vom Problem, der Diskretisierung und der Nummerierung der Gitterpunkte ab. Wird eines unserer Modellprobleme mit dividierten Differenzen und dem Fünf-Punkte-Stern diskretisiert, und werden dann die Gitterpunkte schachbrettartig nummeriert, so ist die Effizienz der Parallelisierung des

Tabelle 9.3 Stufe 4 der Gebietszerlegung bei adaptivem Mehrgitterverfahren mit der Finite-Elemente-Methode ohne und mit dynamischer Lastverteilung. N_I ist die Anzahl innerer Knotenpunkte, N_C die der Knotenpunkte auf den Schnittkanten

Gebiet	Statische Lastverteilung		Dynamische Lastverteilung	
	N_I	N_C	N_I	N_C
Ω_1	1	5	6	5
Ω_2	1	5	8	5
Ω_3	1	3	8	10
Ω_4	7	5	7	8
Ω_5	34	9	8	12
Ω	44	12	37	19

Gauß-Seidel-Verfahrens deutlich besser als bei der lexikographischen Nummerierung. Zusammen mit den sehr guten Glättungseigenschaften dieser Methode wird sie deshalb trotz des kleinen Nachteils gegenüber dem Jacobi-Verfahren oft die Methode der Wahl sein, wieder einmal.

Wird bei der Diskretisierung mit dividierten Differenzen ein Neun-Punkte-Stern verwendet, dann bietet sich die Vierfarben-Nummerierung an, um ähnlich gute Parallelisierungs-Eigenschaften zu erhalten.

- *Interpolation*
  Sie kann sehr gut parallel ausgeführt werden, da alle notwendigen Daten lokal vorhanden sind und die Ergebnisse auch lokal gespeichert werden müssen. Kommunikation ist dabei nur notwendig, um Kopien der Ergebnisse auf den Schnittkanten an den oder die beteiligten Prozessoren weiterzugeben.
- *Restriktion*
  Hier treffen die Aussagen zur Interpolation ganz entsprechend zu.
- *Berechnung der Residuen*
  Hier hängt die Effizienz der Parallelisierung von den auf jedem einzelnen Prozessor gespeicherten Daten ab. Sind die notwendigen Daten lokal vorhanden, so können die Residuen punktweise, also vollständig lokal und parallel berechnet werden.

Bei geeigneter Diskretisierung lassen sich die Module der Mehrgittermethode also gut parallelisieren. Das hebelt aber nicht die Argumente gegen die Parallelisierbarkeit aus, die wir bezüglich der Grobstruktur einer Mehrgittermethode angeführt haben. Auf groben Gittern mit wenigen inneren Punkten pro Prozessor steigt der Kommunikationsaufwand relativ zum Rechenaufwand stark an. Bei unserem kleinen Beispiel 9.3 haben wir diesen Effekt schon gesehen, da dort die Anzahl der inneren Knotenpunkte etwa gleich der von Knotenpunkten auf den Schnittkanten war. Deswegen werden für die Parallelisierung neue Mehrgitterverfahren konzipiert, die auch diese Aspekte berücksichtigen wie die parallelen additiven Mehrgittermethoden, [1]. Darauf wollen wir aber nicht weiter eingehen.

9.4 Mehrgittermethoden auf adaptiven Verbundgittern

Differenzialgleichungen haben oft Lösungen von lokal stark unterschiedlicher Variation. In solchen Fällen sind adaptive Methoden nützlich, die die Diskretisierung entsprechend anpassen. Adaptive Finite-Elemente-Methoden haben wir schon in den Kap. 6 und 8 kennen gelernt. Aber auch strukturierte Rechteck-Gitter bei Differenzenverfahren können adaptiv verfeinert werden. Adaptivität kann dabei zweierlei bedeuten:

1. *Statische Adaptivität* ist die Festlegung eines feinsten Gitters mit verschiedenen Gitterweiten in verschiedenen Teilgebieten vor Beginn der Rechnung.
2. *Dynamische Adaptivität* bedeutet, dass die unterschiedliche Feinheit des Gitters erst während der Rechnung festgelegt wird. Zur Festlegung der variablen Gitterweite werden wie bei der Finite-Elemente-Methode Kriterien wie Fehlerschätzungen oder Ableitungsnäherungen verwendet.

Durch die Verbundgitter werden Nachbarschafts-Beziehungen wie „*Gitterpunkt links*" teilweise uneindeutig. Deshalb wird die angestrebte Verminderung des Rechenaufwandes mit komplizierteren Verfahren erkauft. Wir wollen hier nur ein Beispiel für einen statisch adaptiven Algorithmus geben, die sogenannte *schnelle adaptive Verbundgitter-Methode (fast adaptive composite grid method)*, kurz FAC. Dabei orientieren wir uns an [5] und [17], wo sich auch weitere Einzelheiten finden.

9.4.1 Ein Randwertproblem im $\mathbb{R}^1$

Das Randwertproblem

$$-u''(x) = f(x) , \quad 0 < x < 1 ,$$
$$u(0) = u(1) = 0 ,$$

soll gelöst werden. Dabei sei die rechte Seite die Funktion aus Abb. 9.13:

$$f(x) = \frac{0.001}{(x - 3/4)^2 + 0.001} \quad . \tag{9.27}$$

Für die Lösung wird ein Gitter verwendet, wie es in der Abbildung auf der x-Achse eingezeichnet ist. Das hat aber erhebliche Schwierigkeiten für die Module der Mehrgittermethode zur Folge. In dem Gitter gibt es vier verschiedene Gitterweiten $h = 1/32$, $h = 1/16$, $h = 1/8$ und $h = 1/4$. Da sich die übliche Diskretisierung der Differenzialgleichung ebenso wie Interpolation und Restriktion auf ein homogenes Gitter mit gleichen Abständen zwischen den Gitterpunkten bezieht, müssen alle Operatoren neu definiert werden, was mathematisch unproblematisch ist. Es geht dann aber auch die Symmetrie der dividierten Differenzen verloren, was zur Folge hat, dass der Diskretisierungsfehler nicht mehr $O(h^2)$, sondern nur noch $O(h)$ ist. Dieser große Nachteil ist unakzeptabl. Ein Ausweg aus dieser Situation ist die Beschränkung der Operationen Relaxation, Restriktion und Interpolation auf Teilintervalle. Dieses Prinzip wollen wir hier an einem einfachen Beispiel im Detail durchspielen.

Wir beschränken uns auf zwei Gitterweiten und versuchen, dafür die ursprüngliche Form der Modul-Operatoren beizubehalten. Dadurch wird es Punkte mit verschiedener

Abb. 9.13 Eine lokal stark
variierende rechte Seite

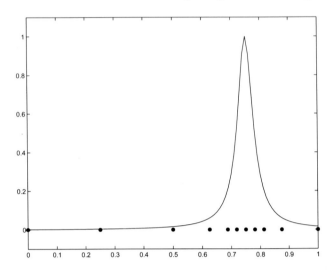

Zuordnung und Bedeutung geben. Es gibt zwei Teilgitter G^1 und G^2 mit Gitterweiten h
und $H = 2h$. Für eine Zweigittermethode ist das Ziel, auf dem Gitter G^1 zu relaxieren
und eine Grobgitter-Korrektur zu berechnen, während auf G^2 gleich exakt gelöst wird.
So einfach ist das aber nicht; da die Feingitter-Operationen über den Rand von G^1 hin-
ausreichen, müssen Randpunkte und randnahe Punkte gesondert betrachtet und behandelt
werden. Beispielhaft nehmen wir an, dass im Teilintervall $[1/2, 1]$ ein Gitter der Gitterweite $h = 1/8$ notwendig ist, während im Teilintervall $[0, 1/2]$ ausreichende Genauigkeit
mit $h = 1/4$ erzielt werden kann. Nur für diese beispielhafte Situation wollen wir die
Verbundgitter-Methode erklären.

Bei mehrdimensionalen Problemen hat die Methode eine wesentlich größere Bedeutung, wie beispielhaft in Abschn. 9.4.3 zu sehen sein wird.

Stellen wir uns jedoch zunächst vor, dass wir das Problem auf einem *globalen* Gitter
G^h lösen mit der Gitterweite $h = 1/8$ und mit einer Zweigittermethode, die lineare Interpolation, FW-Restriktion und die Galerkin-Eigenschaft (4.16) benutzt. Auf G^h sei das
Gleichungssystem

$$\mathbf{A}^h \mathbf{u}^h = \mathbf{f}^h \tag{9.28}$$

zu lösen, das mit $n = 8$ und $h = 1/8$ komponentenweise so lautet:

$$\frac{-u_{i-1}^h + 2u_i^h - u_{i+1}^h}{h^2} = f_i^h, \quad 1 \le i \le n-1,$$

$$u_0^h = u_n^h = 0.$$

Das homogene Gitter verursacht überflüssige Berechnungen. Die lokal bei $x = 3/4$ benö-
tigte Feinheit verursacht eine globale Gitterweite $h = 1/8$ und damit zu viele Gitterpunkte.
Um diese Vergeudung zu reduzieren, können wir die Relaxation, die der aufwändigste Teil
des Mehrgitter-Prozesses ist, auf Teilintervalle beschränken, in denen die hohe Auflösung
notwendig ist. Das ist in diesem Fall das Intervall $(1/2, 1)$. Wir werden jedoch sehen,

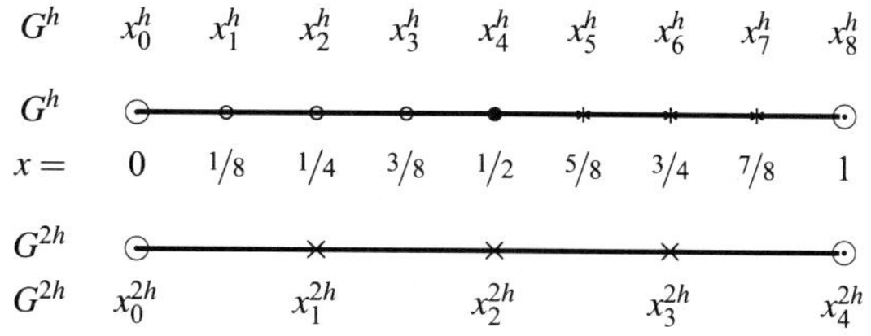

Abb. 9.14 Fein- und Grobgitterpunkte verschiedener
Bedeutung

$$G^h \quad x_0^h \quad x_1^h \quad x_2^h \quad x_3^h \quad x_4^h \quad x_5^h \quad x_6^h \quad x_7^h \quad x_8^h$$

$$G^h$$

$$x = \quad 0 \quad 1/8 \quad 1/4 \quad 3/8 \quad 1/2 \quad 5/8 \quad 3/4 \quad 7/8 \quad 1$$

$$G^{2h}$$

$$G^{2h} \quad x_0^{2h} \qquad x_1^{2h} \qquad x_2^{2h} \qquad x_3^{2h} \qquad x_4^{2h}$$

dass der Aufwand auch bei der Interpolation, der Restriktion und bei der Berechnung der Residuen reduziert werden kann.

In Abb. 9.14 sind ein feines Gitter G^h mit $n = 7$ inneren Punkten und ein grobes Gitter G^{2h} mit $n = 3$ inneren Punkten zu sehen. Eine normale Mehrgittermethode relaxiert auf allen Punkten des feinen Gitters, hier gekennzeichnet durch *, ● und ○, um dann die Grobgitter-Korrektur auf den mit × gekennzeichneten Punkten durchzuführen.

Wird die Relaxation auf das Teilintervall $(1/2, 1)$ beschränkt, dann änderte sich das Residuum r^h nur auf *- und ●-Punkten. Auf ○-Punkten ändert sich das Feingitter-Residuum zwischen zwei sukzessiven Grobgitter-Lösungen nicht. Entsprechend ändert sich das Grobgitter-Residuum nicht am ×-Punkt $x = 1/4$, weil es durch Restriktion des entsprechenden ○-Punktes entstanden ist.

Bevor wir zur Entwicklung eines Algorithmus kommen, wollen wir kurz die Typen innerer Punkte auflisten, die wir unterschiedlich zu behandeln haben:

- *innere Punkte des lokal feinen Gitters* *,
- *Schnittpunkte am Rand des lokal feinen Gitters* ●,
- *Grenzpunkte außerhalb des lokal feinen Gitters*, die aber noch im Wirkungsbereich der Operationen dort liegen; das sind in unserem Fall die Nachbarpunkte der Schnittpunkte,
- *die inneren Punkte des globalen groben Gitters* ×.

Das Verbundgitter besteht aus den Punkten des lokal feinen und des groben Gitters. Nur an den Punkten des Verbundgitters wird letztlich eine Lösung berechnet.

Für den Moment nehmen wir an, dass wir weiterhin $\mathbf{v}^h$ an den ○-Punkten speichern. Wir müssen sicher sein, dass der Algorithmus auf dem groben Gitter mit korrekten rechten Seiten f_i^{2h} startet, speziell am ×-Punkt $x_1^{2h} = 1/4$. Wir beginnen mit einem Null-Startvektor, dann ist das Residuum am Grobgitterpunkt $x_1^{2h} = 1/4$ gerade gleich der Restriktion der Feingitter-Werte f_i^h.

Mit diesen Überlegungen können wir ein erstes Zweigitter-Schema angeben:

Initialisiere $\mathbf{v}^h = 0$ und setze $f_1^{2h} \equiv (\mathbf{I}_h^{2h}\mathbf{f}^h)_1 = \dfrac{f_1^h + 2f_2^h + f_3^h}{4}$.

Relaxiere $\mathbf{v}^h$ auf dem lokalen feinen Gitter $\{x_5^h, x_6^h, x_7^h\} = \left\{\dfrac{5}{8}, \dfrac{6}{8}, \dfrac{7}{8}\right\}$.

Berechne das Residuum $\mathbf{r}^h = \mathbf{f}^h - \mathbf{A}^h\mathbf{v}^h$ und übertrage es auf das lokale grobe

Gitter:

$$f_2^{2h} := \frac{r_3^h + 2r_4^h + r_5^h}{4}, \quad f_3^{2h} := \frac{r_5^h + 2r_6^h + r_7^h}{4}.$$

Berechne eine Näherungslösung $\mathbf{v}^{2h}$ für das Gleichungssystem $\mathbf{A}^{2h}\mathbf{u}^{2h} = \mathbf{f}^{2h}$.

Passe das Residuum in $x_1^{2h} = 1/4$ für spätere Zyklen an:

$$f_1^{2h} := f_1^{2h} - \frac{-v_0^{2h} + 2v_1^{2h} - v_2^{2h}}{(2h)^2}.$$

Interpoliere die Grobgitter-Korrektur und korrigiere die Näherung: $\mathbf{v}^h := \mathbf{v}^h + \mathbf{I}_{2h}^h \mathbf{v}^{2h}$.

Jetzt soll die Anzahl der Rechenoperationen mit einem kleinen Trick weiter reduziert werden.

Initialisiere $\mathbf{v}^h = 0$, $w_1^{2h} = 0$ und $f_1^{2h} \equiv (\mathbf{I}_h^{2h}\mathbf{f}^h)_1 = \frac{f_1^h + 2f_2^h + f_3^h}{4}$.

Relaxiere $\mathbf{v}^h$ auf dem lokalen feinen Gitter $\{x_5^h, x_6^h, x_7^h\} = \left\{\frac{5}{8}, \frac{6}{8}, \frac{7}{8}\right\}$.

Berechne das Residuum $\mathbf{r}^h = \mathbf{f}^h - \mathbf{A}^h\mathbf{v}^h$ auf dem lokalen feinen Gitter sowie auf dem Schnittpunkt zwischen feinem und grobem Gitter $x_4^h = \frac{1}{2}$ und auf dem Grenzpunkt $x_3^h = \frac{3}{8}$, und übertrage es auf das lokale grobe Gitter

$$f_2^{2h} := \frac{r_3^h + 2r_4^h + r_5^h}{4}, \quad f_3^{2h} := \frac{r_5^h + 2r_6^h + r_7^h}{4}.$$

Berechne eine Näherungslösung v^{2h} der Grobgitter-Gleichung $\mathbf{A}^{2h}\mathbf{u}^{2h} = \mathbf{f}^{2h}$.

Passe das Residuum am ×-Punkt $x_1^{2h} = \frac{1}{4}$ zur Verwendung in späteren Zyklen an:

$$f_1^{2h} := f_1^{2h} - \frac{-v_0^{2h} + 2v_1^{2h} - v_2^{2h}}{(2h)^2}.$$

Passe die Grobgitter-Lösung am ×-Punkt $x_1^{2h} = \frac{1}{4}$ an: $w_1^{2h} := w_1^{2h} + v_1^{2h}$.

Interpoliere die Korrektur und berechne die korrigierte Lösung: $\mathbf{v}^h := \mathbf{v}^h + \mathbf{I}_{2h}^h \mathbf{v}^{2h}$ überall außer an den o-Punkten $\frac{1}{8}$ und $\frac{1}{4}$.

Der Trick besteht darin, dass wir weder am o-Punkt $\frac{1}{4}$ interpolieren, weil die Lösung dort in w_1^{2h} mitgeführt wird, noch am o-Punkt $\frac{1}{8}$, weil dort keine Feingitter-Lösung benötigt wird.

Wir haben hier einen absurd großen Aufwand betrieben nur, um die Berechnung am o-Punkt $\frac{1}{8}$ zu vermeiden. Dies war aber nur ein einführendes Beispiel. Wichtig wird ein

entsprechendes Vorgehen, wenn das lokal feine Gitter nur einen kleinen Teil des Gesamt-
gebietes einnimmt und/oder die feinste Gitterweite wesentlich kleiner ist als in unserem
Beispiel. Und natürlich sind die Ersparnisse bei mehrdimensionalen Problemen größer.

Wir wollen noch einen Schritt weitergehen und den Grenzpunkt (hier $x_3^h = 3/8$) effizient aus den Berechnungen herausnehmen. Das Residuum f_2^{2h} am Schnittpunkt $x = 1/2$
wird durch FW-Restriktion aus den Feingitter-Residuen r_3^h, r_4^h und r_5^h gewonnen. Weil nun
aber $w_1^{2h} = v_2^h$ im Punkt $x = 1/4$ gilt, und weil die Lösung bei $x = 3/8$ durch Interpolation bestimmt wird, gilt $v_3^h = (w_1^{2h} + v_4^h)/2$. Deshalb können die Feingitter-Residuen,
die zum Wert f_2^{2h} beitragen, wie folgt berechnet werden:

$$r_3^h = f_3^h - \frac{-v_2^h + 2v_3^h - v_4^h}{h^2}$$

$$= f_3^h - \frac{-w_1^{2h} + w_1^{2h} + v_4^h - v_4^h}{h^2}$$

$$= f_3^h , \tag{9.29}$$

$$r_4^h = f_4^h - \frac{-(w_1^{2h} + v_4^h)/2 + 2v_4^h - v_5^h}{h^2}$$

$$= f_4^h - \frac{-\frac{1}{2}w_1^{2h} + \frac{3}{2}v_4^h - v_5^h}{h^2} , \tag{9.30}$$

$$r_5^h = f_5^h - \frac{-v_4^h + 2v_5^h - v_6^h}{h^2} . \tag{9.31}$$

Mit der neuen Variablen $g_2^{2h} := (f_3^h + 2f_4^h + f_5^h)/4$ ergibt sich nach kurzer Rechnung

$$f_2^{2h} \equiv \frac{1}{4}(r_3^h + 2r_4^h + r_5^h)$$

$$= g_2^{2h} - \frac{-w_1^{2h} + 2v_4^h - v_6^h}{(2h)^2} . \tag{9.32}$$

Wir sehen, dass der Ausdruck auf der rechten Seite von (9.32) der üblichen Restriktion
entspricht. Dies ist eine Folge der Variationseigenschaften (4.14), die hier sozusagen „im
Hintergrund" tätig sind. Die Elimination von Grenzpunkten gelingt in ganz entsprechender
Weise auch in allgemeineren Fällen. Das führt uns zu dem endgültigen eindimensionalen
Algorithmus.

9.4.2 Der FAC-Zweigitter-Algorithmus für das spezielle Beispiel

$$\mathbf{v}^h = 0 \tag{9.33}$$

$$w_1^{2h} = 0$$

$$f_1^{2h} \equiv (\mathbf{I}_h^{2h}\mathbf{f}^h)_1 = \frac{f_1^h + 2f_2^h + f_3^h}{4}$$

Abb. 9.15 Lokal feines Gitter G^h, global grobes Gitter G^{2h} und Verbundgitter G^c

	0	1/4	1/2	5/8	3/4	7/8	1
G^h	$\odot$		$\bullet$	$*$	$*$	$*$	$\odot$
G^{2h}	$\odot$	$\times$	$\times$		$\times$		$\odot$
G^c	$\odot$	$\times$	$\bullet$	$*$	$*$	$*$	$\odot$
	v_0^c	v_1^c	v_2^c	v_3^c	v_4^c	v_5^c	v_6^c

$$\begin{pmatrix} v_5^h \\ v_6^h \\ v_7^h \end{pmatrix} := S^h(v_5^h, v_6^h, v_7^h, f_5^h, f_6^h, f_7^h)$$

$$f_2^{2h} := (f_3^h + 2f_4^h + f_5^h)/4 - \frac{-w_1^{2h} + 2v_4^h - v_6^h}{(2h)^2}$$

$$f_3^{2h} := \frac{r_5^h + 2r_6^h + r_7^h}{4}$$

$$\mathbf{u}^{2h} = \left(\mathbf{A}^{2h}\right)^{-1} \mathbf{f}^{2h}$$

$$f_1^{2h} := f_1^{2h} - \frac{-v_0^{2h} + 2v_1^{2h} - v_2^{2h}}{(2h)^2}$$

$$w_1^{2h} := w_1^{2h} + v_1^{2h}$$

$$\begin{pmatrix} v_4^h \\ v_5^h \\ v_6^h \\ v_7^h \end{pmatrix} := \begin{pmatrix} v_4^h \\ v_5^h \\ v_6^h \\ v_7^h \end{pmatrix} + \mathbf{I}_{2h}^h \begin{pmatrix} v_2^{2h} \\ v_3^{2h} \\ v_4^{2h} \end{pmatrix}$$

Die schnelle, adaptive Verbundgitter-Methode erzeugt zwei Gitter G^h und G^{2h}, wie sie in Abb. 9.15 zu sehen sind, und approximiert die Lösung auf den Punkten des Verbundgitters G^c, das aus den lokalen Feingitterpunkten ($*$), den Schnittpunkten ($\bullet$) und den Grobgitterpunkten, die unter keinem Feingitterpunkt und unter keinem Schnittpunkt liegen ($\times$ in $(0, 1/2)$), besteht.

FAC arbeitet nur auf homogenen Gittern (im Gegensatz zu algebraischen Mehrgittermethoden und zu anderen adaptiven Methoden), liefert aber die Lösung effizient auf Verbundgittern. Es ist konsistent mit Mehrgitter-Prinzipien, weil es im Fall der Gültigkeit der Variationseigenschaften äquivalent zu einer Lösung des Problems mit der entsprechenden Mehrgittermethode auf dem feinen Gitter ist, wenn diese nur auf dem lokalen Gitter relaxieren würde.

FAC ermöglicht es, die Approximationen auf dem Verbundgitter zusammen zu fassen. Da sind zuerst die Punkte des Verbundgitters, hier der Vollständigkeit halber mit den Randpunkten:

$$v_0^c = 0, \quad v_1^c = w_1^{2h}, \quad v_2^c = v_4^h, \quad v_3^c = v_5^h, \quad v_4^c = v_6^h, \quad v_5^c = v_7^h, \quad v_6^c = 0.$$

Wenn vorausgesetzt wird, dass die FAC schon konvergiert ist, sich die Werte auf dem Verbundgitter $\mathbf{v}^c$ durch einen weiteren Zyklus also nicht mehr ändern, können die Gleichungen für die Punkte des Verbundgitters bis auf den Schnittpunkt leicht zusammengefasst werden. Mit

$$f_1^c = \frac{f_1^h + 2f_2^h + f_3^h}{4}, \quad f_3^c = f_5^h, \quad f_4^c = f_6^h, \quad f_5^c = f_7^h,$$

ergeben sich die bekannten Differenzenformeln:

$$\frac{-v_0^c + 2v_1^c - v_2^c}{(2h)^2} = f_1^c,$$

$$\frac{-v_{i-1}^c + 2v_i^c - v_{i+1}^c}{h^2} = f_i^c, \quad 3 \leq i \leq 5. \tag{9.34}$$

Der schwierige Differenzenausdruck für den Schnittpunkt ergibt sich nach einigen Umrechnungen und Überlegungen als

$$\frac{-v_1^c + 3v_2^c - 2v_3^c}{(2h)^2} = f_2^c. \tag{9.35}$$

Ein Gitter mit mehr als zwei Gitterweiten wie das in Abb. 9.13 eingezeichnete kann durch ein Mehrgitterverfahren mit mehr als zwei Gittern erzeugt werden. Wir verzichten auf die Darstellung des Algorithmus für mehr als zwei Gitter und auf weitere Einzelheiten und verweisen noch einmal auf [5] und [17].

9.4.3 Ein Randwertproblem im $\mathbb{R}^2$

Das Prinzip des im letzten Abschnitt vorgestellten Algorithmus lässt sich leicht auf mehrdimensionale Probleme übertragen, wenn auch die praktische Durchführung wesentlich komplizierter wird. Wir greifen ein Beispiel aus [20] auf und zeigen nur das verwendete Verbundgitter in Abb. 9.16 und die in [20] erzielten Ergebnisse. Gelöst werden soll das Poisson-Problem

$$-\Delta u(x,y) = f(x,y) \quad \text{in } \Omega := (-1,1)^2 \backslash \{(0,1) \times (-1,0)\},$$

$$u(x,y) = g(x,y) \quad \text{auf } \Gamma = \partial\Omega. \tag{9.36}$$

Ω ist ein L-förmiges Gebiet mit einer einspringenden Ecke, die zu einer Singularität führt. Das heißt in diesem Fall, dass die Lösung einen Anteil enthält, der sich bei glatten Funktionen f und g in der Nähe der im Nullpunkt liegenden Ecke wie $\sqrt{r^3} \sin(2/3\varphi)$ verhält, wenn (r, φ) Polarkoordinaten sind. Das führt zu einer lokalen Verminderung der Konvergenzordnung, die durch ein adaptives Gitter ausgeglichen werden kann. Abbildung 9.16 zeigt ein Verbundgitter, das durch viermalige Halbierung der groben Gitterweite $h = 1/8$ entstanden ist. Lösung mit dividierten Differenzen und der Fünf-Punkte-Formel durch einen FAC-Fünfgitter-Algorithmus führt zu den Ergebnissen der Tab. 9.4. Sie zeigen, dass

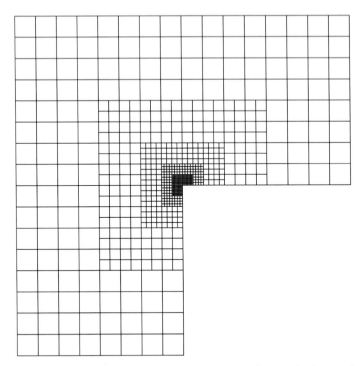

Abb. 9.16 Viermal verfeinertes Verbundgitter mit den Gitterweiten $h_0 = 1/8, h_1 = 1/16, \ldots, h_4 = 1/128$

Tabelle 9.4 Gitterpunktzahlen und Fehlerwerte beim homogenen und beim Verbundgitter im L-förmigen Gebiet im $\mathbb{R}^2$, aus [20]

Gitter: Gitterweite:	homogen $1/128$	im Verbund $1/8, \ldots, 1/128$
Anz. Gitterpunkte	49 665	657
max. Fehler	$3.3 \cdot 10^{-3}$	$3.8 \cdot 10^{-3}$

bei einem homogenen Gitter etwa 50 000 Gitterpunkte notwendig wären, um die gleiche Genauigkeit zu erzielen wie beim gezeigten Verbundgitter mit knapp 700 Punkten. Dabei wollen wir es bewenden lassen.

9.5 Ein anspruchsvolles Problem im $\mathbb{R}^3$

Wir haben uns bisher überwiegend auf einfache Modellprobleme konzentriert. Damit haben wir dem Ziel Tribut gezollt, ein Lehr- und Übungsbuch zu verfassen. Wir wollen aber im Auge behalten, dass die Anforderungen, die die reale Welt an die mathematische Modellierung und die numerische Lösung ihrer interessantesten Probleme stellt, groß sind. Meistens müssen sie im dreidimensionalen Raum modelliert werden, in dem wir ja auch leben. Die Grundgebiete sind oft zerklüftet und dementsprechend schwer zu diskretisieren.

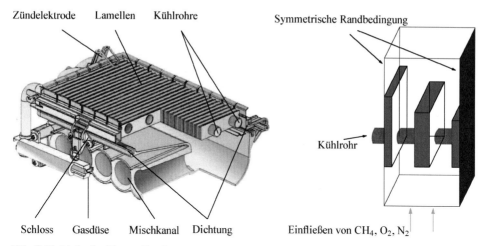

Abb. 9.17 *Links* der ThermoStar-Lamellenbrenner der Firma Bosch Thermotechnik/Junkers, aus [14], *rechts* die Modellierung eines Ausschnitts als Grundlage der Berechnungen, aus [18]

Und die Genauigkeitsforderungen an die Lösung sind so hoch, dass auch Algorithmen und Rechner besonderen Bedingungen unterliegen. Einige dieser Probleme haben wir schon kurz angesprochen in den Abschn. 7.4 und 9.3.

Hier soll abschließend ein einzelnes Problem, das diese Situation verdeutlicht, in stark verkürzter Form präsentiert werden. Dazu hat uns Herr Juniorprofessor Dr. Thomas Richter Material aus seiner Dissertation [18] zur Verfügung gestellt; dafür gebührt ihm herzlicher Dank.

9.5.1 Der Lamellenbrenner

Objekt der Berechnung von Richter ist ein Lamellenbrenner, siehe Abb. 9.17 links, die uns freundlicherweise die Bosch Thermotechnik GmbH aus Wetzlar zur Verfügung gestellt hat. In ihn strömt durch die Mischkanäle von unten ein Gas-Luft-Gemisch ein, das oben durch ein Lamellen-Gitter austritt und dort gezündet wird, um oberhalb dieser Lamellen verbrannt zu werden. Die Lamellen haben bei gleicher Breite drei unterschiedliche Höhen, die sich regelmäßig abwechseln. Mit Wasser gefüllte Kühlrohre durchdringen die Lamellen, damit sie nicht überhitzen. Der Brennvorgang soll durch eine Strömungsberechnung modelliert werden. Dabei ist aber die Reaktion chemischer Stoffe ein wichtiger Aspekt, um z. B. festzustellen, welche Stoffe in welcher Menge in die Umwelt gelangen.

Um dieses Problem rechnerisch behandeln zu können, wird nur der einflussreichste Teil des Brenners modelliert, das sind die Lamellen mit den Kühlrohren, und auch davon nur ein Abschnitt mit drei sich in gleicher Anordnung wiederholenden Lamellen, siehe Abb. 9.17 rechts.

9.5.2 Die Navier-Stokes-Gleichungen

Zu den schwierigsten partiellen Differenzialgleichungen gehören die Navier-Stokes-Gleichungen, und zwar sowohl für die theoretischen Fragen nach Existenz und Eindeutigkeit
einer analytischen Lösung als auch bei der numerischen Behandlung. Nicht umsonst gehören diese Gleichungen zu den so genannten *Millenium-Problemen*, für deren Lösung
das Claymath-Institut eine Belohnung von 1 Million US$ ausgeschrieben hat, [6]. Von
den Schwierigkeiten bei der numerischen Lösung wollen wir einen Eindruck bekommen,
nicht mehr und nicht weniger. Die Navier-Stokes-Gleichungen modellieren dynamische
Strömungen Newton'scher Fluide; das kann Wasser, Luft, aber auch Gas sein. Wir beschränken uns bei der Darstellung der Differenzialgleichungen zunächst auf stationäre, in-
kompressible Navier-Stokes-Gleichungen, also solche, bei denen die Dichte ϱ des Fluids
konstant ist und die zu berechnenden Größen zeitunabhängig sind.

Es sollen im $\mathbb{R}^3$ die Geschwindigkeit $\mathbf{u}(x_1, x_2, x_3)$ mit den drei Raumkomponenten u_1,
u_2 und u_3 sowie der Druck $p(x_1, x_2, x_3)$ bestimmt werden nach den Gleichungen

$$\boxed{\begin{aligned} -\nu \, \Delta \mathbf{u} + (\mathbf{u} \cdot \nabla)\mathbf{u} + \nabla p &= \mathbf{f} \,, \\ \operatorname{div} \mathbf{u} &= 0 \,. \end{aligned}} \tag{9.37}$$

ν ist die kinematische Viskosität oder die inverse Reynolds-Zahl $\nu = Re^{-1}$. (9.37) ist das
System der vier nichtlinearen partiellen Differenzialgleichungen

$$-\nu \, \Delta u_1 + \sum_{k=1}^{3} u_k \frac{\partial u_1}{\partial x_k} + \frac{\partial p}{\partial x_1} = f_1(x_1, x_2, x_3) \,,$$

$$-\nu \, \Delta u_2 + \sum_{k=1}^{3} u_k \frac{\partial u_2}{\partial x_k} + \frac{\partial p}{\partial x_2} = f_2(x_1, x_2, x_3) \,,$$

$$-\nu \, \Delta u_3 + \sum_{k=1}^{3} u_k \frac{\partial u_3}{\partial x_k} + \frac{\partial p}{\partial x_3} = f_3(x_1, x_2, x_3) \,,$$

$$\frac{\partial u_1}{\partial x_1} + \frac{\partial u_2}{\partial x_2} + \frac{\partial u_3}{\partial x_3} = 0 \,,$$

für die unbekannten Funktionen u_1, u_2, u_3 und p; hinzu kommen noch Randbedingungen.
Die Gleichungen werden in einem Gebiet $\Omega \in \mathbb{R}^3$ gelöst, durch das das Fluid kontinuier-
lich und unabhängig von der Zeit strömt. Die Nichtlinearität besteht aus dem quadratischen
Term $(\mathbf{u} \cdot \nabla)\mathbf{u}$.

Zwei Benchmark-Konfigurationen für die numerische Lösung der Navier-Stokes-Gleichungen haben wir schon in Abschn. 9.3.1 kennengelernt, siehe Abb. 9.5. Für eine Strömung durch den Quader von links nach rechts werden folgende Randbedingungen vorge-

sehen:

$$
\begin{aligned}
\mathbf{u} &= \mathbf{g} && \text{auf } \Gamma_{\text{herein}} && \text{(links)} , \\
\mathbf{u} &= 0 && \text{auf } \Gamma_{\text{innen}} \text{ und } \Gamma_{\text{Wand}} && \text{(oben, unten und am Hindernis)} , \\
\frac{\partial \mathbf{u}}{\partial n} + p\mathbf{n} &= 0 && \text{auf } \Gamma_{\text{heraus}} && \text{(rechts)} .
\end{aligned}
\tag{9.38}
$$

Links fließt die Flüssigkeit mit der vorgegebenen Geschwindigkeit $\mathbf{g}$ hinein, an den Wänden und am Hindernis ist die Geschwindigkeit null, am rechten Ende des Quaders fließt die Flüssigkeit ungehindert heraus, dabei sind $\partial \mathbf{u}/\partial n$ der Vektor der Ableitungen der Geschwindigkeit in Richtung der äußeren Normalen und $p\mathbf{n}$ der mit dem Druck multiplizierte Normalenvektor.

Eine stabile Lösung dieses Problems mit einer üblichen Diskretisierung gelingt nur für kleine Reynolds-Zahlen, die aber für die meisten Problem wie die Umströmung eines Flugzeuges unrealistisch sind. Deshalb werden spezielle Methoden benötigt, die die Berechnung der Strömung stabilisieren.

Die Berechnung der Strömung, die durch den Verbrennungsvorgang im Lamellenbrenner entsteht, und der damit gekoppelten chemischen Reaktionen ist ein weit anspruchsvolleres Problem. Die Strömung ist jetzt sowohl zeitabhängig als auch kompressibel; deshalb ist die Dichte ϱ nicht mehr konstant. Außerdem müssen zusätzlich die Temperatur und die Massenanteile der chemischen Stoffe bestimmt werden. Es entsteht ein Problem, das wir hier nur zur Demonstration seines mathematischen Anspruchs ohne ausführliche Erläuterung angeben wollen.

Mit dem so genannten Spannungstensor

$$
\pi = \mu \left(\nabla \mathbf{u} + (\nabla \mathbf{u})^T - \frac{2}{3} \operatorname{div}(\mathbf{uI}) \right)
$$

ergeben sich die modifizierten Navier-Stokes-Gleichungen

$$
\frac{\partial \varrho}{\partial t} + \operatorname{div}(\varrho \mathbf{u}) = 0 ,
$$

$$
\varrho \frac{\partial \mathbf{u}}{\partial t} + \varrho (\mathbf{u} \cdot \nabla) \mathbf{u} - \operatorname{div} \pi + \nabla p = g\varrho ,
$$

$$
\varrho\, c_p \frac{\partial T}{\partial t} + (\varrho\, c_p \mathbf{u} + \alpha) \cdot \nabla T + \operatorname{div} Q = -\sum_{k=1}^{n_s} h_k m_k \dot{\omega}_k ,
$$

$$
\varrho \frac{\partial y_k}{\partial t} + \varrho \mathbf{u} \cdot \nabla y_k + \operatorname{div} \mathcal{F}_k = m_k \dot{\omega}_k , \quad k = 1, \ldots, n_s ,
\tag{9.39}
$$

Auf die Erklärung aller neu hinzu gekommenen Größen wollen wir verzichten, nur soviel: t ist die Zeit, T die Temperatur, alle Größen mit einem Index k beziehen sich auf die n_s chemischen Größen. Richter rechnet in zwei Modellen mit $n_s = 15$ Stoffen bei 84 elementaren Reaktionen und $n_s = 39$ Stoffen bei 304 elementaren Reaktionen. Die Gleichungen beschreiben neben der instationären Strömung den Erhalt von Masse, Moment

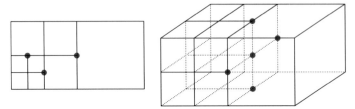

Abb. 9.18 Zwei- und dreidimensionale hängende Knoten

und Energie der Stoffe. Näheres zum Hintergrund dieser Gleichungen und weitere Beziehungen zwischen den eingehenden Größen finden sich in [3] oder in [18]. Das Interesse an dem Lamellenbrenner ist hauptsächlich dadurch begründet, dass er einen Testfall für eine Anwendung an der Grenze der mathematisch-rechnerischen Möglichkeiten (im Jahre 2005) darstellt.

9.5.3 Die Diskretisierung

Die numerische Lösung der Gleichungen (9.39) mit zusätzlichen Rand- und Anfangsbedingungen besteht aus Modulen, die wir alle in diesem Text schon kennen gelernt haben, wenn auch in unterschiedlicher Intensität. Sie treffen aber hier in besonders herausfordernder Weise zusammen. Deswegen sollen sie einmal aufgelistet werden.

- Die *Finite-Elemente-Methode*, siehe Kap. 8, mit allerdings speziellen geometrischen Elementen und Ansätzen zur Diskretisierung,
- die *Newton-Iteration* mit approximierter Jacobi-Matrix für das bei der Diskretisierung entstehende nichtlineare Gleichungssystem, siehe Abschn. 9.1,
- *Parallelisierung durch Gebietszerlegung*, siehe Abschn. 9.3.1,
- *adaptive Netz-Verfeinerung* mit Hilfe von A-posteriori-Fehlerschätzern, siehe Abschn. 8.5,
- eine *Mehrgittermethode* mit unvollständiger Matrix-Faktorisierung, die der partiellen Cholesky-Zerlegung ähnelt, die in Abschn. 2.3.2 im Rahmen der Vorkonditionierung von CG-Verfahren erwähnt wurde.

Als geometrische Elemente wählt Richter Vierecke auf zweidimensionalen Flächen und achteckige Hexaeder im Dreidimensionalen, die sich mit einer bilinearen Abbildung auf ein Quadrat bzw. einen Würfel abbilden lassen; sie werden im Folgenden Zellen genannt. Mit dem zweidimensionalen Fall haben wir uns in Aufgabe 8.2 beschäftigt. Richter erlaubt pro Seite[2] eines Elementes einen hängenden Knoten, siehe Abb. 9.18, weil seine rechnerische Behandlung durch Interpolation bei adaptiver Verfeinerung weniger aufwändig ist als die von zusätzlichen Übergangselementen. Die diskretisierten Gleichungen werden mit einem Newton-Verfahren mit approximierter Jacobi-Matrix gelöst, die in jedem Newton-Schritt zu lösenden linearen Gleichungen mit einer Mehrgittermethode. Richter wendet

---

[2] Im $\mathbb{R}^2$ ist das eine Kante eines Vierecks, im $\mathbb{R}^3$ eine Seitenfläche eines Hexaeders.

Tabelle 9.5 Anzahl benötigter Zellen für einen relativen Fehler von 1% und von 0.1 % beim Benchmark-Problem mit quadratischem Rohr-Querschnitt

	1%		0.1%	
	adaptiv	homogen	adaptiv	homogen
Δp	2 255	4 992	17 795	319 418
c_{drag}	5 510	39 936	10 116	2 255 904
c_{lift}	5 776	39 936	131 930	> 2 255 904

Abb. 9.19 Vereinfachte zweidimensionale Modellierung des Brennerteils; gerechnet wird auf dem eingezeichneten Ausschnitt, aus [18]

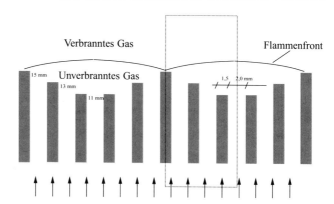

sein Verfahren auf die in Abschn. 9.3.1 definierten Benchmark-Probleme an, um die Effizienz auch experimentell zu zeigen. Dabei interessieren für die Praxis einige aus den Lösungen herzuleitende Größen wie die Druckdifferenz Δp in der Nähe des Hindernisses, der Luftwiderstandsbeiwert c_{drag} und der Auftriebswert c_{lift}. Aus den zahlreichen in Richters Arbeit aufgeführten Ergebnissen greifen wir hier nur wenige heraus, siehe Tab. 9.5. Der Unterschied zwischen homogener und adaptiver Netz-Verfeinerung ist gut zu sehen.

Dadurch, dass beim Brenner-Problem so viele neue Größen in das System (9.39) von nichtlinearen Differenzialgleichungen einbezogen werden, steigt der Speicherplatzbedarf für die numerische Lösung mit der Finite-Elemente-Methode gegenüber dem inkompressiblen stationären System (9.38) stark an. Das bedeutet, dass bei Rechnung mit einfacher Genauigkeit und 100 000 Knotenpunkten die Systemmatrix etwa 30 GB Speicherplatz benötigen würde. Um einigermaßen realistische Ergebnisse erzielen zu können, muss das Problem deshalb auf einem Parallelrechner gelöst werden.

Neben der aufwändigen dreidimensionalen Diskretisierung wird aber noch eine zweidimensionale Modellierung und Diskretisierung des herausgegriffenen Brennerteils vorgenommen. Sie entsteht durch einen Schnitt durch die Lamellen; dabei muss auf die Kühlrohre verzichtet werden, siehe Abb. 9.19. Sie liefert Ergebnisse, die nach Fortsetzung in z-Richtung als Startnäherung für die dreidimensionalen Rechnungen verwendet werden können.

Der Bereich zwischen zwei Lamellen und etwas oberhalb von ihnen ist für die Auswertungen besonders interessant, weil dort die Grenze zwischen unverbranntem und verbrennendem Gas verläuft. Dieser Bereich muss also besonders fein diskretisiert werden. Ein zweidimensionales Beispiel für die unterschiedliche Gitterauflösung sehen wir in in Abb. 9.20. Graphisch eindrucksvolle Ergebnisse der zweidimensionalen Rechnungen sehen wir in Abb. 9.21.

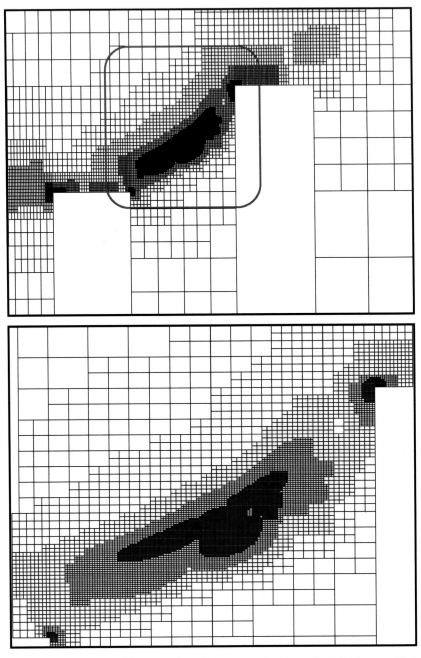

Abb. 9.20 Ausschnitte des zweidimensionalen Gitters, unten der in der Graphik oben markierte Ausschnitt um den Berechnungspunkt für die speziellen Auswertungen herum, aus [18]

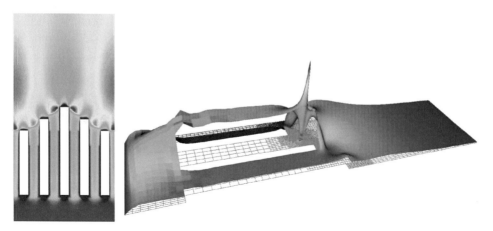

Abb. 9.21 Zweidimensionale Simulation. *Links* Konturflächen der Geschwindigkeitskomponente in der vorherrschenden Fließrichtung, *rechts* die 3D-Darstellung der Sensitivität der Temperatur bezüglich der Auswertung in dem Bezugspunkt aus Abb. 9.20, aus [18]

9.5.4 Parallelisierung der Mehrgittermethode

Das Modell der Benchmark-Probleme aus Abb. 9.5 bzw. des Brennerteils aus Abb. 9.17 rechts wird in dreidimensionale Zellen zerlegt. Die diesen zugeordneten Daten werden auf die Prozessoren eines Parallelrechners nach einer Zerlegung des Rechengebiets in nicht überlappende Teilgebiete verteilt, siehe Abschn. 9.3.1. Dazu wird das Programm METIS, [15], benutzt, das für die Lastverteilung bei der Gebietszerlegung sorgt. Der Mehrgitter-Algorithmus wird für die parallele Verarbeitung kaum gegenüber dem sequentiellen Algorithmus geändert. Da die Anzahl der Matrixeinträge pro Zelle quadratisch mit der Anzahl der Unbekannten wächst, der Kommunikationsbedarf an den Schnittflächen der Teilgebiete aber nur linear, ist die Kommunikation zwischen den Prozessoren kein Hindernis für eine gute parallele Effizienz, wenn die Lastverteilung mit Hilfe der Gebietszerlegung in jedem Teilgebiet eine ungefähr gleiche Anzahl von Zellen liefert.

Konkret ergibt sich Folgendes: Wenn jedes Teilgebiet mindestens 10 000 Unbekannte versammelt, dann ist die Zeitersparnis gegenüber einem sequentiellen Algorithmus bei P Prozessoren deutlich besser als $P/2$, solange höchstens 1024 Prozessoren eingesetzt werden und die Anzahl an Prozessoren der Problemgröße angepasst wird.

Wir haben schon mehrfach erwähnt, dass die Mehrgittermethode bei adaptiver Netz-Verfeinerung eine effiziente Parallelisierung erschweren kann. Auf dem gröbsten Gitter werden oft nur ganz wenige Knotenpunkte vorhanden sein, für die Rechnungen dort ist Parallelisierung nur eine Behinderung. Bei der Netz-Verfeinerung kann die Lastverteilung auf verschiedenen Stufen zu unterschiedlichen Gebietszerlegungen führen; das hätte einen starken Anstieg notwendiger Kommunikation zur Folge. Richter löst diese Probleme durch geschickte Anpassung der Mehrgittermethode an die Verhältnisse seiner Beispiele. Selbst auf dem gröbsten Gitter sollte noch jedes Teilgebiet mindestens 500 Knotenpunkte enthalten; ein großer Unterschied in dieser Anzahl ist auf dem gröbsten Gitter kein Problem, weil die Rechnungen dort die am wenigsten aufwändigen sind. Die Gebietszerlegung muss

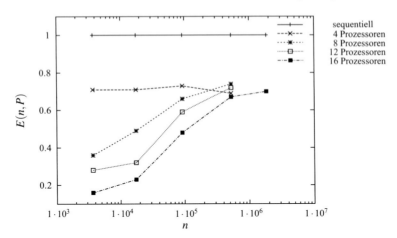

Abb. 9.22 Parallele Effizienz bei dreidimensionaler Simulation eines Benchmark-Problems. Auf der x-Achse ist die Anzahl der Unbekannten eingetragen, auf der y-Achse die parallele Effizienz (9.40), aus [18]

aber dafür so gestaltet werden, dass sie für alle Mehrgitterstufen beibehalten werden kann. Das feinste Gitter erfordert den höchsten Aufwand. Mit Richters Modifikationen und METIS gelingt es, dass sich die Anzahl der Knotenpunkte in den Teilgebieten höchstens um 5 % unterscheiden. Damit ergibt sich eine gute parallele Effizienz, siehe Abschn. 9.5.5.

9.5.5 Numerische Experimente

Richter studiert die Konvergenz der Mehrgittermethode zunächst an einem zweidimensionalen Poisson-Problem und testet dann die Effizienz der Parallelisierung durch Gebietszerlegung an den schon vorgestellten dreidimensionalen Benchmark-Problemen, siehe Abb. 9.5. Nur auf das Letztere und danach auf die Berechnung der Brenner-Strömung wollen wir eingehen.

Gerechnet wird auf Linux-Clustern mit bis zu 256 Knoten, jeder ausgestattet mit einem Zwei-Prozessor-Rechner mit einer Leistung von 2×1.6 GHz und mit 2 GB RAM. Die Rechner sind mit einem Hochgeschwindigkeits-Netzwerk verbunden, das eine Leistung von 2 GB/s hat.

9.5.5.1 Behandlung der Benchmark-Probleme

Den Unterschied des Aufwands bei homogener bzw. adaptiver Netz-Verfeinerung haben wir schon in Tab. 9.5 gesehen. Hier soll noch die erreichte parallele Effizienz angeführt werden. Sie ist definiert als

$$E(n, P) := \frac{T_s(n)}{P \, T_p(n, P)} \, . \tag{9.40}$$

Tabelle 9.6 Rechenzeit (sec) des Mehrgitterverfahrens pro Iterationsschritt beim Benchmark-Problem mit adaptiv verfeinertem Gitter

$n \mid P$:	1	4	8	16
3 696	31	13	13	13
17 608	139	51	38	37
92 832	866	262	151	110
526 360	–	–	781	446
1 832 376	–	–	–	937

Dabei sind n die Anzahl der Unbekannten (Freiheitsgrade), P die Anzahl der Prozessoren, $T_s(n)$ die Zeit, die ein guter sequentieller Algorithmus für das Problem mit der Problemgröße n benötigt, und $T_p(n, P)$ die, die der Parallelrechner für dasselbe Problem bei Rechnung mit P Prozessoren benötigt.

Die gute Effizienz wird in Abb. 9.22 deutlich. Wenn die Anzahl der Prozessoren der Problemgröße angepasst wird, werden Effizienz-Werte erreicht, die zeigen, dass die sequentielle Rechenzeit etwa um den Faktor $3 P/4$ vermindert werden kann.

Die Rechenzeiten auf dem vorgestellten Cluster finden wir in Tab. 9.6. Dort, wo die Einträge fehlen, übersteigt der Aufwand die sinnvollen Möglichkeiten der eingesetzten Rechner.

Bei diesen Rechnungen werden die Lösung der Gleichungen und die adaptive Netz-Verfeinerung vollständig parallel durchgeführt. Sequentiell ist allerdings die Organisation der Gitter, ihre Erzeugung und ihre Verteilung auf die Prozessoren. Bei sehr großen Problemen auf vielen Prozessoren kann das zum Nadelöhr der Berechnung werden.

9.5.5.2 Behandlung des Lamellenbrenner-Problems

Glücklicherweise stellt sich das zuletzt genannte Problem bei der Behandlung des Lamellenbrenners, also der gekoppelten Berechnung der Strömung und der reagierenden chemischen Substanzen, nicht in derselben Weise. Der Hauptgrund dafür liegt in der extremen Steigerung der Matrixgröße. Die Systemmatrix für die Strömung mit 39 chemischen Substanzen ist mehr als 120 mal so groß wie die Matrix für die Navier-Stokes-Gleichungen auf dem gleichen Netz. So sinkt der relative Anteil der Gitterorganisation am Rechenaufwand.

Das Problem ist aber jetzt zeitabhängig und zu den äußeren Iterationsschritten des Newton-Verfahrens und den inneren der Mehrgittermethode kommen die Zeitschritte hinzu. Dabei wird die Zeit-Schrittweite abhängig von der Konvergenz des Newton-Verfahrens und so groß wie möglich gewählt. Zusätzlich hilft ein Homotopie-Parameter, über den wir aber hier nichts schreiben wollen. Die Zeit-Schrittweite liegt dann zwischen 10^{-4} und 10^{-6}.

Für die Behandlung dieses Problems stehen jetzt vier Modelle bereit:

- 2D-15: das 2D-Modell mit 15 chemischen Substanzen,
- 2D-39: das 2D-Modell mit 39 chemischen Substanzen,
- 3D-15: das 3D-Modell mit 15 chemischen Substanzen,
- 3D-39: das 3D-Modell mit 39 chemischen Substanzen.

Dabei dienen – wie bereits oben erwähnt – die Lösungen der zweidimensionalen Modelle nach Fortsetzung entlang der z-Achse als Startlösungen für das dreidimensionale

Abb. 9.23 Die Geschwindigkeitskomponente in Fließrichtung bei dreidimensionaler
Simulation, aus [18]

Modell 3D-15. Dessen Lösung dient wiederum als Startlösung für 3D-39. Zur Minimierung des Aufwands wird mit einer strategischen Mischung von sich ändernden Werten für
den Homotopie-Parameter und die Zeit-Schrittweite, Wechseln zwischen den genannten
Modellen und speziellen Matrixstrukturen gearbeitet. Ohne eine solche Strategie könnten
Probleme dieser Größenordnung auch kaum auf herkömmlichen Parallelrechnern gelöst
werden (im Jahre 2005).

Wir wollen diesen Abschnitt mit Ergebnissen aus [3] und [18] abschließen. Dabei beschränken wir uns auf den aufwändigsten Fall 3D-39. In der Abb. 9.23 sind die Konturflächen einer Komponente der Geschwindigkeit zu sehen. Braack und Richter vergleichen
verschiedene Komponenten der Ergebnisse der vier Berechnungs-Modelle. Dabei gibt es
einerseits wichtige Größen wie die Temperatur, deren Werte sich in den vier Modellen
kaum unterscheiden, während andererseits die Stoffanteile einiger chemischer Substanzen
bis zu einem Faktor 2 voneinander abweichen. Steht also bei der Berechnung die Frage
nach der Belastung der Umwelt durch den speziellen Verbrennungsvorgang im Vorder-
grund, dann muss wohl oder übel das aufwändigste Modell numerisch gelöst werden. In
Tab. 9.7 haben wir einige Resultate der Implementation zusammengefasst. Der gewaltige

Tabelle 9.7 Modell 3D-39: Anzahl Zellen und Unbekannte, Rechenzeit pro Zeitschritt in Sekunden, Anzahl Prozessoren, Speicherbedarf in GB und parallele Effizienz (9.40)

#Zellen	n	Zeit	P	Speicher	$E(n, P)$
15 872	825 084	1 772	3	1.1	0.64
29 648	1 505 946	1 583	5	2.3	0.53
60 784	3 136 248	2 248	10	5.4	0.71
197 816	9 836 082	6 096	10	17.3	0.61
291 102	14 299 478	4 681	18	25.9	0.59
291 102	14 299 478	2 572	37	29.1	0.66

Rechenaufwand ist gut zu sehen, besonders wenn bedacht wird, dass die Zeiten mit der Anzahl von Zeitschritten zu multiplizieren sind. Manchmal, wie in der letzten Zeile, wird durch eine stärkere Partitionierung (hier 37 statt 18 Teilgebiete) die Konvergenz der Mehrgittermethode verbessert, sodass sich die parallele Effizienz trotz Erhöhung der Anzahl von Prozessoren bei gleich bleibender Problemgröße noch verbessert.

Eine einzelne Rechnung verläuft wie folgt: Zunächst benötigt das Rechnernetz einige Stunden, um eine Lösung von 2D-15 zu berechnen. Die Ausweitung dieser Lösung auf 2D-39 mit der Startnäherung 2D-15 und die Berechnung einer Lösung von 3D-15 mit der Startnäherung 2D-39 benötigt einige Tage. Die endgültige detaillierte Berechnung aller Komponenten der Lösung 3D-39 benötigt dann noch einmal etwa eine Woche.

Literatur

1. Bastian, P.: Parallele adaptive Mehrgitterverfahren. Teubner, Stuttgart (1996)
2. Behara S. and Mittal S.: Parallel finite element computation of incompressible flows. Parallel Computing **35**, 195–212 (2009)
3. Braack, M., Richter, T.: Solving multidimensional reactive flow problems with adaptive finite elements. In: W. Jäger, R. Rannacher, J. Warnatz (eds.) Reactive Flows, Diffusion and Transport. From Experiments via Mathematical Modeling to Numerical Simulation and Optimization. Final Report of SFB 359, pp. 93–112. Springer (2007)
4. Brandt, A.: 1984 multigrid guide (lightly revised 2011). SIAM, Philadelphia (2011)
5. Briggs, W.L., Henson, V.E., McCormick, S.F.: A Multigrid Tutorial, 2nd ed. SIAM, Philadelphia (2000)
6. Carlson, J., Jaffe, A., Wiles, A.: The Millenium Prize Problems. AMS, Providence (2006)
7. Douglas C. C. and Haase G. and Langer U.: A Tutorial on Elliptic PDE Solvers and their Parallelization. SIAM, Philadelphia (2003)
8. Efendiev Y. and Hou Th. Y.: Multiscale Finite Element Methods. Springer, New York (2009)
9. Grama, A., Gupta, A., Karypis, G., Kumar, V.: Introduction to Parallel Computing, 2nd ed. Addison-Wesley, Wokingham (2003)
10. Haase G. and Kuhn M. and Reitzinger St.: Parallel algebraic multigrid methods on distributed memory computers. SIAM J. Sci. Comp. **24**, 410–427 (2002)
11. Haase G. and Langer U.: Multigrid methods: from geometric to algebraic versions, vol. 75: Modern Methods in Scientific Computing and Applications, chap. X. Kluwer Academic Press, Dordrecht (2002)
12. Hennesy, J.L., Patterson, D.A.: Computer Architecture, 5th ed. Morgan Kaufmann, Waltham (2011)
13. Henson, V.E.: Multigrid methods for nonlinear problems: an overview. Proc. SPIE Digital Library **5016**, 36 (2003)
14. Jantzer, M., Bienzle, M., Rotert, M.: Wassergekühlte Brenner für Gas-Thermen. IKZ-Haustechnik **7**, 36 ff. (1999)

15. Karypis, G.: METIS, a family of multilevel partitioning algorithms. Dep. Computer Science & Engineering, University of Minnesota at Minneapolis (2011). http://glaros.dtc.umn.edu/gkhome/views/metis
16. Leighton, F.T.: Einführung in parallele Algorithmen und Architekturen. Thomson, Bonn (1997)
17. McCormick, S.: Multilevel Adaptive Methods for Partial Differential Equations. SIAM, Philadelphia (1989)
18. Richter, T.: Parallel multigrid method for adaptive finite elements with application to 3d flow problems. Ph.D. thesis, Universität Heidelberg (2005)
19. Schaefer, M., Turek, S.: Benchmark computations of laminar flow around a cylinder. Notes Numer. Fluid Mech. **42**, 547–566 (1996)
20. Trottenberg, U., Oosterlee, C., Schüller, A.: Multigrid. Academic Press, San Diego (2001)
21. Yavneh, I., Dardyk, G.: A multilevel nonlinear method. SIAM J. Sci. Comp. **28**, 24–46 (2006)
22. Zumbusch, G.: Parallel Multilevel Methods. Teubner, Wiesbaden (2003)

Kapitel 10
Matrix- und Vektornormen, Konditionszahl

Zusammenfassung Während der Hauptteile dieses Textes haben wir einige Kenntnisse über Matrix- und Vektornormen vorausgesetzt oder auf dieses Kapitel verwiesen. Hier werden die wichtigsten Tatsachen zusammengefasst. Nachdem wir zunächst die Standard-Normen definieren, schließen sich dann die für diesen Text wichtigeren Normen an; das sind die Energie-Norm und die diskrete L^2-Norm. Wer sich für mehr Zusammenhänge, Sätze und Beweise interessiert, sollte in ein Standard-Lehrbuch der numerischen Mathematik schauen, z. B. in [1]. Wir betrachten nur den wichtigen Fall von reellen Vektoren $\mathbf{x} \in \mathbb{R}^n$ und von reellen, quadratischen Matrizen $\mathbf{A} \in \mathbb{R}^{n,n}$.

Vektornormen

Definition 10.1. *Eine Vektornorm $\|\mathbf{x}\|$ eines Vektors $\mathbf{x} \in \mathbb{R}^n$ ist eine reellwertige Funktion seiner Komponenten, welche die drei Eigenschaften besitzt:*

$$a) \quad \|\mathbf{x}\| \geq 0 \text{ für alle } \mathbf{x}, \text{ und } \|\mathbf{x}\| = 0 \text{ nur für } \mathbf{x} = \mathbf{0}; \tag{10.1}$$

$$b) \quad \|c\mathbf{x}\| = |c| \cdot \|\mathbf{x}\| \text{ für alle } c \in \mathbb{R} \text{ und alle } \mathbf{x}; \tag{10.2}$$

$$c) \quad \|\mathbf{x} + \mathbf{y}\| \leq \|\mathbf{x}\| + \|\mathbf{y}\| \text{ für alle } \mathbf{x}, \mathbf{y} \text{ (Dreiecksungleichung)}. \tag{10.3}$$

Die bekanntesten Vektornormen sind

$$\|\mathbf{x}\|_\infty := \max_k |x_k|, \qquad \text{(Maximumnorm)} \tag{10.4}$$

$$\|\mathbf{x}\|_2 := \left[\sum_{k=1}^n x_k^2 \right]^{\frac{1}{2}}, \qquad \text{(euklidische Norm)} \tag{10.5}$$

$$\|\mathbf{x}\|_1 := \sum_{k=1}^n |x_k|, \qquad (L^1\text{-Norm}). \tag{10.6}$$

N. Köcklcr, *Mehrgittermethoden*, DOI 10.1007/978-3-8348-2081-5_10,
© Vieweg+Teubner Verlag I Springer Fachmedien Wiesbaden 2012

Man überzeugt sich leicht davon, dass die Eigenschaften der Vektornorm erfüllt sind. Die drei Vektornormen sind in dem Sinn miteinander äquivalent, dass zwischen ihnen für alle Vektoren $\mathbf{x} \in \mathbb{R}^n$ die leicht einzusehenden Ungleichungen gelten

$$\frac{1}{\sqrt{n}}\|\mathbf{x}\|_2 \leq \|\mathbf{x}\|_\infty \leq \|\mathbf{x}\|_2 \leq \sqrt{n}\|\mathbf{x}\|_\infty \,,$$

$$\frac{1}{n}\|\mathbf{x}\|_1 \leq \|\mathbf{x}\|_\infty \leq \|\mathbf{x}\|_1 \leq n\|\mathbf{x}\|_\infty \,,$$

$$\frac{1}{\sqrt{n}}\|\mathbf{x}\|_1 \leq \|\mathbf{x}\|_2 \leq \|\mathbf{x}\|_1 \leq \sqrt{n}\|\mathbf{x}\|_2 \,.$$

Matrixnormen

Definition 10.2. *Eine Matrixnorm* $\|\mathbf{A}\|$ *einer Matrix* $\mathbf{A} \in \mathbb{R}^{n,n}$ *ist eine reellwertige Funktion ihrer Elemente, welche die vier Eigenschaften aufweist:*

$$a)\,\|\mathbf{A}\| \geq 0 \text{ für alle } \mathbf{A}, \text{ und } \|\mathbf{A}\| = 0 \text{ für } \mathbf{A} = \mathbf{0} \,; \tag{10.7}$$

$$b)\,\|c\mathbf{A}\| = |c| \cdot \|\mathbf{A}\| \text{ für alle } c \in \mathbb{R} \text{ und alle } \mathbf{A} \,; \tag{10.8}$$

$$c)\,\|\mathbf{A} + \mathbf{B}\| \leq \|\mathbf{A}\| + \|\mathbf{B}\| \text{ für alle } \mathbf{A}, \mathbf{B} \text{ (Dreiecksungleichung)} \,; \tag{10.9}$$

$$d)\,\|\mathbf{A} \cdot \mathbf{B}\| \leq \|\mathbf{A}\| \cdot \|\mathbf{B}\| \,. \tag{10.10}$$

Die geforderte Eigenschaft (10.10) schränkt die Matrixnormen auf die für die Anwendungen wichtige Klasse der *submultiplikativen Normen* ein. Beispiele von gebräuchlichen Matrixnormen sind

$$\|\mathbf{A}\|_G := n \cdot \max_{i,k} |a_{ik}| \,, \qquad \text{(Gesamtnorm)} \tag{10.11}$$

$$\|\mathbf{A}\|_z := \max_i \sum_{k=1}^{n} |a_{ik}| \,, \qquad \text{(Zeilensummennorm)} \tag{10.12}$$

$$\|\mathbf{A}\|_s := \max_k \sum_{i=1}^{n} |a_{ik}| \,, \qquad \text{(Spaltensummennorm)} \tag{10.13}$$

$$\|\mathbf{A}\|_F := \left[\sum_{i,k=1}^{n} a_{ik}^2\right]^{\frac{1}{2}} \,, \qquad \text{(Frobenius-Norm)} \,. \tag{10.14}$$

Die vier Matrixnormen sind ebenfalls miteinander äquivalent. Denn es gelten beispielsweise für alle Matrizen $\mathbf{A} \in \mathbb{R}^{n,n}$ die Ungleichungen

$$\frac{1}{n}\|\mathbf{A}\|_G \leq \|\mathbf{A}\|_{z,s} \leq \|\mathbf{A}\|_G \leq n\|\mathbf{A}\|_{z,s} \,,$$

$$\frac{1}{n}\|\mathbf{A}\|_G \leq \|\mathbf{A}\|_F \leq \|\mathbf{A}\|_G \leq n\|\mathbf{A}\|_F \,.$$

Da oft in einer Gleichung oder Ungleichung sowohl Matrix- als auch Vektornormen auftreten, müssen die verwendeten Normen in einem sinnvollen Zusammenhang stehen, damit die Aussagen korrekt sind. Einen solchen Zusammenhang liefert

Definition 10.3. *Eine Matrixnorm* $\|\mathbf{A}\|$ *heißt* kompatibel *oder* verträglich *mit der Vektornorm* $\|\mathbf{x}\|$, *falls die Ungleichung gilt*

$$\|\mathbf{A}\mathbf{x}\| \leq \|\mathbf{A}\| \, \|\mathbf{x}\| \text{ für alle } \mathbf{x} \in \mathbb{R}^n \text{ und alle } \mathbf{A} \in \mathbb{R}^{n,n} \,. \tag{10.15}$$

Kombinationen von verträglichen Normen sind etwa

$$\|\mathbf{A}\|_G \text{ oder } \|\mathbf{A}\|_z \text{ sind kompatibel mit } \|\mathbf{x}\|_\infty \,; \tag{10.16}$$

$$\|\mathbf{A}\|_G \text{ oder } \|\mathbf{A}\|_s \text{ sind kompatibel mit } \|\mathbf{x}\|_1 \,; \tag{10.17}$$

$$\|\mathbf{A}\|_G \text{ oder } \|\mathbf{A}\|_F \text{ sind kompatibel mit } \|\mathbf{x}\|_2 \,. \tag{10.18}$$

Im Allgemeinen wird die rechte Seite der Ungleichung (10.15) echt größer sein als die linke Seite. Deshalb ist es sinnvoll eine Matrixnorm zu definieren, für die in (10.15) mindestens für einen Vektor $\mathbf{x} \neq \mathbf{0}$ Gleichheit gilt. Das gelingt mit der folgenden Definition einer so genannten *zugeordneten* Norm.

Definition 10.4. *Der zu einer gegebenen Vektornorm definierte Zahlenwert*

$$\|\mathbf{A}\| := \max_{\mathbf{x} \neq \mathbf{0}} \frac{\|\mathbf{A}\mathbf{x}\|}{\|\mathbf{x}\|} = \max_{\|\mathbf{x}\|=1} \|\mathbf{A}\mathbf{x}\| \tag{10.19}$$

heißt die zugeordnete *oder* natürliche *Matrixnorm. Sie wird auch als* Grenzennorm *oder* lub-Norm *(lowest upper bound) bezeichnet.*

Satz 10.5. *Der gemäß (10.19) erklärte Zahlenwert stellt eine Matrixnorm dar. Sie ist mit der zu Grunde liegenden Vektornorm kompatibel. Sie ist unter allen mit der Vektornorm* $\|\mathbf{x}\|$ *verträglichen Matrixnormen die kleinste.*

Beweis. Siehe [1].   □

Gemäß Definition 10.4 ist die der Maximumnorm $\|\mathbf{x}\|_\infty$ zugeordnete Matrixnorm $\|\mathbf{A}\|_\infty$ gegeben durch

$$\|\mathbf{A}\|_\infty := \max_{\|\mathbf{x}\|=1} \|\mathbf{A}\mathbf{x}\|_\infty = \max_{\|\mathbf{x}\|=1} \left\{ \max_i \left| \sum_{k=1}^n a_{ik} x_k \right| \right\}$$

$$= \max_i \left\{ \max_{\|\mathbf{x}\|=1} \left| \sum_{k=1}^n a_{ik} x_k \right| \right\} = \max_i \sum_{k=1}^n |a_{ik}| = \|\mathbf{A}\|_z .$$

Der Betrag der Summe wird für festes i dann am größten, falls $x_k = \text{sign}\,(a_{ik})$ ist. Auf Grund von Satz 10.5 ist deshalb die Zeilensummennorm die kleinste mit der Maximum-norm verträgliche Matrixnorm.

Die zur euklidischen Vektornorm $\|\mathbf{x}\|_2$ zugehörige natürliche Matrixnorm $\|\mathbf{A}\|_2$ wollen wir nicht herleiten, aber einige Grundkenntnisse dazu vermitteln. Es ist

$$\|\mathbf{A}\|_2 := \max_{\|\mathbf{x}\|_2=1} \|\mathbf{A}\mathbf{x}\|_2 = \max_{\|\mathbf{x}\|_2=1} \{(\mathbf{A}\mathbf{x})^T (\mathbf{A}\mathbf{x})\}^{\frac{1}{2}} = \max_{\|\mathbf{x}\|_2=1} \{\mathbf{x}^T \mathbf{A}^T \mathbf{A}\mathbf{x}\}^{\frac{1}{2}} .$$

Die im letzten Ausdruck auftretende Matrix $\mathbf{A}^T \mathbf{A}$ ist offenbar symmetrisch und positiv semidefinit, deshalb sind die Eigenwerte μ_i von $\mathbf{A}^T \mathbf{A}$ reell und nicht negativ, und die n Eigenvektoren $\mathbf{x}_1, \mathbf{x}_2, \ldots, \mathbf{x}_n$ bilden eine vollständige, orthonormierte Basis im $\mathbb{R}^n$.

$$\mathbf{A}^T \mathbf{A}\mathbf{x}_i = \mu_i \mathbf{x}_i , \quad \mu_i \in \mathbb{R} , \quad \mu_i \geq 0 ; \quad \mathbf{x}_i^T \mathbf{x}_j = \delta_{ij} \tag{10.20}$$

Die der euklidischen Vektornorm $\|\mathbf{x}\|_2$ zugeordnete Matrixnorm ergibt sich mit diesen Eigenwerten als

$$\|\mathbf{A}\|_2 := \max_{\|\mathbf{x}\|_2=1} \|\mathbf{A}\mathbf{x}\|_2 = \max_{j=1,\ldots,n} \sqrt{\mu_j} . \tag{10.21}$$

Die Matrixnorm $\|\mathbf{A}\|_2$ wird auch als *Spektralnorm* bezeichnet. Nach Satz 10.5 ist sie die kleinste mit der euklidischen Vektornorm verträgliche Matrixnorm.

Die Bezeichnung als Spektralnorm wird verständlich im Spezialfall einer *symmetrischen Matrix* $\mathbf{A}$. Bedeuten $\lambda_1, \lambda_2, \ldots, \lambda_n$ die reellen Eigenwerte von $\mathbf{A}$, dann besitzt die Matrix $\mathbf{A}^T \mathbf{A} = \mathbf{A}\mathbf{A} = \mathbf{A}^2$ bekanntlich die Eigenwerte $\mu_i = \lambda_i^2 \geq 0$, so dass aus (10.21) folgt

$$\|\mathbf{A}\|_2 = |\lambda_1| , \quad |\lambda_1| = \max_i |\lambda_i| . \tag{10.22}$$

Die Spektralnorm einer symmetrischen Matrix $\mathbf{A}$ ist durch ihren betragsgrößten Eigenwert λ_1 gegeben.

Konditionszahl

Wenn der Fehler bei der Lösung eines linearen Gleichungssystems abgeschätzt werden soll, dann spielt eine Größe als Faktor in der oberen Schranke immer eine entscheidende Rolle: die *Konditionszahl*. Sie ist aber auch wichtig bei der Konvergenzuntersuchung von Iterationsverfahren wie den in Kap. 2 beschriebenen.

Definition 10.6. *Die Größe*

$$\kappa(\mathbf{A}) := \|\mathbf{A}\| \, \|\mathbf{A}^{-1}\| \tag{10.23}$$

heißt Konditionszahl *für die Lösung des linearen Gleichungssystems* $\mathbf{A}\mathbf{x} = \mathbf{b}$ *mit der Matrix* $\mathbf{A}$ *als Koeffizientenmatrix.* $\kappa(\mathbf{A})$ *ist abhängig von der verwendeten Matrixnorm.*

Die Energienorm

Im Zusammenhang mit der Diskretisierung partieller Differenzialgleichungen werden Bilinearformen in Funktionenräumen definiert, siehe etwa (1.48). Ist $B(u, v)$ eine solche Bilinearform, dann definiert der Ausdruck $B(u, u)$ unter gewissen Voraussetzungen eine Funktionennorm. Nach der Diskretisierung stellt die so genannte Energienorm für Vektoren $\mathbf{x} \in \mathbb{R}^n$ ein Äquivalent zu diesem Ausdruck $B(u, u)$ dar. Sie ist definiert als

$$\|\mathbf{x}\|_A := \sqrt{\mathbf{x}^T \mathbf{A} \mathbf{x}} \, . \tag{10.24}$$

Damit $\|\mathbf{x}\|_A$ eine Norm ist, muss $\mathbf{A}$ symmetrisch und positiv definit sein, was in den interessierenden Anwendungen der Fall ist.

Die diskrete L^2-Norm

Bei der Mehrgittermethode wird auf verschieden feinen Gittern gerechnet. Dabei entstehen für dieselbe Größe (Näherungslösung, Fehler, Residuum) Vektoren mit sehr unterschiedlicher Länge n. Oft steht n in einem festen Verhältnis zu einer Gitterweite, z. B. $n = 1/h$. Deshalb sollte eine Norm verwendet werden, die einen Vergleich von Fehlerwerten auch für verschiedene Werte von n beziehungsweise h sinnvoll erscheinen lässt. Dies gilt für die Maximumsnorm $\|\cdot\|_\infty$, aber nicht für die euklidische Norm $\|\cdot\|_2$, bei der ein längerer Vektor mit etwa gleicher Größenordnung der Komponenten einen größeren Wert liefert als ein kürzerer. Dieser Nachteil der euklidischen Norm kann ausgeglichen werden durch Wahl der so genannten diskreten L^2-Norm

$$\|\mathbf{v}\|_{L^2} := \sqrt{\frac{\sum_{k=1}^{n} v_k^2}{n}} \, , \quad \mathbf{v} \in \mathbb{R}^n \, . \tag{10.25}$$

Sie wird in diesem Text in fast allen Beispielen verwendet.

Der genannte Vorteil dieser Norm zeigt sich auch, wenn man die kontinuierliche L^2-Norm zum Vergleich heranzieht. Wir wollen das für das triviale Beispiel der Funktion

$u(x) = 1$ auf dem Einheitsintervall $[0, 1]$ tun. Für sie gilt

$$\sqrt{\int_0^1 (u(x))^2 \, dx} = 1 \tag{10.26}$$

Wenn die kontinuierliche Funktion $u(x)$ diskretisiert wird zu einem Vektor aus lauter Einsen, ergibt sich dieser Wert auch für die diskrete L^2-Norm des so entstandenen Vektors $\mathbf{u}^h = (1, 1, \ldots, 1)^T$ unabhängig von n, während die euklidische Norm den Wert $\|\mathbf{u}^h\|_2 = \sqrt{n}$ annimmt.

Jetzt soll die diskrete L^2-Norm auf mehr als eine Raumdimension verallgemeinert werden. Damit die Aussage am Ende des letzten Paragraphen richtig bleibt, dass nämlich die Diskretisierung der kontinuierlichen Funktion $u \equiv 1$ auch den Wert 1 als Norm ergibt, wird sie jetzt für die Raumdimension d wie folgt definiert:

$$\|\mathbf{v}^h\|_{L^2} := \sqrt{h^d \sum_{k=1}^n v_k^2} \, , \quad \mathbf{v}^h \in \mathbb{R}^n \, . \tag{10.27}$$

Für die Diskretisierung zweidimensionaler Funktionen mit Doppelindizes liest sich das so

$$\|\mathbf{v}^h\|_{L^2} := \sqrt{h^2 \sum_{j=1}^m \sum_{k=1}^m v_{j,k}^2} \, , \quad \mathbf{v}^h \in \mathbb{R}^{m,m} \, . \tag{10.28}$$

Literatur

1. Schwarz, H.R., Köckler, N.: Numerische Mathematik. 8. Aufl. Vieweg+Teubner, Wiesbaden (2011)

Kapitel 11
Lösungen zu ausgewählten Aufgaben

11.1 Aufgaben zu Kap. 1

1.1 Wegen der Eigenschaft (1.3) gilt

$$\alpha_k = f(x_k) \,.$$

Deshalb lassen sich Funktion und Approximation ganz leicht zeichnen. Man muss nicht die Linearkombination mit den Hutfunktionen berechnen, sondern einfach die Verbindungslinie der Werte $(x_k, f(x_k))$ zeichnen. Die ist etwa ab $n = 19$ nicht mehr von der Funktion zu unterscheiden.

1.2 Die Matrix aus dem Integral über die Ableitungen setzt sich einfach aus Konstanten zusammen:

$$B_1 = \begin{pmatrix} 4 & -2 & 0 \\ -2 & 4 & -2 \\ 0 & -2 & 4 \end{pmatrix} \,.$$

Das zweite Integral ist schwieriger zu berechnen. Wird mit einem Computer-Algebra-System gearbeitet, so bestimmt man zunächst das unbestimmte Integral der Funktion $(1 + x^2)\,(ax + b)\,(cx + d)$. Jetzt legt man für jedes Teilintervall und jede Ansatzfunktion die Konstanten a, b, c und d fest und akkumuliert die Beiträge zur Matrix

$$B_2 = \begin{pmatrix} 0.4250 & 0.0896 & 0 \\ 0.0896 & 0.3417 & 0.0896 \\ 0 & 0.0896 & 0.4250 \end{pmatrix} \,.$$

Die Matrix für das 3×3-Gleichungssystem wird damit

$$A = B_1 - B_2 = \begin{pmatrix} 3.5750 & -2.0896 & 0 \\ -2.0896 & 3.6583 & -2.0896 \\ 0 & -2.0896 & 3.5750 \end{pmatrix} \,.$$

N. Köckler, *Mehrgittermethoden*, DOI 10.1007/978-3-8348-2081-5_11,
© Vieweg+Teubner Verlag | Springer Fachmedien Wiesbaden 2012

Die rechte Seite setzt sich wieder aus Konstanten zusammen:

$$b = (1/2,\ 1/2,\ 1/2)^T \ .$$

1.3 Die Taylor-Reihen (1.8) mit den unterschiedlichen Vorzeichen werden voneinander substrahiert. Das ergibt:

$$u(x_i + h) - u(x_i - h) = 2hu'(x_i) + 2\frac{h^3}{6}u'''(x_i) + O(h^5) \ .$$

Diese Gleichung wird durch $2h$ dividiert und nach $u'(x_i)$ aufgelöst; das ergibt

$$u'(x_i) = \frac{u(x_i + h) - u(x_i - h)}{2h} + O(h^2)$$

1.4 Wegen $\gamma = 0$ und $\beta = -1.736$ lauten die Elemente des linearen Gleichungssystems **Au** = **k** jetzt wie folgt:

$$\mathbf{A} = \begin{pmatrix} 2 + q_1h^2 & -1 & 0 & \cdots & & 0 \\ -1 & 2 + q_2h^2 & -1 & 0 & & \\ 0 & \ddots & \ddots & \ddots & & \ddots \\ \vdots & \ddots & \ddots & \ddots & & -1 \\ 0 & \cdots & & 0 & -2 & 2 + q_{n+1}h^2 \end{pmatrix},$$

$$\mathbf{u} = (u_1, u_2, \ldots, u_{n+1})^T \ ,$$

$$\mathbf{k} = (h^2g_1 + \alpha,\ h^2g_2,\ \ldots,\ h^2g_{n-1},\ h^2g_{n+1} + 2\beta h)^T \ .$$

Die letzte Gleichung dieses Gleichungssystems muss einfach mit 1/2 multipliziert werden.

Die Fehlerordnung $O(h^2)$ zeigt sich experimentell auch mit der Ableitung in der rechten Randbedingung. Es ist $u(1) - u_n \approx 0.45\,h^2$.

1.5 Die andere Art der Diskretisierung ändert die letzte Gleichung des linearen Gleichungssystems **Au** = **k** zu

$$-u_{n-1} + u_n = h\beta \ , \quad \text{mit} \quad \beta = -1.736 \ .$$

Die Ergebnisse zeigen die erwartete Fehlerordnung $O(h)$. Der Fehler am rechten Rand beträgt $u(1) - u_n \approx C_h\,h$ mit Konstanten C_h mit Werten zwischen 0.75 und 0.3, die mit kleiner werdendem h etwas kleiner werden.

1.6 Es ändert sich kaum etwas, die Matrix **B** ist dieselbe wie in Abschnitt 1.4.3, sie wiederholt sich in **A** aber nicht N mal, sondern M mal, sodass A eine $N \cdot M \times N \cdot M$-Matrix ist.

1.7 Die folgenden beiden Gebiete erfüllen die beiden Forderungen:

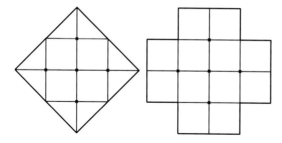

1.8 Für das links gezeigte Gitter ergeben sich mit dem Fünf-Punkte-Differenzenstern (1.35) und $h = 1/3$ die Koeffizientenmatrix

$$\mathbf{A} = \begin{pmatrix} 4 & -1 & -1 & 0 \\ -1 & 4 & 0 & -1 \\ -1 & 0 & 4 & -1 \\ 0 & -1 & -1 & 4 \end{pmatrix} \quad \text{und die rechte Seite} \quad \mathbf{b} = h^2 f = \frac{1}{9} \begin{pmatrix} 18 \\ 18 \\ 18 \\ 18 \end{pmatrix} = \begin{pmatrix} 2 \\ 2 \\ 2 \\ 2 \end{pmatrix}.$$

Die Lösung von $\mathbf{Au} = \mathbf{b}$ ist damit $\mathbf{u} = (1, 1, 1, 1)^T$.

Für das rechts gezeigte Dreiecksgitter ergeben sich bei der gleichen Vorgehensweise wie in Beispiel 1.3 dieselbe Koeffizientenmatrix und dieselbe rechte Seite wie beim Differenzenverfahren und damit natürlich auch dieselbe Lösung $\mathbf{u} = (1, 1, 1, 1)^T$.

Für einfache Modellprobleme ergeben sich also bei bestimmten Standard-Diskretisierungen identische Daten und Ergebnisse bei beiden Methoden.

11.2 Aufgaben zu Kap. 2

2.1 Jacobi: Sei in (2.3) $\mathbf{B} = \mathbf{D}$, dann ist $\mathbf{B}^{-1} = \mathbf{D}^{-1} = \text{diag}(1/a_{11}, 1/a_{22}, \ldots, 1/a_{nn})$. Die i-te Komponente von $\mathbf{Ax}^{(k)}$ ist nach dem Zeile-mal-Spalte-Prinzip gleich $\sum_{j=1}^{n} a_{ij} x_j^{(k)}$. Deshalb lässt sich (2.3) komponentenweise schreiben als

$$x_i^{(k+1)} = x_i^{(k)} + \frac{1}{a_{ii}} \left(b_i - \sum_{j=1}^{n} a_{ij} x_j^{(k)} \right).$$

Die Komponente $j = i$ in der Summe hebt sich gegenüber $x_i^{(k)}$ auf. Also ist

$$x_i^{(k+1)} = \frac{1}{a_{ii}} \left(b_i - \sum_{\substack{j=1 \\ j \neq i}}^{n} a_{ij} x_j^{(k)} \right).$$

Das ist aber dasselbe wie (2.7).

Abb. 11.1 Symbolische Gitter zum Gleichungssystem der Aufgabe 2.3

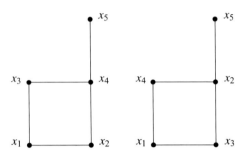

Gauß-Seidel: Jetzt ist $\mathbf{B} = \mathbf{D} - \mathbf{L}$, wenn $\mathbf{A} = \mathbf{D} - \mathbf{L} - \mathbf{U}$ wie in (2.12). Damit ist (2.3) äquivalent zu

$$(\mathbf{D} - \mathbf{L})(\mathbf{x}^{(k+1)} - \mathbf{x}^{(k)}) = \mathbf{b} - \mathbf{A}\mathbf{x}^{(k)} \; .$$

Von dieser Gleichung schreiben wir die i-te Komponente (Gleichung) hin und formen um:

$$\sum_{j=1}^{i} a_{ij} x_j^{(k+1)} - \sum_{j=1}^{i} a_{ij} x_j^{(k)} = b_i - \sum_{j=1}^{n} a_{ij} x_j^{(k)}$$

$$\sum_{j=1}^{i} a_{ij} x_j^{(k+1)} = b_i - \sum_{j=i+1}^{n} a_{ij} x_j^{(k)}$$

$$a_{ii} x_i^{(k+1)} = b_i - \sum_{j=i+1}^{n} a_{ij} x_j^{(k)} - \sum_{j=1}^{i-1} a_{ij} x_j^{(k+1)} \; .$$

Das ist äquivalent zu (2.9).

2.2 Dass die Matrix irreduzibel ist, sehen wir an dem ihr zugeordneten gerichteten Graphen, siehe Definition 2.11. Da die Matrix außerdem schwach diagonal dominant ist, konvergieren Gesamt- und Einzelschrittverfahren nach Satz 2.13 und Satz 2.15.

2.3 (a) Als optimalen Relaxationsparameter haben wir $\omega_{\mathrm{opt}} = 1.16$ gefunden. Der Fehler zwischen exakter und iterierte Näherungslösung ist nach 11 bzw. nach 5 Schritten kleiner als $1.0 \cdot 10^{-3}$. Das SOR-Verfahren mit optimalem Relaxationsparameter reduziert also den Rechenaufwand etwa auf die Hälfte.

(b) Der der Matrix zugeordnete Graph kann symbolisch als Gitter gezeichnet werden, siehe Abb. 11.1 links. Eine schachbrettartige Nummerierung dieses Gitters, siehe Abb. 11.1 rechts, führt zu der gewünschten Blockstruktur bzw. zu dem Gleichungssystem

$$
\begin{aligned}
4x_1 & & - x_3 & - x_4 & & = 6 \\
& 4x_2 - 2x_3 & & - x_4 & - x_5 & = -5 \\
-x_1 & - 2x_2 + 4x_3 & & & & = 12 \\
-x_1 & - x_2 & & + 4x_3 & & = -3 \\
& - x_2 & & & + 4x_5 & = 1
\end{aligned}
$$

2.4 (a) Bei lexikographischer Nummerierung von links nach rechts und von unten nach oben ergibt sich die Koeffizientenmatrix

$$
\begin{pmatrix}
4 & -1 & 0 & -1 & 0 & 0 & 0 \\
-1 & 4 & -1 & 0 & -1 & 0 & 0 \\
0 & -1 & 4 & 0 & 0 & 0 & 0 \\
-1 & 0 & 0 & 4 & -1 & -1 & 0 \\
0 & -1 & 0 & -1 & 4 & 0 & -1 \\
0 & 0 & 0 & -1 & 0 & 4 & -1 \\
0 & 0 & 0 & 0 & -1 & -1 & 4
\end{pmatrix}
=
\begin{pmatrix}
\mathbf{A}_1 & \mathbf{B}_1 & \\
\mathbf{B}_1^T & \mathbf{A}_2 & \mathbf{B}_2 \\
 & \mathbf{B}_2 & \mathbf{A}_2
\end{pmatrix}.
$$

Bei schachbrettartiger Nummerierung ergibt sich die Koeffizientenmatrix

$$
\begin{pmatrix}
4 & 0 & 0 & 0 & -1 & -1 & 0 \\
0 & 4 & 0 & 0 & -1 & 0 & 0 \\
0 & 0 & 4 & 0 & -1 & -1 & -1 \\
0 & 0 & 0 & 4 & 0 & -1 & -1 \\
-1 & -1 & -1 & 0 & 4 & 0 & 0 \\
-1 & 0 & -1 & -1 & 0 & 4 & 0 \\
0 & 0 & -1 & -1 & 0 & 0 & 4
\end{pmatrix}
=
\begin{pmatrix}
\mathbf{D}_1 & \mathbf{H} \\
\mathbf{H}^T & \mathbf{D}_2
\end{pmatrix}.
$$

(b) Die rechnerische Realisierung geben wir hier als MATLAB-Funktion wieder

```
function LaplaceBlock(p,tau,o,om)
% Norbert Koeckler: Mehrgittermethoden
%
% Dezember 2011
%
% Aufgabe 2.4
% Mit GS und SOR das Gleichungssystem loesen,
% das der 5-Punkte-Stern auf dem Gebiet Omega erzeugt.
% Dabei die Raender mit nummerieren, aber nicht iterieren.
% Da MATLAB keinen Index 0 kennt, alles um 1 verschieben.
% Die Gitterweite h teilt die 1, hier 1/p.
% Es wird zweidimensional indiziert:
% Der untere Rand hat die Indizes (1:4p+1,1).
% Der obere Rand hat die Indizes (1:3p+1,4p+1).
% Der linke Rand hat die Indizes (1,1:4p+1).
% Der rechte Rand wird in drei Stuecke unterteilt:
% (4p+1,1:2p+1), (3p+1,2p+1:4p+1),(3p+1:4p+1,2p+1).
%
% Gitterweite h = 1/p
% Abbruchgenauigkeit fuer Unendlich-Norm: tau
% Anzahl omega-s: o
% Omega-s: om, muss Feld der Laenge o sein.
[lll,mmm]=size(om);
```

```
if max(lll,mmm) ~= o
   disp('Falsche Anzahl Omega-Werte')
   disp(['Es sollten ' num2str(o) ' Werte sein!'])
   return
end
h=1/p;
%
fehlerom = zeros(o,1);
disp(['omega   Anz. Schritte fuer tau = ' num2str(tau)])
for l=1:o
   u = zeros(4*p+4);
   ualt = 0;
   omega = om(l);
for k=1:50000
   for i=2:4*p
      for j=2:2*p
         u(i,j) = (1-omega)*u(i,j) +  ...
                   omega*(1+u(i-1,j)+u(i,j-1)+ ...
                       u(i+1,j)+u(i,j+1))/4;
      end
   end
   for i=2:3*p
      for j=2*p+1:4*p
         u(i,j) = (1-omega)*u(i,j) +  ...
                   omega*(1+u(i-1,j)+u(i,j-1)+ ...
                       u(i+1,j)+u(i,j+1))/4;
      end
   end
   uneu = abs(max(max(u)));
   fff = abs(uneu - ualt);
   if fff < tau
      disp([num2str(omega,'%8.4f') ' ' num2str(k,'%5d')])
      break
   end
   ualt = uneu;
end
end
return
```

LaplaceBlock(8,0.001,3,1:0.5:2) und LaplaceBlock(8,0.001,3,[1 1.5 2.0]) sind äquivalente Aufrufe. Die Ergebnisse unserer Rechnungen sind in Tab. 11.1 zusammengefasst.

Bei feiner werdendem Gitter geht der optimale Relaxationsparameter ω_{opt} offenbar gegen 2, und der Aufwandsvorteil des SOR-Verfahrens mit dem optimalen Relaxationsparameter gegenüber dem nicht relaxierten Gauß-Seidel wird immer größer.

Tabelle 11.1 Optimale Werte ω_{opt} des Relaxationsparameters für verschiedene Gitterweiten h und die Anzahl der für eine Genauigkeit $\left| \|u^{(k+1)}\|_\infty - \|u^{(k)}\|_\infty \right| < 0.001$ notwendigen Iterationsschritte I_{SOR} und I_{GS} (gleich I_{SOR} mit $\omega = 1$)

h	ω_{opt}	I_{SOR}	I_{GS}
1/2	1.42	11	34
1/4	1.65	24	136
1/8	1.42	53	543
1/16	1.82	113	2174
1/32	1.96	223	8699

2.5 Mit einer Ähnlichkeitstransformation gelingt der Beweis in beiden Fällen.

Jacobi-Verfahren: Es sind

$$\mathbf{T}_{\text{J}} := \mathbf{D}^{-1}(\mathbf{L} + \mathbf{U}) \quad \text{und} \quad \tilde{\mathbf{T}}_{\text{J}} := \mathbf{D}^{-1/2}(\mathbf{L} + \mathbf{U})\mathbf{D}^{-1/2} .$$

Eine Ähnlichkeitstransformation von $\tilde{\mathbf{T}}_{\text{J}}$ mit $\mathbf{S} = \mathbf{D}^{1/2}$ ergibt $\mathbf{T}_{\text{J}}$.

SOR-Verfahren: Es sind

$$\mathbf{T}_{\text{SOR}}(\omega) = (\mathbf{D} - \omega\mathbf{L})^{-1}[(1 - \omega)\mathbf{D} + \omega\mathbf{U}] \quad \text{und}$$

$$\tilde{\mathbf{T}}_{\text{SOR}}(\omega) = (\mathbf{I} - \omega\mathbf{D}^{-1/2}\mathbf{L}\mathbf{D}^{-1/2})^{-1}[(1 - \omega)\mathbf{I} + \omega\mathbf{D}^{-1/2}\mathbf{U}\mathbf{D}^{-1/2}] .$$

Auch hier führen wir zunächst eine Ähnlichkeitstransformation von $\tilde{\mathbf{T}}_{\text{SOR}}(\omega)$ mit $\mathbf{S} = \mathbf{D}^{1/2}$ durch, den Rest erreichen wir mit Ausklammern und unter-die-Klammer-bringen unter Beachtung der Tatsache, dass die Multiplikation der Klammer $(\cdot)^{-1}$ mit $\mathbf{D}^{-1/2}$ innen zu einer Multiplikation mit $\mathbf{D}^{1/2}$ wird. Das ergibt zusammen

$$\mathbf{D}^{-1/2}\left((\mathbf{I} - \omega\mathbf{D}^{-1/2}\mathbf{L}\mathbf{D}^{-1/2})^{-1}[(1 - \omega)\mathbf{I} + \omega\mathbf{D}^{-1/2}\mathbf{U}\mathbf{D}^{-1/2}] \right)\mathbf{D}^{1/2}$$

$$= (\mathbf{D}^{1/2} - \omega\mathbf{L}\mathbf{D}^{-1/2})^{-1}[(1 - \omega)\mathbf{D}^{1/2} + \omega\mathbf{D}^{-1/2}\mathbf{U}]$$

$$= (\mathbf{D}^{1/2} - \omega\mathbf{L}\mathbf{D}^{-1/2})^{-1}\,\mathbf{D}^{-1/2}\,\mathbf{D}^{1/2}\,[(1 - \omega)\mathbf{D}^{1/2} + \omega\mathbf{D}^{-1/2}\mathbf{U}]$$

$$= (\mathbf{D} - \omega\mathbf{L})^{-1}[(1 - \omega)\mathbf{D} + \omega\mathbf{U}] .$$

11.3 Aufgaben zu Kap. 3

3.1 Wir kennen die Eigenwerte und -vektoren von (3.2)

$$\bar{\mathbf{A}} = \begin{pmatrix} 2 & -1 & 0 & \cdots & 0 \\ -1 & 2 & -1 & 0 & \\ 0 & \ddots & \ddots & \ddots & \ddots \\ \vdots & \ddots & \ddots & \ddots & -1 \\ 0 & \cdots & 0 & -1 & 2 \end{pmatrix}$$

aus Abschnitt 3.3. Es ist aber

$$\mathbf{B} = 2\,(\bar{\mathbf{A}} + \mathbf{I}).$$

Wenn also $(\lambda_k, \mathbf{w}_k)$ ein Eigenwert-Eigenvektor-Paar von $\bar{\mathbf{A}}$ ist, dann gilt

$$2\,(\bar{\mathbf{A}} + \mathbf{I})\mathbf{w}_k = 2(\lambda_k + 1)\,\mathbf{w}_k.$$

Also hat $\mathbf{B}$ die Eigenwerte $2\lambda_k + 2$ und dieselben Eigenvektoren wie $\bar{\mathbf{A}}$ und damit natürlich auch die Oszillationseigenschaft.

3.2 Mit (2.12) $\mathbf{A} = \mathbf{D} - \mathbf{L} - \mathbf{U}$, (3.2) $\mathbf{D} = 2\mathbf{I}$ und (2.14) $\mathbf{T}_J = \mathbf{D}^{-1}(\mathbf{L} + \mathbf{U})$ gilt:

$$\begin{aligned}
\mathbf{T}_{\mathrm{JOR}}(\omega) &= (1 - \omega)\mathbf{I} + \omega\mathbf{T}_J = \mathbf{I} - \omega\mathbf{I} + \omega\mathbf{D}^{-1}(\mathbf{L} + \mathbf{U}) \\
&= \mathbf{I} - \frac{\omega}{2}\,2\mathbf{I} + \frac{\omega}{2}(\mathbf{L} + \mathbf{U}) = \mathbf{I} - \frac{\omega}{2}\,(2\mathbf{I} - \mathbf{L} + \mathbf{U}) \\
&= \mathbf{I} - \frac{\omega}{2}\mathbf{A}
\end{aligned}$$

3.3 MATLAB errechnet die Eigenwerte $\lambda_1 = 2.2344$, $\lambda_2 = 3.5000$, $\lambda_3 = 4.0000$ und $\lambda_4 = 6.2656$. Aber die Eigenvektoren haben 2, 1, 1, 0 Vorzeichenwechsel.

3.4 Es gilt:

$$\begin{aligned}
\lambda_{n/2} &= 1 - 2\,\omega\,\sin^2\left(\frac{\frac{n}{2}\,\pi}{2n}\right) = 1 - 2\,\omega\,\sin^2\left(\frac{\pi}{4}\right) = 1 - 2\,\omega\,\frac{1}{2} = 1 - \omega\,, \\
\lambda_n &= 1 - 2\,\omega\,\sin^2\left(\frac{n\,\pi}{2n}\right) = 1 - 2\,\omega\,\sin^2\left(\frac{\pi}{2}\right) = 1 - 2\,\omega\,.
\end{aligned}$$

Aus der Forderung $\lambda_{n/2} = -\lambda_n$ folgt daher $1 - \omega = 1 - 2\omega$ und das ergibt $\omega = 2/3$.

3.5
$$v_0 = v_n = 0\,,$$
$$v_{2j-1} = (v_{2j-2} + v_{2j} + h^2 f_{2j-1})/2\,, \qquad j = 1, \ldots n/2\,,$$
$$v_{2j} = (v_{2j-1} + v_{2j+1} + h^2 f_{2j})/2\,, \qquad j = 1, \ldots n/2 - 1\,.$$

11.4 Aufgaben zu Kap. 4

4.1 Die Aussage ergibt sich leicht durch Multiplikation der Matrizen $\mathbf{I}_h^{2h}\mathbf{A}^h\mathbf{I}_{2h}^h$, hier beispielhaft für $n = 8$ mit offensichtlicher Verallgemeinerung:

$$\frac{1}{h^2}\begin{pmatrix} 1/4 & 1/2 & 1/4 & 0 & 0 & 0 & 0 \\ 0 & 0 & 1/4 & 1/2 & 1/4 & 0 & 0 \\ 0 & 0 & 0 & 0 & 1/4 & 1/2 & 1/4 \end{pmatrix} \begin{pmatrix} 2 & -1 & 0 & 0 & 0 & 0 & 0 \\ -1 & 2 & -1 & 0 & 0 & 0 & 0 \\ 0 & -1 & 2 & -1 & 0 & 0 & 0 \\ 0 & 0 & -1 & 2 & -1 & 0 & 0 \\ 0 & 0 & 0 & -1 & 2 & -1 & 0 \\ 0 & 0 & 0 & 0 & -1 & 2 & -1 \\ 0 & 0 & 0 & 0 & 0 & -1 & 2 \end{pmatrix} \begin{pmatrix} 1/2 & 0 & 0 \\ 1 & 0 & 0 \\ 1/2 & 1/2 & 0 \\ 0 & 1 & 0 \\ 0 & 1/2 & 1/2 \\ 0 & 0 & 1 \\ 0 & 0 & 1/2 \end{pmatrix}$$

$$= \frac{1}{(2h)^2}\begin{pmatrix} 2 & -1 & 0 \\ -1 & 2 & -1 \\ 0 & -1 & 2 \end{pmatrix}.$$

4.2 Seien $\mathbf{v} \in \mathbb{R}^{n/2-1}$ und $\mathbf{w} \in \mathbb{R}^{n-1}$. Dann gilt mit den genannten Matrizen und dem Skalarprodukt (4.15) im $\mathbb{R}^{n-1}$

$$(\mathbf{I}_{2h}^h \mathbf{v}, \mathbf{w}) = \frac{1}{2} h \left(v_1 w_1 + 2 v_1 w_2 + (v_1 + v_2) w_3 + 2 v_2 w_4 + (v_2 + v_3) w_5 + \cdots \right.$$

$$\left. \cdots + (v_{n/2-2} + v_{n/2-1}) w_{n-3} + 2 v_{n/2-1} w_{n-2} + v_{n/2-1} w_{n-1} \right)$$

Im $\mathbb{R}^{n/2-1}$ mit der dementsprechenden Schrittweite $2h$ gilt

$$(\mathbf{v}, \mathbf{I}_h^{2h} \mathbf{w}) = \frac{1}{4} (2h)(v_1(w_1 + 2 w_2 + w_3) + v_2(w_3 + 2 w_4 + w_5) + \cdots$$

$$\cdots + v_{n/2-1}(w_{n-3} + 2 w_{n-2} + w_{n-1}))$$

Diese beiden Ausdrücke sind ganz offensichtlich gleich.

4.3 Die Matrix $\mathbf{I}_{2h}^h \in \mathbb{R}^{n-1, n/2-1}$ hat offensichtlich $n/2 - 1$ linear unabhängige Spaltenvektoren, siehe etwa (4.8). Also hat sie maximalen Rang. $\mathbf{I}_{2h}^h$ ist eine Abbildung vom $\mathbb{R}^{n/2-1}$ in den $\mathbb{R}^{n-1}$. Aus der linearen Algebra wissen wir, dass die Summe aus dem Rang einer Matrix und der Dimension ihres Nullraums gleich der Dimension des Urbildraums ist, hier also

$$\text{Rang}(\mathbf{A}) + \dim(\mathcal{N}(\mathbf{A})) = \frac{n}{2} - 1 . \tag{11.1}$$

Daraus folgt, dass der Nullraum die Dimension 0 hat und deshalb nur aus dem Nullelement besteht.

4.4 Auch hier hat die Matrix $\mathbf{I}_h^{2h} \in \mathbb{R}^{n/2-1, n-1}$ offensichtlich $n/2 - 1$ linear unabhängige Spalten- oder Zeilenvektoren, siehe etwa (4.10) für die Injektion oder (4.12) für die full-weighting-Restriktion. Also hat auch sie maximalen Rang. Aber der Urbildraum hat hier die Dimension $n - 1$, sodass aus Gleichung (11.1) folgt, dass der Nullraum die Dimension $n/2$ haben muss.

4.5 Ein Vektor mit Randwerten null, $n/2 - 1$ Vorzeichenwechseln und Werten gleichen Betrages dazwischen wird von der Restriktion zu einem Nullvektor gemacht. Daraus folgt

$$\mathbf{e}^{2h} = 0 \implies \mathbf{e}^h = 0 ,$$

und deshalb bleibt der Vektor $\mathbf{v}^h$ unverändert. Ein solcher Vektor ist hier zu sehen:

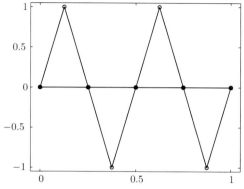

Dieses Residuum ist auf dem groben Gitter „unsichtbar".

11.5 Aufgaben zu Kap. 5

5.1 Ein Zyklus verkleinert den Fehler (asymptotisch) um den Faktor K, wenn K die Konvergenzrate ist, p Schritte also um K^p. Also ist $K^p = h^2$ und damit $K^{2p} = h^4$. Deshalb werden doppelt so viele Zyklen benötigt, um die Genauigkeit h^4 statt h^2 zu erreichen.

Es muss darauf hingewiesen werden, dass die asymptotische Konvergenzrate, wie der Name schon sagt, normalerweise nicht schon im ersten Zyklus gleich dem Verminderungsfaktor des Fehlers ist.

5.2

(a) Den Bandwurm habe ich per Hand gezeichnet, ...

(b) ...und dann gezählt. Dabei muss berücksichtigt werden, dass zwei Relaxationen ausgeführt werden, wenn Anfang und Ende eines inneren W-Zyklus aufeinander treffen. Ich bin auf 49 Relaxationen gekommen, sagen wir also etwa 50 Relaxationen.

5.3

(a) Das Newtonsche Interpolationsschema ergibt mit den Stützstellen x_{j-1}, x_j, x_{j+1} und x_{j+2} im Abstand $2h$ und den zugehörigen Stützwerten v_{j-1}^{2h}, v_j^{2h}, v_{j+1}^{2h} und v_{j+2}^{2h} das Polynom

$$p(x) = v_{j-1}^{2h} + (x - x_{j-1}) \frac{v_j^{2h} - v_{j-1}^{2h}}{2h}$$
$$+ (x - x_{j-1})(x - x_j) \frac{v_{j+1}^{2h} - 2v_j^{2h} + v_{j-1}^{2h}}{8h^2}$$
$$+ (x - x_{j-1})(x - x_j)(x - x_{j+1}) \frac{v_{j+2}^{2h} - 3v_{j+1}^{2h} + 3v_j^{2h} - v_{j-1}^{2h}}{48h^3}.$$

Jetzt muss als x der Wert x_{2j+1} des feinen Gitters eingesetzt werden, also auf dem groben Gitter $x = x_j + h$. Dann sind alle Differenzen $x - x_{(\cdot)}$ ganzzahlige Vielfache von h, es kann gekürzt und zusammengefasst werden, und damit ergibt sich die gewünschte Formel.

(b) Die Interpolationsmatrix $\mathbf{I}_{2h}^h$ für $n = 16$ ist

$$\mathbf{I}_{2h}^h = \begin{pmatrix}
1/2 & 0 & 0 & 0 & 0 & 0 & 0 \\
1 & 0 & 0 & 0 & 0 & 0 & 0 \\
1/2 & 1/2 & 0 & 0 & 0 & 0 & 0 \\
0 & 1 & 0 & 0 & 0 & 0 & 0 \\
-1/16 & 9/16 & 9/16 & -1/16 & 0 & 0 & 0 \\
0 & 0 & 1 & 0 & 0 & 0 & 0 \\
0 & -1/16 & 9/16 & 9/16 & -1/16 & 0 & 0 \\
0 & 0 & 0 & 1 & 0 & 0 & 0 \\
0 & 0 & -1/16 & 9/16 & 9/16 & -1/16 & 0 \\
0 & 0 & 0 & 0 & 1 & 0 & 0 \\
0 & 0 & 0 & -1/16 & 9/16 & 9/16 & -1/16 \\
0 & 0 & 0 & 0 & 0 & 1 & 0 \\
0 & 0 & 0 & 0 & 0 & 1/2 & 1/2 \\
0 & 0 & 0 & 0 & 0 & 0 & 1 \\
0 & 0 & 0 & 0 & 0 & 0 & 1/2
\end{pmatrix}$$

(c) Für $n = 16$ ist die durch die Diskretisierung berechnete Grobgittermatrix

$$\mathbf{A}^{2h} = \begin{pmatrix}
128 & -64 & 0 & 0 & 0 & 0 & 0 \\
-64 & 128 & -64 & 0 & 0 & 0 & 0 \\
0 & -64 & 128 & -64 & 0 & 0 & 0 \\
0 & 0 & -64 & 128 & -64 & 0 & 0 \\
0 & 0 & 0 & -64 & 128 & -64 & 0 \\
0 & 0 & 0 & 0 & -64 & 128 & -64 \\
0 & 0 & 0 & 0 & 0 & -64 & 128
\end{pmatrix},$$

während die aus der Galerkin-Bedingung berechnete Matrix sich wie folgt ergibt:

$$\bar{\mathbf{A}}^{2h} = \begin{pmatrix}
129 & -65 & -1 & 1 & 0 & 0 & 0 \\
-65 & 130 & -64 & -2 & 1 & 0 & 0 \\
-1 & -64 & 131 & -65 & -2 & 1 & 0 \\
1 & -2 & -65 & 132 & -65 & -2 & 1 \\
0 & 1 & -2 & -65 & 131 & -64 & -1 \\
0 & 0 & 1 & -2 & -64 & 130 & -65 \\
0 & 0 & 0 & 1 & -1 & -65 & 129
\end{pmatrix}.$$

(d) Die zugehörigen Lösungen der Gleichungssysteme $\bar{\mathbf{A}}^{2h}\bar{\mathbf{u}}^{2h} = \mathbf{f}^{2h}$ und $\mathbf{A}^{2h}\mathbf{u}^{2h} = \mathbf{f}^{2h}$ sind ab $n = 32$ graphisch kaum zu unterscheiden, deshalb hier eine Fehlertabelle:

Grobgitterdimension	$\|\mathbf{u}^{2h} - \mathbf{u}\|_2$	$\|\bar{\mathbf{u}}^{2h} - \mathbf{u}\|_2$
7	$9 \cdot 10^{-4}$	$4 \cdot 10^{-3}$
15	$2 \cdot 10^{-4}$	$1 \cdot 10^{-3}$
31	$6 \cdot 10^{-5}$	$3 \cdot 10^{-4}$
63	$1 \cdot 10^{-5}$	$8 \cdot 10^{-5}$
127	$4 \cdot 10^{-6}$	$2 \cdot 10^{-5}$
255	$9 \cdot 10^{-7}$	$5 \cdot 10^{-5}$

Dabei ist **u** die vektorisierte Lösungsfunktion. Der Unterschied der beiden Lösungen liegt also – außer für $n = 256$ – unterhalb des Diskretisierungsfehlers.

11.6 Aufgaben zu Kap. 6

6.1 Die Linearkombinationen für beide Situationen sind durch den ersten und letzten Teil des Intervalls $(0, 1)$ festgelegt. In der hierarchischen Situation betrachten wir für die Linearkombination

$$w_1^{(0)}(x) = w_1^{(1)}(x) + w_1^{(0)}(x_2^{(1)})w_2^{(1)}(x)$$

die drei Teilintervalle $[0, x_1^{(1)}]$ (Anfangsstück), $[x_1^{(1)}, x_2^{(1)}]$ und $[x_2^{(1)}, 1]$ (Endstück). Im Anfangs- und Endstück stimmt die Linearkombination offensichtlich mit $w_1^{(0)}(x)$ überein. Auch in den Punkten $x_1^{(0)} = x_1^{(1)}$ und $x_2^{(1)}$ stimmen die Werte der Linearkombination mit $w_1^{(0)}(x)$ überein. Da alle beteiligten Funktionen in diesem Teilintervall linear sind, bedeutet die Übereinstimmung an zwei Punkten die im ganzen Teilintervall und damit zusammen genommen im gesamten Intervall $(0, 1)$.

In der nicht hierarchischen Situation erzwingen Anfangs- und Endstück die Koeffizienten $w_1^{(0)}(x_1^{(1)})$ und $w_1^{(0)}(x_2^{(1)})$ in der Linearkombination.

$$w_1^{(0)}(x_1^{(1)})w_1^{(1)}(x) + w_1^{(0)}(x_2^{(1)})w_2^{(1)}(x) \ .$$

Damit stimmt aber diese z. B. am Punkt $x_1^{(0)}$ nicht mit $w_1^{(0)}(x)$ über. Also gilt $w_1^{(0)}(x) \notin U_1$.

6.2 Diese Aufgabe ist nur eine Wiederholung des Stoffes von Abschnitt 6.2, von dessen Ende die Lösung abgelesen werden kann. Als Argument wird noch gebraucht, dass die Matrix **C** in (6.12) invertierbar ist wegen der linearen Unabhängigkeit der Basisfunktionen. Deshalb ist $\boldsymbol{\beta} = \mathbf{C}^{-1}\boldsymbol{\alpha}$.

6.3 Die Koeffizienten bez. der Knotenpunktbasis sind gerade die Werte der stückweise linearen Funktion in den Knotenpunkten $\alpha_k = u_2(x_k)$. Die Koeffizienten bez. der hierarchischen Basis lassen sich wie in der letzten Aufgabe als $\boldsymbol{\beta} = \mathbf{C}^{-1}\boldsymbol{\alpha}$ berechnen. Das ist am einfachsten mit einem Programm. Es ergibt sich

$$\boldsymbol{\beta} = (4, 1, -1, -0.5, -1.5, 0.5, 0.5)^T.$$

Es können aber auch die Werte sukzessive bestimmt werden, indem man die Werte in den Knotenpunkten der Reihe nach durchläuft. Zunächst ist klar, dass $\beta_1 = 4$, weil im Knotenpunkt $x_4 = 1/2$ nur $\tilde{w}_1(x_4) = 1 \neq 0$ ist. Danach ergeben sich mit den Knotenpunkte $x_2 = 1/4$ und $x_6 = 3/4$ die Werte $\beta_2 = 1$ und $\beta_3 = -1$ wegen $\tilde{w}_1(x_2) = 1/2$ und $\tilde{w}_2(x_2) = 1$, bei x_6 entsprechend. Die restlichen vier Werte ergeben sich durch analoge Überlegungen.

6.4

(a)

$$\zeta_k(x) = x^{3/4} - \frac{y_k^{3/4}(y_{k+1} - x) + y_{k+1}^{3/4}(x - y_k)}{y_{k+1} - y_k}$$

erfüllt offenbar die Randbedingungen $\zeta_k(y_k) = \zeta_k(y_{k+1}) = 0$. Dass auch die Differenzialgleichung erfüllt ist, prüfen wir durch zweimaliges Differenzieren.

$$\zeta_k'(x) = \frac{3}{4}x^{-1/4} - \frac{y_{k+1}^{3/4} - y_k^{3/4}}{y_{k+1} - y_k}$$

$$-\zeta_k''(x) = \frac{3}{16}x^{-5/4}$$

(b) Das Integral berechnen wir mit dem CAS MAPLE. Das komplex aussehende Ergebnis vergleichen wir mit $\frac{1}{8}\Phi(\delta_k)(y_{k+1} - y_k)^{1/2}$. Es gelingt MAPLE nicht, die Gleichheit der beiden Ausdrücke festzustellen. Wenn wir aber für y_{k+1} und y_k irgendwelche Zahlen einsetzen, kommt als Differenz der beiden Ausdrücke immer null (oder ein winzig kleiner Wert) heraus. Damit geben wir uns zufrieden.

(c) Am einfachsten ist es, die Funktion mit MAPLE zu zeichnen. Dann ist die Monotonie gut zu sehen. Da außerdem $\Phi(0) = 9 - 8 = 1$ ist, wird η_i durch Weglassen des Faktors $\Phi(\delta_k)$ nach oben abgeschätzt.

11.7 Aufgaben zu Kap. 7

7.1 Es sind $\mathbf{A} = \mathbf{D} - \mathbf{L} - \mathbf{U}$ und $\mathbf{T_J} = \mathbf{D}^{-1}(\mathbf{L} + \mathbf{U})$
mit $\mathbf{D} = \operatorname{diag}(4, 4, \ldots, 4)$ und $\mathbf{D}^{-1} = \operatorname{diag}(1/4, 1/4, \ldots, 1/4)$.
Also sind $\frac{1}{4}\mathbf{A} = \mathbf{I} - \frac{1}{4}(\mathbf{L} + \mathbf{U})$ und $\mathbf{T_J} = \frac{1}{4}(\mathbf{L} + \mathbf{U})$. Daraus folgt

$$\mathbf{I} - \frac{1}{4}\mathbf{A} = \frac{1}{4}(\mathbf{L} + \mathbf{U}) = \mathbf{T_J}.$$

7.2 In die Gleichung (7.25)

$$L_h w(x, y) = \sum_{k_1=-1}^{1} \sum_{k_2=-1}^{1} s_{k_1, k_2} w(x + k_1 h, y + k_2 h).$$

setzen wir $\varphi(\boldsymbol{\theta}, x + k_1 h, y + k_2 h)$ für $w(\cdot, \cdot)$ ein und lösen die Summe auf. Das ergibt

$$L_h \varphi(\boldsymbol{\theta}, x, y) = s_{0,0} e^{i\theta_1 x/h} e^{i\theta_2 y/h} + s_{-1,-1} e^{i\theta_1(x-h)/h} e^{i\theta_2(y-h)/h} + \cdots$$
$$+ s_{1,1} e^{i\theta_1(x+h)/h} e^{i\theta_2(y+h)/h}$$

$$= e^{i\theta_1 x/h} e^{i\theta_2 y/h} (s_{0,0} + s_{-1,-1} e^{i\theta_1(-h)/h} e^{i\theta_2(-h)/h} + \cdots$$
$$+ s_{1,1} e^{i\theta_1 h/h} e^{i\theta_2 h/h})$$
$$= e^{i\theta_1 x/h} e^{i\theta_2 y/h} (s_{0,0} + s_{-1,-1} e^{-i\theta_1} e^{-i\theta_2} + \cdots + s_{1,1} e^{i\theta_1} e^{i\theta_2})$$
$$= \varphi(\boldsymbol{\theta}, x, y)\, E(\theta_1, \theta_2)$$

7.3 Als Gitterfunktion mit niedriger Frequenz wählen wir

$$\sin(2\pi x)\,\sin(2\pi y)\,.$$

Dann nehmen die folgenden drei Funktionen identische Werte auf dem groben Gitter an:

$$\sin(2\pi x)\,\sin(10\pi y)\,,\quad \sin(10\pi x)\,\sin(2\pi y)\,,\quad \sin(10\pi x)\,\sin(10\pi y)\,.$$

Dies lässt sich mit den Eigenschaften der Sinus-Funktion leicht zeigen, indem man die Punkte des groben Gitters in allgemeiner Form einsetzt und die Gleichung

$$\sin\left(\frac{2jk\pi}{n}\right) = \sin\left(\frac{jk\pi}{n/2}\right)$$

ausnutzt.

7.4 (a) Bei lexikographischer Nummerierung ergibt sich eine Dreiband-Blockmatrix. Die Blöcke selbst sind wieder Dreibandmatrizen. Es ergibt sich mit

$$\mathbf{D} := \begin{pmatrix} 20 & -4 & 0 & \cdots & & \cdots \\ -4 & 20 & -4 & \cdots & & \cdots \\ 0 & -4 & 20 & -4 & \cdots \\ \cdots & \cdots & \ddots & \ddots & \ddots \\ 0 & \cdots & 0 & -4 & 20 \end{pmatrix} \quad \text{und} \quad \mathbf{B} := \begin{pmatrix} -1 & -1 & 0 & \cdots & & \cdots \\ -1 & -1 & -1 & \cdots & & \cdots \\ 0 & -1 & -1 & -1 & \cdots \\ \cdots & \cdots & \ddots & \ddots & \ddots \\ 0 & \cdots & 0 & -1 & -1 \end{pmatrix} , \quad \mathbf{B}, \mathbf{D} \in \mathbb{R}^{N,N} ,$$

die Diskretisierungsmatrix

$$\mathbf{A} = \begin{pmatrix} \mathbf{D} & \mathbf{B} & \mathbf{0} & \cdots & & \cdots \\ \mathbf{B} & \mathbf{D} & \mathbf{B} & \cdots & & \cdots \\ \mathbf{0} & \mathbf{B} & \mathbf{D} & \mathbf{B} & \cdots \\ \cdots & \cdots & \ddots & \ddots & \ddots \\ \mathbf{0} & \cdots & \mathbf{0} & \mathbf{B} & \mathbf{D} \end{pmatrix} , \quad \mathbf{A} \in \mathbb{R}^{n,n} , \quad n = N^2 .$$

Bei der Schachbrett-Nummerierung für $n = 4$ entsteht die Matrix

$$A = \begin{pmatrix}
20 & -1 & & & & & & & & & & & -4 & & -4 & \\
 & 20 & -1 & -1 & & & & & & & & & -4 & -4 & & -4 \\
-1 & -1 & 20 & & -1 & -1 & & & & & & & -4 & & -4 & -4 & -4 \\
-1 & & 20 & & -1 & & & & & & & & -4 & & -4 & & -4 \\
 & -1 & & 20 & & -1 & & & & & & & -4 & & -4 & & -4 \\
 & -1 & -1 & & 20 & -1 & -1 & & & & & & -4 & -4 & -4 & & -4 \\
 & & -1 & -1 & 20 & & & & & & & & & -4 & & -4 & -4 \\
 & & & -1 & & 20 & & & & & & & & -4 & & -4 \\
-4 & -4 & -4 & & & & & 20 & & -1 & -1 & \\
-4 & & -4 & & & & & & 20 & & -1 \\
-4 & & -4 & & -4 & & & & -1 & & 20 & & -1 \\
-4 & -4 & -4 & & -4 & & & & -1 & -1 & & 20 & -1 & -1 \\
-4 & & -4 & -4 & -4 & & & & & -1 & -1 & 20 & & & -1 \\
 & -4 & & -4 & & -4 & & & & & -1 & & 20 & & -1 \\
 & -4 & & -4 & & & & & & -1 & & 20 \\
 & -4 & -4 & -4 & & & & & & -1 & -1 & & 20
\end{pmatrix}.$$

Es ist gut zu sehen, dass die Schachbrett-Nummerierung für einen Neun-Punkte-Stern keine besondere Struktur erzeugt.

Für einen Neun-Punkte-Stern ist die Vierfarben-Nummerierung günstiger, weil sie zu einer Blockmatrix mit Diagonalblöcken auf der Diagonale führt, bei $N = 4$ bzw. $n = 16$ sind das 4×4 Blöcke aus dem $\mathbb{R}^{4,4}$:

$$A = \begin{pmatrix}
20 & & & & -1 & & & & -4 & & & & -4 & & & \\
 & 20 & & & -1 & -1 & & & -4 & -4 & & & & -4 & & \\
 & & 20 & & -1 & & -1 & & & -4 & & -4 & & -4 & \\
 & & & 20 & -1 & -1 & -1 & -1 & & -4 & -4 & & -4 & & -4 \\
-1 & -1 & -1 & -1 & 20 & & & & -4 & & -4 & & -4 & -4 \\
-1 & & -1 & & 20 & & & & -4 & & -4 & & -4 \\
 & -1 & -1 & & & 20 & & & -4 & & & -4 & -4 \\
 & & -1 & & & 20 & & & -4 & & & -4 \\
-4 & -4 & & -4 & & & & & 20 & & -1 & -1 \\
-4 & & & -4 & & & & & 20 & & -1 \\
 & -4 & -4 & -4 & & -4 & & & & & 20 & & -1 & -1 & -1 & -1 \\
 & & -4 & & -4 & & -4 & & & & 20 & & -1 & & -1 \\
-4 & & -4 & & -4 & & & & -1 & & -1 & & 20 \\
 & -4 & & -4 & -4 & -4 & & & -1 & -1 & -1 & -1 & & 20 \\
 & -4 & & & -4 & & & & -1 & & & & 20 \\
 & -4 & & -4 & -4 & & & & -1 & -1 & & & & 20
\end{pmatrix}$$

7.5 An Abb. 7.3 sieht man, dass in beiden Fällen die erste Hälfte der Komponenten in geordneter Reihenfolge nur unter Benutzung der Werte der zweiten Hälfte der Komponenten berechnet wird. Anschließend gilt für die zweite Hälfte das Entsprechende, ihre Komponenten werden nur unter Benutzung der Werte der ersten Hälfte der Komponenten

berechnet. Also ergeben sich durch die komponentenweise Berechnung des Einzelschrittverfahrens keine Unterschiede.

7.6

$$
w_{2i+1,2j+1}^{h} = \frac{1}{256} \big[\, 81 \, (w_{i,j}^{2h} + w_{i,j+1}^{2h} + w_{i+1,j}^{2h} + w_{i+1,j+1}^{2h})
$$
$$
-9 \, (w_{i-2,j}^{2h} + w_{i-2,j+1}^{2h} + w_{i,j-2}^{2h} + w_{i,j+2}^{2h})
$$
$$
-9 \, (w_{i+1,j-2}^{2h} + w_{i+1,j+2}^{2h} + w_{i+2,j}^{2h} + w_{i+2,j+1}^{2h})
$$
$$
+ w_{i-2,j-2}^{2h} + w_{i-2,j+2}^{2h} + w_{i+2,j-2}^{2h} + w_{i+2,j+2}^{2h} \, \big]
$$

7.7 Mit einer Zeichnung wie Abb. 7.13 macht man sich leicht die Struktur für eine Zeile
innerer Punkte klar mit Unterschieden für die erste und letzte Zeile. Ein wenig Rechnung
führt dann auf (7.62).

7.8 Es sind

$$
\mathbf{A}^{2h} =
\begin{pmatrix}
64 & -16 & 0 & -16 & 0 & 0 & 0 & 0 & 0 \\
-16 & 64 & -16 & 0 & -16 & 0 & 0 & 0 & 0 \\
0 & -16 & 64 & 0 & 0 & -16 & 0 & 0 & 0 \\
-16 & 0 & 0 & 64 & -16 & 0 & -16 & 0 & 0 \\
0 & -16 & 0 & -16 & 64 & -16 & 0 & -16 & 0 \\
0 & 0 & -16 & 0 & -16 & 64 & 0 & 0 & -16 \\
0 & 0 & 0 & -16 & 0 & 0 & 64 & -16 & 0 \\
0 & 0 & 0 & 0 & -16 & 0 & -16 & 64 & -16 \\
0 & 0 & 0 & 0 & 0 & -16 & 0 & -16 & 64
\end{pmatrix}
$$

und

$$
\bar{\mathbf{A}}^{2h} =
\begin{pmatrix}
48 & -8 & 0 & -8 & -4 & 0 & 0 & 0 & 0 \\
-8 & 48 & -8 & -4 & -8 & -4 & 0 & 0 & 0 \\
0 & -8 & 48 & 0 & -4 & -8 & 0 & 0 & 0 \\
-8 & -4 & 0 & 48 & -8 & 0 & -8 & -4 & 0 \\
-4 & -8 & -4 & -8 & 48 & -8 & -4 & -8 & -4 \\
0 & -4 & -8 & 0 & -8 & 48 & 0 & -4 & -8 \\
0 & 0 & 0 & -8 & -4 & 0 & 48 & -8 & 0 \\
0 & 0 & 0 & -4 & -8 & -4 & -8 & 48 & -8 \\
0 & 0 & 0 & 0 & -4 & -8 & 0 & -8 & 48
\end{pmatrix}
$$

Der dieser Matrix zuzuordnende Differenzenstern ist gegeben als

$$
\frac{1}{(2h)^2}
\begin{pmatrix}
-\frac{1}{4} & -\frac{1}{2} & -\frac{1}{4} \\
-\frac{1}{2} & 3 & -\frac{1}{2} \\
-\frac{1}{4} & -\frac{1}{2} & -\frac{1}{4}
\end{pmatrix} .
$$

Die beiden Dreigittermethoden konvergieren ähnlich schnell, die mit $\bar{\mathbf{A}}^{2h}$ nach der Ga-
lerkin-Methode ist geringfügig langsamer. Nach zwei V-Zyklen beträgt der Fehler in der

diskreten L^2-Norm 0.0222 statt 0.0143 bei der Standard-Methode. Der nächste Schritt drückt den Fehler dann schon auf 0.0019 herunter.

7.9 Alles ineinander einsetzen:

$$\mathbf{Aw} = \mathbf{r} - \mathbf{A\tilde{z}} = \mathbf{b} - \mathbf{A\tilde{x}} - \mathbf{A\tilde{z}} = \mathbf{Ax} - \mathbf{A\tilde{x}} - \mathbf{A\tilde{z}} \,.$$

Da $\mathbf{A}$ regulär ist, kann diese Gleichung von links mit $\mathbf{A}^{-1}$ durchmultipliziert werden. Das ergibt

$$\mathbf{w} = \mathbf{x} - \mathbf{\tilde{x}} - \mathbf{\tilde{z}} \quad \text{oder} \quad \mathbf{x} = \mathbf{\tilde{x}} + \mathbf{\tilde{z}} + \mathbf{w} \,.$$

7.10

$$\varepsilon = 4 \,.$$

7.11

Im linken Gebiet ist $h = 1.5$, $h = 1$ wäre wohl besser wegen der Randabstände, aber es war ja nach dem gröbsten sinnvollen Gitter gefragt.

Im mittleren Gebiet muss $h = 0.5$ gewählt werden, da für ein größeres h wie z. B. $h = 1$ die entstehende Matrix reduzibel wäre, siehe die Definitionen 2.9, 2.10, 2.11 und insbesondere das Beispiel 2.3.

Im rechten Gebiet ist $h = 0.5$.

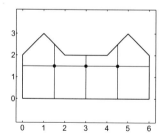 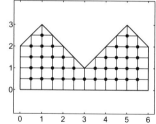 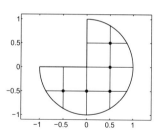

7.12 Es ist jetzt

$$\frac{v^{2h}(NE) - v^{2h}(SW)}{2\sqrt{2}h} = \beta(P)$$

Also ist

$$v^h(P) = \frac{1}{4}(2\sqrt{2}h\beta(P) + 2v^{2h}(SW) + v^{2h}(NW) + v^{2h}(SE)) \,,$$

und (7.84) wird mit $\beta(P) = \beta_{2i+1,2j+1}$ zu

$$v^h_{2i+1,2j+1} = \frac{1}{4}(2\sqrt{2}h\beta_{2i+1,2j+1} + 2v^{2h}_{i,j} + v^{2h}_{i,j+1} + v^{2h}_{i+1,j}) \,.$$

Am linken Rand gilt im feinen Gitter für die Geisterpunkte

$$v^h(NW) = v^h(NE) + 2h\beta(N) \,, \quad v^h(SW) = v^h(SE) + 2h\beta(S) \,,$$
$$v^h(W) = v^h(E) + 2h\beta(P) \,.$$

Damit wird (7.85) zu

$$v_{i,j}^{2h} = \frac{1}{16}\big[4v_{2i,2j}^h + 2v_{2i,2j+1}^h + 2v_{2i+1,2j}^h + 4v_{2i,2j-1}^h + 2v_{2i+1,2j+1}^h + 2v_{2i-1,2j-1}^h$$
$$+ 2h(\beta(2i, 2j+1) + \beta(2i, 2j) + \beta(2i, 2j-1))\big].$$

Am rechten Rand wird die Situation im feinen Gitter etwas komplizierter, weil die Richtung der äußeren Normalen auf dem Weg vom Punkt W nach N den Rand in einem Punkt trifft, der kein Gitterpunkt ist. Deshalb kann man hier den Mittelwert der Ableitungsfunktion $\beta(x, y)$ nehmen oder direkt ihren Wert in dem betreffenden Randpunkt. Entsprechend gilt das für den Randpunkt zwischen S und E. Wenn wir den Mittelwert nehmen, ergibt sich für die Geisterpunkte

$$v^h(N) = v^h(W) + \frac{\sqrt{2}}{2}h(\beta(NW) + \beta(P)),$$
$$v^h(NE) = v^h(SW) + 2\sqrt{2}h\beta(P),$$
$$v^h(E) = v^h(E) + \frac{\sqrt{2}}{2}h(\beta(SE) + \beta(P)).$$

Das ergibt – wieder mit den Doppelindexwerten auch für β – statt (7.87)

$$v_{i,j}^{2h} = \frac{1}{16}\big[4v_{2i,2j}^h + 4v_{2i-1,2j}^h + +4v_{2i,2j-1}^h + v_{2i-1,2j+1}^h + 2v_{2i-1,2j-1}^h + v_{2i+1,2j+1}^h$$
$$+ \frac{\sqrt{2}}{2}h(\beta(NW) + 2\beta(P) + \beta(SE)) + 2\sqrt{2}h\beta(P)\big].$$

7.13 Für die Interpolation ändert sich nichts, weil die Eckpunkte zum groben Gitter gehören.

Für die Restriktion an der Ecke oben links müssen jetzt fünf Geisterpunkt-Werte wie üblich ersetzt werden. Wenn der Eckpunkt den Doppelindex (i, j) im groben und $(2i, 2j)$ im feinen Gitter hat, ergibt das statt (7.85)

$$v_{i,j}^{2h} = \frac{4}{16}(v_{2i,2j}^h + v_{2i,2j-1}^h + v_{2i+1,2j}^h + v_{2i+1,2j-1}^h).$$

Für die Restriktion an der Ecke oben rechts müssen vier Geisterpunkt-Werte ersetzt werden. Das ergibt statt (7.87)

$$v_{i,j}^{2h} = \frac{1}{16}(4v_{2i,2j}^h + 6v_{2i,2j-1}^h + 2v_{2i-1,2j}^h + 3v_{2i-1,2j-1}^h + v_{2i+1,2j-1}^h).$$

11.8 Aufgaben zu Kap. 8

8.1
$$w_k(x, y) = \sin(k\pi x)\sin(k\pi y), \quad k = 1, \ldots, n,$$

oder

$$w_{k,l}(x, y) = \sin(k\pi x)\sin(l\pi y), \quad k = 1, \ldots, n_x, \quad l = 1, \ldots, n_y.$$

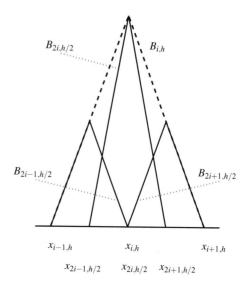

Abb. 11.2 Funktionen zur halben und vollen Gitterweite

Die Unterräume sind natürlich hierarchisch, weil alle Funktionen w_1 bis w_n in einem Unterraum mit mehr als n Basisfunktionen als Basisfunktionen enthalten sind; das gilt für den Doppelindex-Fall entsprechend.

8.2

(a) Da $B_{i,h}(x) = 0$ für $x = (i-1)h$ und $x = (i+1)h$ und $B_{j,h}(y) = 0$ für $y = (j-1)h$ und $y = (j+1)h$, verschwindet das Produkt auf dem Rand des Quadrats $[(i-1)h, (i+1)h] \times [(j-1)h, (j+1)h]$. Außerhalb verschwindet die Produktfunktion ohnehin wegen der entsprechenden Definition der eindimensionalen Funktionen. Da $B_{i,h}(ih) = B_{j,h}(jh) = 1$, nimmt die Produktfunktion im Mittelpunkt (ih, jh) den Wert 1 an.

Dass sie bilinear ist, ist auch schnell klar, wenn eine Fallunterscheidung bezüglich der vier inneren Teilquadrate des Quadrats $[(i-1)h, (i+1)h] \times [(j-1)h, (j+1)h]$ gemacht und das Produkt jeweils ausgeklammert wird. Bei jedem dieser Produkte entsteht ein Term mit dem Faktor $x\,y$, und es kann kein Faktor x^2 oder y^2 entstehen. Deshalb möge hier ein Beispiel (Quadrat unten links) reichen:

$$(x, y) \in ((i-1)h, ih] \times [(j-1)h, jh) :$$

$$B_{i,j,h}(x, y) := B_{i,h}(x)B_{j,h}(y) = \left(\frac{x}{h} - i + 1\right)\left(\frac{y}{h} - j + 1\right)$$

$$= (1-i)(1-j) + \frac{1-j}{h}x + \frac{1-i}{h}y + \frac{1}{h^2}x\,y\,.$$

(b) Wir führen teilweise einen graphischen Beweis. In Abb. 11.2 sind die drei Terme $\frac{1}{2}B_{2i-1,h/2}(x)$, $B_{2i,h/2}(x)$ und $\frac{1}{2}B_{2i+1,h/2}(x)$ der Funktionensumme auf dem Gitter der Gitterweite $h/2$ sowie ihre Summe, die Funktion $B_{i,h}(x)$ auf dem Gitter der Gitterweite h zu sehen. Da stückweise lineare Funktionen ebenso wie ihre Summen durch zwei Werte auf dem jeweiligen Teilstück eindeutig definiert sind, genügt es,

Abb. 11.3 Bisektion über die
längste Kante: Aus 8 werden
23 Dreiecke

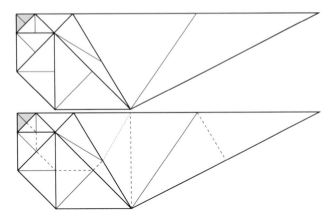

je zwei Werte auf den vier Teilstücken zu kontrollieren. Abb. 11.2 verdeutlicht, dass
die Funktionensumme (—) auf den Teilstücken $[x_{i-1,h}, x_{2i-1,h/2}]$, $[x_{2i-1,h/2}, x_{i,h}]$,
$[x_{2i,h/2}, x_{2i+1,h/2}]$ und $[x_{2i+1,h/2}, x_{i+1,h}]$ mit $B_{i,h}(x)$ (– –) übereinstimmt.

8.3 Dies ist fast triviale Matrixrechnung.

$$\text{Aus (8.14) folgt} \qquad\qquad\qquad \bar{\mathbf{A}}_l \bar{\mathbf{u}}_l = \mathbf{L}_l^{-1} \mathbf{S}_l^T \mathbf{b}_l.$$

$$\text{Das ist mit (8.12)} \qquad \mathbf{L}_l^{-1} \mathbf{S}_l^T \mathbf{A}_l \mathbf{S}_l \mathbf{L}_l^{-T} \bar{\mathbf{u}}_l = \mathbf{L}_l^{-1} \mathbf{S}_l^T \mathbf{b}_l.$$

$$\text{Weil } \mathbf{L}_l \text{ und } \mathbf{S}_l \text{ regulär sind, folgt} \qquad \mathbf{A}_l \mathbf{S}_l \mathbf{L}_l^{-T} \bar{\mathbf{u}}_l = \mathbf{b}_l.$$

$$\text{Also muss} \qquad\qquad\qquad \mathbf{S}_l \mathbf{L}_l^{-T} \bar{\mathbf{u}}_l = \mathbf{u}_l \quad \text{sein.}$$

8.4 Dies ist wirklich triviale Matrixrechnung:

$$L^T L = \begin{pmatrix} L_{11}^T & 0 \\ 0 & L_{22}^T \end{pmatrix} \begin{pmatrix} L_{11} & 0 \\ 0 & L_{22} \end{pmatrix} = \begin{pmatrix} L_{11}^T L_{11} & 0 \\ 0 & L_{22}^T L_{22} \end{pmatrix}.$$

8.5 Charakteristisch ist, dass das markierte Dreieck klein ist und die angrenzenden Dreiecke immer größer werden, ein Beispiel sehen wir in Abb. 11.3.

Die Start-Triangulierung besteht aus acht Dreiecken. Links oben ist das markierte Dreieck, das mit Bisektion über die längste Kante geteilt wird. Um wieder eine konforme Triangulierung herzustellen, müssen sechs weitere Dreiecke über die längste Kante geteilt
werden, siehe die obere Zeichnung in Abb. 11.3. Danach ist die Triangulierung aber immer noch nicht konform. In einem zweiten werden noch einmal sieben (- - -) und in einem
dritten Durchlauf wird noch ein (···) Dreieck geteilt, siehe Abb. 11.3 unten. Erst danach
ist die Triangulierung konform und besteht jetzt aus 23 Dreiecken.

8.6 Auf sechs Tetraeder kommen wir, wenn wir den Würfel durch das diagonale Rechteck
in zwei Prismen aufteilen und diese jeweils in drei Tetraeder zerlegen, siehe Abb. 11.4.

Fünf Tetraeder erhalten wir, wenn wir zuerst den vorderen rechten Tetraeder $\overline{P_2 P_3 P_4 P_7}$,
der aus den Diagonalen der vorderen, rechten und oberen Seiten und den entsprechenden
Würfelkanten besteht, abtrennen. Vom innen liegenden Dreieck dieses Tetraeders ziehen
wir Verbindungskanten zum hinten links liegenden Punkt P_5, das ergibt einen zweiten
Tetraeder und drei Restelemente, die auch Tetraeder sind, siehe Abb. 11.5.

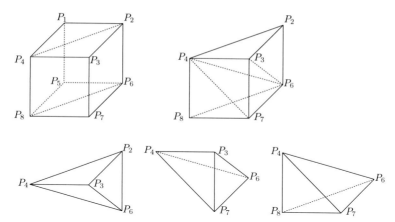

Abb. 11.4 Ein Würfel wird in sechs Tetraeder zerlegt

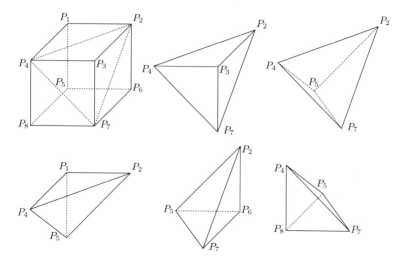

Abb. 11.5 Ein Würfel wird in fünf Tetraeder zerlegt

8.7 Ω kann über eine der diagonalen Flächen $\overline{P_1 P_3 P_5}$ oder $\overline{P_2 P_4 P_5}$ aufgeteilt werden. Im ersten Fall entstehen zwei Tetraeder und der sliver $\overline{P_1 P_2 P_3 P_4}$. Im zweiten Fall entstehen zwei etwa gleich große und gut geformte Tetraeder, siehe auch [1], Abschnitt 2.1.3.

Literatur

1. Shewchuk J. R.: Lecture notes on delaunay mesh generation. Tech. rep., Dep. EE and CS, University of California at Berkeley (1999). Überhaupt alles von Shewchuk, siehe auch http://www.cs.cmu.edu/~jrs/

Sachverzeichnis

A

Abbildung, kontrahierende, 41
Ableitungen in Randbedingungen, 11, 86, 162
adaptive Mehrgittermethode, 216, 224, 226
adaptive mesh refinement (MATLAB), 195
adaptive Verbundgitter, **226**
adaptive Verfeinerung, 116, **171**, 184, 201, 238, 239, 241
Adaptivität, 226
  dynamische, 227
  statische, 227
Adjungierte, 85, 120, 161
Ähnlichkeitstransformation, 53
algebraische Mehrgittermethode, 149, 232
algebraischer Fehler, 113, 193
Algorithmus, 216
  paralleler, 215, 220
  sequentieller, 215, 224
Aliasing-Effekt, 70
AMG, *siehe* algebraische Mehrgittermethode
Anfangsrandwertproblem, 214
Anfangswertproblem, 213
anisotrop, 131
Ansatzfunktion, 107
  kubische, 170, 196
  lineare, 170, 178, 181, 196
  quadratische, 170, 181, 196
  unstetige, 183
A-posteriori-Fehler, 41, 181, 182, 194, 238
Approximationsfehler, 113
A-priori-Fehler, 41
asymptotisch exakt, 180
asymptotisch optimal, 35, 194
asymptotische Konvergenz, 41
Aufwand, 35, 102, 111, 117, 122, 178, 181, 192, 194
  pro CG-Schritt, 50

Relaxation, 52
vorkonditionierter CG-Algorithmus, 56

B

B-Splines, 5
Balkenbeispiel, 3, 90, 96, 104, 121
Bandbreite, 19, 28
Bandmatrix, 28
Basis, 70, 107, 176
  hierarchische, 56, 110, 111, 119, 176
  Knoten-, 110
  orthonormierte, 250
Basis-Transformation, 111
Basisfunktion, 23, 24, 107, 170
Baumstruktur, 184
Benchmark-Problem, 220, 236, 239, 241, 242
bikubische Interpolation, 147
bilineare Interpolation, 145, 160
Bilinearform, 20, 108, 251
billiger Fehlerschätzer, 181
binärer Baum, 223
Bisektion, 173, 175, 184, 195
Block-Relaxationsverfahren, 48, 133
Blockmatrix, 45
Bratu-Problem, 211
Brenner, 235, 239, 243
Bubble-Funktion, 181–183

C

Cauchy-Randbedingung, 12
CG-Verfahren, **49**, 179, 186, 192, 194
chemische Reaktion, 237
Cholesky-Verfahren, 9, 18, 28, 35, 95, 122
Cholesky-Zerlegung, 179
  partielle, 56
Cluster, 215, 222, 242, 243
composite grids, *siehe* Verbundgitter

N. Köckler, *Mehrgittermethoden*, DOI 10.1007/978-3-8348-2081-5,
© Vieweg+Teubner Verlag | Springer Fachmedien Wiesbaden 2012

Printed in the United States
By Bookmasters